분리 및 정제기술

식품 및 바이오산업에의 응용

분리 및 정제기술

식품 및 바이오산업에의 응용

Separation and Purification Technology
for Food and Biodustry

편저자

이현용 · 윤원병 · 송상훈 · 안주희 · 박성진 · 이기영

한국생물공학회

월드사이언스
worldscience.co.kr

분리 및 정제기술 : 식품 및 바이오산업에의 응용

인쇄 | 2012년 4월 01일
발행 | 2012년 4월 10일

편 저 | 이현용 · 윤원병 · 송상훈 · 안주희 · 박성진 · 이기영
발행인 | 박선진
발행처 | 도서출판 월드사이언스

주 소 | 서울특별시 서초구 방배4동 864-31 월드빌딩 1층

등록일자 | 1988년 2월 12일
등록번호 | 제 16-1601호

대표전화 | (02) 581-5811~3
팩스 | (02) 521-6418

E-mail | worldscience@hanmail.net
URL | http://www.worldscience.co.kr

정가 | 20,000원
ISBN | **978-89-5881-199-2**

「이 도서의 국립중앙도서관 출판사 도서목록 CIP)은 e-CIP 홈페이지(http://www.nl.go.kr/ecip)와 국가자료공동목록시스템(http://www.nl.go.kr/kolisnet)에서 이용하실 수 있습니다.
(CIP제어번호 CIP2012001540)」

편저자 소개

이현용 (강원대학교 바이오산업공학부, 강원대학교 생명공학연구소 극한공정연구회)

윤원병 (강원대학교 바이오산업공학부, 강원대학교 생명공학연구소 극한공정연구회)

송상훈 (CJ제일제당 식품연구소)

안주희 (강원대학교 바이오산업공학부, 강원대학교 생명공학연구소 극한공정연구회)

박성진 (한림성심대학교 관광외식조리과)

이기영 (전남대학교 화학공학과)

편저자 머리말

Preface

본서는 일본에서 발간된 광림출판사의 '식품공학 시리즈' 중 8권인 '분별과 정제' 의 번역내용을 주로 하여 국내의 산업과 교육실정에 맞게끔 수정 보완 하였다. 분별과 정제 공정은 식품 및 바이오산업의 핵심적인 공정으로 산업적응용도가 매우 높은 단위공정 중의 하나이다. 특히 고부가가치의 소재를 생산하고자 할 경우 단위 공정의 최적화는 필수적으로 다루어 져야 한다. 현재 식품 및 바이오산업체의 많은 기업들이 분리와 정제 공정의 최적화는 해외의 다국적 설비회사의 기술지원으로 이루어지는 현실이다. 대다수의 분리정제 관련 설비회사는 그 근간을 화공산업에 두고 성장해 왔으므로, 사용되는 분리정제의 이론적 원리는 동일하나 그 응용 분야가 식품과 바이오산업과는 차이가 있으므로 공정의 최적화에는 한계점을 분명히 드러내고 있다.

본서는 분리정제공정의 핵심 단위공정인 추출, 증류, 흡착, 정석을 다루고 있으며 추가적으로 유용성분의 분리에 대한 실질적인 예를 포함하고 있다. 각장은 총론에서 각 단위공정의 기본적인 원리를 설명하고 각론에서 단위공정을 식품 및 바이오산업에 최적화 시키기위한 여러가지 수학적 모형들이 도입된다. 일반적으로 시중 서적에서 볼 수 있는 분리정제의 서적이 화학공학과에서 학부생들이 수강하는 단위조작(unit operation)수준의 서적임에 반하여, 본서의 각론은 식품과 바이오공정에 맞는 매우 상세한 수학적 모형과 그 모형의 적용범위에 대하여 상세하게 기술하고 있다. 또한 다른 서적에서 찾기 힘든 각 단위공정의 계산에 필요한 물질상수의 값들을 제공하므로 실무자에게 매우 유익한 정보를 제공하리라 믿는다. 아울러 본서에서 제공하는 상세한 수학적 모형은 화학공학을 전공으로 하는 학생 및 연구원 또는 화공설비분야에 종사하는 실무자에게도 현장 적용에 대한 많은 통찰력을 제공할 수 있다고 본다.

본서에서 다루고 있는 유용물질의 분리공정은 현재 우리나라에서 수행되고 있는 천연물을 대상으로 유용성분을 분리하여 그 생리활성적 기능성을 연구하는 분야에 분리정제기술이 어떻게 사용되는가에 대한 간략하면서도 효과적인 방향을 제시하리라 사료된다. 생리활성물질의 기능성분에 대한 폭 넓은 연구가 이루어지는 현실 속에서 추출하고자 하는 유효성분의 추출 및 분리 조건의 최적화에 대한 연구가 더해진다면 국가적인 차원에서 그 실효성은 매우 크리라 생각된다.

본서가 식품 및 바이오산업 분야에 관련된 학생, 연구자, 기술자 모두에게 진검승부의 전장인 '현장'에서 사용되는 '진검'으로 사용되기를 간절히 바라는 마음이다. 본서를 발간하게 후원을 해주신 한국생물공학회와 강원대학교 생명공학연구소의 소장님인 김 남수교수님과 극한공정연구회에게 깊은 감사를 표한다. 또한 본서에 나오는 여러 그림들을 끝까지 수정하고 확인한 강원대학교 바이오산업공학부의 엄 주태학생에게 고마움을 표합니다. 끝으로 늘 인내와 사랑으로 뒷바라지를 해주는 가족들과 우리 곁에서 우리가 하는 모든 일들을 지켜주고 도움을 주시는 분께 감사를 드립니다.

2012년 3월

편저자 일동

발행사

본 강좌의 목적은 전권을 통해 식품산업기술이 성립하는 기반을 과학과 공학의 입장에서 체계적으로 파악하고 해설하는 것이다. 식품산업의 기술수준을 소개하는 것이 아니다. 또한 기존에 발행된 「식품공학 시리즈」와는 독립하여 기획되었다.

식품산업에서의 기계화 · 자동화는 현저한 진전을 보이고 있다. 그러나 그 기계 · 장치의 설계와 조작조건의 선정이 얼마나 과학적 근거에 기초하여 이루어지고 있는가라고 한다면 그 근거가 다소 빈약하다고 할 수 있다. 식품산업기술에 대해 지금까지의 공학이 충분한 대응능력을 갖추고 있지 않았던 것에는 이유가 있다.

식품의 원료는 다성분 · 불균질 · 다양한 생물소재이다. 모든 변화의 예측과 제어를 지향해도 과거의 해석적 미분 · 적분학에서는 어찌할 수 없는 난관을 맞는다. 물성상수와 반응상수는 원료마다 미묘하게 다르며 조작중에도 크게 변화한다. 많은 물리적, 화학적, 생화학적 변화를 병발하여 품질면에서 이러한 모든 변화를 동시 제어해야 하므로 하나의 조작도 다목적이 될 수밖에 없고 위생면과 안전성에서도 많은 제약조건이 부가된다.

그러나 최근의 과학, 공학, 계산기술의 진보는 지금까지 손대지 못했던 문제를 하나씩 해결해가고 있다. 본 강좌에서는 식품의 물성론을 비롯하여, 식품기계 · 장치의 설계, 조작조건의 선정, 품질유지, 식품시스템의 최적화 등에서의 각 문제의 해결을 위해 최근의 과학과 공학이 도달한 레벨을 정리하여 해설한다.

편집의 기본방침은 이하의 4항목이다.

1. 식품공학이 현재 최고도달레벨을 정리하여 해설한다. 전개가 현저한 분야에서는 이후의

개정이 예상된다.

2. ① 공학적 기초 ② 식품 특유의 문제 ③ 장치의 기초설계, 조작특성, 공업조작 예의 기술에 힘쓴다. 기술의 나열은 피한다.
3. 식품에 관한 물성상수, 반응상수 등의 데이터를 수집하여 장래의 핸드북 편집에 대비한다.
4. 내용은 공학계 이외의 사람들도 충분히 이해할 수 있도록 기술한다. 따라서 필요한 수식은 그 의미와 사용법을 자세히 설명하고 예제를 들어 실제에 도움이 되도록 힘쓴다. 또한 카달로그과 같은 나열이 되기 쉬운 식품기계에 대해서는 업종 간을 횡단할 수 있는 특징을 추출하는데 힘쓴다. 한편, 미생물공학관계에 대해서는 기타 많은 서적이 있으므로 그쪽에 양보한다.

「식품공학기추강좌」는 이와 같은 방침에 따라 현시점에서 가능한 최고의 집필자들이 최대의 노력을 기울인 성과이다. 각 권마다 진보의 정도와 상세에 차이가 있을 수 있으나 이것은 항상 동적 발전을 계속하는 식품공학의 현재의 모습이다.

본 강좌가 널리 식품공학에 관심 있는 기술자, 연구자, 학생들에게 도움이 되기를 기대하는 바이다.

1988년 9월

矢野俊正, 桐榮良三

저자 머리말

Preface

농산물, 축산물 및 수산물의 1차 산물은 식품으로서 이용할 수 있는 부분과 이용할 수 없는 부분으로 되어 있으며 생선식품으로서 이용할 경우에는 껍질 벗김, 절단제거 등의 물리적 수단을 이용하여 그들의 분리가 이루어진다. 1차 원료에서 가정조리용으로서 또는 가공식품의 원료용으로서 이용되는 탄수화물, 단백질, 유지 등의 식품소재를 제조하는 공정에서는 체가름, 분급, 여과, 추출 등의 분리조작이 많이 이용되어 왔다. 이들의 분리조작은 술, 맥주, 간장과 같은 발효제품의 제조에도 빼놓을 수 없는 것이며 증류는 향과 맛이 우수한 증류주를 제조하는데 필수의 조작이다.

발효법에 의한 아미노산과 핵산 등의 조미료가 제조되기 시작한지는 오래 되었으나 이들 제품의 제조공정의 최종단계에서 정석조작이 이루어진다. 또한 녹는점이 다른 유지성분의 분리에도 분별정석의 방법이 이용되며 커피추출액의 농축에 응용되고 있는 동결농축법은 정석과 고액분리를 조합시킨 방법이다. 자당액의 탈색이나 이성화당의 분리는 흡착조작에 의해 이루어지나 이 조작도 제조공정의 최종단계에서 이용되는 예가 많다.

막분리법이 실용화되기 시작한 것은 비교적 최근 일이나 재료과학의 진보에 따라 내열성 및 내약품성이 우수한 유기막 및 무기막을 입수할 수 있게 되었다. 에너지절약의 이점과 더불어, 상온조작이 가능한 막법은 유업을 비롯한 식품공업의 다양한 분야에서 이용되고 있다. 발효와 효소반응용 반응기로서의 막의 이용도 식품공업의 분야에서 이후 증가할 것이라 생각된다.

이상의 예에서 볼 수 있듯이 분리정제는 식품공업에서 중요한 단위조작이며 양질의 제품을 얻기 위한 초임계유체추출법 등의 새로운 분리법은 사람들의 뜨거운 관심을 받고 있다. 본권에서는 다른 권에서 취급하지 않은 확산적 분리법의 추출, 증류, 정석 및 흡착의 4가지 방법을 들어 기초사항 외에, 조작조건의 선택과 장치설계법의 공학적 문제에 대해 해설하였다. 식품의 분리에 특유의 문제에 대해서는 다룰 예정이다.

분리정제는 식품공업뿐 아니라, 화학공업과 의약품공업에서도 중요한 단위조작으로 연구가 활발히 진행되고 있다. 본서를 집필하는데 있어 많은 연구자들의 연구논문과 저서를 참고하였다. 이곳에 감사의 뜻을 표한다. 제2장의 집필시에는 大島祐씨(味の素(주) 유지부 참여)께서 식물유 추출기술의 최근 양상에 대해 설명해 주셨고, 古崎新太郎교수(동경대학 공학부)께서는 원고를 검토해 주셨다. 두 분에 대해서는 장을 담당한 편집자의 깊은 감사를 드린다. 주식회사 光琳의 金井健출판부장께서는 일부 원고가 늦어져 폐를 끼쳤음에도 불구하고 본서의 완성을 위해 노고를 아끼지 않으셨다. 부기하여 저자 일동의 감사를 표한다.

1991년 11월
中村厚三(편자, 제1장, 제2장 담당)
佐々木洋吉(제3장 담당)
山本修一(제4장 담당)
豊倉賢(제5장 담당)

차 례

Contents

Chapter 1
총 론

Chapter 2
추 출

Chapter 3
증 류

Chapter 5
정석

Chapter 6
유지산업에서의 정제 및 분별의 실제

Chapter 7
유용성분의 분리정제

총 론

Chapter **01**

식품과 바이오자원에는 영양과 생리적 작용면에서 바람직하지 않은 성분 또는 제품의 품질(예, 풍미, 조지감)을 저해하는 성분이 존재하므로 이러한 성분을 제거 · 분리해낼 필요가 있다. 또한 가공식품, 의약소재, 향장제품에는 고부가가치의 다양한 바이오소재가 이용되는데 이들은 보존성과 이용의 편리성을 위해 천연소재 또는 (생)합성소재 중의 유효성분을 분리 · 정제하여 제조된다. 분리 · 정제는 식품과 바이오소재를 대상으로 할 뿐 아니라, 가공식품 제조 및 효소와 미생물을 이용한 바이오산업물의 제조공정의 중간단계나 최종단계에서도 필요한 조작이다. 특히 고부가가치를 추구하는 소재산업에서는 고순도의 제품을 생산하기 위한 분리 · 정제 기술의 중요성이 날로 높아지고 있다.

분리(separation)와 분별(fractionation)이라는 용어의 차이는 명확하지 않으며 혼용하여 사용되고 있지만, 전통적으로 분리는 혼합물내에서 특정성분을 선택적으로 나누는 것을, 분별은 혼합물 또는 불균질한 물질을 특정 용매에 의하여 분리되는 성분적 혹은 성상적으로 다른 몇 개의 부분으로 분할하는 것을 의미한다고 볼 수 있다. 정제(isolation)는 혼재된 다른 물질을 제거하여 특정성분의 순도는 높이는 조작으로 이것은 분리나 분별조작과 연관되어 이루어지는 경우가 많다.

본서에서는 식품과 바이오산업에 있어 범용적인 분별(분리)법과 정제법 중 추출, 증류, 흡착 및 정석의 각 방법에 대해 해설한다. 본장에서는 관련된 일반사항에 대해 서술한다.

1-1 분리의 기작

분리공정에 사용되는 주요한 기작은 기계적 분리, 수송적 분리, 확산적 분리의 3가지로 나누어진다. 기계적 분리는 여과나 원심분리와 같이 물질의 크기, 비중의 차이를 이용한 분리법으로 원리는 역학적 법칙에 따른다. 수송적 분리는 막분리, 전기영동, 전기투석 등과 같이 화학적이나 전기적 친화력의 차이를 이용한 분리법이다. 확산적 분리는 증류, 추출, 정석, 가스흡수, 흡착 등과 같이 상(相)평형의 차이를 이용한 분리법으로 분리의 과정은 상평형으로 진행되는 확산속도의 영향을 받는다.

분리 · 정제의 모든 기작을 한권의 책에 담기에는 그 양이 방대하므로 본서에서는 확산적 분리에 대하여 심도 있게 다루고자 한다.유체역학과 열전달기작이 주요 기작이 되는 기계적 분리와 수송적 분리는 기계공학 서적에서 취급되며 식품 및 바이오산업에 종사하는 실무자가 기기의 운전 중 조절할 수 있는 범위가 상대적으로 제한적이므로 이 책에서는 제외하였다. 본서에서는 식품 및 바이오산업 종사자가 실험실과 현장에서 자주 직면하게 되는 확산공정을 이용한 분리 · 정제 공정은 공정 조건과 배합비의 설계에 평형이론과 설비의 특성 모두가 고려되어야 하므로 이론과 실무적 데이터를 바탕으로 한 실용서적이 필요하다.

1-2 분리 · 정제의 평가

분리 · 정제의 방법 또는 조작의 평가는 착안하는 성분의 회수율과 순도를 모두 고려한 공업적 생산성의 관점에서 평가되어야 한다. 의약품과 같이 인체에 대한 안전성이 요구되고 또한 고가인 소재의 생산에서는 미회수분을 가능한 줄여야 하며 이에 따라서 분리정제의 평가항목으로 순도와 회수율이 모두 중요하다. 또한 분리에 고가의 분리제를 사용할 경우에는 분리제의 단위질량 당, 그리고 단위시간 당 목적으로 하는 순도의 분리물을 얼마나 얻을 수 있는가라는 생산성도 고려하여야 한다.

어느 한 가지 분리법에서 회수율과 순도를 모두 높이는 것은 일반적으로 어렵다. 한쪽을 높이려면 다른 쪽은 희생되어야 한다. 분리의 목적에 따라 어딘가에서 타협점(최적점)을 찾을 수 있겠지만 타협점을 찾지 못할 때는 다른 분리법의 이용을 검토해 보아야 한다. 순도향상을 목적으로 복수의 분리법을 조합시키는 것은 회수율의 저하로 이어지며 설비비도 증가된다. 회수율면에서는 공정이 짧은 분리법이 바람직하나 생물화학적 친화성을 이용한 크로마토그래피는 1단으로 선택성이 우수한 분리가 가능하기 때문에 생리활성을 가진 펩타이드의 대규모 분리에 이용될 수 있다.

전통적으로 식품공업에 있어 분리 · 정제에는 의약품정도로 순도를 요구하는 경우는 적었었다. 그러나 최근 천연물에서 생리기능성 물질을 추출하여 고부가가치의 건강기능성 소재를 생산하는 경우나 천연방향성물질(flavor)를 생산하는 경우 매우 높은 순도를 요구하게 된다. 또한 가공식품의 경우 품질에 영향을 미치는 유독한 물질이나 불쾌한 맛 · 냄새의 원인물질은 저분자물질로서 적은 양으로 그 영향이 크므로 완전히 제거될 필요가 있다. 이러한 저분자물질은 단백질 등의 고분자물질에 강하게 결합되어 있는 경우가 있으므로 해리를 하여 분리해야 한다. 증류주 제조 등에서는 에탄올과 함께 다종류의 향기성분을 균형 있게 분리 · 회수하여야 하므로 고순도의 단일성분의 분리 · 정제 이상으로 어려움이 따른다.

1-3 분리 · 정제조작의 기초

이 책에서 주요하게 다루는 확산적 분리조작은 분리대상의 원료에 열을 가하거나 분리매체와 접촉시키는 방법 중 하나를 이용하여 조성이 다른 복수의 제품을 생성하는 조작이다. 따라서 분리조작의 이론으로서는 평형관계와 물질이동이 중요하다.

증류는 기-액간의 평형관계의 특성을 이용한 전형적인 분리법이며 실제 용액에 라울의 법칙이 반드시 성립하는 것은 아니므로 실측하거나 각종 상관식에 의한 활량계수를 추산하여 평형관계를 밝혀야 한다. 정석에서는 용해도의 온도의존성 정보가 중요하며, 흡착에서는 흡착제와 용액 간의 분배계수 데이터가 필요하다. 추출에서도 착안하는 성분이 시료와 추제(抽劑) 간에 어떻게 분배되는지를 알 필요가 있다.

분리과정에서 항상 평형관계가 성립하는 경우에는 평형관계의 정보에 의해서만 분리의 결과를 예측하는 것이 가능하다. 그러나 이러한 이상적 상태는 처리속도가 느리고 분리장치가 대형화되어 실현되기 어려우므로 평형상태에서 벗어난 상태에 따른 물질이동현상을 고려할 필요가 있다. 분리의 장에 존재하는 각 상(相)내의 확산속도, 그리고 이상계면의 물질이동속도에 따라 분리의 진행상태가 달라진다. 정석의 경우는 핵 발생, 결정성장이라는 상변화 거동이 복잡하여 이들에 대한 해석이 필요하다. 또한 결정제품의 품질로서는 순도와 함께 입자의 크기분포가 중요하므로 엄밀한 해석방법으로는 population balance[1]에 의한 취급이 필요하다.

연속분리조작의 설계법으로 증류탑의 경우와 같이 각단을 이상단(理想壇)으로 취급할 시 기-액 평형관계와 물질수지로부터 구해지는 조작선을 조합하여 소요단수를 구할 수 있으며 단효율을 평가하여 평균에서 벗어난 결과에 대한 해석 또한 가능하다. 이와 같은 이상단으로 취급하는 방법은 간편하기 때문에 다단추출이나 칼럼에 의한 흡착분리에 대해서도 적용되는 경우가 있다. 확산분리조작은 이상계(異相系)의 접촉조작이 되는 예가 많으나 이 경우는 총괄물질이동계수를 이용하여 이상 간의 물질이동속도를 표시함에 따라 처리속도와 총괄물질이동계수로부터 구해지는 이동단위높이 및 각 접촉부위에서의 성분농도의 평균에서의 차이로부터 구해지는 이동단위수의 양자의 곱으로서 필요한 장치높이를 계산할 수 있다. 또한 흡착의 경우와 같이 충전층형식의 분리장치의 보다 상세한 해석에는 흡착제 내부의 확산, 흡착제와 유체의 계면에서의 평형관계와 이동속도, 연속상인 유체 내의 혼합확산속도를 고려하여 국소적인 물질수지를 취함으로써 성립하는 모델식이 이용된다. 모델식에 포함되는 각 속도상수와 평형상수에는 기존의 연구결과를 이용할 수 있는 것도 있으나, 정확하지 않은 경우에는 모델식을 실험결과에 적용하여 구할 수 있으며, 펄스응답실험과 모멘트해석방법이 이용된다.

이상, 분리조작의 기초의 개략에 대해 설명하였다. 상세한 설명은 지면 관계상 생략하나 다른 서적[2],[3]을 참조하기 바란다.

1-4 식품산업에서의 분리정제법

효소반응에 의한 식품소재의 제조가 증가하고 생리기능을 가진 다가불포화지방산 및 기능성물질등의 식품성분의 이용에 관심이 높아짐에 따라 식품산업에서도 화학공업이나 의약품산업과 마찬가지로 분리정제조작이 중요해지고 있다. 한외여과농축유에 의한 치즈제조법과 같이 새로운 분리법의 도입은 식품제조에 있어 수율향상과 환경오염방지를 가져오는 경우도 있다. 학문의 융합화라는 시대적 조류에 따라 식품산업에도 다른 여러 분야에서 이용 또는 검토되고 있는 새로운 분리정제법[4]의 응용도 이루어질 것이나 식품산업이 요구하는 고유의 안전성, 식품성분의 불안정성, 처리원료의 복잡성과 민감성 등의 면에서 이들 중 식품에 적합한 것과 적합하지 않은 것이 있다. 커피콩의 탈(脫)카페인, 홉엑기스의 제조에 이용되고 있는 초임계유체추출법은 초임계이산화탄소가 인체에 안전하고 불연성이라는 점에서 식물유의 추출에 응용하는 방법에 관심이 모아지고 있다. 그러나 고압장치에 대한 설비비용, 고체원료연속공급 등의 문제등 산업화를 위해 해결해야 할 부분도 여전히 존재한다.

[참 고 문 헌]

[1] Randolph, A. & Larson, M. A. : Theory of Paticulate Processes, Analysis and Techniques of Continuous Crystallization, Academic Press (1971)

[2] 大塚英二 : 분리시스템, 상 · 하(현대화학공학4), 丸善 (1975)

[3] 古崎新太郎 : 분리정제공학 입문, 학회출판센터 (1989)

[4] 福井三郎 감수, 佐田榮三 편 : 바이오생산물의 분리 · 정제, 講談社 Scientific, (1988)

추 출

Chapter **02**

2-1 개요

추출은 원료중의 성분을 용매를 이용하여 분리하는 조작으로 원료가 액체인가 고체인가에 따라 액액추출 또는 고액추출이라 부른다. 석유화학공업에서 주로 이용되는 것은 액액추출이지만 출발원료의 대부분이 고체상의 농축수산물인 식품공업에서는 고액추출이 주된 단위조작이다. 고액추출 또는 침출에 대응된 영어표현은 solid-liquid extraction, leaching 또는 percolation인데 고액추출에는 용매를 이용하여 고체표면의 부착성분을 회수하거나 제거하는 세정, 즉 washing조작도 포함된다.

고액추출에 의해 회수 · 분리되는 식품성분으로는 사탕수수나 사탕무내의 설탕, 유량종자 또는 동물조직내의 유지, 찻잎, 커피분쇄물 및 각종 향미 소내 내의 생리활성 물질 및 향미유효성분, 조류 또는 식물조직내의 다당류, 수피(獸皮) 또는 체내의 콜라겐이나 젤라틴, 그리고 식물내의 유성수지상물질이나 색소 등이 있다. 또한 고액추출은 아플라톡신이나 알칼로이드 등 식품원료 내에 포함된 바람직하지 않은 오염물질이나 독소의 제거에도 이용된다. 추출대상이 되는 이들 성분은 각각의 원료조직 내에 불균일하게 분포되어 있어 추출과정도 복잡하다. 효율적인 추출을 위해서는 추출대상성분의 조직 내의 존재형태와 성상을 이해하고 원료의 전처리를 적절히 행하는 것이 매우 중요하다. 또한 천연원료 내에는 추출대상성분 외에 다른 성분들도 많이 포함되어 있어 정도의 차는 있으나 이들도 함께 추출되므로 추출 후 복잡한 정제공정을 필요로 하는 경우도 있다. 따라서 추출조작에 있어서는 수율과 선택적 분리의 균형을 배려해야 한다.

용매의 선택은 대상성분의 선택적 분리, 추출속도, 경제성 등의 면에서 중요하나 식품성분의 추출에 사용할 수 있는 용매의 종류는 인체의 안전성 면에서 제한된다. 친수성 물질의 추출에는 물이 이용되며 식용유지와 같은 소수성 물질의 추출에는 헥산이 이용된다. 그 외에 어육단백의 탈지조작에 양친매성(兩親媒性)의 알코올 사용이 시도되고 있다. 이러한 액체추출제 외에 점도가 낮고 고체원료에 침투성이 우수한 초임계유체, 특히 초임계이산화탄소가 극성이 낮은 분자량 1,000이하의 물질의 추출에 이용되고 있다.

본장에서는 우선 추출의 기구를 고체원료의 세포조직구조와 관련하여 설명한 다음 추출속도의 기초이론에 대해 설명한다. 다음으로 대두유나 설탕과 같이 대량추출을 할 때의 추출방식과 그 이론에 대해 설명한다. 마지막으로 고부가가치 소재의 생산에 실용화가 되고 있는 초임계유체추출에 대해서 간단히 설명한다.

2-2 고액추출의 반응기작

2-2-1 세포 및 조직의 구조

그림 2-1은 유조직 식물세포의 구조와 주요 구성성분을 모델화하여 나타낸 것이다.[1] 세포질은 생세포의 생리활성이 이루어지는 장소로 졸(sol)이나 겔(gel) 상태로 되어 있다. 세포에는 핵과 색소체 외에, 미토콘드리아와 소포체를 포함한 다양한 세포내 소기관(organella)이 포함되어 있다. 전분, 저장단백질, 대부분의 지질은 흩어져 있는 과립으로 세포내에 존재하며, 당이나 염의 상당부분은 세포질내의 액포 내에 용해되어 있다. 식물세포의 세포벽은 튼튼하여 당근세포의 경우 세포벽이 0.1μm 밖에 되지 않지만 30기압의 침투압에도 견딜 수 있다. 세포벽에는 지름 20~80nm의 관통공 플라스모데슴(plasmodesm) 또는 플라스모데스마타(plasmodesmata)가 1,000 ~ 10,000개 있으며 세포 간의 물질이동경로이다. 또한 식물의 유조직에는 당이나 아미노산의 투과가 가능한 지름 4~5nm의 세공도 관찰된다. 세포벽은 다른 세포와 접해 있는 외벽의 중간라멜러(middle lamella), 그 내측에 존재하는 제1내벽 및 제2내벽으로 되어 있는데 세포질에 접한 제2내벽, 즉 세포막은 세포질에서 박리되면 물질의 투과성을 잃는다.

성숙한 식물의 조직에는 유조직 외에 체관부와 물관부의 도관조직, 지지조직, 보호조직이 있는데 각각 세포, 세포간극, 모관, 세공으로 된 구조체이다. 이와 같은 조직 내의 세포에 포함되는 식품성분의 추출과정을 그림 2-2에 모식적으로 나타냈다.[1]

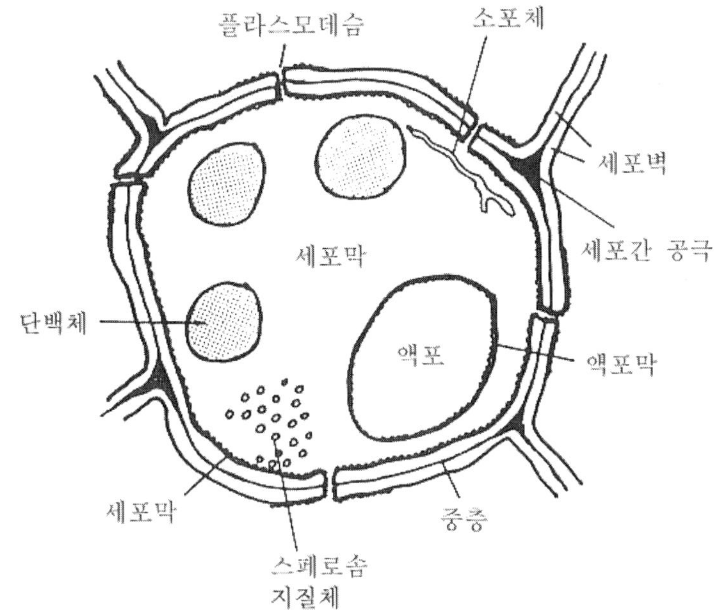

그림 2-1 유조직 식물세포의 모델과 주요 구조성분[1]

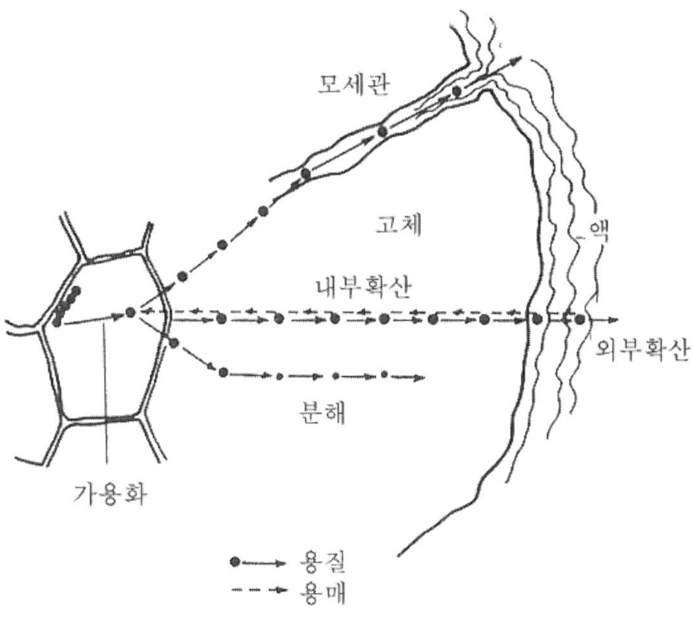

그림 2-2 고체식품원료의 용매추출의 주요 과정[1]

2-2-2 고액추출의 반응기작

고액추출의 과정은 비정상상태의 몇 가지 단계로 이루어져 있다. 우선, 용매는 세포조직표면에서 세공이나 모관을 통해 내부에 침투하며 세포간극을 통해 세포표면에 이른다. 용매는 세포벽을 투과할 수 있으므로 세포내에 들어가 추출성분을 용해한다. 용해된 성분은 조직표면을 향해 용매가 충분히 침투한 조직내부를 이동하여 고액계면의 경계막을 통해 용매상(相)으로 추출된다. 추출과정은 세포조직 내에 용제의 침투, 성분의 용해, 용해성분이 세포내에서 조직표면으로 이동, 액경막내의 확산을 거치게 된다. 또한 용해성분이 세포내에서 조직표면으로 이동하는 과정이 추출의 율속과정으로 생각된다. 이 과정은 확산현상으로 취급되고 있으나 아래에 설명하듯이 실제로는 복잡한 현상을 동반하고 있다.

식물유의 추출은 식품공업에 있어 대규모로 이루어지고 있는 고액추출의 예로, 지금까지 이루어진 수많은 연구결과가 다른 서적[2]에 정리되어 있다. 이러한 연구에서도 대두압편조각 외의 미셀라(miscela, 유지가 녹아 있는 용제)내의 추출물질의 유지농도가 20%이하에서는 추출속도가 미셀라농도의 영향을 받지 않는다는 등 단순한 확산모델에서는 설명할 수 없는 현상이 관측되었다.[3] 또한 추출에 미치는 모관이나 세포총표면적의 영향이 지적되어 왔다.[4],[5] 압편조각의 경우, 추출초기에는 파괴된 세포에서의 추출, 즉 시료표면에 삼출된 유지의 세정, 모관 또는 융합된 세포부분을 경로로 한 시료내부의 유지의 추출에 의한 영향으로 추출속도는 비교적 빠르지만, 후반에는 손상을 받지 않은 세포내의 유지의 추출과정이므로 추출속도가 저하된다. 99% 정도의 유지의 추출률을 목표로 할 때 후반의 추출에 요하는 시간이 길어진다.

Schneider는 세포막의 대체물로 분획분자량이 500 또는 1,000의 아세테이트막을 이용한 모델실험의 결과에 기초하여, 미손상세포내의 유지의 추출기구를 다음과 같이 서술하였다.[6] 조직 내의 모관을 통해 세포표면에 도달한 추출용제는 세포벽을 통해 세포질 내에 침투하여 유지성분을 용해한다. 추출용제의 침투에 따라 세포내의 압력이 높아져 세포가 팽창하고 세포막의 세공이 확대된다. 이에 따라 유지의 투과가 가능해져 침투압이 사라질 때까지 세포 외로 추출이 계속된다. 세포벽이 탄성을 잃는 경우는 세포의 팽창상태가 최대 내부압에 대응한 최대팽창상태를 유지하여 침투압이 사라져도 수축이 되지 않는다. 미손상세포에 있어 유지의 추출과정은 유지의 용해, 세포막의 투과성 변화라는 비정상과정을 포함하므로 막을 통한 추출용제와 추출물질의 상호확산현상이라 생각된다. 또한 Schneider에 따르면, 환대두내의 세포표면적의 40%는 세포간극의 미셀라와 접촉하고 있고 나머지 60%는 인접한 세포와 접촉된 부분이라 하였다. 세포 간에 농도차가 있을 때는 세포의 접촉부분을 통한 물질이동도 관여하게 된다.

대두유는 세포질 내에서 크기 0.2~0.5㎛의 스페로솜(spherosome)이라 불리는 과립으로 존재하며, 대두단백질 중 82~83%는 크기 2~10㎛의 단백체를 형성하며, 초원심분리의 2S획분인 트립신억제제(trypsin inhibitor) 등은 세포질 내에 용해되어 있다. 또한 단백체에 있는 저장대두단백은 분자량 100,000~180,000의 글로불린으로 4차 구조를 형성하기 때문에 11S 및 15S의 초원심분리획분에서 겉보기 분자량이 350,000~600,000이 된다. 단백질 함유율이 90%이상인 분리대두단백(isolated soy protein, ISP)는 분자량이 큰 대두단백질을 탈지대두에서 수(水)추출하여, 산침(酸沈)과 수세에 의해 불용물과 당질을 제거함으로써 제조된다. 또한 단백질 함유율이 70%이상인 농축대두단백(concentrated soy protein, CSP)도 마찬가지로 탈지대두에서 산침과 수세에 의해 당질을 제거함으로써 제조된다. 이와 같이 분자량이 큰 대두단백질이 미손상세포에서 추출될 때는 확장된 플라스모데스마타의 세공이 경로가 되는 것으로 생각된다.[7] Aguilera그룹은 Schneider의 연구결과를 참조하여 미손상세포에서의 유지 및 단백질의 추출양상을 모델화하여 그림 2-3과 같이 나타냈다.

사탕무의 조직구조는 도관조직과 저장유조직으로 구성되며 설탕은 세포벽이 얇은 유조직세포에 저장되어 있다. 설탕의 추출은 삼각형 또는 V자형 단면의 박편으로 자른 원료를 이용한다.

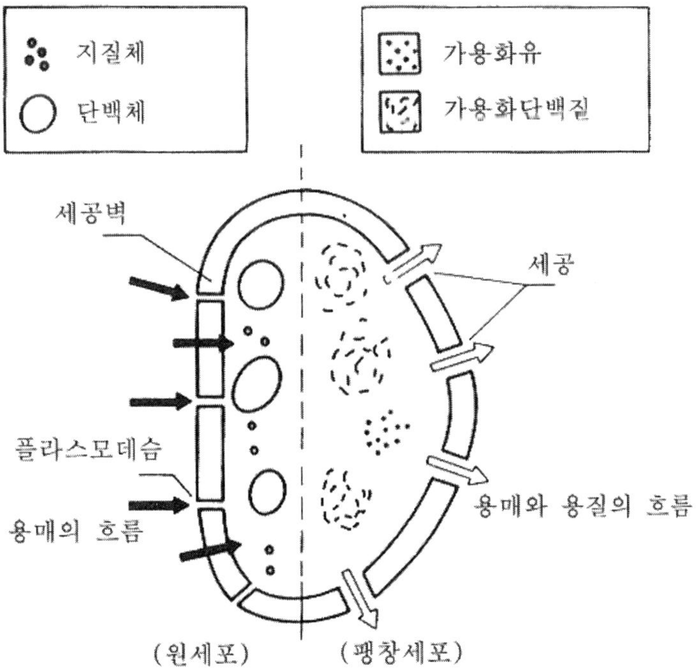

그림 2-3 미손상세포에서의 용매 및 용질의 수송모델[1]

미손상세포에는 0.1~1.0㎛의 원형세공이 뚫려 있는데 50~60℃ 이상으로 가열되어 원형질분리나 열변성이 일어나면 세공이 확대되어 난형이 된다. 설탕은 이 세공부를 통해 관상의 도관부로 확산되고 도관부에서 외부로 이동한다. 추출과정을 정량적으로 기술하는 모델로는 뒤에 설명하는 이중수착모델[8]이 있으나, 세포내에 물의 침투하여 발생하는 수압에 의해 설탕용액이 이동한다는 침투펌프설[9]도 제기되고 있다.

배소(焙燒, roasted)된 커피콩 내에는 평균직경 20㎛의 세포와 직경 2,500~10,000배의 길이를 가진 여러 개의 세공이 존재한다. 커피 가용성성분의 추출속도가 큰 것은 이 다공질미세구조 때문이다. 커피의 추출은 ①커피입자의 습윤화, 열추출액에 의한 세공충만과 가스배제 ②수불용성 탄수화물의 가수분해 ③추출액충만세공 내 용해성분의 확산 3단계로 이루어진다.[10],[11] 추출의 초기단계에서는 추출액내의 물이 섬유구조에 흡수되어서도 추출액내의 용해고형분 농도가 증가한다. 맥주양조에 있어 맥아즙의 추출의 경우에도 내생효소에 의한 전분 등의 분해가 일어난다. 고액추출은 이외에 과즙, 향료, 색소의 추출 외, 목화씨 내의 고시폴, 루피너스내의 알칼로이드, 카사바내의 리나마린, 대두내의 소당류나 피트산, Aspergillus feavus에 의한 오염곡물이나 종실의 아플라톡신 등 바람직하지 않은 성분의 제거에도 이용된다.

2-2-3 조직구조의 수식

앞에서 설명했듯이 식품성분의 고액추출의 율속단계가 되는 원료조직내의 확산은 조직의 미세구조에 따라 큰 저항을 받는다. 따라서 추출 시에는 조직구조를 파괴하기 위한 원료의 전처리가 필요하다. 식용유지의 추출에 있어서는 수분조정, 조쇄, 압편, 가열처리가 이루어지는데[12] 가열처리에 의한 전분의 호화와 단백질의 응고 외에 추출과정에서 이루어지는 공정에 의하여 원형질 분리, 세포벽 중간박층 내의 팩틴분해, 에 의한 세포분리가 일어난다. 또한 세포막이 손상을 입어 성분의 투과성은 증가되지만 선택성은 잃는다. 원료조직의 구조를 기계적 에너지에 의해 파괴하는 방법으로는 초음파, 국소적인 빠른 속도를 발생하는 진동류작용, 전기적 원형질 분리를 유도하는 높은 전장강도의 부하 등이 검토되고 있다.[12] 또한 세포벽이나 세포막을 파괴하는 데는 다당류나 단백질을 분해하는 효소의 이용이 가능하다.

추출원료 본래의 조직구조를 파괴하여 추출용제(추제)가 잘 침투할 수 있는 새로운 조직구조를 형성함에 따라 추출속도를 개선할 수 있다. 이러한 방법으로서 압출성형기(extruder) 또는 팽창기(expander)가 이용된다. 압출성형법 또는 팽창처리법은 유량종자, 특히 대두의 전처리법으로서 브라질에서 1960년 후반부터 사용되기 시작했는데 1970년대 말 미국에 역수입되어 1988년에는 대두의 60%, 목화씨의 50%의 전처리에 이용되었다. 대두의 경우 1~2mm의 조쇄

물이 이용되는데 1~2%의 물이나 생증기가 첨가되며 압출성형기의 내부압력은 100kg/cm^{2}정도이다. 노즐출구에서 압력이 급속히 저하할 때 수분이 급격히 증발하여 세포막의 파괴, 전분의 호화, 단백질의 변성이 일어남과 동시에, 해면상으로 응고하여 미립화가 적고 밀도가 큰 입자가 형성된다.[12] 따라서 유지의 회수율, 추출기의 처리능력, 용제의 회수율과 회수에 따른 소요에너지가 개선되며, 또한 바람직하지 않은 효소를 불활성화 하거나 유지 내에 용해되는 것을 방지할 수 있는 인지질의 수화 등이 일어나기 때문에 품질 높은 추출유가 얻어진다.

2-3 추출속도

고액추출은 추출원료(추료)내에 추제의 침투 · 흡수, 추출물질(추질)의 용해, 추료조직 내의 확산, 그리고 추료표면에서 외부추출액에의 이동과정으로 이루어진다. 이 과정 중 추료조직 내의 확산이 추출속도의 율속과정이라는 것이 일반적이므로 이 속도과정을 중심으로 추출속도의 기초적인 사항에 대해 설명한다.

2-3-1 물질이동의 식

반경 R인 구형시료를 예로 들어 시료 내에서 외부의 액상으로 용질이 이동하는 속도과정을 생각해보자(그림 2-4). 시료내의 반경방향의 위치 r, 시간 θ에서의 용질농도를 y라고 하면, 반경 r의 구면의 단위표면적당 용질의 이동속도, 즉 유속 J는 Fick의 제1법칙에 따라 다음과 같이 나타낼 수 있다.

$$J = -D_e \frac{\partial y}{\partial r} \tag{2.1}$$

여기서, D_e는 고체내의 용질의 확산계수이다. 또한 용질농도는 추제를 포함한 고체단위체적당 용질의 질량 또는 몰수로 나타낸다.

구형고체내의 반경 r의 미소두께 Δr의 구각(球殼, shell)에서 식(2.1)에 따라 확산하는 용질의 물질수지를 취하면 비정상 확산방정식을 다음과 같다.

$$\frac{\partial y}{\partial \theta} = \frac{1}{r^2}\frac{\partial}{\partial r}\left(r^2 D_e \frac{\partial y}{\partial r}\right) \tag{2.2}$$

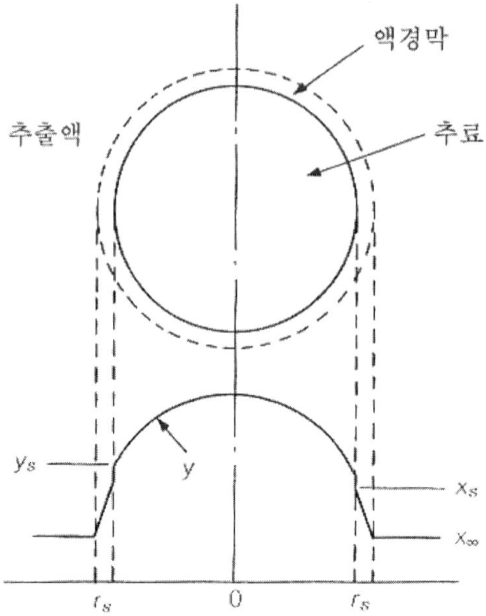

그림 2-4 구형 추료 내외의 추질농도분포

또한 평판 및 원통형상의 고체에서 중심추에 대상의 형태로 1차원이나 2차원으로 확산이 일어나는 경우도 포함하여 비정상 확산방정식을 쓰면 다음과 같다.

$$\frac{\partial y}{\partial \theta} = \frac{1}{r^{n-1}} \frac{\partial}{\partial r}\left(r^{n-1} D_e \frac{\partial y}{\partial r}\right) \tag{2.3}$$

여기서, n 은 공간의 차원으로 평판의 경우는 1, 원통의 경우는 2, 구의 경우는 3이다.

식(2.2) 또는 (2.3)에 의해 고체내의 농도 y를 구하기 위해서는 경계조건과 초기조건이 필요하다. 우선, 대칭적인 확산을 전제로 하고 있으므로 다음 경계조건이 성립한다.

$$r = 0 \ ; \ \frac{\partial y}{\partial r} = 0 \tag{2.4}$$

다음으로 고체근방의 추출액의 농도 y의 분포가 그림 2-4와 같으므로 추출은 고체표면에서 액경막을 통해 이동한다고 하면 구형시료표면에서 다음 경계조건이 성립한다.

$$r = r_s \ ; \ D_e \frac{\partial y}{\partial r} = k_f (x_s - x_\infty) \tag{2.5}$$

여기서, k_f는 경막물질이동계수, x_∞는 고액계면에서 충분히 떨어진 위치에서의 추출액의 용질농도이다. 또한 고액계면에서 고체측 및 액체측의 농도 y_s와 x_s 간에 다음 관계가 성립한다고 하자.

$$y_s = Kx_s \tag{2.6}$$

용질이 고체 내에서 액체측으로 확산 · 이동하는 과정을 기술하기 위해서는 고체와 액체의 두 농도를 관계 짓는 식으로서 식(2.4), (2.5) 외에 물질수지의 관계식이 필요하다. 이 관계식은 실험방법에 따라 달라 질 수 있으며, 완전혼합조를 이용될 경우 다음 관계가 성립한다. 이 관계식과 실험은 추출의 기초실험에 자주 사용된다.

$$-(1-\epsilon) a_s D_e \left(\frac{\partial y}{\partial r} \right)_{r = r_s} = \epsilon \frac{\partial x}{\partial \theta} \tag{2.7}$$

여기서, a_s는 고체단위체적당 표면적, 즉 비표면적으로 균일경의 구형입자로 된 고체의 경우는 $3/r_s$와 같다. ε 는 추출조 전체적에서 차지하는 추출액의 체적비율이며 1-ε 는 고체의 체적이 차지하는 비율이다.

$$\theta = 0 \ ; \ 0 \le r \le r_s ; y = y_0 \tag{2.8}$$

$$\theta = 0 \ ; \ x = x_0 \tag{2.9}$$

위의 식에 포함된 모든 상수를 알면 식(2.2), (2.4), (2.5), (2.6), (2.7), (2.8), (2.9)를 조합함에 따라 완전혼합조 추출기를 이용한 회분식 추출실험에서의 고체 내외의 추질농도의 시간적 변화를 계산할 수 있다. 또한 그 결과를 식(2.7)에 적용하면 추출속도를 계산할 수 있다. 상수 중 미지의 상수가 있을 경우에는 이 값을 구하는 방법으로도 위의 해석방법이 이용된다. 즉, 미지의 상수를 가정하여 계산한 후 실험결과와 가장 일치하는 계산결과를 미지의 상수로 정할 수 있다.

(1) 경막저항의 영향

본장에서 검토한 추출의 물질이동과정은 고체내의 확산과 고액계면의 액경막내의 확산으로 이루어진다. 액경막내의 이동속도는 식(2.5)의 우변으로 나타나며 이 이동 속도가 총괄적인 물질이동속도에 미치는 영향의 정도는 식(2.5)를 무차원화 했을 때 나타나는 다음 식의 무차원수에 의존한다.

$$B_i = \frac{Kk_f d_p}{D_e} \tag{2.10}$$

여기서, d_p는 대표길이로 구의 경우 $2r_s$이다. 또한 Biot수 B_i는 물리적 의미를 갖는 Nusselt수 Nu가 이용되기 전에 H. Groeber에 의해 비정상전열의 경계조건의 상사성에 관계된 무차원수로서 도입된 것이다(1921년). 식(2.10)의 B_i에 상당하는 물질이동의 무차원수에는 Sherwood수 Sh가 일반적으로 이용되는데 Sh의 정의에 이용되는 확산계수는 연속상내의 분자확산계수로 유효확산계수 D_e가 아니다.

경막물질이동계수 k_f 또는 Sh는 고-액의 다양한 접촉방식에 대해 정리되어 있으므로[13],[14] 액의 물성과 유동상태가 규정되면 구할 수 있다.

예제 01

교반추출조에서의 Biot수 B_i를 다음 조건에서 계산하시오. 추출조는 용적 2ℓ 의 원통형(내경 D_s 6cm)으로 방해판(baffle)이 있는 것으로 한다. 교반날개의 직경을 d_s 및 리본피치 s는 모두 2.5cm, 회전수 N은 매초 20회전이다. 액체의 밀도 ρ 및 점도 μ는 상온의 물의 값으로 근사할 수 있는 것으로 한다. 계산 시 필요한 단위질량당 현탁액의 교반소요동력 e는 그림 2-5를 이용하며, 경막물질이동계수 k_f는 그림 2-6을 이용하여 교반하는 것으로 한다. 추출시료의 대표직경 d_p는 1cm, 분배계수 K는 1.5, 용액내의 확산계수 D는 1.0×10^{-7}cm^2/s, 입자내의 유효확산계수 D_e는 D의 1/4로 한다. 교반날개의 설치높이 Z_s 및 액체깊이 Z의 조건은 그림 2-6의 경우에 적합한 것으로 한다.

[해]

$\rho = 10^3 kg/m^3$, $\mu = 1mPa \cdot s = 10^{-3} kg/m \cdot s$ 이므로

교반레이놀즈수$= \dfrac{\rho N d_s^2}{\mu} = \dfrac{10^3 \times 20 \times 2.5^2 \times 10^{-4}}{10^{-3}} = 1.25 \times 10^4$

그림 2-5의 선2를 이용하여 동력수 N_p($=$교반소요동력$/\rho N^3 d_s^5 = \rho\left(\dfrac{\pi}{4}\right) D_s^2 Ze/\rho N^3 d_s^2$)를 알 수 있다.

$$N_p = 0.35$$

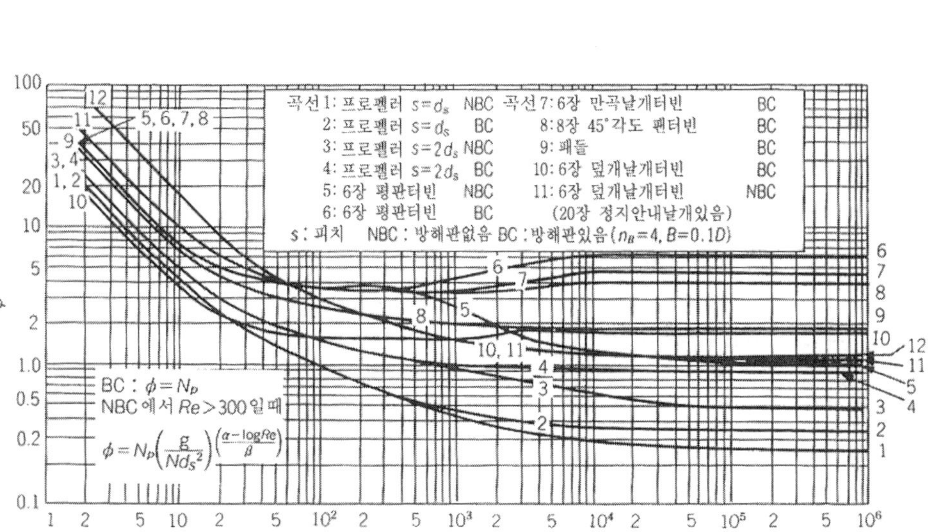

그림 2-5 각종 날개의 동력특성[13]

$(d_s/D_s \fallingdotseq 1/3,\ Z_s/d_s = 1/3,\ Z = D_s$ 의 경우)

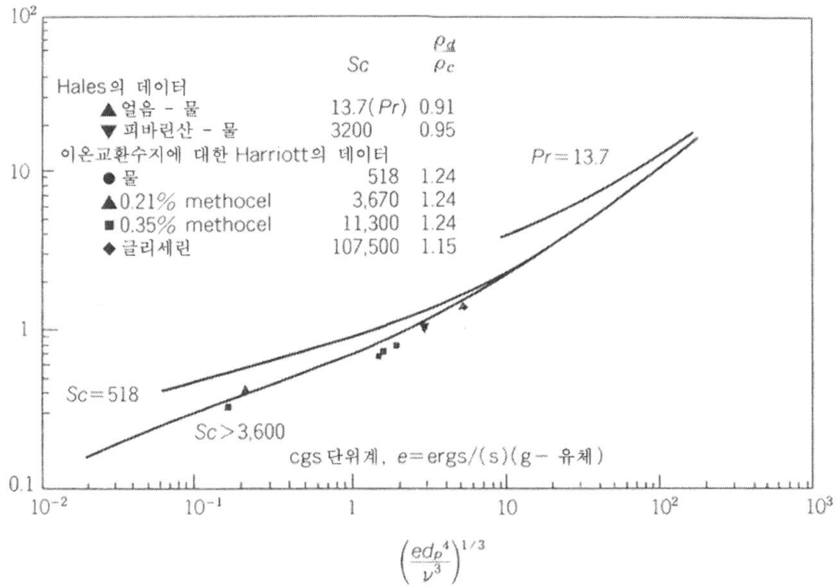

그림 2-6 교반조내의 현탁입자에 대한 열 및 물질이동데이터[14] (S_c: Shumit수, P_r: Prantle수)

$$\therefore\ e = 0.35\times 4\times 20^3\times (2.5\times 10^{-2})^2\times 3^{-3}/3.14$$

$$= 0.0789 N/kg\cdot\ s = 0.0789\, m^2/s^3$$

$$\therefore\ \frac{ed_p^4}{v^3} = \frac{0.789\times 10^{-8}}{10^{-9}} = 0.789$$

따라서 그림 2-6의 가로축의 값은 0.926이며 Shumit수 $S_c(=v/D)$는 10^5이므로 세로축의 값이 0.65임을 알 수 있다.

$$\therefore\ \frac{k_f d_p}{D} = 30.2$$

$$\therefore\ B_i = \frac{Kk_f d_p}{D_e} = 1.5\times 30.2\times 4 = 181$$

회분식 추출조 내에서 차지하는 액체의 체적비율 ε 가 1에 가까울 경우에는 식(2.7)로부터도 알 수 있듯이 추출액내의 농도 x_∞가 거의 일정하다. 이와 같은 조건에서의 추출과정은 온도가 일정한 매체 내에 놓여있는 물체의 비정상 전열에 상당하며, 고체내의 용질농도의 무차원량 $X=(Kx-y_\infty)/(Kx_0-y_\infty)$와 무차원시간 $\phi(=D_e\theta/4r_s^2)$의 관계는 Gurney-Lurie선도[15]에서 알 수 있다. 단, 동 선도의 변수 m은 Biot수 B_i의 역수로 치환할 필요가 있다. 평판, 원주 및 구의 Gurney-Lurie선도에서 보면 B_i가 10이하가 되면 고체에서 액체로 이동하는 물질이동속도에 대한 액경막저항의 영향을 무시할 수 없게 된다. 그러나 경막저항을 무시하고 계산되는 추출 과정에서 실험에 의하여 구해지는 고체 내 확산계수 D_e의 오차는 $B_i > 200$에서 1%임을 Schwartzberg그룹이 보고하였다.[16] 입경이 극단적으로 작은 추료, 충전층을 이용하는 추출, 미소한 분배계수 K의 경우를 제외한 일반적인 추출에서는 $B_i >$ 200의 조건이 만족된다.
경막저항을 무시할 수 있을 때는 식(2.5)의 경계조건을 다음 식으로 치환할 수 있다.

$$r = r_s\ ;\ y_s = x_\infty/K \tag{2.11}$$

추출의 반대현상인 흡착의 예에 대해서는 식(2.2), (2.4), (2.7), (2.8), (2.9) 및 (2.11)의 해가 Crank[17]에 나타나 있으며 커피콩의 분쇄물에서의 가용성성분의 추출과정의 해석에 이용되고 있다.[18] 추출이 흡착의 역과정이라는 것을 가정하여 이용한 문헌18의 식의 추출률은 최종추출량을 기준으로 한 것으로 가용성성분 전량기준의 추출률 H_θ와 다르다.

$$\alpha_0 = \frac{\epsilon}{K(1-\epsilon)} \tag{2.12}$$

이것을 고려하면 시간 θ 에서의 추출률 M_θ 는 다음 식과 같다.

$$M_\theta = \frac{1}{1+\alpha_0}\left[1-\sum_{n=1}^{\infty}\frac{6\alpha_0(1+\alpha_0)\exp(-D_e q_n^2\theta/r_s^2)}{9+9\alpha_0+\alpha^2 q_n^2}\right] \tag{2.13}$$

단, q_n 은 식(2.14)의 근으로 $n=6$까지의 값을 표2-1에 나타냈다.

$$\tan q_n = \frac{3q_n}{3+\alpha_0 q_n^2} \tag{2.14}$$

용적이 일정한 추출조에서의 회분식 비정상 추출에 대응한 위와 같은 해는 평판상 시료의 경우에 대해서도 다음과 같이 나타낼 수 있다.

$$M_\theta = \frac{1}{1+\alpha_0}\left[1-\sum_{n=1}^{\infty}\frac{2\alpha_0(1+\alpha_0)\exp(-D_s q_n^2\theta/R^2)}{1+\alpha_0+\alpha^2 q_n^2}\right] \tag{2.15}$$

$$\tan q_n = -\alpha_0 q_n \tag{2.16}$$

식(2.16)을 만족하는 q_n 의 근을 표2-2에 나타냈다. 단, $D_e\theta/r_s^2$ 가 작은 영역에서는 식(2.13) 및 (2.15)의 계산에서 $n>6$이상의 항을 포함해야 한다.

또한 $\alpha=\infty$의 경우, 즉 추출액 농도가 항상 x_0 의 조건에서 추출이 이루어지는 경우의 추잔율 $\xi'(=(\bar{y}-Kx_0)/(y_0-Kx_0)$, $\bar{y}$:고체내 평균농도)에 대해서는 Newman에 의해 이론해(평판의 경우)와 계산결과(그림 2-7)가 제시되어 있다.[13],[19] 추출액 초농도 x_0 가 0일 때는 ξ' 와 $1-M_\theta$ 의 추잔율의 정의는 같아진다($\bar{y}/y_0$). 두께 $2r_s$ 의 평판상의 추료의 양면에서 1차원확산에 의해 추출이 이루어질 경우, 그리고 반경 r_s 의 구형추료에서의 추출의 경우의 ξ' 의 해를 나타내면 다음과 같다.

$$\xi' = \frac{\bar{y}-Kx_0}{y_0-Kx_0} = \begin{cases} \dfrac{8}{\pi^2}\displaystyle\sum_{n=0}^{\infty}\frac{1}{(2n+1)^2}exp\left[-(2n+1)^2\frac{\pi^2 D_e\theta}{r_s^2}\right] & \text{(평판)} \quad (2.17) \\ \dfrac{6}{\pi^2}\displaystyle\sum_{n=1}^{\infty}\frac{1}{n^2}exp\left(-\frac{n^2\pi^2 D_e\theta}{r_s^2}\right) & \text{(구)} \quad (2.18) \end{cases}$$

두 경우 모두 지수함수의 특성에 의해 ξ' 는 $n=0$(식(2.17)) 또는 $n=1$(식(2.18))의 항만으로 유사할 수 있다.

표 2-1 $\tan q_n = \dfrac{3q_n}{3+\alpha_0 q_n^2}$ 의 근[17]

α_0	q_1	q_2	q_3	q_4	q_5	q_6
∞	3.1416	6.2832	9.4248	12.5664	15.7080	18.8496
9.0000	3.2410	6.3353	9.4599	12.5928	15.7292	18.8671
4.0000	3.3485	6.3979	9.5029	12.6254	15.7554	18.8891
2.3333	3.4650	6.4736	9.5567	12.6668	15.7888	18.9172
1.5000	3.5909	6.5665	9.6255	12.7205	15.8326	18.9541
1.0000	3.7264	6.6814	9.7156	12.7928	15.8924	19.0048
0.6667	3.8711	6.8246	9.8369	12.8940	15.9779	19.0784
0.4286	4.0236	7.0019	10.0039	13.0424	16.1082	19.1932
0.2500	4.1811	7.2169	10.2355	13.2689	16.3211	19.3898
0.1111	4.3395	7.4645	10.5437	13.6133	16.6831	19.7564
0	4.4934	7.7253	10.9041	14.0662	17.2208	20.3713

표 2-2 $\tan q_n = -\alpha_0 q_n$ 의 근[17]

α_0	q_1	q_2	q_3	q_4	q_5	q_6
∞	1.5708	4.7124	7.8540	10.9956	14.1372	17.2788
9.0000	1.6385	4.7359	7.8681	11.0057	14.1451	17.2852
4.0000	1.7155	4.7648	7.8857	11.0183	14.1549	17.2933
2.3333	1.8040	4.8015	7.9081	11.0344	14.1674	17.3036
1.5000	1.9071	4.8490	7.9378	11.0558	14.1841	17.3173
1.0000	2.0288	4.9132	7.9787	11.0856	14.2075	17.3364
0.6667	2.1746	5.0037	8.0385	11.1296	14.2421	17.3649
0.4286	2.3521	5.1386	8.1334	11.2010	14.2990	17.4119
0.2500	2.5704	5.3540	8.3029	11.3349	14.4080	17.5034
0.1111	2.8363	5.7172	8.6587	11.6532	14.6870	17.7481
0	3.1416	6.2832	9.4248	12.5664	15.7080	18.8496

그림 2-8은 조각내의 대두유를 헥산으로 추출했을 때의 추출률 $1-M_\theta$를 나타낸 것이다. 이것은 Karnofsky의 실험데이터[20)]를 Schwartzberg와 Chao가 재정리한 것이다.[16]

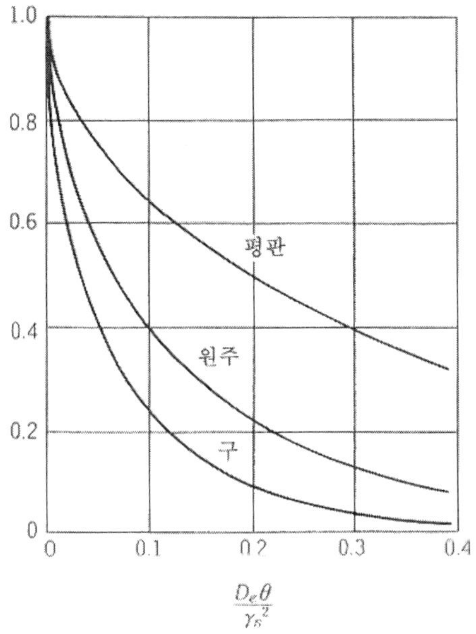

그림 2-7 2-7 ξ' 내 $\frac{D_e\theta}{r_s^2}$

(구, 원주에서 r_s는 반경)[9]

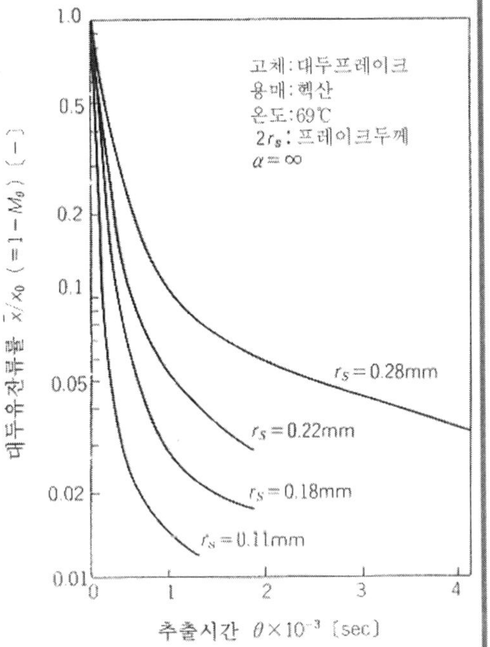

그림 2-8 확산시험데이터

데이터는 Karnofsky[20]의 것에서 다시 출력한다[16]

(2) 분배계수

식(2.6) 등에서 나타낸 분배계수 K는 평형상태에 있는 추료와 추출액 간의 추질농도의 관계를 나타낸 것이다. 추료내의 불용성분이 추질을 흡착하지 않으면 분배계수 K는 추료내에 포함된 액체의 체적비 ϵ_i의 역수와 같은 경우도 있다. 단, 추출성분이 고분자인 경우는 세포막이 손상되지 않으면 추출되지 않으므로 이 경우는 K를 $1/\epsilon_i$로 할 수 없다. 어느 경우든 이와 같은 고액평형관계는 계의 물질의 조합 및 온도와 압력이 지정되면 결정되는 액액추출의 분배계수와 같은 열역학적 평형관계가 아니다.[13]

추료내에 포함된 액체의 체적비 ϵ_i는 고체내의 공극률에 대응되며 추료건조물의 화상해석,

가스흡착, 수은압입 등의 방법으로 측정하고자 하는 시도도 이루어지고 있다. 커피콩 분쇄물의 예를 보면 이러한 3가지 방법으로 구해진 K값 간에 큰 차이가 있다(Voilley, A. and Clo, G. 1984). 또한 추료는 추제를 흡수하면 팽윤하므로 건조물시료의 공극률을 ϵ_i로 하는 것이 언제나 타당한 것은 아니다.

분배계수 K의 측정법으로는 실제추출에 가까운 조건에서 회분식 실험을 통하여 평형추출률 $\alpha_0/(1+\alpha_0)$를 구하고 α_0와 추출조내의 액체의 체적비 ε 에서 식(2.12)의 관계에 따라 K를 산출하는 방법이 적절하다고 생각된다.

(3) 고체내 확산계수

2-2-1장에서 설명했듯이 천연물 고체원료에서 성분을 추출하는 것은 세포조직구조의 영향을 받으므로 복잡하다. 따라서 구하고자 하는 고체내 확산계수를 이용하는 경우는 원료의 전처리나 추출조건에 대한 고려가 필요하다. Geankoplis의 서적[15]이나 Schwartzberg와 Chao의 문헌[16] 등을 참고로 고체내 확산계수 D_e에 대해 서술한다.

고체내의 확산은 복잡한 고체구조의 간극의 용액부분을 경로로 하므로 고체내 확산계수 D_e는 용액내의 확산계수 D와 관련이 있다. 용액내의 확산계수의 이론식으로는 콜로이드입자에 대해 유도된 Stokes-Einstein의 식이 있다.

$$D = \frac{kT}{6\pi\mu_B r_p} \tag{2.19}$$

여기서 r_p는 입자반경, k는 볼트만상수, T는 절대온도, μ_B는 연속상인 용매의 점도이다. 고분자의 생화학물질의 확산계수에는 Stokes-Einstein의 사고를 발전시켜 얻은 다음 식이 근사적으로 적용된다.

$$D = \frac{9.96 \times 10^{-16} T}{\mu_B V_A^{1/3}} \tag{2.20}$$

여기서 V_A는 상압하의 끓는점에서의 용질몰체적 $m^3/kg{\cdot}mol$이며, D, T 및 μ_B의 단위는 각각 m^2/s, K 및 $Pa{\cdot}s(kg/m{\cdot}s)$이다. 식(2.19), (2.20)은 희박용액에 대해 성립하는 것으로 단백질수용액의 경우 확산계수에 대한 농도의 영향이 표면전하의 작용을 받아 복잡하다.

분자량 1,000이하 또는 몰체적 $0.500m^3/kg\cdot\ mol$이하인 용질의 희박용액내의 확산계수에 대해서는 Wilke-Chang의 식이 있다.

$$D = 1.173 \times 10^{-16} (\varphi M_B)^{1/2} \frac{T}{\mu_B V_A^{0.6}} \tag{2.21}$$

여기서 M_B는 용매의 분자량, φ는 회합매개변수이며 각 용매에 의해 다음 값을 취한다. 물 2.6, 메탄올 1.9, 에탄올 1.5, 벤젠 1.0, 에테르 1.0, 헵탄 1.0 및 기타 비회합성용매 1.0이다. 식(2.21)은 식(2.20)과 마찬가지로 2성분계의 상호확산계수의 식이나 제3성분으로 단백질 등의 고분자용질이 더해지면 결합이나 단절의 효과로 저분자용질의 확산계수는 식(2.21)에 의해 계산되는 값보다 작아진다.

고체 내부구조의 영향을 받은 유효확산계수와 용액내 확산계수의 관계는 다음과 같다.

$$D_e = \frac{\epsilon_i D}{\tau} \tag{2.22}$$

여기서 ϵ_i는 고체내에서 차지하는 세공의 체적비율, τ은 굴곡계수이며 고체의 대표길이에 비해 고체내의 확산거리가 몇 배 크다는 것을 반영한 계수이다. $f_r = \tau/\epsilon_i$를 굴곡계수로 한 예도 있으며 세공에 협착부가 있는 경우에는 그 영향도 f_r에 나타난다. 또한 고체를 구성하는 불용성 성분에의 용질의 흡착현상에 의해서도 고체내의 확산계수 D_e는 용액내의 확산계수 D와 달라진다.

카페인의 수중 확산계수 D가 $6.9\times10^{-10} m^2/s$ 인데 비해, 평균입경 0.5mm의 커피콩 분쇄물내의 확산계수는 추출인자 α가 3이고 70℃의 물을 이용한 추출실험에서 $1.1\times10^{-10} m^2/s$ 정도로 얻어졌다(Voiley, A. and Simatos, D., 1980). 이와 같은 값은 보고된 고체내 확산계수의 일례에 지나지 않지만 D_e와 D의 관계는 굴곡계수 f_r로 나타내면 2~10정도이다. 저분자용질의 고체내 확산계수의 보고 예를 표 2-3[1]에 나타냈다. 단백질과 같은 고분자의 경우에는 f_r값이 약 1,000이 되기도 한다.

콜로이드입자의 확산계수 식(2.19)에 따르면, D에 대한 온도의 영향은 점도도 개입되므로 D의 절대온도 의존성은 직선적인 관계이상이 된다. 이와 같은 확산계수의 온도의존성은 Arrhenius의 식으로 표현된다.

$$D_e = D_e^0 \exp\left(-\frac{E_a}{RT}\right) \tag{2.23}$$

여기서 D_e^0은 유효확산계수의 기준값, E_a는 활성화에너지이다. 감자내의 시클로헥사놀의 확산의 경우 E_a값은 35.7kJ/mol로 수용액내의 값의 약2배가 된다. 또한 팽윤한 커피콩내의 카페인의 확산의 경우는 온도 25~85℃에서 E_a는 32kJ/mol로 수용액내의 자유확산의 경우에 비해

표 2-3 식품내의 확산계수와 참고값

식품원료	용질	용매	온도 (℃)	$D_{AB}\times10^{10}$ (m^2/s)
희박용액	자당	물	25	5.4
사탕수수(조직을 가로질러)	자당	물	75	5.1
사탕수수(조직 있음)	자당	물	75	3.0
사탕무	자당	물	24	1.6~2.5
젤라틴 겔	자당	물	5	0.1~2.5
희박용액	NaCl	물	25	16.1
오이지	NaCl	물	25	5.3~11.0
희박용액	유당	물	25	4.9
커드 소편	유당	물	25	3.0
땅콩 박편	유	헥산	25	0.007
오동종자 박편	유	헥산	30	0.006
건조고체조직	글리세리드	—	50	5×10^{-4}

약 2배이다. 고체내 확산의 활성에너지가 용액내의 확산에 비해 큰 이유는 용질의 확산에 대한 세포벽이나 세포막의 영향 때문으로 생각된다.[21]

2-3-2 흡착 · 확산모델

사탕무 등의 식물조직은 저장세포와 유관속으로 이루어져 있다. 추출성분은 세포내와 유관속내에 존재하는데 세포내에서 직접 이동할 수 없는 성분농도 y_I와 유관속내의 세포간액을 확산하는 성분농도 y_M(모두 각 부분의 체적을 기준으로 한 농도) 사이에는 Langmuir형 흡착평형관계가 성립하는 것으로 한다.

$$\frac{y_I}{y^*}=\frac{K' y_M}{1+K' y_M} \tag{2.24}$$

여기서, K'는 상수이며 y^*는 세포내의 최대농도이다. 유관속부의 확산에 의한 이동을 생각하면 구형추료내의 물질수지식은 다음과 같다.

$$D_e\left(\frac{\partial^2 y_M}{\partial r^2}+\frac{2}{r}\frac{\partial y_M}{dr}\right)=\epsilon_s\frac{\partial y_M}{\partial\theta}+(1-\epsilon_s)\frac{\partial y_I}{\partial\theta} \tag{2.25}$$

여기서, D_e는 유효확산계수이며 ϵ_s는 세포조직내에서 차지하는 유관속부분의 체적비율이다. 식(2.24)의 관계를 이용하면 식(2.25)는 다음 식이 된다.

$$\frac{\partial^2 y_M}{\partial r^2}+\frac{2}{r}\frac{\partial y_M}{dr}=\frac{1}{D_e}\left[\epsilon_s+\frac{K'y^*(1-\epsilon_s)}{(1+K'y_M)^2}\right]\frac{\partial y_M}{\partial\theta} \tag{2.26}$$

외피를 제거한 추료를 완전혼합조에서 추출할 때 경막물질이동의 저항을 무시할 수 있는 경우에는(Soddu그룹에 의하면 B_i >1,000) 경계조건 및 원료내외의 농도관계식으로서 식(2.4), (2.7), (2.11)에 상당하는 다음 식이 성립한다.

$$r=0\ ;\ \frac{\partial y_M}{\partial r}=0 \tag{2.27}$$

$$r=r_s\ ;\ y_M=x \tag{2.28}$$

$$-(1-\epsilon_s)a_sD_e\left(\frac{\partial y_M}{\partial r}\right)_{r=r_s}=\epsilon_s\frac{\partial x}{\partial\theta} \tag{2.29}$$

또한 y_M의 초기농도 y_M^0은 식(2.24) 및 물질수지($y=\epsilon_s y_M+(1-\epsilon_s)y_I$)의 관계로부터 다음 식과 같다.

$$y_M^0=\frac{K'y_0-\epsilon_s-(1-\epsilon_s)K'y^*+\sqrt{[K'y_0-\epsilon_s-(1-\epsilon_s)K'y^*]^2+4\epsilon_sK'y_0}}{2\epsilon_sK'} \tag{2.30}$$

여기서, y_0는 세포조직내의 추질의 초기농도이다. 또한 추출조의 초기조건은 식(2.9)로 주어진다.

$$\theta=0\ ;\ x=x_0 \tag{2.31}$$

Soddu그룹은 표 2-4의 물성값 및 초기값을 이용하여 사탕무에서 자당을 19~20℃의 물로 추출하는 경과를, 표 2-4의 물성값과 식(2.26)~(2.31)을 이용하여 수치계산에 의해 구한 뒤 이것을 실험결과와 비교하여 그림 2-9를 제시하였다. 단, 사탕무의 외피를 제거할 때 세포의 일부가 손상되어 세정에 의해 신속히 추출되기 때문에 추출액의 초기농도 x_0를 0이 아닌 값(2.82×10^{-5}g/cm^3)

을 이용하였다. 이 해석은 사탕무의 세정공정(평균체류시간 20분이하)을 대상으로 한 것으로 그림 2-9의 100분이상의 점에서의 계산값과 실험값의 차이는 실제상 문제가 되지 않으나, 계산에서는 고려되지 않은 화학반응이나 세균에 의한 당의 소비가 그 원인으로 생각된다. 세편(細片)의 사탕무나 외피를 벗기지 않은 사탕무에서 자당을 추출하는 과정도 동일한 방법으로 해석되어 있다. 또한 두께와 확산계수의 두 값이 불분명한 가죽부분에서의 용질의 확산을 경막에서의 물질이동의 경우와 마찬가지로 경막물질이동계수를 이용하여 취급하는 방법도 있다.[21]

표 2-4 사탕무 추출과정의 계산에 이용한 물성[8]

사탕무내의 전체당농도	y_T^0	0.176	[g/cm^3]
유관속이 차지하는 체적비	ϵ_s	0.3	[—]
세포내 최대당액	y^*	0.25	[g/cm^3]
추출액내의 초기당농도	x_0	2.82×10^{-5}	[g/cm^3]
추료반경	R	4.2	[cm]
추제비(체적)	ε /1-ε	11	[—]
굴곡계수	τ	2	[—]
자당확산계수	D_{AB}	4.4×10^{-6}	[cm^2/s]
자당유효확산계수	$D_e(=\epsilon_s D_{AB}/r)$	6.6×10^{-7}	[cm^2/s]

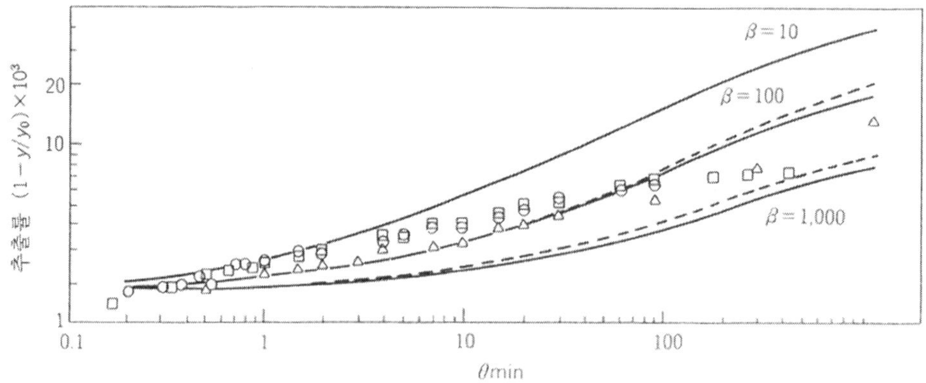

곡선은 비오수 $B_i=\infty$, $y^*/y_0=1.4$로서 각 $\beta=K'y_0$의 예에 대해 계산된 것이다. 실선은 $\delta=\epsilon_s/(1-\epsilon_s)=11$로, 점선은 $\delta=0$로 계산되었다. 추출률 $1-y/y_0$의 점근값은 $\beta=10$일 때 0.63 ; $\beta=1000$일 때 0.11이다.

그림 2-9 박피한 신선한 사탕무에서 설탕추출의 시간경과

2-3-3 연속추출

이상에서는 회분식의 추출, 즉 고체원료 및 추출액의 공급과 배출이 없는 추출에 대해서 검토하였다. 이하에서는 고체원료를 추출조에 장치한 뒤 추제의 공급과 추출액의 배출을 연속적으로 행하는 추출의 비정상과정에 대해 생각해보자. 해석을 간편하게 하기 위해 고체내의 용질농도는 평균농도 $\bar{y}$로 대표시킨다. 추출조의 용적을 V, 추제의 공급속도와 추출액의 배출속도를 모두 F로 하고, 공급추제내에는 용질이 포함되지 않은 것으로 한다. 이때, 액경막에서의 물질이동속도의 영향을 무시할 수 있는 조건에서 이하의 물질수지식이 성립한다.

$$V\epsilon\frac{dx}{d\theta}=V(1-\epsilon)k_i a_s\left(\bar{y}-\frac{x}{K}\right)-Fx \tag{2.32}$$

$$V\epsilon x+V(1-\epsilon)\bar{y}+F\int_0^{\theta}x\,d\theta=V(1-\epsilon)y_0 \tag{2.33}$$

여기서 k_i는 고상내 물질이동계수, a_s는 추료입자의 비표면적, 즉 추출액과 접하는 단위체적의 입자의 표면적, y_0는 추료내 용질농도의 초기값이다. 물질이동계수 k_i와 고상내 유효확산계수 D_e 간의 관계식으로 다음 식이 제시되어 있다.[22]

$$\frac{k_i a_s d_p^2}{4D_e}=\begin{cases}15 & (Glueckauff) \\ 25(1-\epsilon) & (Vermeulen-Hiester)\end{cases} \tag{2.34, 2.35}$$

식(2.32)와 (2.33)에서 유통식 완전혼합조를 이용한 추출조작에서의 유출액내의 용질농도 y의 해는 다음과 같다.

$$x=Ay_0\left[\exp\left(\frac{r_1\theta}{\bar{\theta}}\right)-\exp\left(\frac{r_2\theta}{\bar{\theta}}\right)\right] \tag{2.36}$$

$$A=\frac{k_i a_s\bar{\theta}}{2\alpha_0\sqrt{[k_i a_s\bar{\theta}(1+\alpha_0)/\alpha_0]^2-4k_i a_s\bar{\theta}}} \tag{2.37}$$

$$r_1=-k_i a_s\bar{\theta}(1+\alpha_0)/\alpha_0-1+\sqrt{[k_i a_s\bar{\theta}(1+\alpha_0)/\alpha_0+1]^2-4k_i a_s\bar{\theta}} \tag{2.38}$$

$$r_2=-k_i a_s\bar{\theta}(1+\alpha_0)/\alpha_0-1-\sqrt{[k_i a_s\bar{\theta}(1+\alpha_0)/\alpha_0+1]^2-4k_i a_s\bar{\theta}} \tag{2.39}$$

여기서 $\bar{\theta}$는 평균체류시간, 즉 $V\epsilon/F$이다. 또한 $F=0$ 즉 회분조작의 경우에 대한 추출률 M_θ는 다음 식과 같다.

$$M_\theta = \frac{\alpha_0}{1+\alpha_0}\left[1-\exp\left\{-\left(\frac{1+\alpha_0}{\alpha_0}\right)ka\theta\right\}\right] \tag{2.40}$$

예제 02

기초식(2.32)와 (2.33)의 해인 식(2.36)~(2.39)를 유도하여 피크농도를 주는 시간의 식을 구하시오.

[해]

식(2.33)을 변형하여 다음 식을 얻는다.

$$\bar{y}= y_0 - \{\epsilon/(1-\epsilon)\}x - F/\{V(1-\epsilon)\}\int_0^\theta x\, d\theta$$

위의 식을 식(2.32)에 대입하여 정리하면 다음과 같다.

$$\frac{dx}{d\theta}= \frac{(1-\epsilon)}{\epsilon}k_i a_s y_0 - \left[k_i a_s\left\{1+\frac{(1-\epsilon)}{K\epsilon}\right\}+\frac{F}{V\epsilon}\right]x - \frac{k_i a_s F}{V\epsilon}\int_0^\theta x\, d\theta$$

위의 식을 시간에 관해 미분한다.

$$\frac{d^2x}{d\theta^2}= -\left[k_i a_s\left\{1+\frac{(1-\epsilon)}{K\epsilon}\right\}+\frac{F}{V\epsilon}\right]\frac{dx}{d\theta} - \frac{k_i a_s F}{V\epsilon}x$$

위의 식을 선형미분방정식의 해법에 따라 푼다. 미분기호 $d/d\theta$를 D라 하고 다시 쓰면

$$[D^2-(1/\bar{\theta})\left\{k_i a_s \bar{\theta}(1+\alpha_0)/\alpha_0+1\right\}D-(k_i a_s/\bar{\theta})]x=0$$

위의 식을 만족하는 근 $r_1{'}$ 및 $r_2{'}$는 다음과 같이 구해진다.

$$r_1{'}=r_1/\bar{\theta}\,,\ r_2{'}=r_2/\bar{\theta}$$

단, r_1, r_2는 식(2.38), (2.39)로 주어진다.

$r_1{'}$과 $r_2{'}$를 이용하면 원래의 미분방정식은 다음과 같다.

$$(D-r'_1)(D-r'_2)x=0$$

위의 식을 만족하는 y의 일반해는 다음과 같다.

$$x = C_1\exp(r'_1\theta) + C_2\exp(r'_2\theta)$$

위의 식은 다음 조건을 만족해야 한다.

$$\theta=0\ ;\ x=0 \text{ 및 } F\int_0^\infty x\,d\theta = V(1-\epsilon)y_0$$

$$\therefore\ C_1+C_2=0,\ -F\{(C_1/r'_1)+(C_2/r'_2)\} = V(1-\epsilon)$$

$$\therefore\ C_1 = -C_2 = \{r'_1 r'_2/(r'_1-r'_2)\}\{V(1-\epsilon)/F\}y_0$$

$C_1 = Ay_0$라 하면 A는 식(2.37)로 주어진다. 이상에 의해 x의 해가 식(2.36)으로 표현된다. x의 최대값을 주는 시간 $\theta_{\max}$를 구하기 위해 식(2.36)을 θ에 관해 미분한다.

$$dx/d\theta = (Ax_0/\bar{\theta})\{r_1\exp(r_1\theta/\bar{\theta}) - r_2\exp(r_2\theta/\bar{\theta})\}$$

$dx/d\theta=0$을 만족하는 θ가 $\theta_{\max}$가 된다.

$$\therefore\ \frac{\theta_{\max}}{\bar{\theta}} = \frac{1}{(r_1-r_2)}ln\left(\frac{r_2}{r_1}\right)$$

$\theta_{\max}$를 측정함에 따라 $k_i a_s$를 구할 수 있다.

예제 03

해바라기의 종자단백질을 착색시키는 원인물질인 폴리페놀의 1종 클로로겐산을 제거하기 위해 분쇄 종자가루(건조시 중량평균직경 0.063×10^{-2}m)와 상온의 에탄올수용액(용적비 50/50)을 이용하여 추출실험을 한 뒤 추출곡선에 식(2.40)을 적용하여 구한 입자내 확산용량계수 $k_i a_s$가 보고되어 있다(Assogna, A., Patricelli, A., Sodini, G. and Emmi, E. : Lebensm. –Wiss. u. –Technol., 12, 262, 1979). 추료와 유제의 비율을 완전혼합조내의 공극률 ε로 환산하여 $k_i a_s$와의 관계를 도시한 것이 그림 2-10이다.

가루의 흡액량은 중량기준으로 건조물의 3.5배이며 추질농도의 단위를 고상(固相)에 대해서는 [kg/kg], 액상에 대해서는 [kg/ℓ]로 했을 때 두 상간의 클로로겐산의 분배계수는 0.238이었다. 가루건조물의 밀도를 10^3kg/m^3, 흡액에 의한 가루의 체적팽창은 3배로 가정한다.

완전혼합조의 공극률 ε 가 0.936일 때의 추출실험에서 추질의 잔류율이 0.35가 되는 시간을 구하시오. 또한 그림 2-10에서 $k_i a_s$가 ε 의 증가와 함께 커지는 이유를 검토하시오.

[해]

팽윤 가루의 밀도 ρ_p는 다음과 같다.

$$\rho_p = 10^3(1+3.5)/3 = 1.5 \times 10^3 kg/m^3$$

고상내 추질농도의 단위를 액상내의 농도단위에 맞추면 분배계수는 다음과 같이 환산되어 K가 구해진다.

$$K = 0.238 \times 10^3/\rho_p = 0.158$$

그림 2-10에서 $k_i a_s = 0.355\text{min}^{-1}$이므로 문제의 의의에 따라 이하의 계산을 한다.

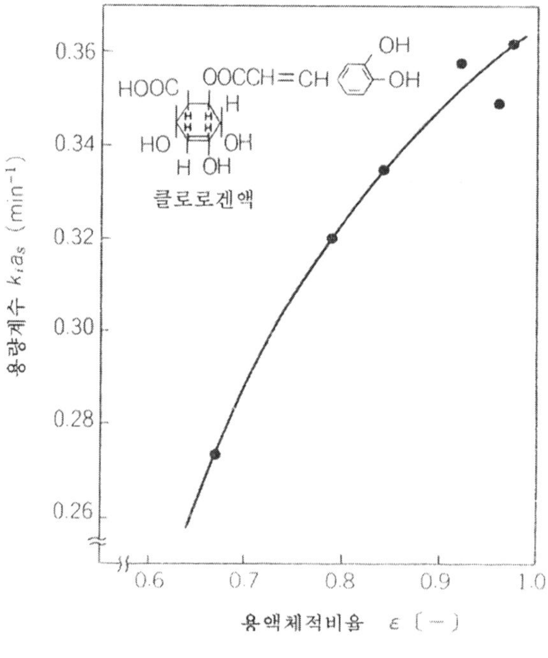

그림 2-10 해바라기의 종자 폴리페놀 추출시의 가루내 물질이동에 관한 용량계수

$$\alpha_0 = \epsilon K/(1-\epsilon) = 2.32$$

$$\therefore\ 1 - M_\theta = 0.300 + 0.700 \times \exp(-0.508\theta) = 0.35$$

$$\therefore\ \theta = -(1/0.508)\ln\{(0.35-0.30)/0.700\} = 5.2\text{min}$$

고-액 간의 물질이동속도는 입자내 확산율속의 경우 계면에서의 고상측 농도의 기울기에 비례한다. 그러나 이 농도의 기울기는 고상내의 농도의 평균적인 기울기보다 크며 그 차는 물질이동이 촉진되는 조건, 즉 완전혼합조에서의 공극률이 클수록 증가한다. 이 차이를 메우기 위해 공극률이 클수록 고상내 물질이동계수 k_i 값은 더 커진다. k_i는 고체 및 액체의 물성이나 온도의 영향을 받지만 본래는 ε 에 의존하지 않는다.

2-3-4 추출속도의 측정 예

이상, 고체원료내의 용질의 확산이나 흡착과정에 의해 율속되는 고액추출의 이론적 속도식에 대해 서술하였다. 2-2장에서 설명했듯이 고액추출은 용매의 침투나 용질의 용해과정에도 의존되며 용질의 확산도 시간적으로 변하는 세포구조의 영향을 받는다. 따라서 이론적 추출속도식의 적용에 있어서는 추출기구에 대한 배려가 필요하다. 이 항에서는 추출속도의 측정 예에 대해 서술한다.[16]

식품공업에 있어 고액추출을 이용하는 대표적인 예 중 하나는 식물유의 제조인데 대두유의 추출에 관한 연구는 거의 1950년 중반까지 발표되었으며 영향인자 등의 결과에 대해서는 Yoshimura에 의해 정리되어 있다.[2] Othmer와 Agrawal은 대두조각에서 n-헥산에 의해 대두유를 추출하는 회분식 실험을 하여 추출액내의 추질농도에 의해 추출속도가 영향을 받지 않으므로 추출기구가 단순한 확산에 의한 것이 아닌 조각내의 모관에의 용제의 침투현상에 관련된 것으로 생각하였다.[5] 표 2-5에 그들이 얻은 추출속도 실험식을 나타냈다. 더 높은 온도에서 조업되어 있는 플랜트의 데이터로서 잔류 대두유 농도가 추출시간 θ의 -2.445승에 비례한다는 사실도 보고되어 있다(Myers, N. W., 1977).

앞장에서 설명했듯이 확산이론에 따르면 추제와 추료의 비율을 일정하게 하고 크기가 다른 동일 추료에서의 추출경과는 무차원시간 $D_e\theta/r_s^2$에 의존될 것으로 기대된다. 즉, 추료내 추질잔류율이 예를 들어 1%가 될 때까지 요하는 시간 θ는 입경의 2배에 비례하며 입자내 확산계수에 반비례한다. 단순용액에서는 확산계수가 절대온도 T에 비례하고 점도 μ에 반비례한다. 또한 용액

표 2-5 식품성분의 추출속도식의 예

추질	추료	추제	추출조건	추질농도의 시간변화	연구자
대두유	대두조각 (두께 0.15 ~ 0.47mm, 4종)	n-헥산	진탕법 26.6℃	$C_B = 9.26 \times 10^{-5} S^{-1468} t^{-0.4}$ $C_B : y_B / y_A$ S:비표면적[m^2/kg] t:추출시간[min]	D. T. Othmer and J. C. Agrawal (1955)
홍차 성분	스리랑카산차 80%+ 아프리카산차 20% (10 ~ 40메쉬, 영국체)	온수	교반 또는 무교반 60, 80, 100℃	$\frac{dx}{dt} = \sum_{j=1}^{n} k_j (x_{\infty j} - x_j)$ x, x_j:추출액내의 전성분 및 j성분농도 [g/100ml] $x_{\infty j}$:x_j의 평형값	V. D. Long (1979)
어유	냉동고등어 (각변 3 ~ 15mm 직방체 및 한변 10mm 입방체)	1, 2-디클로로에탄 아세톤	진탕법 30, 45, 60℃ 5, 15, 25℃	전단 $R = \left(1 - \frac{K_0}{L} \theta^{1/2}\right)^3$ 후단 $R \fallingdotseq \left(\frac{8}{\pi^2}\right)^3 \exp(-K\theta)$ $K \equiv 3\pi^2 D_B / L^2$ R:잔류율, D_s:확산계수, L:변길이	酒井信등 (1972, 1974, 1978, 1979)
수용성 단백질	냉동명태 (두께 1.5 ~ 10mm, 6종)	물	교반법 10℃	$R = \frac{8}{\pi^2} exp(-K\theta)$ $K \equiv \pi^2 D_B / L^2$	酒井信등 (1978)

점도의 온도의존성이 Arrehius식에 따르면 확산계수 D_e는 최종적으로 $T\exp(E_a/RT)$에 비례하게 된다. 여기서 E_a는 활성화에너지, R은 기체상수이다. 따라서 추출시간 θ는 $T^{-1}\exp(-E_a/RT)$에 비례한다. Coats와 Wingard는 유량종자에서의 유지추출실험을 하여 추질잔류율 1%에 상당하는 추출시간 θ를 측정하여 대표직경 $2r_s$ 및 절대온도 T의 관계를 다음 식으로 정리하였다.[23]

$$\theta = K_e (2r_s)^n T^m \tag{2.41}$$

여기서 K_e, n, m은 상수이며 n, m에 대해서는 표 2-6과 같다.

표 2-6 식물유지의 추출시간의 입경 및 온도의존성[23]

a. 입경의 멱승수

조각의 경우		Grid	
목화씨	n=1.5	옥수수의 배아	n=3.4
대두	n=2.2	목화씨	n=4
땅콩	n=2.5	대두	n=5.5
아마	n=7		

b. 온도의 멱승수

	원료	수분(%)	용제	m
1	목화씨	11.6	헵탄	-2.4
2	목화씨	11.6	헥산	-2.4
3	목화씨	11.8	88%이소프로판올	-1.9
4	대두	7.6	헥산	-2.0
5	대두	8.0	트리클로로에틸렌	-2.0
6	대두	8.4	헥산	-1.6
7	아마	9.2	헵탄	-1.9
8	아마	9.2	헥산	-1.9

조각상태의 면실을 제외하고 n은 확산의 식에서 예측되는 값인 2보다 큰 결과를 보였다. 이 차이는 조각상태의 추료의 경우 입경의 증가에 따라 확산이 3차원적인 것에서 1차원적인 것으로 변화하며 또한 세포조직의 손상의 영향도 생각된다. 추출시간의 온도의존성 지수 m이 -1 이하로 나타난 것은 예상한 대로이나, 확산계수나 점도를 통한 온도의 영향 외에 유지의 고-액간 분배계수가 온도에 의존하는 영향도 있을 것으로 생각된다.

추출에의 추제의 침투현상이 추출속도에 관계하는 것에 대해서는 어유(魚油)의 추출에서 관측되었다. Sakai, Miki등은 냉동저장된 고등어에서 1, 2-디클로로에탄 및 아세톤을 이용하여 어유를 추출하는 실험을 하였다. 예를 들어, 30℃에서의 소수성용매 1, 2-디클로로에탄에 의한 추출의 경우 초기수분의 23%가 탈수된 단계에서 어유잔류율의 시간변화곡선에 굴절점이 나타난다는 것을 확인하여 그 점을 경계로 전단과 후단으로 추출기구가 다른 것으로 추정하였다. 즉, 추출의 전단에서는 용매의 침투에 의해 어육이 수축되면서 밀려나오는 형태로 어유와 수분이 일정한 비율로 추출된다. 용매의 침투에 의해 물과 어유의 상호확산이 가능해져 추출속도가 커지므로 후단의 추출로 이동하는 것으로 생각된다. 한편, 어육에서의 수용성단백질의 추출의 경우에는 잔류율이 처음부터 확산방정식에서 구해지는 선을 따라 변화하며 어육내의 확산계수가 5×10^{-7}~$6\times10^{-7}cm^2/s$로 어유의 용매추출에 비해 1자릿수 작은 값이 될 것으로 추정된다.

Long은 홍차의 가용성성분의 농도변화를 표 2-5의 식을 이용하여 정리하여 가용성성분을 1성분, 2성분 및 3성분으로 취급한 각각의 경우에 대해 속도상수를 정하였다. 가용성성분을 추출 속도 면에서 보면 순간추출성분, 신속추출성분 및 완만추출성분의 3가지로 분류된다.

2-4 추출조작

2-4-1 고액추출장치와 추출조작

고체원료의 성상과 처리량에 따라 고체의 공급방식이나 고액의 접촉방식이 다른 다양한 추출장치가 이용되고 있다.[24] 이들 대부분은 고액의 흐름이 서로 역방향이 되는 향류접촉방식 또는 그와 동일한 효과를 가진 조작방식을 이용하고 있다. 향류추출은 용매량이 적어도 되며 고-액간의 농도차를 적게 유지할 수 있기 때문에 고체의 팽윤, 붕괴의 원인이 되는 침투압의 영향을 억제할 수 있다는 이점이 있다.

그림 2-11은 고체를 유체에 대해 연속적으로 향류로 이송하는 것이 어려울 때 추잔물을 이동시키지 않고 추출액만을 이동시키는 다중조작(회분향류다단조작)추출방식으로 확산배터리라 불리는 것이다. 이용되는 복수의 추출칼럼(셀) 중 2개는 고체원료의 충전과 추출이 끝난 추잔물의 배출에 이용되며, 추출액을 배출칼럼측에서 충전칼럼측으로 흘려보내 일정시간 추출을 한 후 배출칼럼과 충전칼럼을 교환한다. 이러한 조작을 반복함으로써 고체원료는 칼럼에 충전되고 확산배터리내에 일정시간 체류한 뒤 계외로 배출되게 된다. 사탕무에서 설탕을 추출하는 예에서는 직경 1.6m, 길이 2.6~3.2m의 확산셀을 10~16개 이용하여 약5분 간격으로 고체원료의 충전과 추잔물의 배출 후 추제비(고체원료에 대한 추제의 중량비) 1~1.5의 물을 이용하여 고체의 체류시간 70분 정도의 조건에서 추출이 이루어지고 있다. 커피의 추출에는 직경 0.25~0.75m, 높이 4.5~6m의 세장한 확산셀이 4~8개 이용된다. 20~30분 간격으로 입경 3~5mm의 배소커피콩 분쇄물의 충전과 그 잔류물을 배출 후 160~185℃의 물을 이용하여 고체원료의 체류시간 2~3시간의 조건에서 추출이 이루어진다. 설탕추출에 비하여 커피추출은 원료의 입경이 작고 고온의 물이 추제로서 이용되는 것은 커피 가용성성분의 유효확산계수가 설탕에 비해 작고 추출 · 회수되는 가용성성분의 약35%가 가수분해반응에 의한 생성물이기 때문이다.

식물유지의 추출장치에는 침전형과 관류형 등 다양한 것이 이용되고 있다. 이들 추출장치의 장점으로는 고-액의 접촉효율 외에도 추료의 손상, 미립자의 돌출, 추잔물의 탈용제 등의 인자가

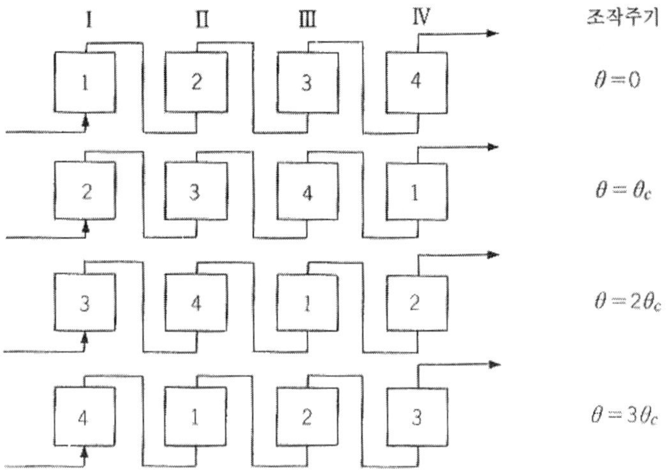

그림 2-11 4칼럼의 확산배터리에서의 조작주기 개략도

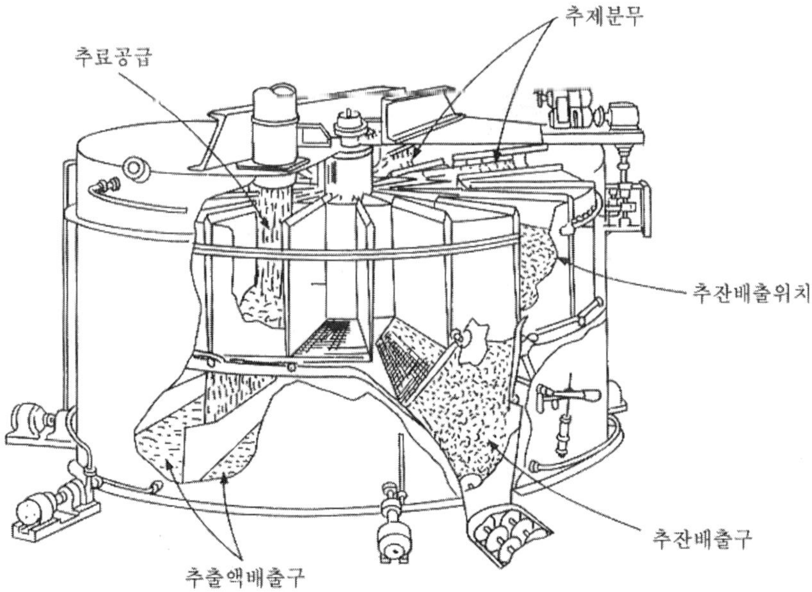

그림 2-12 Rotocel형 추출장치

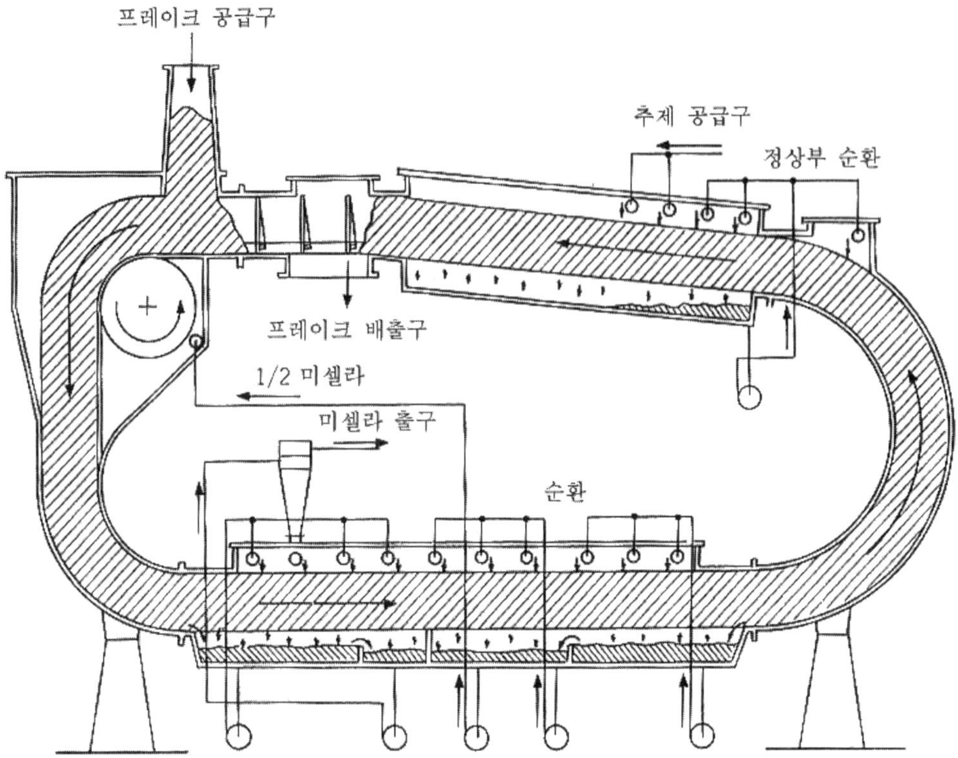

그림 2-13 Crown형 추출장치

관련된다. 고체의 이송에 스크류를 이용하는 침지형 Hildebrand 추출기는 입자의 손상문제도 있어 지금은 거의 이용되지 않고 있다. 현재 주로 이용되는 것은 원통장치내에서 수직회전축에 장착된 칸막이판에 의해 추료를 바닥부 스크린 위에서 수평회전운동시키면서 추제를 십자류로 관류시켜 추출하는 Rotocel형(그림 2-12) 또는 체인으로 구동되는 격자에 실어 고체원료를 이동시키면서 추제를 십자류로 흘려보내 추출하는 Crown형(그림 2-13)이 있다.[24]

본 절에서는 추출조작의 해석법 및 추출장치의 설계법에 대해 해설한다.

2-4-2 용해도와 추제비

고체원료, 즉 추료내의 용질의 추출조건이 주어져 있으면 추제량을 얼마나 이용할 것인가는 추출방식, 추출장치의 크기, 추출후의 분리조작을 고려하여 정해지는데 그 값은 추출되는 용질을 충분히 용해하는 양 이상의 것이어야 한다. 추출액내에 불용물이 발생하면 조작에 지장을 초래하여 충분한 추출률을 달성하기 어렵다.

예제 04

그림 2-14는 에탄올 · 수계 및 이소프로필알코올 · 수계에서의 어유의 용해도곡선을 나타낸 것이다. 추출액내의 어유의 용해는 수분의 증가에 따라 현저히 감소함을 알 수 있다. 그림 의 각 추제를 이용하여 어유 15.11%, 수분 63.82%를 포함한 어육에서 어유를 추출 · 분리하여 지질농도 0.5%, 수분 12.5%인 어육단백질을 얻는 것으로 한다. 필요한 최소추제량을 구하시오.

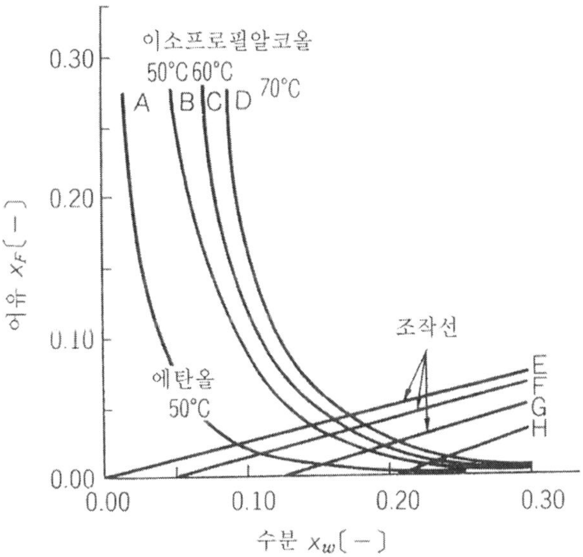

추제 내의 수분 z, E:0.0%, F:4.4%, G:12.3%, H:20%

McPhee, A. D. and Dubrow, D. L. : J. Am. Oil Chemists' Soo, 49, 501−504(1972)

그림 2-14 어류(청어의 일종, Brevoortia tyrannus)의 지질의 용해도곡선 및 조작선의 예

[해]

추료(어육)내의 수분을 Wkg, 추질(어유)을 Fkg이라 하고 수분분율이 z인 용매 Skg을 이용하여 추출하여 건조물량 기준으로 수분분율 y_w, 추질분율 y_F의 추잔건조물 Rkg을 얻는 것으로

한다. 추출액내의 수분 및 추질의 각 분율을 x_w과 x_F라고 하면 물질수지를 취함에 따라 다음 식을 얻을 수 있다.

$$x_w = (W - y_w R + zS)/\{(W - y_w R) + (F - y_F R) + S\} \quad \text{(i)}$$

$$x_F = (F - y_F R)/\{(W - y_w R) + (F - y_F R) + S\} \quad \text{(ii)}$$

두 식에서 용매량 S를 소거하면 x_F와 x_w의 관계, 즉 조작선을 다음과 같이 구할 수 있다.

$$x_F = f(x_w - z) \quad \text{(iii)}$$

$$f \equiv (F - y_F R)/[(W - y_w R) - z\{(W - y_w R) + (F - y_w R)\}] \quad \text{(iv)}$$

식(iii)의 조작선과 그림 2-14의 용해도곡선의 교점으로 x_F 및 x_w를 구하여 식(i) 또는 (ii)를 이용하여 추제의 최소필요량을 계산한다.

어육 100kg을 기초로 생각하면 다음의 각 양이 구해진다.

$$W = 63.82\text{kg},\ F = 15.11\text{kg},\ R = 21.07\text{kg},\ y_F = 0.005,\ y_w = 0.125$$

위의 각 수치를 식(iv)에 대입하면 f가 구해진다.

$$f = 0.1971(0.803 - z) \quad \text{(v)}$$

초기수분 $z = 0$, 0.04, 0.123 및 0.200의 각 수치에 대해 기울기 f를 계산하여 그림 2-14 내에 조작선 E, F, G, H로 나타냈다. 용해도곡선과 조작선의 교점에서 x_F 및 x_w를 구하여 위의 방법에 의해 최소추제량 S를 구하여 추료에 대한 비율로서 표 2-7에 나타냈다.

표 2-7 청어유 추출에서의 최소추제비

추제	온도 [℃]	최소추제비		
		무수출제	공비혼합물	수분20%추제
이소프로필알코올	50	3.4	7.1	15.2
이소프로필알코올	60	3.0	5.8	11.0
이소프로필알코올	70	2.8	5.3	9.6
에탄올	70	5.7	5.5	36.4

2-4-3 농도표시법

추료에서 추출되는 용질의 종류는 많으나 통상 가용성성분을 1성분으로 취급한다. 이때 추잔물은 추질, 추제 및 불용성고체(담체)의 3성분으로, 추출액은 추질과 추제의 2성분으로 이루어진다. 단, 고-액의 분리가 불완전한 경우는 추출액상도 3성분계로 취급할 필요가 있다. 천연물을 대상으로 하는 고액추출에서의 추질 및 불용성고체는 다종류의 물질로 되어 있어 이들 조성과 분자량이 모두 판명되어 있는 것은 아니므로 농도의 단위에 몰농도를 선택하기 어려우므로 질량농도 kg/m^3를 이용하는 것이 적절하다. 또한 농도는 각 성분의 전량에 대한 질량분율로도 나타내는데 성분전량을 기준으로 선택하는 경우와, 추질과 추제만을 전량으로 하는 경우가 있다. 성분전량을 기준으로 하여 나타내는 추출액내의 성분분율, 즉 무차원농도를 x, 추잔물내의 그것을 y라 하고, 용액량을 기준으로 한 무차원농도를 각각 X 및 Y라 한다. 또한 추질을 A, 불용성고체를 B, 추제를 C라 하고, 각 농도기호에 첨자를 붙여 각 상내의 각 성분의 농도를 나타내는 것으로 한다. 추출액내에 불용성고체의 혼입은 없으며 추질 A의 추제 C에의 용해도에 한도 없이 완전히 용해하는 경우 X는 x와 같고 Y는 y를 용액의 비율, 즉 $1-y_B$로 나눈 값이 된다. Y_A 및 Y_C는 각각 X_A 및 X_C와 같다.

2-4-4 고액평형

추료와 추제를 어떠한 비율로 용기에 넣고 일정온도로 장시간 유지하면 추료내의 추질이 추제내에 추출되며 곧 추잔과 추출액 간에 어떠한 비율로 분배되어 평형에 달한다. 추출액내의 추질분율 x_A는 비교적 용이하게 측정이 가능하므로 추료의 조성과 추잔의 보유액량을 알면 물질수지를 취하여 추잔내의 추질분율 y_A를 계산할 수 있다. 고-액 분리를 함에 따라 고상과 용액상이 얻어지는데 분리가 완전하여 추료내의 불용성고체가 용출되지 않는 경우는 용액상이 추질과 추제의 2성분으로 이루어지며, 고상은 이들 2성분에 불용성담체가 더해진 3성분으로 이루어진다. 따라서 두 상의 조성은 그림 2-15와 같이 삼각선도를 이용하여 나타낼 수 있다.

고-액이 분리된 뒤의 고상의 추잔물에 포함된 보유액 양은 고액분리방법에 변화가 없어도 일반적으로 용액의 조성에 따라 변한다. 이때의 고상의 조성을 나타내는 고상선은 그림 2-15의 (a)와 같은 곡선이 된다. 그러나 보유액 양의 변화유무에 상관없이 추질이 불용성고체에 흡착되지 않는 경우는 고상 내외의 용액의 조성이 같아져 고상의 조성 R과 용액상의 조성 E가 그림 2-15의 (a) 및 (b)와 같이 원점을 통하는 동일직선상에 놓이게 된다. 또한 추료내의 고체성분의 일부가 용액상에 혼입될 경우 액상선은 그림 2-15의 (c)와 같다.고상내의 고체성분이 추질을

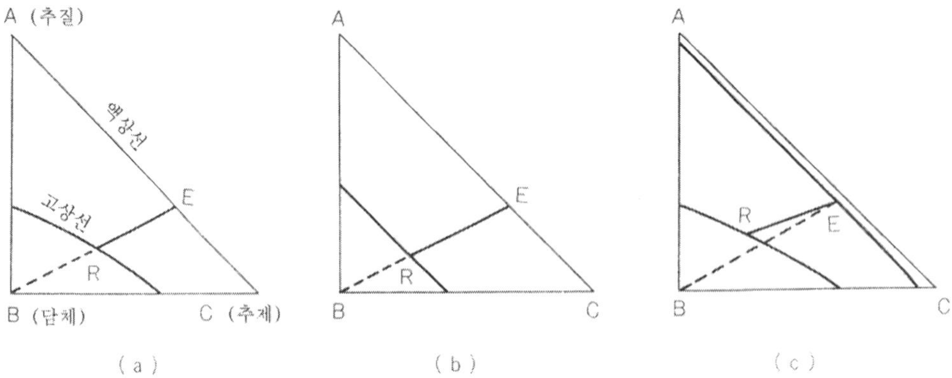

그림 2-15 3성분계 고액평형상태도

흡착할 경우에는 용액량기준의 용액상조성(X_A, X_C)이 등가가 아니므로 고상의 조성 R과 용액상의 조성 E가 그림 2-15의 (c)와 같이 원점을 통하는 직선상에 놓이지 않는다. 평형상태에 있는 고상 및 액상의 조성관계, 즉 고액평형관계는 다단추출조작의 단수계산 등에 이용된다.

예제 05

담체의 단위량에 동반하는 용액량을 β라 한다. 고상 내외의 용액조성이 같을 때 그림 2-15의 (a) 및 (b)에서 $\overline{RB}/\overline{ER}=\beta$임을 밝히시오.

[해]

전량 기준의 고상 내외의 조성에 대해 다음 관계가 성립한다.

$$y_A = \frac{\beta x_A}{1+\beta} \quad \text{(i)}$$

$$y_C = \frac{\beta x_C}{1+\beta} \quad \text{(ii)}$$

그러나 삼각형의 상사법칙과 분수의 관계에 따라 $\overline{RB}$와 $\overline{ER}$ 간에 다음 식이 성립한다.

$$\frac{\overline{RB}}{\overline{ER}} = \frac{y_A}{x_A - y_A} = \frac{y_C}{x_C - y_C} = \frac{y_A + y_C}{x_A + x_C - y_A - y_C} \quad \text{(iii)}$$

식(iii)에 식(i) 및 식(ii)의 관계를 이용함에 따라

$$\frac{\overline{RB}}{\overline{ER}}=\beta \tag{iv}$$

또한 β가 일정할 때는 삼각선도 위의 고상선과 용액상선은 평행해진다.

2-4-5 이상단추출

추출조작에는 일정량의 추료 F에 일정량의 추제 S를 첨가하여 충분한 시간 혼합한 뒤 추잔물 R과 추출액 E로 분리하는 단추출, 이 추출조작을 추제를 분할 이용하여 수회 반복하는 다회추출, 추료의 공급은 단추출과 같이 회분적이지만 추제를 연속적으로 공급하여 추출액을 연속적으로 유출시키는 반회분미분추출 등이 있다. 이들 추출조작에서의 추출률의 계산은 추잔물과 추출액 간에 평행에 달해 있다는 것을 가정하면 물질수지의 관계와 고액평형관계를 이용하여 도해법 또는 계산에 의해 구할 수 있다.[25] 여기서는 각 난이 이와 같은 이상단으로 이루어진 향류다단추출의 해석법에 대해 서술한다.

그림 2-16에 나타낸 향류다단추출장치에서는 추출액의 흐름인 일류(溢流)와 고형분의 흐름인 저류(底流)가 서로 역방향으로 이동하고 있다. 추료내의 불용성성분이 추출액으로 이행되지 않을 경우 일류는 추제와 추질의 2성으로만 이루어지나 일반적으로 저류와 마찬가지로 3성분계이다. 그러나 전성분량 기준의 성분분율에 관해서는 그 합이 1이므로 2성분의 성분분율을 알면 3성분계의 조성이 결정된다. 용액량기준의 성분분율에 대해서는 그 합은 용액보유율의 역수가 되므로 용액보유율을 알면 역시 2성분의 성분분율에 따라 결정된다. 단, 용액보유율은 추출과정에서 항상 일정한 것은 아니다.

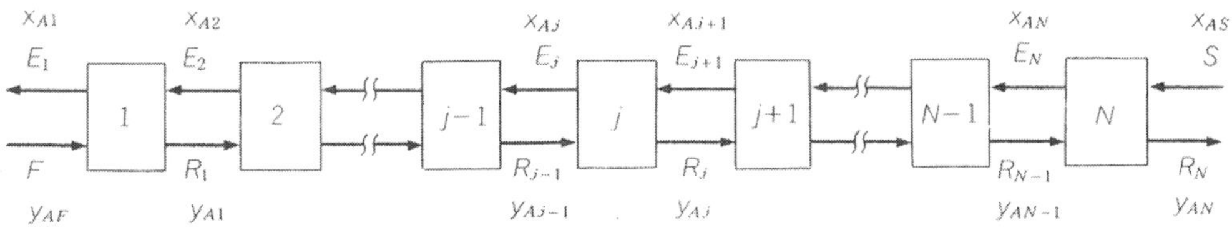

그림 2-16 향류다단추출조작

고액추출의 조성표시법에는 삼각선도표시법과 직각좌표표시법이 있으며 이들 표시법 중 어느 것을 이용하는가에 따라 향류다단추출의 해석법도 삼각선도법과 수정Ponchon- Savarit법으로 나누어진다. 수법은 동일하므로 삼각선도법에 대해 설명하기로 한다. 그림 2-13의 전추출공정의 양단에만 착안하면 추료와 추제의 혼합물이 유입하여 추잔물과 추출액의 혼합물이 유출된다고 할 수 있다. 두 혼합물의 양과 조성이 각각 같고 이들을 M과 (x_{AM}, x_{BM})라 하면 다음과 같이 물질수지 관계식이 성립한다.

$$F+S=M \tag{2.42}$$

$$y_{AF}F+x_{AS}S=x_{AM}M \tag{2.43}$$

$$y_{CF}F+x_{CS}S=x_{CM}M \tag{2.44}$$

$$R_N+E_1=M \tag{2.45}$$

$$y_{AN}R_N+x_{A1}E_1=x_{AM}M \tag{2.46}$$

$$y_{CN}R_N+x_{C1}E_1=x_{CM}M \tag{2.47}$$

식(2.42), (2.43) 및 (2.44)의 3가지 식 그리고 식(2.45), (2.46) 및 (2.47)의 3가지 식을 이용하여 각각 M을 소거하면 다음 관계식이 유도된다.

$$(x_{AM}-x_{AS})/(y_{AF}-x_{AM})=(x_{CS}-x_{CM})/(x_{CM}-y_{CF})=F/S \tag{2.48}$$

$$(x_{A1}-x_{AM})/(y_{AM}-x_{AN})=(x_{C1}-x_{CM})/(x_{CM}-y_{CN})=R_N/E_1 \tag{2.49}$$

따라서 혼합점 M, 즉 추료와 추제로부터 혼합물의 조성(추잔물과 추출액으로 된 혼합물의 조성)에 대응하는 점은 삼각선도 상에서 추료 및 추제의 두 조성점을 연결하는 선분을, 추제의 조성점에서 $F:S$의 비로 내분하는 점으로 구해진다. 또한 추출액과 추잔분의 두 조성은 각각 일류조성선과 저류조성선 상에 있으며 양자를 연결하는 선분은 혼합평균조성의 점 M을 통과한다.

다음으로 식(2.42)와 (2.45)의 관계 및 각 단에서의 유입물과 유출물 간의 물질수지 관계식으로부터 다음 식이 성립한다.

$$F-E_1=R_{i-1}-E_i=R_N-S=Q \tag{2.50}$$

즉, 일류와 저류의 유량 차는 일정하며 양자의 흐름 간에 교환되지 않는 만큼의 성분혼합물이 유량 Q로 한 방향으로 이동하고 있다($Q>0$이면 저류의 흐름방향, $Q<0$이면 일류방향). 단, 전체의 흐름과는 역방향으로 흐르는 성분도 있으므로 이 경우 혼합물의 가상적인 조성을 생각할 때 당해 성분의 분율의 부호는 (-)가 된다. 식(2.50)에 대응하여 추질 A 및 추제 C에 관한 물질수지를 취하면 가상적인 조성($x_{AQ}x_{\alpha q}$)에 관한 관계식이 얻어진다. 혼합평균조성점 M을 정할 때와 마찬가지로 삼각선도상의 E_1점과 F점을 연결한 선이 S점과 R_N점을 연결하는 선과 교차하는 점으로 조작점 Q가 구해진다. 임의의 단 i에서의 일류 E_i 및 저류 R_{i-1}의 두 조성점을 연결하는 선은 Q점을 통과하게 된다. 일류와 저류의 조성의 관계를 나타낸 그림 2-17의 우측 그림에 평형곡선 외에 조작점 Q를 이용하여 구한 E_i와 R_{i-1}의 관계곡선, 즉 조작선을 나타냈다.

임의의 이상단에서 유출하는 일류 E_i와 저류 R_i의 두 조성은 평형상태에 있으므로 양자는 평형선상에 있으며, 유출일류 E_i와 유입저류 R_{i-1}의 두 조성은 조작선 상에 있게 된다. 이 관계를 향류다단추출공정의 양단 중 하나의 단에서 순차적으로 적용함으로써 각 단의 일류와 저류의 조성을 구할 수 있다. 또한 각단에서의 추잔율 R_j가 불변이며 [예제5]의 식(i)이 평형관계가 성립할 때는 향류다단추출에서의 추출률 M_θ를 비롯한 해를 해석적으로 구할 수 있다.[25]

$$x_{Aj}/y_{Aj}=K_A \tag{2.51}$$

$$M_\theta=(y_{AF}-y_{AN})/y_{AF}=\psi\{1-(x_{AS}/K_A y_{AF})\} \tag{2.52}$$

위의 식의 우변의 ψ는 추출인자 $\alpha(=K_A S/F)$의 함수로서 다음과 같이 주어진다.

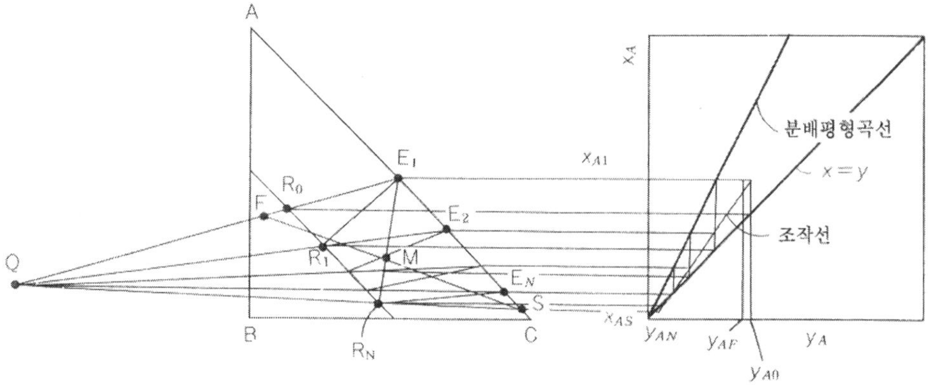

그림 2-17 삼각선도 및 분배곡선도에 의한 향류다단추출조작의 해법

$$\alpha \neq 1 \text{일 때 } \psi = \alpha(\alpha^N + 1)/(\alpha^{N+1} - 1) \tag{2.53}$$

$$\alpha = 1 \text{일 때 } \psi = N/(N+1) \tag{2.54}$$

2-4-6 향류미분추출

실제 향류다단추출기에서는 추출속도나 혼합현상에 의해 이상단에서 벗어나 있다. 이상단에서의 편차는 단효율로 평가되며 단효율을 예상할 수 있을 때는 이를 이용하여 소요실단수를 구할 수 있다.[25] 그러나 단효율 또는 1이론단의 크기를 추정하기 위해서는 추출의 속도과정을 고려한 해석이 필요하다. 이 항에서는 그림 2-12와 그림 2-13에 나타낸 고액추출장치, 즉 추료와 추제가 향류적으로 이동하는 동안 각 조성이 연속적으로 변화하는 향류미분추출기의 설계법에 대해 서술한다.

(1) 충전층 추출기의 해석

입자내 확산의 식: $\dfrac{\partial y}{\partial \theta} = -D_e \dfrac{\partial^2 y}{\partial r^2}$, $0 \leq r \leq r_s$, $\theta \geq 0$ (2.55)

물질수지의 식: $\dfrac{(1-\epsilon)\rho_{ps}\phi D_e}{r_s}\dfrac{\partial y}{\partial r} = \rho u_F \dfrac{\partial x}{\partial Z} = \rho_p u_s \dfrac{\partial \bar{y}}{\partial Z}$, $r = r_s$, $z \geq 0$ (2.56)

공급추료내의 추질농도분포: $y = \bar{y} = y_0$, $0 \leq r \leq r_s$, $\theta = 0$ (2.57)

공급추료내의 추질농도: $x = x_0$, $Z = L$ (2.58)

입자내의 경계조건 : $\dfrac{\partial y}{\partial r} = 0$, $r = 0$, $Z \geq 0$ (2.59)

입자표면에서의 평형관계 : $y_s = Kx_s$, $r = r_s$, $z \geq 0$ (2.60)

충전층형 추출기에서는 추료와 추제가 각각 피스톤류로 향류로 이동하며, 추질은 추료의 고체입자내를 확산으로 이동하여 액경막에서의 물질이동속도의 영향을 받지 않고 추료에서 추제로 추출되는 것으로 한다. 이 추출과정은 다음 식으로 기술된다.

위의 식에서 y 및 x는 각각 추료측 및 추제측의 추질농도이며 $\bar{y}$는 추료내의 추질의 평균농도이다. r은 대표직경 r_s의 입자내 중심 또는 중심축에서의 거리, Z는 층고 L의 충전층내의 입자공급구에서의 거리, u_F 및 u_s는 추제 및 추료의 겉보기 유속이며 유료의 이동방향을 (+)라 한다. D_e는 유효확산계수, K는 분배계수, ε 는 공극률, ρ_p는 추료의 밀도, ϕ는 입자의 형상에 대응한 계수(시트상은 1, 원주상은 2, 구상은 3)이다. 시간 θ는 입자공급후의 경과시간으로 Z/u_s와 같다.

식(2.55)~(2.60)의 해는 라플라스변환법에 의해 구해져 있으며[24),26)] 추출인자 $\alpha\,(=u_F/\,Ku_s)$가 1보다 큰 경우에 대해 나타내면 다음과 같다.

$$H_\theta = \frac{\bar{y}-y_0}{(x_L/K-y_0)} = \frac{\alpha}{\alpha-1}\left\{1-\sum_{n=1}^{\infty} p_n \exp(-q_n^2 D_e \theta / r_s^2)\right\} \qquad (2.61)$$

여기서 p_n 및 q_n은 각 입자형상에 대해 표 2-8에 의해 구해진다.[24] 또한 위의 식의 좌변 분모에는 미지의 상수인 배출추제내의 추질농도 x_L이 포함되어 있으나 이것은 다음 물질수지식에 의해 구할 수 있다.

$$u_s(\bar{y}-y_0) = u_F(x_0-x_L) \qquad (2.62)$$

식(2.61)에 의하면 충전층 추출기에서의 향류추출은 초기농도 y_0, x_0, 추출인자 α, 입자대표직경 r_s 및 유효확산계수 D_e가 주어지면 계산할 수 있다. 또한 사탕무의 추출 등에서는 추료의 전처리가 이루어지므로 초기농도분포는 식(2.57)과 달리, 균일하지 않은 경우도 있다. Plancho와 Krasuk은 이 경우에 대한 추출과정에 대해서도 검토하였다.[26]

표 2-8 연속향류추추렝서의 매개변수

추료형상	r_s	$q_n = n$차 비0정수근*	P_n
무한평판	두께의 절반	$\tan q_n = \alpha\, q_n$	$\dfrac{-2\alpha(1-\alpha)}{\alpha^2 q_n^2+(1-\alpha)}$
무한원주	반경	$\alpha q_n J_0(q_n) = 2J_1(q_n)$	$\dfrac{-4\alpha(1-\alpha)}{\alpha^2 q_n^2+4(1-\alpha)}$
구	반경	$\tan q_n = \dfrac{3q_n}{3-\alpha q_n^2}$	$\dfrac{-6\alpha(1-\alpha)}{\alpha^2 q_n^2+9(1-\alpha)}$

* : α >1일 때 성립

(2) 2상간 물질이동의 이론에 의한 해석

확산배터리에서는 각 충전층 칼럼의 공급추제 내의 추질농도가 시간에 따라 변화하므로 그 해석이 앞에서 말한 것보다 복잡하다. 또한 벨트식 추출장치에서는 추료와 추제의 접촉이 십자류로 벨트부분에 고여 있는 추출액이 벨트 상류측의 추료의 추제로서 이용된다. 이러한복잡한 추출장치의 해석이 물질이동계수를 이용하는 2상간 물질이동의 이론[27]에 기초하여 이루어지고 있다.[28],[29]

추제상(相)의 입구와 출구농도인 x_0와 x_L을 이용하여 이동단위수 N_{ext}가 다음 식으로 정의된다.

$$N_{ext} = \int_{x_0}^{x_L} \frac{dx}{x^* - x} \tag{2.63}$$

여기서, x^*는 향류접촉하는 추제상과 추잔상이 평행에 있다고 가정했을 때의 추제농도이다. 두 상의 흐름이 피스톤류(plug flow)일 때 위의 이동단위수는 실제 이동단위수 $N_{t,c}$와 같다.

$$N_{ext} = N_{t,c} = \frac{k_{0c} a V}{S} \tag{2.64}$$

여기서 a는 비표면적, S는 추제유량, k_{0c}는 추제상 기준의 총괄물질이동계수, V는 추출기의 용적이다. 추출인자를 α, 분리효율을 η, 분리인자를 $f(=\eta/\alpha)$라 할 때, 이들 인자와 겉보기 이동단위수 N_{ext} 간에 Colburn의 관계식이 성립한다.

$$N_{ext} = \frac{1}{1-\alpha} ln\left(\frac{1-f\alpha}{1-f}\right) \tag{2.65}$$

단, 분리효율 η는 다음 식으로 정의된다.

$$\eta = \frac{F(x_L - x_0)}{S(y_0 - Kx_0)} = \frac{x_L - x_0}{\alpha(y_0/K - x_0)} \tag{2.66}$$

2상 접촉장치에서의 겉보기 이동단위수 N_{ext}와 실제 이동단위수 $N_{t,c}$의 관계를 알면 분리에 필요한 분리장치의 용적을 구할 수 있다.

Spaninks와 Bruin는 충전층에서의 2상간의 물질이동식을 이용하여 확산배터리 및 벨트식 추출장치를 해석하여 N_{ext}와 $N_{t,c}$의 관계를 정리하였다.[28],[29] 이하에는 그 결과를 정리한다.

i) 확산배터리의 경우

$$\text{분배비 } \alpha_0 = \frac{\epsilon}{K(1-\epsilon)} \tag{2.67}$$

$$\text{추출인자 } \alpha = \frac{1}{K}\frac{S - V\epsilon/n_c\theta_c}{V(1-\epsilon)/n_c\theta_c S} = \frac{\epsilon}{K(1-\epsilon)}\left(\frac{1-\epsilon}{\epsilon}\cdot\frac{n_c\theta_c S}{V}-1\right)$$
$$= D(n_c\phi_c - 1) \tag{2.68}$$

$$\frac{N_{t,d}}{\alpha} = \frac{k_{0c}aV}{S-\Delta S} = \frac{k_{0d}aV}{F}\cdot\frac{1}{\alpha} \tag{2.69}$$

$$\frac{N_{ext}}{N_{t,d}/\alpha} = 1 - 0.59n_c^{-1.17}\alpha^{-0.3}N_{ext}^{0.15\alpha/n}\alpha_0^{0.33} \tag{2.70}$$

식(2.70)을 적용할 수 있는 조건은 다음과 같다.

$$2 \le n_c < 6\ ;\ 0.25 < \alpha < 2\ ;\ 0.25 < \alpha_0 < 4\ ;\ 0.25 < N_{ext} < 10\ ;\ \eta < 0.99$$

위의 식에서 n_c는 확산셀의 수, ΔS는 추잔상에 수반하여 배출되는 추출액유량, k_{0d}는 추잔상 기준의 총괄물질이동계수, θ_c는 확산배터리 추출조작의 사이클시간, ϕ_c는 θ_c를 $\epsilon V/(1-\epsilon)S$로 나누어 얻은 무차원시간이다.

ii) 확산배터리의 경우

① 드리핑구간이 없는 경우

$$\alpha = \frac{S - v_b A\epsilon}{Kv_b A(1-\epsilon)} \tag{2.71}$$

$$\alpha_0 = \frac{\epsilon v_b A}{K(1-\epsilon)v_b A} = \frac{\Delta S}{S-\Delta S}\alpha \tag{2.72}$$

$$\frac{N_{t,d}/\alpha}{N_{ext}} = 1 + 1.035n_c^{-1.42}\alpha^{-0.71}\alpha_0^{0.65}N_{ext}^{0.64} \tag{2.73}$$

식(2.73)을 적용할 수 있는 조건은 다음과 같다.

$$2 \le n_c < 7\ ;\ 0.3 < \alpha < 2\ ;\ 0.25 < \alpha_0 < 2\ ;\ 0.3 < N_{ext} < 10\ ;\ \eta < 0.99$$

위의 식에서 A는 추잔상 이동방향에 수직인 충전층 단면적, v_b는 벨트의 이동속도, 그 외는 확산배터리의 경우와 동일하다.

② 드리핑구간이 있는 경우

$$\frac{N_{t,d}/\alpha}{N_{ext}} = 1 + 1.00 n_c^{-1.44} \alpha^{-0.63} \alpha_0^{0.45} N_{ext}^{0.42} \tag{2.74}$$

위의 식을 적용할 수 있는 조건은 다음과 같다.

$$2 \le n_c < 6\ ;\ 0.3 < \alpha < 2\ ;\ 0.25 < \alpha_0 < 1.5\ ;\ 0.3 < N_{ext} < 10\ ;\ \eta < 0.99;\ \alpha/\alpha_0 > 1$$

추잔상 간극의 추출액이 모두 배출되는 드리핑구간을 만드는 것이므로 추출인자 α에는 식 (2.71)과는 다른 다음 식으로 정의된 것을 이용한다.

$$\alpha = \frac{S}{K v_b A (1 - \epsilon)} \tag{2.75}$$

예제 06

다음 사양으로 확산셀을 설계하시오.

$y_0 = 0.30$kg/kg-고체, $y_L = 0.03$kg/kg-고체, $x_L = 0.0$kg/kg, $K = 2$, $\alpha = 1.5$, $\varepsilon = 0.5$, $n_c = 2$

[해]

식(2.65), (2.66), (2.67)로부터 다음 값을 얻는다.

$$\eta = 0.9,\ N_{ext} = 2.8,\ \alpha_0 = 2$$

식(2.70)에서

$$N_{k,d} = k_{0d} a V/F = 6.2$$

추출속도는 입자내 확산율속이라 생각되므로 고상측 물질이동계수 $k_i = 7 \times 10^{-7}$m/s라 하면

$$k_{0d}^{-1} = (K k_{0c})^{-1} = k_i^{-1} + (K k_c)^{-1} \fallingdotseq k_i^{-1} = 1/7 \times 10^7 \mathrm{sec}/m$$

$\alpha = 10^3/m^2/m^3$이라 가정하면 분리에 요하는 고체의 체류시간은

$$\frac{(1-\epsilon)V}{F} \fallingdotseq 4420\,\mathrm{sec}$$

2-4-7 추료 충전층내의 추출액의 투과와 보유

고액추출의 조작조건설정이나 장치설계에 있어서 필요한 관류형 추출장치내의 추출액의 투과, 탈액과정 및 액체보유율에 대해 이하에 설명한다.

(1) 층류흐름

추료 입자층내의 간극을 추제가 층류상태로 흐르는 경우 단위시간당 유량을 장치단면적으로 나누어 구한 겉보기 유속 u는 입자층 양단간의 압력차 ΔP에 비례하므로 식(2.76) 또는 식(2.77)로 쓸 수 있다.

$$u = K_D\left(\frac{\Delta P}{\mu L}\right) \tag{2.76}$$

$$u = \left\{\frac{\epsilon^3}{K_0 a_s^2 (1-\epsilon)^2}\right\}\left(\frac{\Delta P}{\mu L}\right) \tag{2.77}$$

식(2.76)은 Darcy의 식이라 불리며 L은 입자층의 높이, μ는 추출액점도, K_D는 투과율로 길이의 2승의 차원을 가진다. 식(2.77)은 Kozeny-Carman의 식으로 ε는 간극의 비율 즉 공극률, a_s는 체적기준의 입자비표면적, K_0는 Kozeny 상수로 약5에 가까운 값을 갖는다. 입자층 내의 흐름이 층류인 조건은 다음 식과 같다.

$$\frac{\rho u}{\mu a_s (1-\epsilon)} < 0.25 \tag{2.78}$$

여기서, ρ는 투과액의 밀도이다.

충전층 상부의 액체레벨이 입자층 상면에 일치하며 입자층 간극이 유체로 채워진 상태에서 추출액이 중력투과하는 것으로 하고, 동시에 액유속은 상부와 저부가 같은 것으로 가정하면 에너지수지에서 압력손실 ΔP는 다음과 같다.

$$\Delta P = \rho g L \tag{2.79}$$

여기서, g는 중력가속도이다. 식(2.76)과 (2.79)를 조합하면 관류형 추출장치에서의 추출액의 투과속도를 검토할 수 있다.

예제 07

대두조각(비표면적 $a_s = 1.88 \times 10^4 m^{-1}$)를 바닥에 목명판(目皿板, net plate)이 있는 추출용기에 깊이 1.20m로 충전하여, 길이 10m의 벨트컨베이어에 실어 이동시키면서 상부에서 대두유를 포함한 n-헥산을 산포하여 대두유를 추출하는 것으로 한다. 장치내의 추제의 상부레벨은 항상 입자표면에 있도록 산포되며 입자층의 간극(공극률 $\varepsilon = 0.65$)은 용액으로 채워져 있다. 대두조각이 접촉한 추출액량을 대두조각 체적의 10배로 하기 위해서는 벨트컨베이어의 이동속도를 어느 정도로 해야 하는지 계산하시오. 단, 추출온도는 40℃, 용액 내에는 5%의 대두유가 포함된 것으로 하고, 밀도 및 점도는 그림 2-18, 그림 2-19를 이용하시오. 또한 Carcy의 투과율 K_D는 $3.67 \times 10^{-10} m^2$이다.

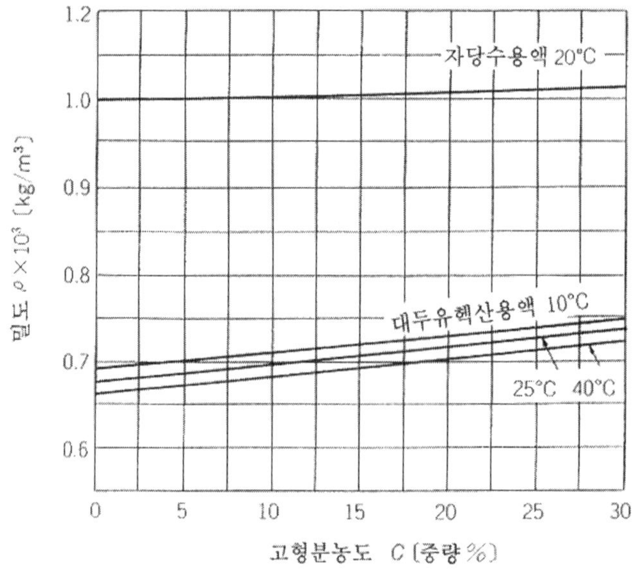

그림 2-18 식품용액의 밀도의 고형분농도 의존성

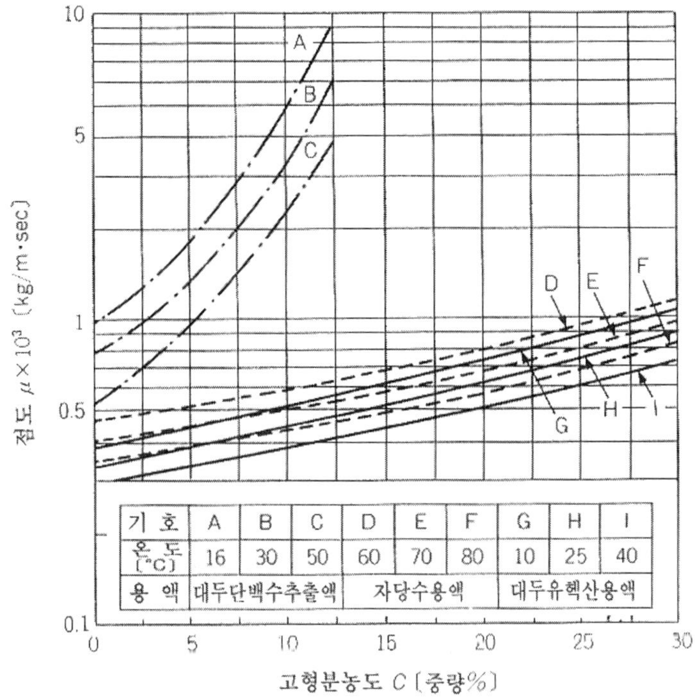

그림 2-19 식품용액의 점도의 고형분농도 의존성

[해]

그림 2-18, 그림 2-19에서 용액의 물성값이 다음과 같이 구해진다.

$$\rho = 0.67 \times 10^3 \text{kg/m}^3,\ \mu = 0.33 \times 10^{-3} \text{kg/m·s}$$

식(2.76)과 (2.79)에 위의 물성값과 문제의 조건을 적용하면 용액의 투과속도 u는 다음과 같이 계산할 수 있다.

$$u = K_D(\rho g/\mu) = 0.730 \times 10^{-2} \text{m/s}$$

추출용기가 벨트컨베이어 위에 놓여있는 시간을 θ, 대두조각층의 높이(층고, 層高)를 L이라 하면 대두조각과 용액의 접촉량의 조건으로부터 다음 식이 성립한다.

$$\frac{u\theta}{(1-\epsilon)L} = 10$$

$$\therefore\ \theta = 10(1-\epsilon)L/u = 575s$$

$\therefore$ 벨트컨베이어의 이동속도 $v_B = 10/575 = 0.0174\text{m/s}$

참고로, 식(2.78)의 레이놀즈수를 계산해보면

$$\{\rho u/\mu a_s(1-\epsilon)\} = 2.25$$

따라서 용액의 흐름은 층류영역 외에 있으며 Darcy의 관계식을 적용하는 것은 엄밀히 말해 옳지 않다. 유속이 빠른 영역에서의 입자층의 압손실 식으로는 Ergun의 식이 있다.

(2) 중력탈액의 과정

추료입자층 내의 용액은 세포조직이 가지고 있는 입자내액과 입자층의 간극에 존재하는 입자외액으로 나누어진다. 우선, 입자층 표면에 있던 용액을 중력투과시키면 연속한 액계면이 점점 하강하여 나중에는 불연속한 상태로 용액이 남는다. 입자내액은 입자층 간극의 용액의 거동에 영향을 받지 않고 유지되는 것으로 하며 중력탈액의 과정에 대해 검토해보자.

입자층의 저부를 용액에 침전하여 중력탈액할 때 연속한 액면은 최종적으로 모관력에 의해 지지되는 높이, 즉 포화높이 h_s까지 하강한다. 그림 2-20(a)의 직경 d_p의 규칙입자의 입방충전의 경우에는 반경 $(\sqrt{2}-1)d_p/2$의 모관내 용액에 대한 중력과 표면장력의 균형에 의해 다음 식이 성립한다.

$$\frac{\rho g d_p h_s}{\sigma \cos\alpha_c} = 9.7 \tag{2.80}$$

여기서 σ는 기체에 접한 용액의 표면장력이며 α_c는 고액의 접촉각으로 0에 가까운 것으로 가정한다. 또한 식(2.80)의 우변의 상수는 최밀충전(最密充塡)의 경우 25.9가 된다.

입자층내 용액의 중력탈액에서는 입자층 저부가 반드시 용액에 침전되어 있는 것은 아니나 연속한 액면이 최종적으로 달하는 평균높이, 즉 drain 높이 h_d는 평균포화높이 h_s와 거의 같다. Domobrowski그룹은 Darcy의 투과율 K_D를 이용하여 drain높이 h_d를 다음 식으로 정리하였다.[31)]

$$h_d = \frac{0.275\,\sigma\cos\alpha_c}{\rho g\sqrt{K_D}} \tag{2.81}$$

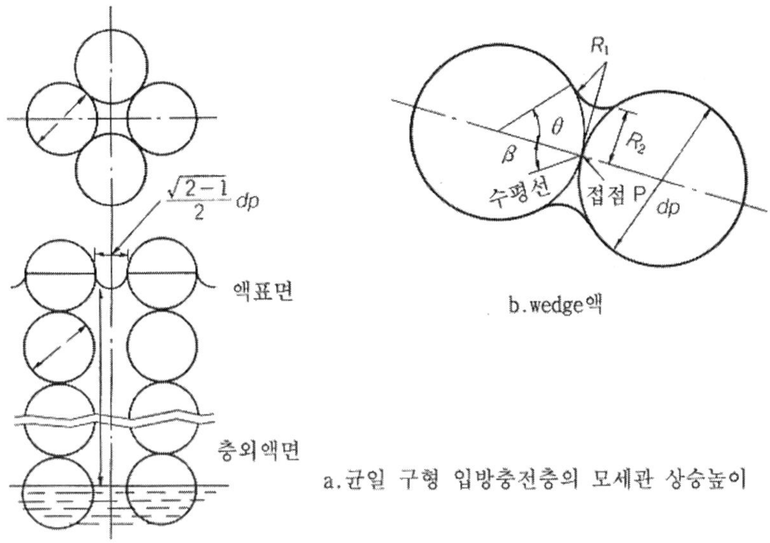

그림 2-20 균일 구형 입자층 내의 모관상승액 및 wedge액[30]

평균포화높이 h_s 또는 drain높이 h_d보다 위에 있는 입자층에는 용액이 입자접점 부근에 부착되어 불연속한 상태로 잔류한다. 잔류액의 기하학적 관계가 그림 2-20의 상태일 때는 포화도 S_∞, 즉 입자층 간극의 단위체적당 잔류액량은 입자의 집접수에서 유노할 수 있다.[30] 여기서는 무차원수 $\rho g K_D/\sigma \cos \alpha_c$를 이용하여 정리된 S_∞의 실험결과를 그림 2-21에 나타냈다.

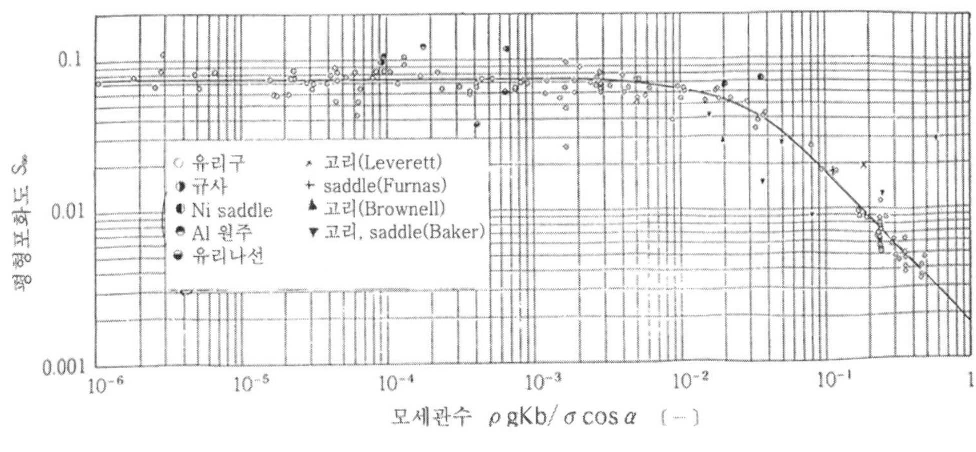

그림 2-21 잔류평형포화도의 모세관수 의존성

drain높이 h_d 및 포화도 S_∞를 이용함에 따라 중력탈액 후 평형상태에 있는 입자층의 평균포화도 $\overline{S}_\infty$는 다음 식으로 주어진다.

$$\overline{S}_\infty = S_\infty\left(1-\frac{h_d}{L}\right)+\frac{h_d}{L} \tag{2.82}$$

다음으로 입자층내 용액의 포화도 $\overline{S}$가 평균평형포화도 $\overline{S}_\infty$에 달하는 중력탈액 과정은 간극이 액으로 포화되지 않은 입자층부분의 액의 흐름을 막흐름, 포화되어 있는 부분을 모관흐름이라 하면 다음의 2가지 식을 조합하여 구할 수 있다.

$$\overline{S}= S_\infty\left(1-\frac{h}{L}\right)+\frac{h}{L}+\left(\frac{2a_s}{\epsilon}\right)\sqrt{\left(\frac{\mu L}{\rho g\theta}\right)\left(1-\frac{h}{L}\right)^3} \tag{2.83}$$

$$\frac{d\overline{S}}{d\theta}=\frac{K_D\rho g}{\mu L\epsilon}\left(1-\frac{h_d}{h}\right) \tag{2.84}$$

탈액시간 θ가 클 때는 액면높이 h가 거의 h_d과 같으므로 식(2.83)만을 이용하여 평균포화도 $\overline{S}$의 근사값을 계산할 수 있다. 또한 입자단위체적당 입자내액의 보유량을 ϕ_i라 하면 체적기준의 입자층액보유율 ϕ'는 다음과 같다.

$$\phi=(1-\epsilon)\phi_i+\epsilon\overline{S} \tag{2.85}$$

예제 08

추료인 대두조각(수분 7.3%, 유지분 19.9%, 입자밀도 1.19×10^3kg/m^3)에서 [예제 7]의 방법으로 유지를 추출한 뒤, 추료입자층내의 추출액을 온도 40℃에서 중력에 의해 자연탈액시킨다. 입자내부의 액체보유율 ϕ_i을 0.15로 하여, 수분 및 유지분을 제거한 대두조각 단위중량당의 입자층 추출액량의 시간변화를 계산하시오. 단, 추출액의 표면장력은 18.3×10^{-3}kg/s^2, 고-액 간의 접촉각은 0이다.

[해]

추료내의 불용성성분의 중량비를 y_B, 추출액의 밀도를 ρ, 대두조각의 입자밀도를 ρ_p라 하면 구하고자 하는 추출액보유율 ϕ'는 다음과 같다.

$$\phi' = \frac{\rho\phi}{\rho_p(1-\epsilon)y_B} = \left(\frac{\rho}{\rho_p y_B}\right)\left\{\phi_i + \left(\frac{\epsilon}{1-\epsilon}\right)\overline{S}\right\}$$

우선 그림 2-18과 그림 2-19에서 추출액의 물성값은 다음과 같이 주어진다.

$$\rho = 0.66\times10^3 \text{kg/m}^3,\ \mu = 0.29\times10^{-3}\text{kg/m·s}$$

식(2.78)에서 drain높이 h_d가 구해진다.

$$h_d = 4.06\times10^{-2}\text{m}$$

다음으로 그림 2-21의 가로축의 모세관수를 계산하여 평형포화도 S_∞를 구한다.

$$\rho g K_D/\sigma\cos\alpha_c = 1.30\times10^{-4}$$

$$\therefore\ S_\infty = 0.075$$

이상의 결과를 이용하여 $h \fallingdotseq h_d$로 가정하고 식(2.83)을 이용하여 평균포화도 $\overline{S}$를 계산한다.

$$\overline{S} = 0.106 + 4.25/\sqrt{\theta}$$

추료내의 불용성성분의 중량비 y_B는 1-(0.073+0.199), 즉 0.728이므로 ϕ'는 다음과 같이 구해진나.

$$\phi' = 0.264 + 6.01/\sqrt{\theta}$$

위의 식에 의한 계산결과를 Kocatas 및 Cornell의 실험결과와 비교하여 그림 2-22에 나타냈다. h가 h_d와 같다고 가정하여 탈액시간이 작은 영역에서 계산결과가 실험결과보다 큰 것은 식(2.83)의 우변 제3항의 계수가 약간 크다는 것을 의미한다. 반대로, 탈액시간이 큰 영역에서 계산결과가 실험결과보다 작은 것은 식(2.82)의 평균포화도 $\overline{S}_\infty$가 실제보다 작거나 입자내부의 액체보유율 ϕ_i을 작게 가정한 것이다. 참고로, 추료내의 유지분(밀도 $\rho_F = 0.908\times10^3\text{kg/m}^3$)이 추제로 환산된 것으로 가정하여 팽윤을 생각하지 않는다고 하면 ϕ_i는 다음 값이 된다.

$$\phi_i = (0.199\rho_p/\rho_F) = 0.261$$

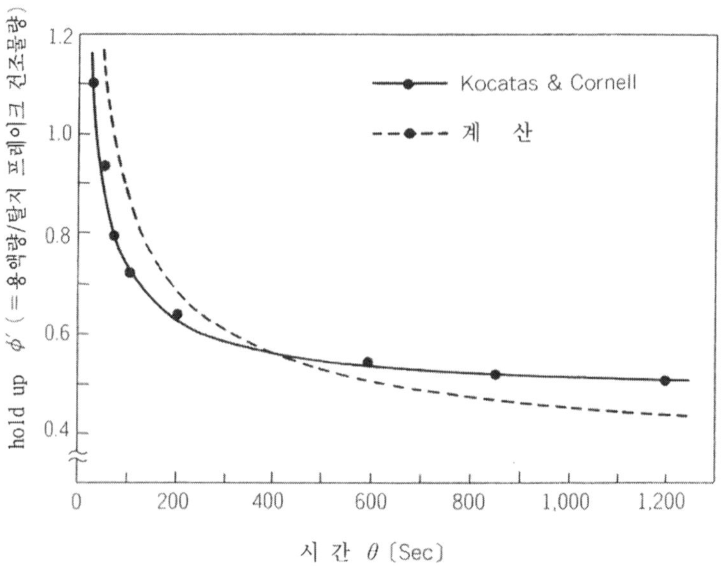

그림 2-22 추잔 프레이크층의 중력탈액과정

2-5 초임계유체추출

물질은 어느 온도, 즉 임계온도를 넘으면 가압을 해도 액체가 되지 않고 기체도 액체도 아닌 초임계유체 상태가 된다. 통상은 온도와 압력이 모두 임계값을 넘은 영역의 물질의 상태를 초임계 상태라 부른다. 고체 또는 액체와 접한 기체내의 용질농도는 상압 부근에서는 용질분자의 열운동에 의해 정해지는데 비해, 초임계유체내의 용해도는 분자간의 상호작용의 영향을 받기 때문에 커진다. 저압의 가스에는 거의 용해되지 않는 용질도 초임계유체에는 용해되어 용해도가 압력이나 온도의 변화에 따라 현저히 달라진다. 이와 같은 특성을 가진 초임계유체를 이용하여 천연물 내에서 유효성분의 추출 또는 바람직하지 않은 성분를 제거한다.

2-5-1 초임계유체 및 그 성질

표 2-9에 다양한 물질의 임계값을 나타냈다. 물과 암모니아를 제외한 물질의 임계압은 100기압

이하인데 비해, 임계온도는 넓은 범위에 분포해 있다. 식품이나 의약품을 대상으로 한 초임계유체추출에는 오로지 이산화탄소가 이용되고 있으나 이것은 이산화탄소가 ①임계온도가 상온에 가깝기 때문에 열에 불안정한 물질의 추출에 적합하다는 것 ②불활성으로 인화성, 화학반응성이 없고 인체에 무해하다는 것 ③저가로 순도 높은 가스의 입수가 용이하다는 것의 장점을 가지고 있기 때문이다. 그림 2-23 및 그림 2-24에 이산화탄소의 상의 상태도를 나타냈다. 그림 2-24 위의 사선부분, 즉 임계온도(절대온도) 및 임계압력을 T_c, P_c라 할 때 T_c~$1.2T_c$, P_c~$5P_c$의 영역이 초임계유체의 추출에 이용되고 있다.

표 2-9 초임계유체용제의 임계값과 쌍극자모멘트

물질명	임계온도 (℃)	임계압력 (bar)	임계밀도 (gl^{-1})	쌍극자모멘트 (debyes)
C_2H_4(에틸렌)	9.2	50.3	217	0.0
CO_2(이산화탄소)	31.0	73.8	468	0.0
C_2H_6(에탄)	32.2	48.8	203	0.0
N_2O(아산화질소)	36.5	72.3	457	0.2
C_3H_6(프로필렌)	91.8	46.2	232	0.4
$CHClF_2$(프론22)	96.1	49.7	524	-
C_3H_8(프로판)	96.6	42.4	217	0.0
CCl_2F_2(프론12)	111.7	39.9	558	0.5
NH_3(암모니아)	132.4	112.7	235	1.5
C_5H_{12}(펜탄)	196.6	33.7	232	0.0
C_6H_{14}(헥산)	234.2	29.7	233	0.0
CH_3OH(메탄올)	239.4	80.9	272	1.7
C_2HO_5H(에탄올)	243.0	63.8	276	1.7
C_6H_6(벤젠)	288.9	48.9	302	0.0
C_7H_8(톨루엔)	318.5	41.1	292	0.4
H_2O(물)	374.1	220.4	322	1.8

표 2-10 초임계가스와 다른 유체의 수송물질

유 체 (조 건)	밀 도 $[g \cdot ml^{-1}]$	점 도 $[g \cdot cm^{-1} \cdot s^{-1}]$	확산계수* $[cm^2 \cdot s^{-1}]$
가스(상압, 상온)	$(0.6\sim2)\times10^{-3}$	$(1\sim3)\times10^{-4}$	0.1~0.4
초임계가스 $(P_c,\ T_c)$ $(4P_c,\ \sim T_c)$	 0.2~0.5 0.4~0.9	 $(1\sim3)\times10^{-4}$ $(3\sim9)\times10^{-4}$	 0.7×10^{-3} 0.2×10^{-3}
액체(상압, 상온)	0.6~1.6	$(0.2\sim3)\times10^{-2}$	$(0.2\sim2)\times10^{-5}$

* : 가스-자기확산계수, 액체-2성분계 확산계수

초임계유체의 수송물성을 다른 유체와 비교하여 표 2-10에 나타냈다. 초임계유체는 밀도로는 액체에 가깝고 점도로는 기체에 가까운 성질을 가지고 있음을 알 수 있다. 이 때문에 초임계유체에서의 확산계수는 기체와 액체의 중간 자릿수의 값을 갖는다. 이러한 성질 때문에 초임계유체는 추출재료에 침투성이 우수하고 용질의 신속한 확산을 가능하게 한다.

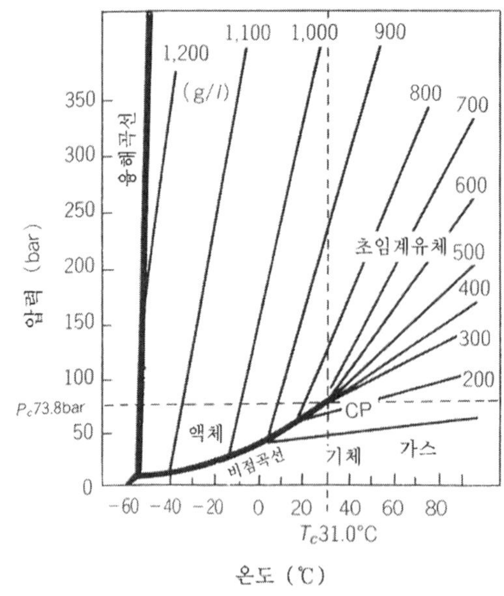

그림 2-23 CO_2의 $P-T-\rho$ 관계

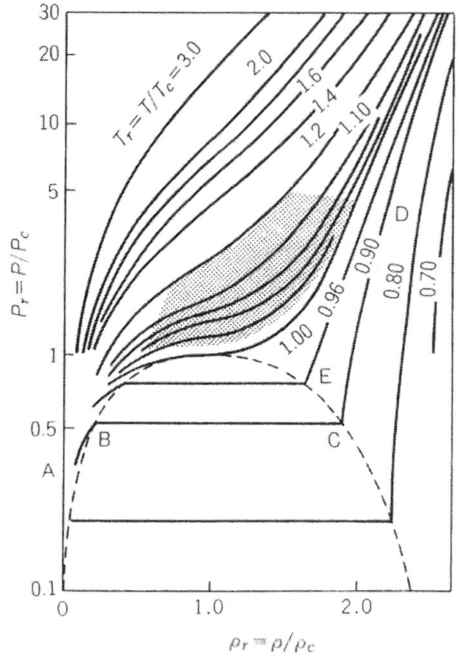

그림 2-24 CO_2의 $P-\rho-T$ 관계

2-5-2 용해도

초임계유체내의 i 용질의 몰분율을 y_i, 다른 상내의 동 성분의 몰분율을 x_i라 하면 절대온도 T, 압력 P에서 두 상간의 열역학적 평형조건은 다음과 같이 쓸 수 있다.

$$\phi_i P y_i = \gamma_i x_i f_i^{os} \exp\left[\frac{v_i^0 (P - P_i^0)}{RT}\right] \tag{2.86}$$

여기서, 첨자 os는 순성분을 의미한다. f_i^{os} 및 v_i^0은 각각 순성분 i의 포화퓨개시티(fugacity) 및 몰체적이다. 또한 φ_i, γ_i, P_i^0는 퓨개시티계수, 활량계수, 포화증기압이다. 소량의 용제로 목적성분을 선택적으로 추출하기 위해서는 분배계수 $K(=y_i/x_i)$ 및 선택성 $\alpha_{ij}(=K_i/K_j)$가 모두 큰 용제를 찾아야 한다.

초임계유체를 첨자 1로 표시하고 휘발성이 작은 용질을 첨자 2로 표기한다. 또한 간편을 위해 초임계유체와 공존하는 다른 한쪽의 액상 또는 고상은 순용질로 되어 있으며 이 상에는 초임계유체가 용해되지 않는 것으로 가정한다. 이러한 가정에서는 $x_2 = 1$, $\gamma_2 = 1$, $f_2^{os} = P_2^0$이 성립하므로 식(2.86)을 다음과 같이 바꿔 쓸 수 있다.

$$y_2 = \left(\frac{P_2^0}{P}\right)\left(\frac{1}{\varphi_2}\right)\exp\left[\frac{v_2^0(P-P_2^0)}{RT}\right] \tag{2.87}$$

우변의 (P_2^0/P)는 이상기체에 대해 성립하는 라울법칙에 따른 증기압항, $(1/\varphi_2)$는 초임계유체의 비이상성을 나타내는 항, 그리고 지수함수의 항은 액상 또는 고상에의 압력효과를 나타내는 포인팅 보정항이다. 이들 제2항과 제3항의 곱 E는 enhancement factor라 부르며 초임계유체내의 용해도와 이상기체내의 용해도의 비율을 나타낸다.

식(2.87)에 따라 초임계유체내의 용해도를 구하기 위해서는 고압유체혼합물내의 성분 2의 퓨개시티계수 φ_2를 알아야 한다. φ_2의 계산에는 상태방정식이 이용되며 카페인의 enhancement factor에 대해서는 다음과 같이 제시되어 있다.[32]

$$\ln E = \frac{v_2^0 - 2B_{12}}{v_M} \tag{2.88}$$

여기서, B_{12}는 초임계유체와 용질의 분자간의 상호작용을 나타내는 제2비리얼계수로 다음 상태방정식의 비리얼전개식의 계수 B의 상관식에 혼합법칙을 적용하여 구하는 방법이 제시되어 있다.[33],[34] v_M은 혼합유체의 몰체적이다.

Chrastil은 용질분자와 초임계유체분자가 회합체를 형성한다는 사고에 기초하여 질량작용의 법칙과 평형상수에 관한 열역학적 관계를 인용하여 용해도 c의 식을 유도하였다.[35]

$$c = \rho^K \exp\left(\frac{A_1}{T} + A_2\right) \tag{2.89}$$

여기서, ρ는 초임계유체의 밀도이며 K는 A_1, A_2는 모두 상수로 용질분자 1분자당 초임계유체분자의 회합수이다. 용해도 c 및 밀도 ρ의 단위가 모두 g/l이라 했을 때 용해도측정 결과로부터 구해진 상수 A_1, A_2, K를 몇 가지 용질의 예가 참고문헌 35에 나타나있다.[35] 초임계유체내의 용해도는 측정에 이용되는 시료물질의 순도에 영향을 미치며 참고문헌의 결과를 이용하여 계산되는 용해도가 실제보다 큰 예도 있다. 참고문헌[35]에서 A_1은 (-)값으로 되어 있어 식(2.89)에서 용해도는 온도가 높은 쪽이 클 것으로 예상된다. 이 예상은 고압영역에서는 타당하나 임계점 부근에서는 온도의 증가에 따른 밀도 ρ가 현저히 감소하여 실제와는 반대가 된다.

온도와 압력의 조작으로만 용해도를 높이는 데는 한계가 있으며 용해도 증가의 방법으로 목적성분과 초임계유체의 분자간 상호작용을 증가시키는 물질, 즉 entrainer(modifier, 공용매)를 초임계유체에 첨가한다. 초임계이산화탄소에의 유지의 용해도는 에탄올을 10% 첨가함에 따라 몇 배나 커진다.[36] 또한트리글리세리드혼합물의 초임계이산화탄소내의 용해도를 측정한 예에서는 용해하기 쉬운 성분의 용해도는 다른 트리글리세리드의 공존에 의해 변화하지 않는데 비해, 용해하기 어려운 성분의 용해도는 단일성분계에 비해 증가하였다.[37] 즉, 용해하기 어려운 성분에 있어서 용해하기 쉬운 성분은 entrainer의 역할을 하는 것이다.

초임계유체내의 용해도는 유기용매에 비해 2자릿수 정도 작다. 따라서 대규모 추출에서는 초임계유체를 회수하여 재이용할 필요가 있다.

2-5-3 응용

초임계유체 추출은 식품공업분야에서는 커피콩내의 카페인 제거, 홉엑기스나 향료의 추출에 응용되고 있다. 또한 난황이나 버터내의 콜리스테롤 분리나 어유내의 고도 불포화산의 추출에 대해서도 연구가 이루어지고 있다. 또한 수율의 향상과 고도 분리를 위해 크로마토그래피나 포접화합물형성 등과 조합한 초임계유체 추출기술의 개발되고 있다.

사 용 기 호

- A = 추출기단면적 [m^2]
- A_1 = 식(2.86)의 상수 [K]
- A_2 = 식(2.86)의 상수 [—]
- a = 비표면적(추출액체적기준) [m^{-1}]
- a_s = 비표면적(입자체적기준) [m^{-1}]
- B_{12} = 제2 virial계수 [mol/m^2]
- B_i = Biot수($=Kk_f d_p/D_e$) [—]
- c = 용해도 [kg/m^3]
- D = 액상분자확산계수 [m^2/s]
- D_e = 유효확산계수 [m^2/s]
- D_s = 추출장치직경 [m]
- d_p = 입자직경 또는 대표직경 [m]
- d_s = 교반날개직경 [m]
- E = enhancement factor [—]
- E_a = 점도의 활성화에너지 [kcal/mol]
- F = 추료유량 [m^3/s]
- f = 분리입자 ($=\eta/\alpha$) [—]
- f_i = 굴곡계수 ($=\tau/\varepsilon_i$) [—]
- f_i^{os} = 순성분 i의 포화 퓨개시티 [Pa]
- g = 중력가속도 [m^2/s]
- h = 경막전열계수 [$W/m^2 \cdot K$]
  또는 충전층내 액면높이 [m]
- h_d = drain높이 [m]
- h_s = 포화높이 [m]
- J = 확산속도 [$mol/m^2 \cdot s$ 또는 $kg/m^2 \cdot s$]
- k = 볼트만 상수 [J/K]
- k_f = 경막물질이동계수 [m/s]
- k_i = 추료내 물질이동계수 [m/s]
- k_{oc} = 총괄물질이동계수 [m/s]
- L = 층고 [m]
- M = 추료 및 추제의 양 공급속도의 합 [m^3/s]
- M_B = 용매분자량 [—]
- M_θ = 추출률 [—]
- N = 회전속도 [s^{-1}]
- N_{ext} = 겉보기 이동단위수 [—]
- N_p = 교반조 동력수 [—]
- N_t = 실제 이동단위수 [—]
- Nu = 너셀트(Nusellt)수 [—]
- n = 추료형상에 관한 상수(식2.3) [—]
- n_c = 확산셀의 수 [—]
- P = 전압 [Pa]
- P_i^o = 포화증기압 [Pa]
- P_r = 프랜틀수 [—]
- ΔP = 충전층 압력손실 [Pa]
- R = 기체상수 [cal/deg·mol]
- r = 입자내 좌표축 [m]
- r_p = 확산물질의 입자반경 [m]
- r_s = 확산물질의 입자반경 [m]
- S = 추제유량 [m^3/s]
- S_c = 슈미트수($=\mu/\rho D$) [—]

S_h = 셔우드수$(=k_f d_p/D)$ [—]

S_∞ = 충전층 간극포화도 [—]

T = 절대온도 [K]

u = 충전층 겉보기유량 [m/s]

u_F = 추출액유속 [m/s]

u_s = 추료유속 [m/s]

V = 추출장치용적 [m^3]

V_A = 끓는점에서의 용질몰체적 [m^3/mol]

v_B = 벨트이동속도 [m/s]

v_i^o = 순성분 i의 몰체적 [m^3/mol]

X = 용액량을 기준으로 한 추출내의 성분분율 또는 추출액내의 성분분율 [—]

x = 추출액측 추질농도 [mol/m^3 또는 kg/m^3]

x_0 = x의 초기값 [mol/m^3 또는 kg/m^3]

x_s = 추출액측 계면농도 [mol/m^3 또는 kg/m^3]

Y = 무차원농도 [—]

y = 추료내의 성분분율 [—] 또는 추료내 용질농도 [mol/m^3 또는 kg/m^3]

y_I = 세포조직내 결합용질농도 [mol/m^3 또는 kg/m^3]

y_M = 유관속내 용질농도 [mol/m^3 또는 kg/m^3]

y_s = 추료표면용질농도 [mol/m^3 또는 kg/m^3]

$\bar{y}$ = 추료내 평균용질농도 [mol/m^3 또는 kg/m^3]

y^* = 세포조직내 최대용질농도 [mol/m^3 또는 kg/m^3]

Z = 액체깊이 [m]

Z_s = 교반날개장착위치 [m]

α = 추출인자$(=S/KF)$ [—]

α_0 = 분배비$(=\epsilon/K(1-\epsilon)$ [—]

α_c = 접촉각 [rad]

r_i = i성분 활량계수 [—]

λ = 열전도도 [W/m·K]

ε = 추출장치내의 추출액체적비율 [—]

ε_i = 추료입자내 보유액체적비율 [—]

ε_s = 세포조직내의 유관속체적비율 [—]

η = 분리효율(식(2.66)) [—]

θ = 시간 [s]

θ_c = 확산배터리 사이클시간 [s]

$\bar{\theta}$ = 평균체류시간 [s]

μ = 용액점도 [Pa·s]

μ_B = 용매점도 [Pa·s]

v = 동점도 [m^2/s]

ξ' = 추잔율 [—]

ρ = 용액밀도 [kg/m^3]

ρ_c = 연속상밀도 [kg/m^3]

ρ_d = 분산상밀도 [kg/m^3]

ρ_p = 고체입자밀도 [kg/m^3]

σ = 표면장력 [N/m]

ϕ = θ에 상당하는 무차원시간 [—]

ϕ_c = 무차원시간$(=(1-\epsilon)S\theta_c/\epsilon V)$ [—]

ϕ = 입자층액 보유율 [—]

ϕ_i = 입자내액 보유율 [—]

〈접미어〉

A = 추질

B = 불용성고체

C = 추제

S = 추료표면

∞ = 추료표면에서의 무한원방

[참 고 문 헌]

[1] Aguilera, J. M. & Stanley, D. W. : Microstructural Principles of Food Processing & Engineering, Chapter7, Elsevier Applied Science (1990)

[2] 吉村健吉, 能勢繫三郎 : 식품공업의 추출과 증류(大山義年, 櫻井芳人 감수, 식품공학 시리즈 제6권), 제2장, 光琳書院 (1963)

[3] Coats, H. B. & Karnofsky, G. : J. Am, Oil Chem. Soc., 27, 93-96 (1950)

[4] Osburn, J. O. & Katz, D. L. : *Trans. Am. Inst. Chem. Eng.*, 5, 511-531 (1944)

[5] Othmer, D. F. & Agrawal, J. C. : *Chem. Eng. Progr.*, 51, 372-378 (1955)

[6] Schneider, F. H. : *Fette. Seifen. Anstrichmittel*, 82, 16-23 (1980)

[7] Aguilera, J. M. : *Int. J. Food Sci. and Technol.*, 24, 29-37 (1989)

[8] Soddu, A. & Gioia, F. : *Chem. Eng. Sci.*, 34, 763-773 (1979)

[91] Rathje, W. : *Zucker ind.*, 20, 410-413 (1970)

[9] Sivetz, M. & Desrosier, N. W. : Coffee Technology, AVI Publishing Co., Inc. (1979)

[10] Clarke, R. J. & Macrae, R. : Coffee, Vol.2, Technology, Elsevier Applied Sci. (1987)

[11] 宮川高明 : 식용유제조의 실제, 幸書房 (1988)

[12] 화학공학협회 편 : 화학공학편람(개정판), I-2이동현상, 丸善 (1988)

[13] Sherwood, T. K., Pigford, R. L. & Wilke C. R. : Mass Transfer, McGraw-Hill, N. Y. (1975)

[14] Geankoplis, C. J. : Transport Process and Unt Operations, Allyn and Beacon (1983)

[15] Schwartzberg, H. G. & Chao, R. Y. : Food Technol., 36, 73-86 (1982)

[16] Crank, J. : The Mathematic of Diffusion, Clarendon Press Oxford (1975)

[17] Voilley, A. & Simatos, D. : *J. Food Process Eng.*, 3, 185-198 (1980)

[18] Newman, A. B. : Trans. Am. Inst. Chem. Eng., 27, 310 (1931)

[19] Karnofsky, G. : *J. Am. Oil Chem. Soc.*, 26, 564 (1949)

[20] Loncin, M. : In Food Process Engineering, Vol.1, P. Linko, Y. Malkki, J. Okklu & J. Larinkari, eds., pp.354-363, Applied Science Publishers, London (1980)

[21] 화학공학협회 편 : 화학공학편람(개정5판), p.594, 丸善 (1988)

[22] Coats, H. B. & Wingard, M. R. : *J. Am. Oil. Chem. Soc.*, 27, 93-96 (1950)

[23] Schwartzberg, H. G. : *Chem. Eng. Prob.*, 76, 67-85 (1980)

[24] 일본화학공학협회 편 : 화학공학편람(개정5판), 11.추출, 丸善 (1988)

[25] Placho, F. P. & Krasuk, J. H. : *Ind. Eng. Chem. Process Des. Develop.*, 9, 419-433 (1970)

[26] Miyauchi, T. & Vermeulen, T. : *Ind. Eng. Chem. Fundamentals,* 2, 113-126 (1963)

[27] Spaninks, J. A. M. & Bruin, S. : *Chem. Eng. Sci.*, 34, 199-205 (1979)

[28] Spaninks, J. A. M. & Bruin, S. : *Chem. Eng. Sci.*, 34, 207-215 (1979)

[29] 山口賢治 : 분체공학 핸드북 (井伊谷鋼一 편), 제7장, 朝倉書店 (1976)

[30] Dombrowski, H. S. & Brownell, L. E. : *Ind. Eng. Chem.*, 46, 1207 (1954)

[31] Ebeling, H. & Franck, E. U. : *Ber. Bunsenges. Phys. Chem.*, 88, 862-865 (1984)

[32] Williams, D. F. : *Chem. Eng. Sci.*, 36, 1769-1788 (1981)

[33] Reid, R. C., Prausniz, J. M. & Sherwood, T. K. : The Properties of Gases and Liquids, 3rd Edn., McGraw-Hill, New York (1977)

[34] Chrastil, J. : *J. Phys. Chem.*, 86, 3016-3021 (1982)

[35] Brunner, G. & Peter, S. : *Sep. Sci. Technol.*, 17, 199-214 (1982)

[36] Bambeger, T. : *J. Chem. Eng. Data*, 33, 327-333 (1988)

증 류

Chapter **03**

3-1 머리말

증류란 일반적으로 혼합액내의 각 물질의 증기압 차이를 이용하여 분리하는 조작이다. 즉, 한 성분A와 A보다 끓는점이 높은 성분 B로 이루어진 혼합액을 가열하여 발생하는 증기내에는 액체내보다 A성분의 농도가 높아진다. 이 증기를 응축하여 얻은 액체는 원래의 혼합액보다 저비점(低沸點)성분이 풍부하므로 이 원리를 이용하여 분리, 농축이 이루어진다.

따라서 분리를 위해 증발잠열을 부여할 필요가 있으며 최근 급속히 기술개발 되고 있는 막분리와의 에너지소비량 비교에 대한 연구가 활발히 이루어지고 있다. 한편, 증류에서는 reboiler에서 소비한 에너지를 열량(엔탈피)으로서 거의 100% 응축기로 회수할 수 있는 특징이 있기 때문에 흡수 열펌프나 기계식 열펌프의 도입에 의한 열회수이용이 적극적으로 검토되고 있다.

여기서, 증류에 대한 이해를 높이기 위해 그 역사에 대해 살펴보자. 현재 그 생산량의 규모로 보면 최대인 석유에서 최소인 향료까지 넓은 범위에 걸쳐 공업적으로 증류가 이루어지고 있다. 증류(distillation)의 어원은 라틴어의 distillare로 연금술사들은 '한 방울 한 방울' 분리한다는 의미에서 분리 프로세스의 총칭으로 이 말을 이용하였다. 세계 최초의 증류는 페르시아인에 의한 향수의 증류로 아리스토텔레스는 해수에서 물을 만드는 방법에 대해 이야기하였다. 기원2세기경 이집트의 연금술사 클레오파트라의 보고에는 당시 증류기 alembic이 제시되어 있다(그림 3-1). 일본 오키나와의 아와모리(泡盛:오키나와식 소주)제조에 이용되어 온 란비키(아랍어로

아란비키)도 이것에서 유래된 것이다.위스키나 브랜디의 증류에 이용되는 포트스틸(pot still)도 원리가 비슷하며 이들을 총칭하여 단증류(simple distillation)라 한다. 증류수법은 12세기에 이집트를 경유하여 유럽지중해연안에 전달되었다. 이 무렵 주정(酒精, spirits, 알코올)이 발견되어 의료용으로 이용되었다. 알코올이라는 것은 연금술에서 나온 말로 그 어원은 al(정관사)+kuhul(암몬분만)로 농축된 것을 '생명의 물(라틴어, aquavitae)'이라 불렀다. 헨리12세가 아일랜드에 침공했을 때 아일랜드인이 이미 생명의 물을 마시고 있었다는 기술이 있어 12세기에 이미 위스키(usquebetha)가 존재했음을 알 수 있다. 증류의 수법은 승려가 가지고 온 것으로 알려져 있으며 십자군(11~13세기)과 동시대라는 것이 흥미롭다. 이로써 생명의 물의 제조는 각지에서 독립적으로 시작된 것으로 추측된다. 이 무렵부터 증류의 수법은 알코올 이외의 분야에서도 다양한 연구가 이루어졌으나 공업적으로는 음료알코올의 증류장치에서 급속한 진보가 이루어졌다. 19세기에 들어 증류솥 위에 붕단(棚段)을 만든 회분정류탑(연속증류도 포함하여 simple distillation에 대해 counter current distillation으로 분류된다)을 거쳐, 세리아 블루멘탈의

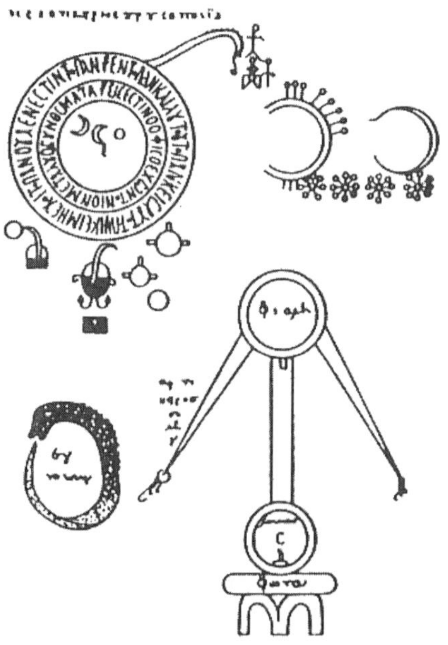

(A.D.2세기 클레오파트라의 연금술에서)

그림 3-1 alembic

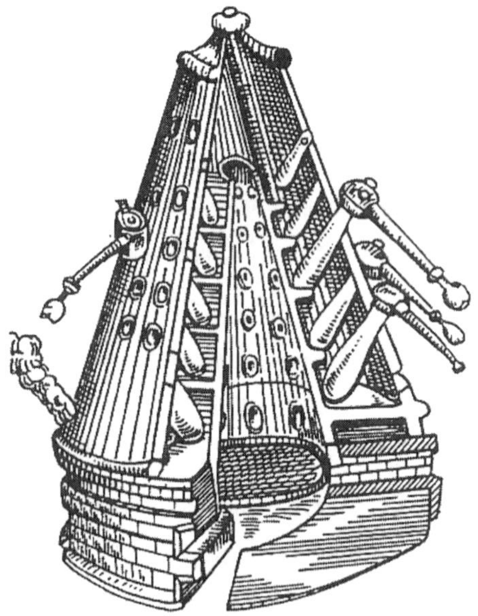

(16세기)

그림 3-2 증류기의 화로

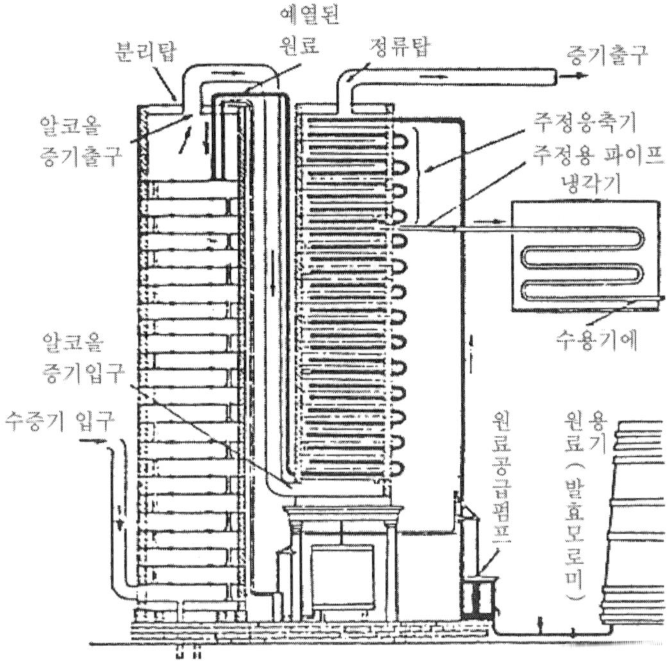

그림 3-3 Coffey's Still(1830년)

연속증류장치나 Coffey의 연속증류기(그림 3-3)가 발명되었다. 그 후 20세기 후반에 이르기까지 다양한 구성의 증류장치가 고안되었으나 석유공업의 번성은 그 규모의 확대뿐 아니라, 증류기술에 있어서 이론의 진보와 각종 장치들의 발명을 가져왔다.

다음 절 이후에는 알코올의 증류 예를 중심으로 해설한다. 그러나 어떠한 물질의 증류든 증류인 이상, 원리와 사고는 거의 동일하므로 상평형 등의 물성값만 구해지면 이 책의 예를 참고하여 해석이 가능할 것으로 생각된다. 증류기의 기계적 설계에 관해서는 지면관계상 생략한다.

제2절에서는 <기액평형>, 제3절에서는 <회분증류>, 제4절에서는 <연속증류>, 마지막으로 제5절에서는 <증류의 에너지절약>에 대해 서술한다.

3-2 기액평형

3-2-1 기액평형

증류라는 분리조작에서 가장 중요한 매개변수 중 하나가 기액평형이다. 기상과 액상이 평형하다는 것은 두 상의 각 성분의 퓨개시티(fugacity)가 같다는 것을 의미한다.

$$f_i^V = f_i^L \tag{3.1}$$

좌변은 i 성분의 기상의 퓨개시티, 우변은 액상의 퓨개시티이다. 기상을 이상기체로 간주할 수 있는 경우에는 각 성분의 두 상의 퓨개시티는 다음과 같다.

$$f_i^V = Py_i \tag{3.2}$$

$$f_i^L = \gamma_i x_i P_i^S \tag{3.3}$$

즉, 기액평형관계는

$$Py_i = \gamma_i x_i P_i^S \quad i=1,\ 2,\ \cdots,\ N. \tag{3.4}$$

으로 나타낼 수 있다. 여기서 P는 계의 전압, P_i^S는 i 성분의 포화증기압, γ_i 는 i 성분의 액상활량계수이며 x_i, y_i는 각각 액상, 기상내의 i 성분의 몰분율이다. γ_i 가 모두 1이면 Raoult의 법칙에 따른 이상용액이 되나, 대부분의 경우는 비이상용액이므로 이상용액에서 벗어나는 척도로서 액상활량계수가 중요하다.

이상용액에서는 비휘발도라는 매개변수를 이용함에 따라 기액평형관계를 정확하게 계산할 수 있다. 즉, 2성분계에서 성분 A의 평형비를 K_A, 성분 B의 비교비를 K_B라 했을 때 $\alpha_{A/B}$를 성분 A의 성분 B에 대한 비휘발도라 한다. 만일 $\alpha_{A/B}$를 3이라 하면 그림 3-4에 나타낸 기액평형관계가 성립하게 된다.

$$K_A = y_A/x_A,\ K_B = y_B/x_B,\ \alpha_{A/B} = K_A/K_B \tag{3.5}$$

$$y_A = \alpha_{A/B}x_A/(1+(\alpha_{A/B}-1)x_A) \tag{3.6}$$

벤젠-톨루엔계($\alpha_{A/B}$=2.48) 등 2성분계 기액평형관계를 비휘발도로 취급하는 것이 가능한 계도 많다. 그림 3-4는 기액평형곡선 또는 XY선도라 불리는 것으로 2성분계의 기액평형관계를 나타내는데 주로 이용되며 일반적으로 비등점이 낮은 성분(이 경우 A)의 액상몰분율을 가로축, 기상몰분율을 세로축에 나타낸다. 2성분계의 기액평형관계의 예를 그림 3-5~그림 3-7에 나타냈다. 평형곡선과 $y=x$ 의 직선과의 교점은 공비점(azeotropic point)이라 부른다.

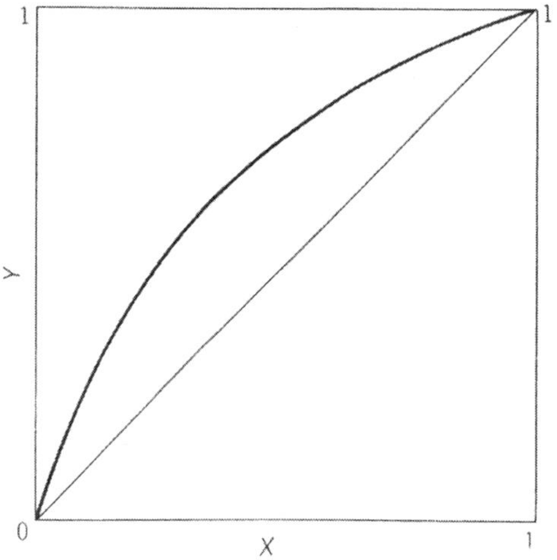

$(\alpha_{A/B}=3)$

그림 3-4 이상용액의 기액평형선도

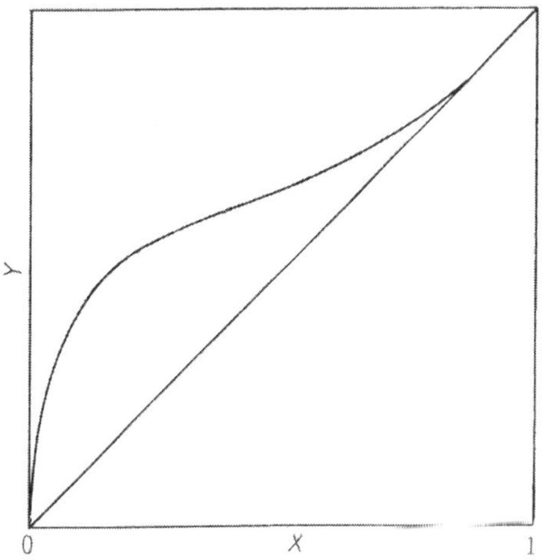

(에탄올–물)

그림 3-5 기액평형선도

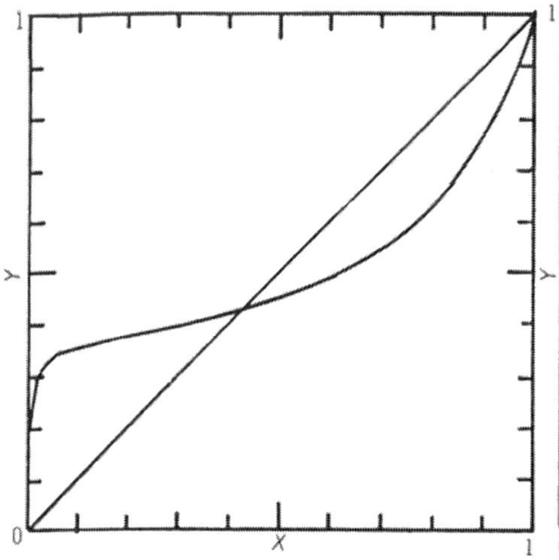

(n–프로판올–물)

그림 3-6 기액평형선도

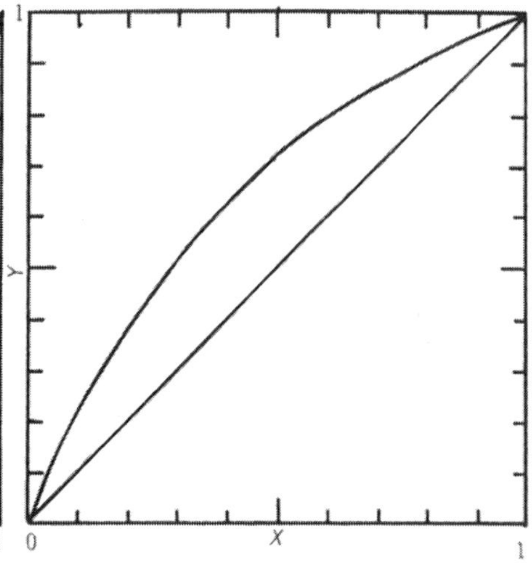

(벤젠–톨루엔)

그림 3-7 기액평형선도

3-2-2 기액평형의 측정

기액평형관계에 대한 데이터가 없는 경우에는 계산방법을 이용할 수 있는데 계산방법에 이용되는 매개변수는 실측값에서 구할 수 있다. 그림 3-8에 나타낸 오스머(Othmer)형 측정장치는 가장 간단한 것이다. 단열된 스틸(still, 증류기)과 기상을 응축하기 위한 콘덴서와 응축액류로 구성되어 있으며 피측정용액을 스틸에 채워 가열을 시작한다. 발생한 증기는 콘덴서에서 응축되어 응축액류를 통해 스틸에 되돌아온다. 일정시간이 지나 스틸의 액과 응축액류의 액의 조성이 정상이 됐을 때의 조성을 측정함에 따라 기액평형관계를 알 수 있다. 2성분계의 경우 조성은 굴절률에 의해 구해지는 경우가 많다. 그 외의 방법으로 밀도나 응고점에서도 구할 수 있다. 다성분계의 기액평형관계 측정시의 조성은 가스크로마토그래피에 의해 구하는 것이 편리하다.

기액평형관계 측정시의 유의사항은 액체의 열적상태(과열상태의 여부), 스틸에서의 분축(分縮, 발생한 증기의 일부가 응축하는 것), entrainment에 의한 액체의 응축액에의 유입, 액체의 농도구배 발생, 액적의 전량증발 등이 있으나 무엇보다 중요한 것은 정확한 샘플링이라 할 수 있다.

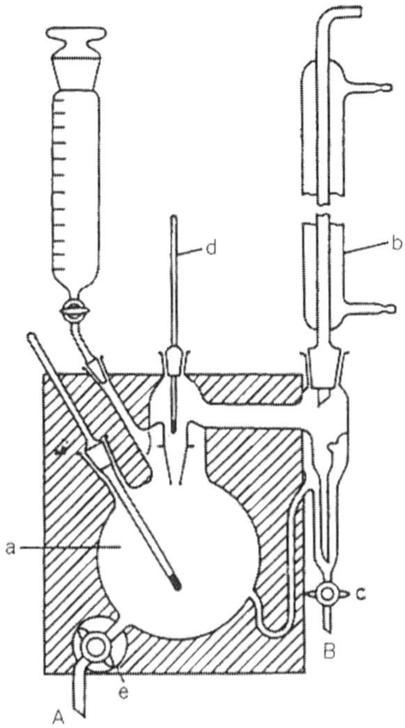

A : 액체 샘플링점, B : 응축증기 샘플링점

그림 3-8 오스머형 기액평형측정장치

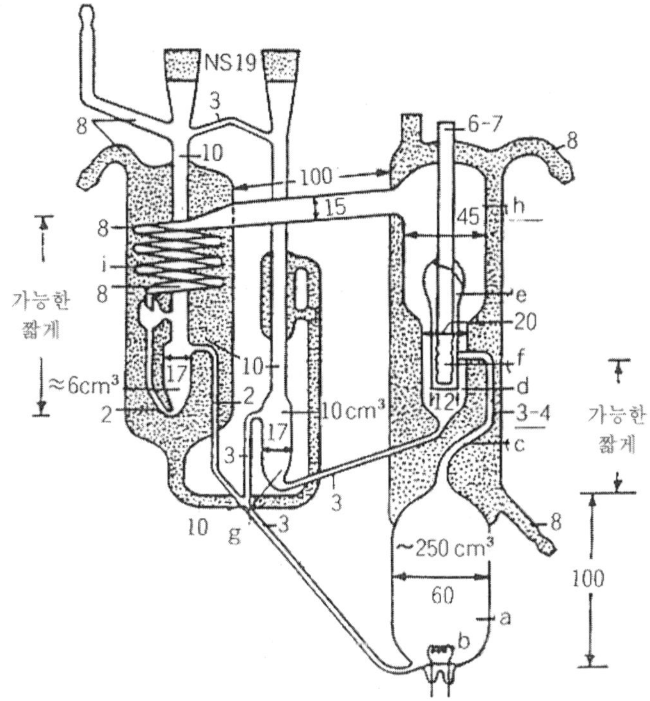

그림 3-9 Röck and Sieg형 기액평형 측정장치

그림 3-9에 코트렐펌프를 이용한 장치의 예를 나타냈다. 이 장치는 오스머형보다 복잡하지만 액체의 과열이나 entrainment의 영향을 제거할 수 있어 효과적이다. 현재 사용되고 있는 장치의 대부분은 이러한 형태가 기본이다. 코트렐펌프에 의해 퍼 올린 액이 flash chamber내에서 혼입이 가능한 구조이므로 물방울이 증기측에 들어가지 않도록 되어 있다. 이 장치의 조작상의 포인트는 가열량의 조정이다. 가열량이 너무 크면 액의 전량증발이나 entrainment에 의해 기-액의 적정한 샘플을 얻을 수 없다. 측정값의 신뢰성은 성분농도에 대해, 데이터에서 계산한 액상 활량계수를 출력했을 때와의 차이로 쉽게 확인할 수 있다.

3-2-3 활량계수식

실측한 기액평형관계를 증류계산에 적용할 경우 기액평형관계의 기술이 필요하다. 식(3.4)의 액상활량계수를 어떠한 함수로 가능한 근사값을 구하게 된다. 2성분계에 그 외의 미량성분이 포함되어 있는 경우에는 미량성분의 평형비를 직접적으로 주성분(예를 들어 에탄올-수계에서의 에탄올)의 몰분율 함수로서 취급하는 것이 계산시간상 유리하다. 연속증류의 경우는 원료내의 미량성분이 공정 중 어딘가에 농축되는 현상이 있기 때문에 그 부분에서는 이 계산방법의 적용이 잘못된 결과를 유도할 가능성도 있다.

기상평형관계의 계산에서는 1기압 정도에서는 기상을 이상기체로 취급할 수 있으므로 식 (3.4)의 액상활량계수를 구하는 식이 계산식의 주체가 된다. 활량계수의 계산식은 다양하나 2성분계의 계산식으로 이용되고 있는 것 중 하나가 van Laar의 식이다.

$$\log \gamma_1 = \frac{A}{\left(1+\frac{x_1}{x_2}\frac{A}{B}\right)^2}$$

$$\log \gamma_2 = \frac{B}{\left(1+\frac{x_2}{x_1}\frac{B}{A}\right)^2} \tag{3.7}$$

A, B는 모두 실험적으로 구해지는 매개변수이다. 1964년 발표된 Wilson식은 2성분계의 데이터에서 도출한 매개변수만을 이용하여 다성분계의 액상활량계수를 계산할 수 있다. 이러한 점에서 그 후 발표된 NRTL식이나 UNIQUAC식과 같은 특징을 가지고 있다. 이 2가지 식은 액상이 불균일한 경우에도 적용할 수 있으나 Wilson식은 균일계에 한정된다.

(1) Wilson식

N성분계의 성분 i의 액상활량계수를 다음 2가지 식으로 나타낸 것이 Wilson식이다.

$$\ln \gamma_1 = -\ln\left[\sum_{j=1}^{N} x_j \Lambda_{ij}\right] + 1 - \sum_{k=1}^{N}\left[\frac{x_k \Lambda_{ki}}{\sum_{j=1}^{N} x_j \Lambda_{ij}}\right] \tag{3.8-1}$$

$$\Lambda_{ij} \equiv \frac{v_j}{v_i} exp\left[-\frac{(\lambda_{ij}-\lambda_{ii})}{RT}\right] \ (\lambda_{ij}=\lambda_{ii}) \tag{3.8-2}$$

$(\lambda_{ij}-\lambda_{ii})$, $(\lambda_{ij}-\lambda_{jj})$가 한 쌍의 Wilson매개변수이다. v_i는 i성분의 액체몰용적이다. 매개변수의 온도의존성은 취급하는 온도범위가 좁으면 무시해도 상관없다. N성분계의 계산에 필요한 매개변수는 $N(N\text{-}1)$개로, N성분계의 계산에 이용되는 매개변수는 $N(N\text{-}1)/2$조의 기액평형

데이터에서 도출된다. 에탄올, 물, n-프로판올, i-부탄올 및 i-아밀알코올로 된 5성분계의 계산에 필요한 20개의 매개변수를 예로서 표 3-1에 나타냈다. 이들 매개변수는 주중(酒中)미량성분인 3가지 알코올의 넓은 농도범위의 계산에 적용하기 위해 도출된 것이다. 그림 3-10 a~d에 이들 매개변수를 이용하여 계산한 2성분계의 기액평형관계와 실측값을 나타냈다. 그림 3-11은 에탄올수용액내의 미량의 i-부탄올의 액상활량계수의 계산값과 실측값의 대비이다. 다른 계산식을 이용하여도 동일한 결과가 얻어질 것으로 생각되나 매개변수를 구함에 있어서 목적함수 Θ는 다음과 같이 정하였다.

$$J_1(n) = \sum_{m=1}^{N} \{(ln\gamma j, \exp - ln\gamma j, cal)^2 + (ln\gamma j, \exp - ln\gamma j, cal)^2\} \quad (3.9-1)$$

$$J_2(n) = \sum_{m=1}^{N} (ln\gamma^{\infty} k, \exp - ln\gamma^{\infty} k, cal)^2 \quad (3.9-2)$$

$$\Theta = \sum_{n=1}^{10} J_1(n) + \sum_{n=1}^{3} J_2(n) \quad (3.9-3)$$

심플렉스법은 이 같은 매개변수 도출에 유효한 계산방법이다.

표 3-1 5성분계의 계산을 위한 Wilson 매개변수

λ 12-λ 11	λ 12-λ 22	λ 23-λ 22	λ 23-λ 33	λ 24-λ 22
1000	200	-197.2	197.3	-48.1
λ 24-λ 44	λ 25-λ 22	λ 25-λ 55	λ 13-λ 11	λ 13-λ 33
-23.1	-1.32	117.1	1398.4	670.5
λ 14-λ 11	λ 14-λ 44	λ 15-λ 11	λ 15-λ 55	λ 34-λ 33
1592.9	1039.3	2023.8	2005.0	927.5
λ 34-λ 44	λ 35-λ 33	λ 35-λ 55	λ 45-λ 44	λ 45-λ 55
-681.7	45.1	-11.4	-120.4	168.4

① : 물② : 에탄올③ : n−프로판올④ : i−부탄올⑤ : i−아밀알코올

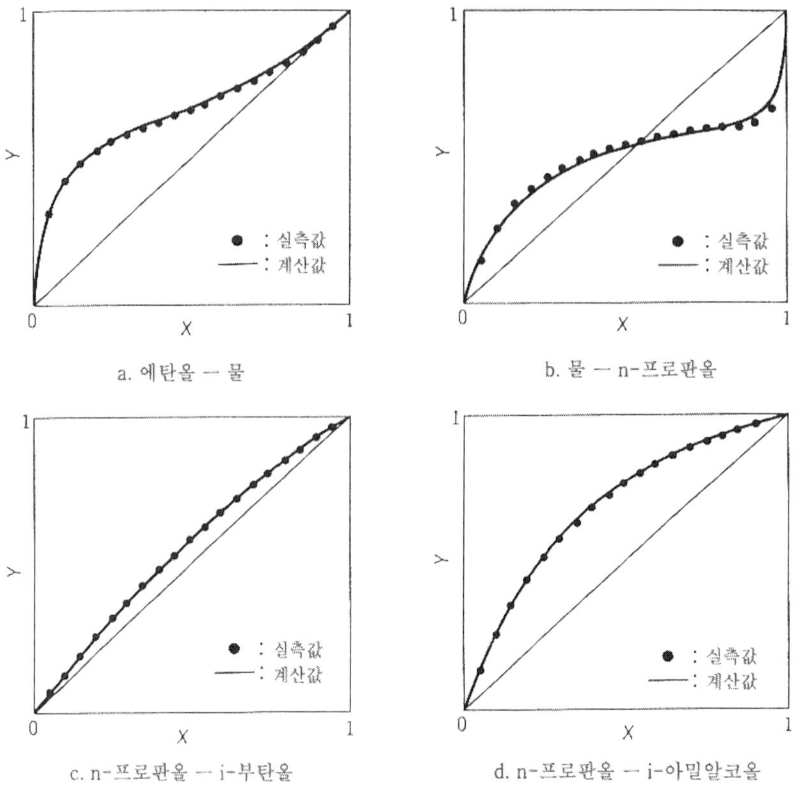

그림 3-10 기액평형의 계산값과 실측값의 비교

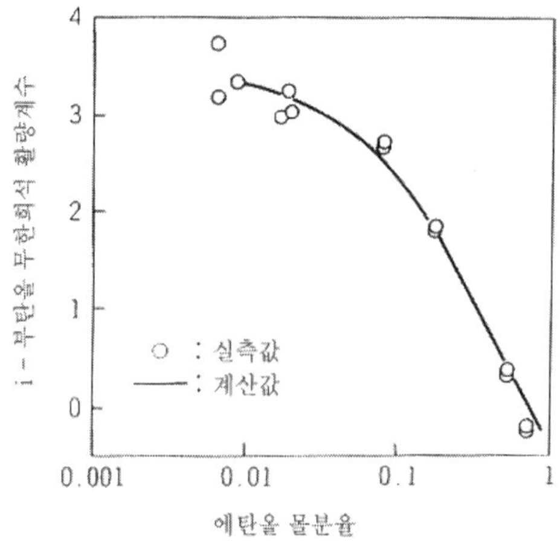

그림 3-11 액상활량계수의 계산값과 실측값의 비교(i-부탄올–물)

(2) NRTL(Non-Random, Two-Liquid)식

N성분계의 i성분의 액상활량계수는 다음 식으로 구해진다.

$$\ln\gamma_i = \frac{\sum_{j=1}^{N}\tau_{ji}G_{ji}x_j}{\sum_{i=1}^{N}G_{li}x_l} + \sum_{j=1}^{N}\left[\frac{x_jG_{ij}}{\sum_{l=1}^{N}G_{li}x_l}\left(\tau_{ij} - \frac{\sum_{r=1}^{N}x_r\tau_{rj}G_{rj}}{\sum_{l=1}^{N}G_{li}x_l}\right)\right] \tag{3.10-1}$$

$$\tau_{ji} \equiv (g_{ji} - g_{ii})/RT \quad (g_{ji} = g_{ij}) \tag{3.10-2}$$

$$G_{ji} \equiv \exp(-\alpha_{ji}\tau_{ji}) \quad (\alpha_{ji} = \alpha_{ij}) \tag{3.10-3}$$

$(g_{ji} = g_{ij})$, $(\alpha_{ji} = \alpha_{ij})$가 NRTL식의 매개변수이며 α_{ij}라는 보정항적인 매개변수가 첨가된 것이 특징이다.

(3) UNIQUAC식

$$\ln\gamma_i = \ln\frac{\phi_i}{x_i} + \frac{z}{2}q_i\ln\frac{\theta_i}{\phi_i} + l_i - \frac{\phi_i}{x_i}\sum_{j=1}^{N}x_jl_j + q_i\left[1 - \ln\left(\sum_{j=1}^{N}\theta_j\tau_{ji}\right) - \sum_{j=1}^{N}\frac{\theta_j\tau_{ij}}{\sum_{k=1}^{N}\theta_k\tau_{ki}}\right] \tag{3.11-1}$$

$$l_i = \frac{z}{2}(r_i - q_i) - (r_i - 1), \quad z = 10 \tag{3.11-2}$$

$$\theta_i = q_ix_i/\sum_{j=1}^{N}q_jx_j, \phi_i = r_ix_i/\sum_{j=1}^{N}r_jx_j \tag{3.11-3}$$

$$\tau_{ji} \equiv \exp\left[-\frac{(u_{ji} - u_{ii})}{RT}\right](u_{ji} = u_{ij}) \tag{3.11-4}$$

여기서는 $(u_{ij} = u_{ii})$, $(u_{ij} = u_{jj})$가 한 쌍의 UNIQUAC매개변수이다. θ_i, ϕ_i, r_i, q_i는 각각 순성분의 면적분율, segment분율, 분자van der Waals척도, 분자면적척도이다.

이들 방법에 의해 2성분계열의 데이터에서 다성분계의 기액평형관계를 계산할 수 있다는 것을 알아도 성분이 증가하면 매개변수의 도출이 필요한 데이터의 조합수도 증가한다. 따라서 데이터를 필요로 하지 않고 활량계수를 계산할 수 있는 방법이 요구된다.

3-2-4 활량계수계산법(Group기여법)

다성분의 용액을 구성하는 화합물의 화학구조에 착안하면 용액은 대부분 화합물의 수보다 적은 관능기단으로 구성되어 있음을 알 수 있다. 화합물의 종류보다 기단의 종류가 적은 것은 간단하게 분류가 가능하다. 용액이 이들 기단에 의해 구성되어 있다고 보고 그 기여에 의해 용액내의 각 성분의 활량계수를 구하는 방법을 Group기여법이라 한다. 예를 들어, 3-2-3 (1)에 든 5성분계의 용액을 구성하는 관능기단(group, 또는 작용기)은 CH_2(CH_3와 CH_2를 구별하는 경우도 있다)와 OH(H_2O를 단독 Group으로 하는 경우도 있다)의 2가지라는 개념이다. Group기여법은 Wilson과 Deal에 의해 최초로 활량계수의 계산에 이용되었다. 그 후 해석적 Group용액모델(analytical solution of groups)이 모델의 일반화안으로 제창되었다. ASOG법에 의한 활량계수 계산을 위해 필요한 매개변수는 Tochigi, kojima등에 의해 도출되어 있으나 기본이 되는 건전한

표 3-2 ASOG법의 화합물 표현방법

화합물	시성식	ν_{ki}					ν^{FH}
		CH_2	OH	CO	COO	COOH	
n-펜탄	$CH_3(CH_2)_3CH_3$	5	—	—	—	—	5
2,3-디메틸부탄	$Ch_3(CHCH_3)_2CH_3$	5.6	—	—	—	—	6
에탄올	CH_3CH_2OH	2	1	—	—	—	3
i-프로판올	CH_3CHCH_3OH	2.8	1	—	—	—	4
i-부탄올	$CH_3CHCH_3CH_2OH$	3.8	1	—	—	—	5
tert-부탄올	$C(CH_3)_3OH$	3.7	1	—	—	—	5
n-아밀알코올	$CH_3(CH_2)_4OH$	5	1	—	—	—	6
물	H_2O	—	1.6	—	—	—	1
아세톤	CH_3COCH_3	2	—	1	—	—	4
메틸이소부틸케톤	$CH_3COCH_2CHCH_3CH_3$	4.8	—	1	—	—	7
디-n-프로필케톤	$CH_3(CH_2)_2CH(CH_2)_2CH_3$	6	—	1	—	—	8
포름산프로필	$HCOO(CH_2)_2CH_3$	3	—	—	3	—	6
아세트산*i*-프로필	$CH_3COOCHCH_3CH_3$	3.8	—	—	3	—	7
아세트산부틸	$CH_3COO(CH_2)_3CH_3$	5	—	—	3	—	8
아세트산*i*-아밀	$CH_3COO(CH_2)_2CHCH_3CH_3$	5.8	—	—	3	—	9
프로피온산	CH_3CH_2COOH	2	—	—	—	3	5

기액평형 데이터가 부족한 것이 실정이다. ASOG법이 활량계수의 계산식으로서 Wilson식을 이용한데 비해, Fredenslund등의 UNIFAC법은 UNIQUAC식을 기초로 하였다. UNIFAC (UNIQUAC Functional Group Activity Coefficients)법은 기본적으로 ASOG법과 동일하다는 견해있다. 화합물의 표현방법을 표 3-2에 나타냈다.

(1) ASOG법

용액내의 성분 i의 활량계수 γ_i는 용액내의 성분분자의 크기에 관여하는 항 γ_i^{FH}과 group간의 상호작용의 항 γ_i^G로 나타낼 수 있다.

$$\ln\gamma_i = \ln\gamma_i^{FH} + \ln\gamma_i^G \tag{3.12}$$

성분분자의 크기에 관여하는 항 γ_i^{FH} 은 Flory-Huggins형의 식에 의해 계산한다.

$$\ln\gamma_i^{FH} = \ln\frac{v_i^{FH}}{\sum_j v_j^{FH} x_j} + 1 - \frac{v_i^{FM}}{\sum_j v_j^{FH} x_j} \tag{3.13}$$

여기서, v_j^{FH}는 성분 j내의 수소를 제외한 원자수, x_j는 용액내의 성분 j의 몰분율을 나타낸다. Group의 상호작용에 의한 기여는 용액내의 각 group의 합의 형태로 표시된다.

$$\ln\gamma_i^G = \sum_k v_{ki}(\ln r_k - \ln\Gamma_k^{(i)}) \tag{3.14}$$

v_{ki}는 성분 i내의 group k에 포함되는 수소 이외의 원자수, Γ_k는 group k의 group활량계수, $\Gamma_k^{(i)}$ 는 표준상태(순성분 i)에서의 group k의 활량계수이다. 2종류의 활량계수는 해석적으로 Wilson식의 형태로 표시된다.

$$\ln\Gamma_k = -\ln\sum_l X_l a_{kl} + 1 - \sum_l \frac{X_l a_{lk}}{\sum_m X_m a_{lm}} \tag{3.15}$$

여기서, a_{lk}는 group k와 l의 group간 상호작용 매개변수이며 a_{kl}과 a_{lk}는 같지 않다. X_l은 용액내의 group l의 group분율로 다음 식과 같다.

$$X_l = \sum_i x_i v_{li} / (\sum_i x_i \sum_k \overline{v_{ki}}) \tag{3.16}$$

Group간 상호작용 매개변수의 온도의존성은 다음 식으로 표시된다.

$$\ln a_{kl} = m_{kl} + n_{kl}/T \tag{3.17}$$

단, m_{kl}, m_{lk}는 group k와 l의 온도에 독립한 group간 상호작용 매개변수, T는 절대온도 (K)이다.

이상에서 알 수 있듯이 사전에 m_{kl}, m_{lk}를 구해두면 v_i^{FH}, v_{ki}, x_j에서 활량계수의 계산이 가능하다. 현재 결정되어 있는 group간 상호작용 매개변수는 표 3-3과 같으며 이후 보다 넓은 범위에서의 확장이 필요하리라 생각한다.

표 3-3 ASOG 매개변수의 결정상황

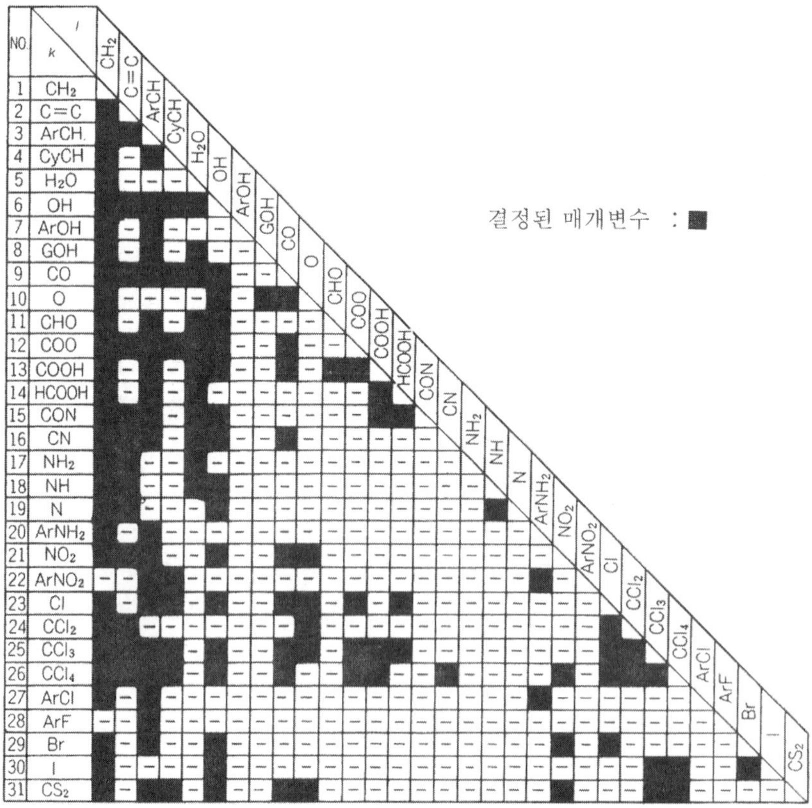

표 3-4 UNIFAC 매개변수의 결정상황

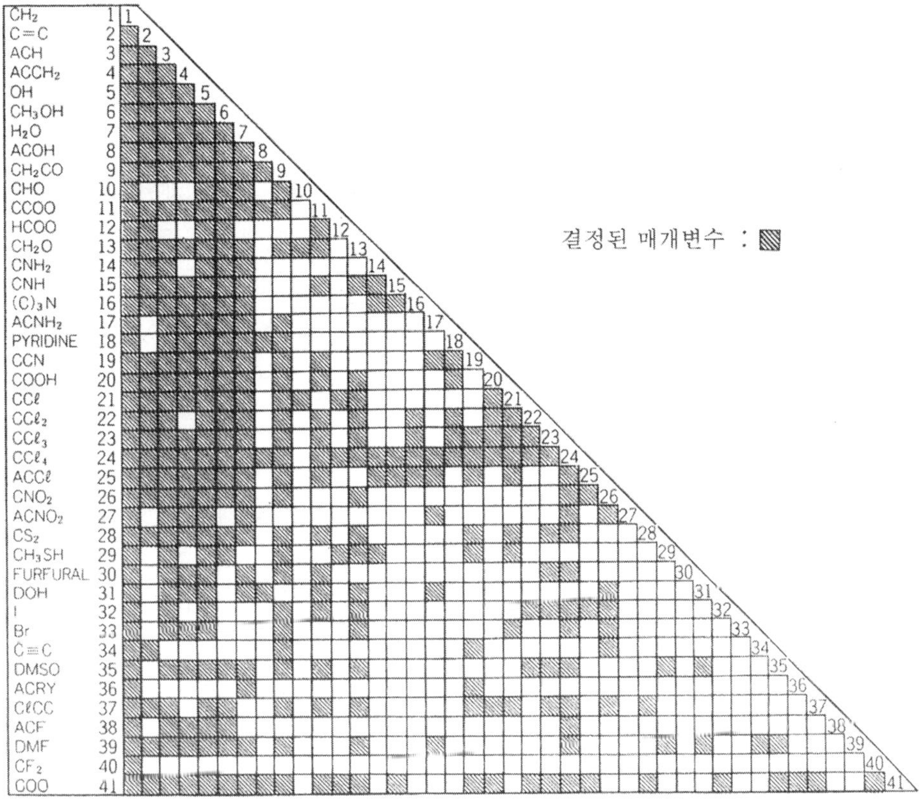

(2) UNIFAC법

UNIFAC 프로젝트는 Fredenslund(덴마크공과대학)를 중심으로 Dortmund대학과 협력하여 진행되었다. UNIFAC법에서는 분자크기의 기여 항을 group의 용적 및 표면적 매개변수에서 계산하도록 되어 있다. 이들 매개변수는 41개의 group을 더 나누어 77개로 분류한 subgroup에 대해 도출되어 있다. Group간 상호작용 매개변수의 계산은 ASOG와 거의 동일하므로 사전에 결정해둘 필요가 있는 매개변수는 ASOG보다 2종류가 더 많다. Group간 상호작용 매개변수는 표 3-4를 이용할 수 있다. ASOG와 UNIFAC 중 어느 것이 좋은가의 판단은 이용자의 판단에 맡긴다. 어느 쪽의 활량계수계산법도 액액평형에 적용할 수 있는 매개변수가 도출되어 있음을 첨부해둔다.

3-2-5 증기압

(1) 포화증기압의 측정

실험에 의해 포화증기압을 구하기 위해서는 온도를 변화시켜 그 증기압을 측정하는 방법과 압력을 변화시켜 그 끓는점을 측정하는 방법이 있는데 주로 후자가 이용된다. 측정에는 그림 3-12에 나타낸 에브리오미터(ebriometer)가 이용된다. 시료는 A-B의 U자관에 채워 A부분의 히터로 가열하여 발생하는 증기에 의해 pump up되어 T_1에 들어간다. T_1에서는 증발온도가, T_2에서는 응축온도가 측정된다. 잔류증기는 D의 콘덴서에서 응축되며 C의 드롭카운터에서 증발속도가 관측된다. 이 2곳에서 측정되는 온도가 같지 않으면 시료의 순도에 문제가 있는 것이다.

(2) 증기압의 상관식

10mmHg에서 2기압 정도까지의 순물질의 증기압 식으로 우수한 것에 Antoine의 증기압의 식이 있다.

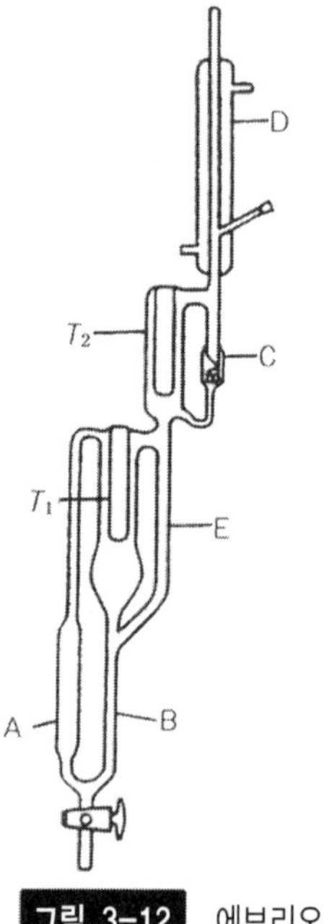

그림 3-12 에브리오미터

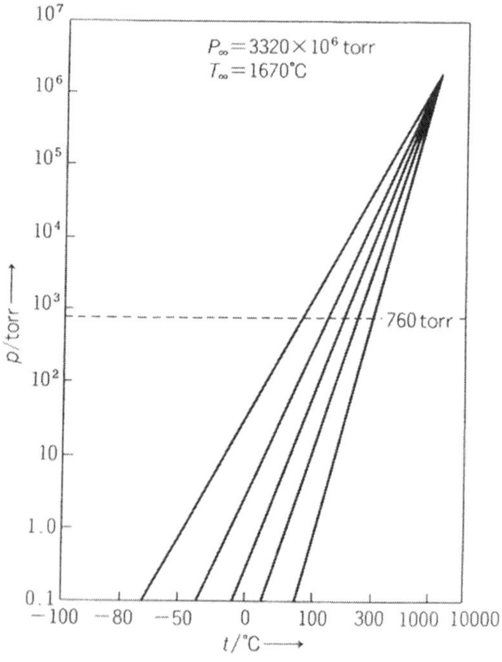

그림 3-13 Cox선도(알킬벤젠)

$$\log P_{vp} = A - \frac{B}{T+C} \tag{3.18}$$

여기서, $C=0$이면 Clapeyron의 식이 된다. P는 mmHg, T는 온도(℃ 또는 K)이다. 사용자료를 제공하는 편람에 따라 온도단위가 ℃ 또는 K로 구하거나 자연로그가 이용되는 경우가 많으므로 주의해야 한다. 그림 3-13은 Cox선도라 불리는 그래프이다. 세로축에 증기압을 로그스케일로, 가로축에 물의 증기압을 온도로 환산한 것을 취한다. 순물질의 온도와 증기압의 관계를 이 그래프에 출력하면 직선이 얻어진다. 이 직선은 Antoine식의 그래프라고도 할 수 있으나 이 직선을 높은 온도방향으로 연장하면 동족의 물질의 증기압 직선이 한 점에서 교차한다. 이 점은 종의 동족의 물질에 대해 구해지므로 그 족에 속하는 물질의 증기압과 온도의 관계는 어느 한 점의 압력에서의 끓는점을 측정함에 따라 알 수 있다.

3-3 단증류

증류에는 환류조작을 동반하지 않는 단증류와 환류조작을 동반하는 회분정류(回分精留), 연속증류가 있다. 몰트위스키 등의 증류에는 단증류가, 을류소주(乙類燒酒, 오츠류이 쇼츄) 에는 단증류 또는 회분정류가 이용된다. 그레인위스키, 그레인스피리츠, 뉴트럴스피리츠, 갑류소주(甲類燒酒, 고류이 쇼츄)의 증류에는 연속증류가 이용된다.(편저자 주: 일본의 근대화가 진행되기 시작한 메이지시대(1868~1912)에 영국으로 부터 양조용 알코올의 대량 생산이 가능한 연속식 증류기가 들어오게 된다. 이를 통해 생산되기 시작한 새로운 소주는 당시 일본인들에게 첨단기술의 산물로 크게 호응을 얻어 이른바 '신식소주'로 받아들여졌고, 반면 전통적인 소주는 '구식소주'로 불리기 시작했다. 이런 사고방식의 영향으로 1953년 제정된 주세법에 의해 소주를 증류법에 의해 분류할 때도 신식소주를 '갑류소주'로, 그리고 구식소주를 '을류소주'로 각각 명명했다.)

3-3-1 단증류(simple distillation)와 분축

그림 3-14에 나타낸 플라스크와 콘덴서와 수기(受器)로 이루어진 장치가 실험실에서 구성할 수 있는 가장 간단한 증류장치이다. 그림 3-15에 나타낸 증류기는 옛 부터 증류주의 제조에

이용되어 온 것으로 위의 용기에 물을 채워 콘덴서의 역할을 하게 한다. 이들 장치를 이용한 증류는 모두 단증류라고도 볼 수 있지만 통상 플라스크나 솥에서 발생한 증기는 기벽의 방열에 의해 일부분이 응축되기 때문에 위로 갈수록 저비점성분이 더 풍부해진다. 이러한 현상을 분축(分縮)이라 하는데 엄밀히 말하면 보온 등으로 분축이 전혀 일어나지 않는 경우를 단증류라고 한다.

2성분계의 단증류에 있어서 유출량(留出量)과 유출액의 농도의 관계를 정량적으로 나타낸 것에 Rayleigh의 식이 있다. 어느 시간에서의 플라스크내의 액량을 L, 그 조성을 x라 하자. 이때의 증기조성을 y라 하고 dL만 유출했을 때의 Lx의 변화는

$$d(Lx) = ydL$$

$$\therefore \ \frac{1}{L}dL = \frac{1}{y-x}dx \tag{3.19}$$

이 식을 초기상태(L_0, x_0)에서 어느 시간의 상태(L_1, x_1)까지 적분한 것이 Rayleigh의 식이다.

$$\ln(L_0/L_1) = \int_{x1}^{x0} \frac{1}{y-x}dx \tag{3.20}$$

따라서 이상용액의 경우 y는 식(3.6)에서 x의 함수로 취급할 수 있으므로 우변은 쉽게 적분이 가능하다.

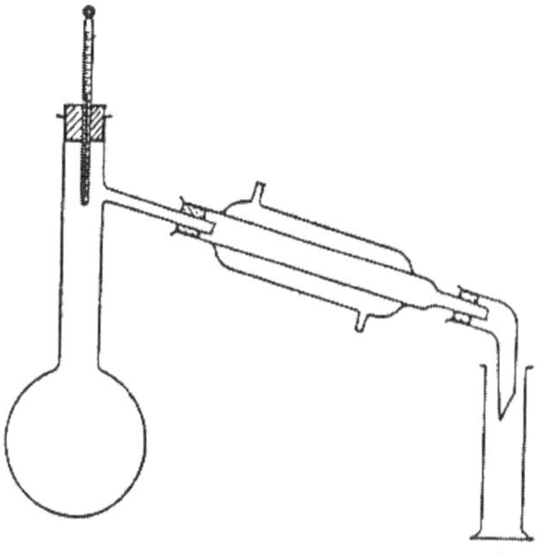

그림 3-14 단증류장치

그림 3-15 초기의 증류기

$$\ln(L_0/L_1) = \frac{1}{\alpha_{A/B}-1}\ln\frac{x_0(1-x_1)}{x_1(1-x_0)} + \ln\frac{1-x_1}{1-x_0} \tag{3.21}$$

이와 같은 경우에는 유출량과 유출조성의 관계(유출곡선)에 따라 비휘발도를 구하는 것도 가능하다. 그러나 대부분의 경우는 비이상계의 증류이므로 유출곡선을 수치해석적 방법에 의한 적분법과 도적분(圖積分)에 의해 구하게 된다.

앞에서 말했듯이 실제 단증류에서는 분축이라는 현상이 발생한다. 액면에서 발생한 조성 y의 증기 1몰내에 β'몰$(0 \leqq \beta' < 1)$이 분축되어 있는 경우 남은 증기조성 y', 분축한 액의 조성 x' 간에는 다음 관계가 성립한다.

$$y = (1-\beta')y' + \beta' x' \tag{3.22}$$

이때, y'와 x'가 평형이라고 생각하면 이 식은 다음과 같이 변형할 수 있다.

$$\beta'/(1-\beta') = (y'-y)/(y-x') \tag{3.23}$$

따라서 평형곡선을 알면 y와 β'로부터 y'와 x'를 다음과 같이 구할 수 있다. 그림 3-16과 같이 $y=x$의 직선상에 $y=y$인 점 A를 취한다. 점 A에서 기울기가 $-\beta/(1-\beta')$인 직선을 그린다. 그 직선과 평형곡선의 교점 B가 구하는 점(x', y)이다. 그러나 플라스크와 같이 단증류의 경우 분축한 β'몰의 액체의 조성이 플라스크내의 어느 부분에서도 x'이고, 남은 증기조성이 어느 부분에서도 y'라는 단순한 관계는 실제로 존재하지 않는다. 따라서 이 식은 어디까지나 분축률의 정의식으로 해석하는 편이 무난하다. 분축액과 증기가 향류로 흐르는 경우에는 상승증기량은 플라스크의 위로 갈수록 감소하고 하강액(분축액)량은 밑으로 갈수록 증가하기 때문이다. 그림 3-17은 몰트위스키의 증류에 이용되는 동(銅)제의 포트스틸이다. 실제 포트스틸내의 벽면에서의 증기의 응축, 재증발 등의 미시적인 현상의 해석은 아직 불충분하나, 젖은 벽탑에서의 물질과 열의 동시이동은 포트스틸의 해석에 응용될 수 있을 것으로 생각된다. 단증류기의 형상을 증류자체에 관하여 이론적으로 설계할 수 있는 날도 그리 멀지 않은 듯하다.

그러나 스틸내의 액체와 콘덴서에 도달하는 증기의 평형화(y'/x), 증류에서의 물질수지 또는 유출곡선을 실측함에 따라 해석적으로 얻어지는 분축률은 증류기의 특성을 이해하는데 있어 중요하다.

총괄적인 분리율 β'를 매개변수로 한 단증류의 해석에 대해 조금 더 살펴보자.

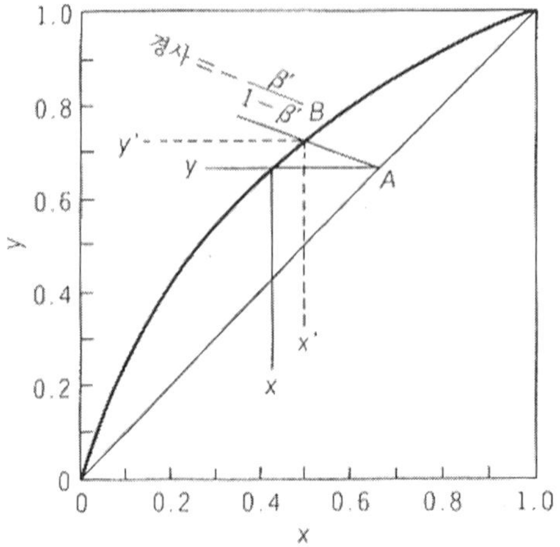

그림 3-16 분축률 β' 에서 y' 를 구하는 방법

그림 3-17 몰트위스키 증류용 포트스틸((주)Suntory 하쿠슈히가시(白州東)증류소)

그림 3-18은 스카치, 일본식 몰트위스키의 증류과정이다. 증류는 2회 이루어지며 1회째를 초류, 2회째를 재류라고 한다. 초류는 발효가 종료된 쌀누룩(諸味, 모로미)만을 채워 에탄올농도가 발효가 종료된 쌀누룩의 3배정도인 유액을 얻는다. 이것을 초류액(low wines)이라 부른다. 초류내에는 가열반응에 의해 카르보닐화합물이 생성되는 것으로 알려져 있다. 재류에서는 초류액을 3개의 분류(分溜)로 나누어 증류한다. 처음의 분류를 전류(heads), 가운데를 중류(hearts), 마지막을 후류(tails)라고 한다(그림 3-19). 전류와 후류(합쳐서 여류(feints))는 차회 이후의 재류에서 초류액과 함께 채워져 다시 증류된다.

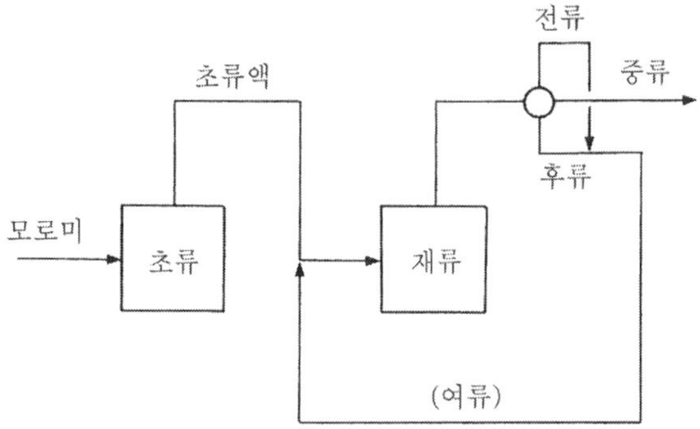

그림 3-18 몰트위스키의 증류과정

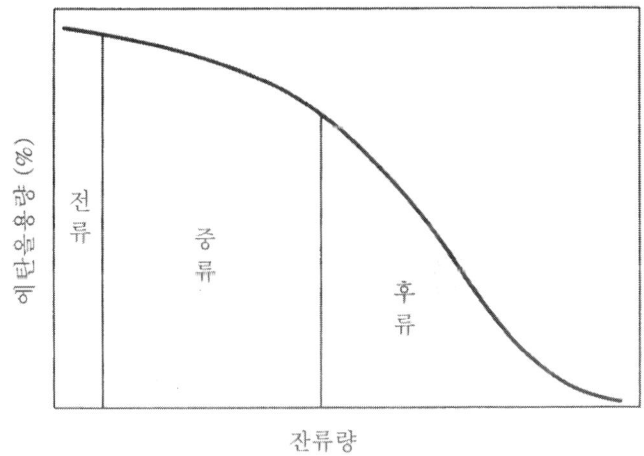

그림 3-19 위스키 재류의 분류

이하의 해석에 이용한 계산 프로그램은 Rayleigh의 식을 기본으로 한 것으로 flow chart를 그림 3-20에 나타냈다. 도적분에 있어서는 Runge-Kutta-Gill법 등을 이용하는 것이 바람직하다. 그림 3-21 a는 초류의 유출곡선을 나타낸 것이다. 계산에 이용한 미량성분(아세트산에틸, i-아밀알코올, β-페네틸알코올)의 기액평형관계는 계산법에 의한 것이다. 그림 3-21 (b)에 재류의 유출곡선을 나타냈다. 분축률 β'는 모두 0.2로 계산하였다. 재류의 전류액은 외관상 영원히 리사이클되므로 적극적으로 저비점성분을 분리한다기보다 콘덴서와 배관에 부착된 후류에 포함된 고비점성분을 씻어내려 중류에 영향을 주지 않도록 하는 것이다.

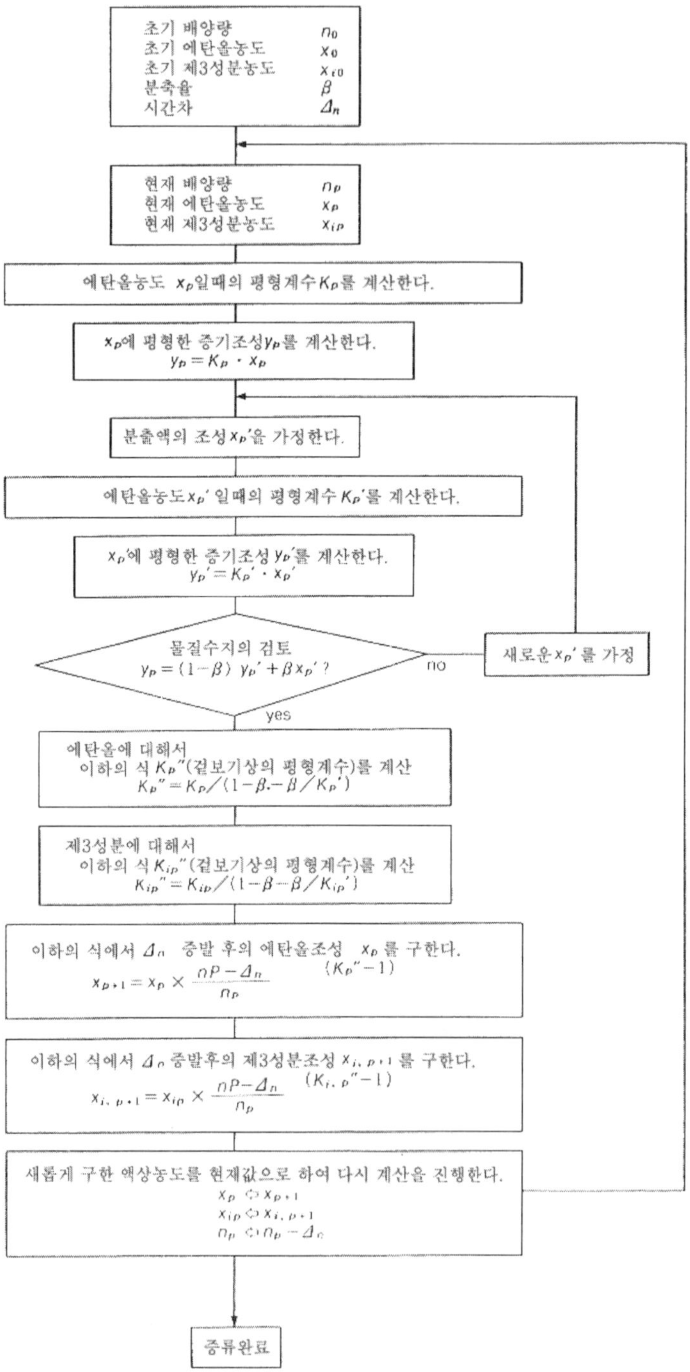

그림 3-20 포트증류계산의 flow chart

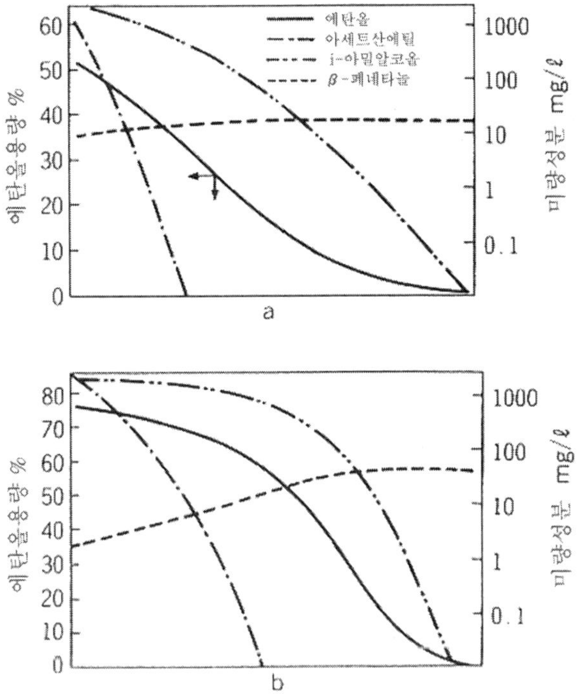

그림 3-21 초류의 유출패턴(a)과 재류의 유출패턴(b)

그림 3-22는 단축류에서 β'을 0~0.8까지 변화시켰을 때 에탄올의 유출곡선을 나타낸 것이다. 배양에탄올농도를 6.5%로 하고 유출액의 에탄올농도 1%에서 증류를 정지하면 유액의 에탄올농도는 17.6~38.1%까지 변화한다. 미량성분이 있는 경우에는 분축률이 높을수록 유액내의 저비점성분이 많아지고 고비점성분이 적어진다. 증류기에 따라서는 스틸상부(swan neck)에 워터젯을 달아 분축에 의한 정류효과를 높인 것도 있다.

발효가 종료된 쌀누룩의 증류 시에는 가열반응에 의해 카르보닐화합물이 생성된다고 하였는데 이들 화합물이 증류주의 품질에 영향을 미친다. 최근 단증류식 소주의 증류에 있어서 그 품질설계상의 문제로 이 가열반응을 최대한 억제하기 위해 감압증류라는 방법을 이용하는 경우가 있다. 지역산업으로 소주를 가지고 있는 일본의 가고시마대학에서는 감압 하에서 미량성분의 기액평형관계를 측정하였다. 2성분계의 증류에서는 감압에 의해 가벼운 성분의 비휘발도가 높아진다. 그림 3-23에 95mmHg과 760mmHg에서의 에탄올-수계의 기액평형곡선을 나타냈다. 감압에 의해 커브가 오른쪽 위로 이동되며 에탄올의 농도가 높은 영역에서는 에탄올의 평형비가 높아지지만 낮은 영역에서는 평형비가 낮아진다. 계산을 하여 유출곡선을 비교해보면 그림 3-24

와 같다.

그림 3-25에 감압증류기의 외관을 나타냈다. 내압 이외에 스틸에서 수기(受器)까지의 압력 손실을 어떻게 억제할 것인가가 설계의 포인트 중 하나이다.

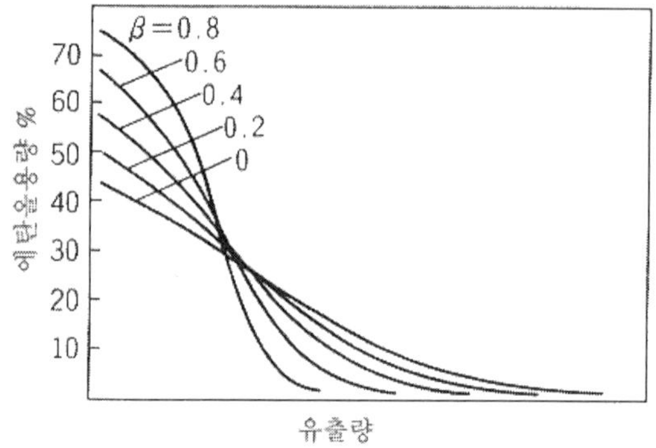

그림 3-22 에탄올-수계의 기액평형곡선
(95mmHg과 760mmHg의 비교)

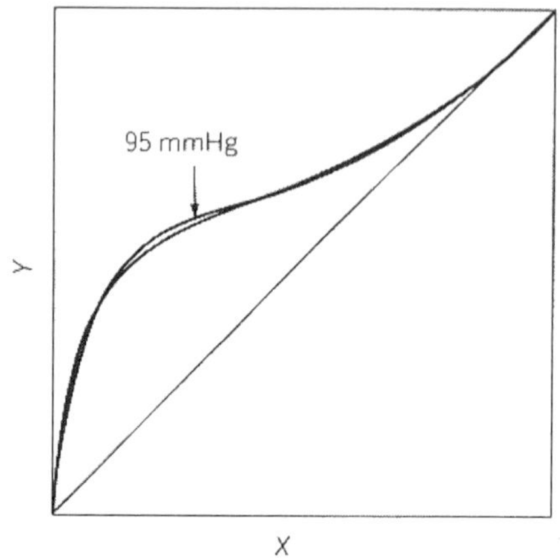

그림 3-23 각종 분축률과 유출패턴

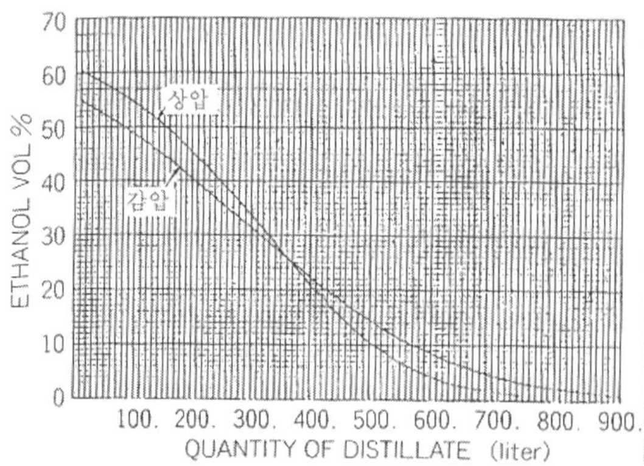

그림 3-24 감압과 상압에서의 유출패턴비교

그림 3-25 소주용 감압증류장치
((주)모토무라(本村)제작소 제공)

3-3-2 수증기증류

증류기라는 호칭이 정확히 일치하지는 않으나 비슷한 조작으로서 수증기증류가 있다. 구체적으로 말하면 그림 3-14에 나타낸 장치의 플라스크를 외부에서 가열하는 대신 수증기를 불어넣어 증류하는 것으로 향기(aroma) · 향미(flavor) 성분 등의 분리에 이용된다(그림 3-26). 원리적으로 설명하면 다음과 같다.

물에 녹지 않는 물질 A를 생각해보자. 그 끓는점이 물보다 높다고 해도 어느 온도에서 증기압을 가지고 있고 물의 증기압과 그 증기압의 합이 주위의 증기압과 균형을 이루는 온도에서 끓는다(그림 3-27). 즉, 어느 압력에서의 물의 끓는점보다 낮은 온도에서 끓어 증류가 일어난다.

이 조작은 flavor industry에서 용매에 의한 추출의 전처리로서 고형물과 향기 · 향미성분을 분리하는 것으로 최근 활발한 연구가 진행중인 초임계가스추출에 의해 이 2단계의 조작이 공업적으로도 한 번에 일어날 가능성이 높기 때문에 실험실 규모에서만 존재할 수도 있다.

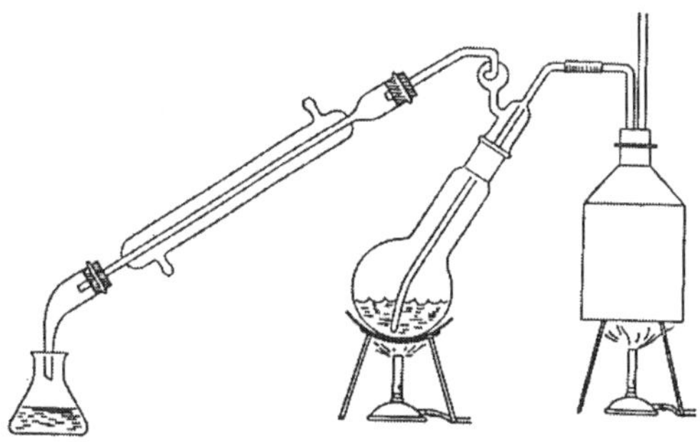

그림 3-26 수증기증류장치

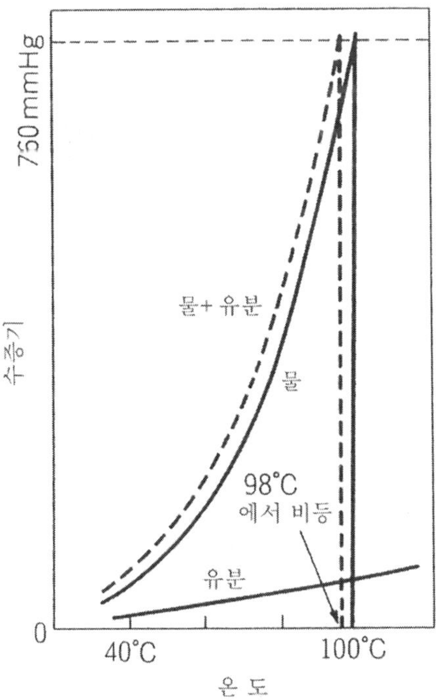

그림 3-27 수증기증류의 원리

3-3-3 회분정류

일반적으로 이용되고 있는 단증류에서는 분축이라고 하는 현상이 일어나기 때문에 엄밀히 말하면 단증류(simple distillation)라고는 할 수 없다고 설명하였다. simple distillation에 대해 counter current distillation이라는 용어가 있다. 직역하면 단증류에 대해 향류증류가 되는 것이다. 이것은 적극적인 의도를 가지고 상승하는 증기를 하강하는 액과 접촉시키는 것으로 회분정류탑도 연속증류탑도 이 분류에 속한다. 그림 3-28에 회분정류탑의 예를 나타냈다. 실험실 규모의 회분정류에서는 칼럼 내에 충전물이나 tray(단)를 갖지 않는 것이 있는데 통상은 스틸 위에 단탑이나 충전탑(tray, 충전물에 대해서는 4-2에서 해설)이 있는 형태를 취한다.

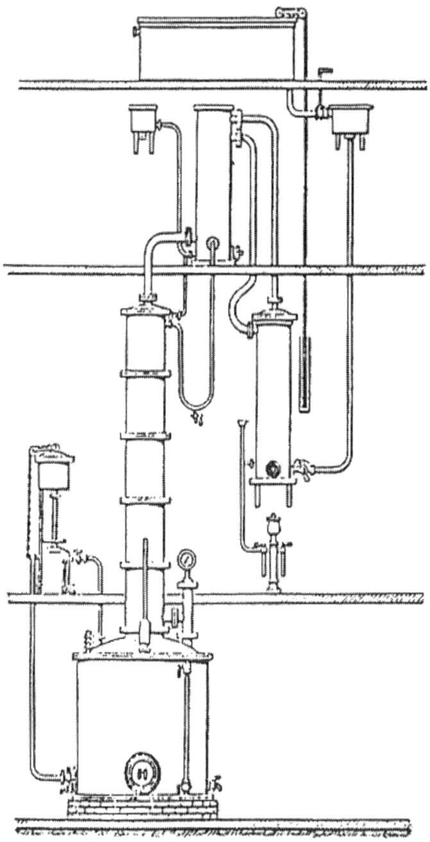

그림 3-28 회분정류탑

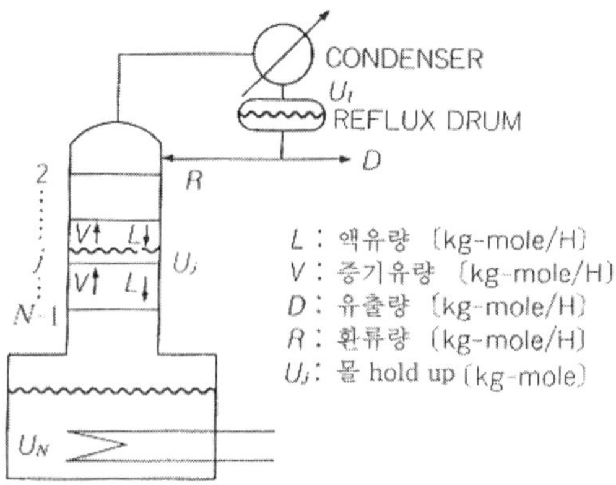

그림 3-29 회분정류탑 모델

(1) McCabe-Thiele법에 의한 해석

2성분계의 회분정류탑의 해석 또는 설계를 위해 과거에는 연속증류와 마찬가지로 McCabe-Thiele 법이 이용되었다. 그림 3-29에 나타낸 모델에서 유출액량을 D, 환류량을 R, 각 단(콘덴서, 스틸을 포함)의 가벼운 성분의 액조성을 x_j, 증기조성을 $y_j(j=1, N)$라 한다. 또한 각 단에서 기액의 두 상은 평형하고 탑벽에서 열 출입은 없으며 액의 증발잠열은 그 조성에 관계없이 일정하다고 하면 콘덴서 주변에는

$$Vy_2 = Dx_1 + Rx_1 \ \ (\therefore V = D + R \ \text{에서는} \ x_1 = x_2)$$

$j=2$에서는

$$Vy_3 + Rx_1 = Vy_2 + Lx_2 \ \ \text{단,} \ L = R$$

j단째에서는

$$Vy_{j+1} + L\,x_{j-1} = Vy_j + Lx_j$$

가 된다. 이상에서

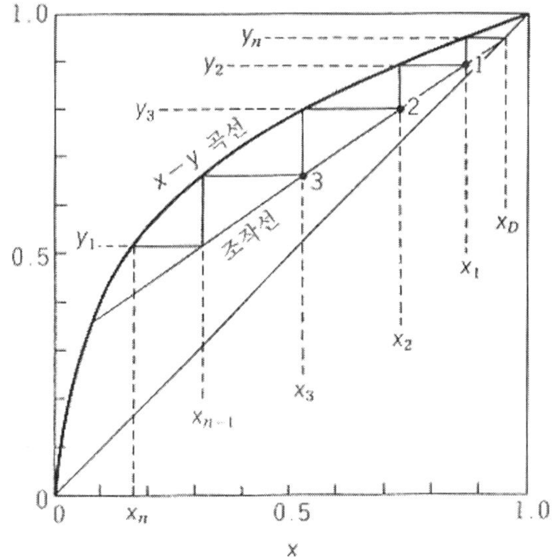

그림 3-30 회분정류탑의 작도에 의한 해석

$$Vy_{j+1} = Vx_j + Dx_1$$

여기서 R/D를 r(환류비)라고 하여 일반화하면

$$y_{j+1} = \frac{r}{r+1}x_j + \frac{1}{r+1}x_1 \tag{3.24}$$

식(3.24)에서 에탄올-수계의 회분정류에서 어느 시점의 유출액의 농도와 환류비, 이론단수(이론단이란 그 단상의 액의 조성과 그 단을 떠나는 증기의 조성이 평행하다는 가정이 성립하는 가상상의 단을 말한다=이상단)에서 스틸의 농도를 작도에 의해 구한다(그림 3-30). 실제로는 증류기의 각 부분에서 농도가 시간과 함께 변화하고 holdup량도 무시할 수 없으므로 이 해석법은 환류비와 단수를 어느 정도 예상을 할 수 있는 문제에서만 유효하다.

(2) 미분방정식 모델

회분정류탑의 조작, 설계에 대해 보다 현실적인 문제에 대처하기 위해서는 조금 더 엄밀한 모델을 세울 필요가 있다.

그림 3-29의 회분정류탑에서 계산을 간략화하기 위해 이하와 같이 가정한다.

① 각 단의 몰 holdup량(U_j)은 시간에 따라 변화하지 않는 것으로 한다.
② 증기의 holdup량은 액량에 비하면 무시할 수 있는 것으로 한다.
③ 탑의 벽면을 통한 열의 출입은 무시할 수 있는 것으로 한다.
④ 각 단은 이상단이며 유체역학적인 지연은 무시할 수 있는 것으로 한다.

각부의 물질수지를 취하면 콘덴서 주변에서는

$$\frac{d(U_1 x_{ij})}{dt} = -(DK_{i1} + L_1)x_{i1} + Vy_{i2} \tag{3.25}$$

j 단에서는

$$\frac{d(U_j x_{ij})}{dt} = L_{j-1}x_{ij-1} - (V_j y_{ij} + L_j x_{ij}) + V_{i+1} y_{ij+1} \tag{3.26}$$

Reboiler(스틸)에서는

$$\frac{d(U_N x_{iN})}{dt} = L_{N-1}x_{iN-1} - V_n y_{iN} \tag{3.27}$$

의 각 미분방정식을 얻는다. 전체의 물질수지는

$$\frac{dU_N}{dt} = -D = L_j - V_{j+1} \tag{3.28}$$

이 된다. 기액평형관계를 평형비를 이용하여

$$y_{ij} = K_{ij} x_{ij} \tag{3.29}$$

라 한다. $N-1$단까지는 몰 holdup량이 일정하므로

$$\frac{dU_j}{dt} = 0 \tag{3.30}$$

이상으로부터 식(3.29), (3.30)을 식(3.25), (3.26)에 대입하여 정리하면

$$\frac{dx_{i1}}{dt} = -(D \cdot K_{i1} + L_1)/U_1 \cdot x_{i1} + V_2 \cdot K_{i2}/U_1 \cdot x_{i2} \tag{3.31}$$

$$\frac{dx_{ij}}{dt} = L_{j-1}/U_j x_{ij-1} - (V_j \cdot K_{ij} + L_j)/U_j \cdot x_{ij} + V_{j+1} \cdot K_{ij+1}/U_j \cdot x_{ij+1} \tag{3.32}$$

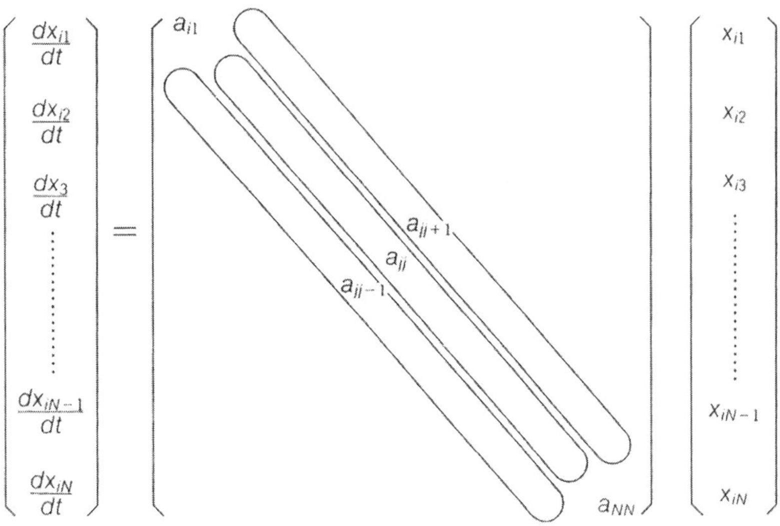

식(3.28), (3.29)를 식(3.27)에 대입하여 정리하면

$$\frac{dx_{iN}}{dt}=L_{N-1}/U_N\cdot\ x_{iN-1}-V_N\cdot\ K_{iN}/U_N\cdot\ x_{iN} \quad (3.33)$$

을 얻는다. 식(3.31), (3.32), (3.33)을 매트릭스로 나타내면

$$\frac{dx_i}{dt}=A_i\cdot\ x_i\ (i=1,\ldots,M)$$

$$a_{11}=-(DK_{i1}+L_1)/U_1$$

$$a_{jj}=-(V_jK_{ij}+L_j)/U_j\quad (j=2,\ldots,N-1)$$

$$a_{NN}=-(V_NK_{iN}-D)/U_N$$

$$a_{jj+1}=V_{j1}\cdot\ K_{ij+1}/U_j\quad (j=1,\ldots,N-1)$$

$$a_{jj-1}=V_{Lj-1}/U_j\quad (i=2,\cdots,N) \quad (3.34)$$

가 된다. N단, M개의 성분에 대해서 $M\times N$의 상미분방정식을 수치적분하여 해를 얻는다. 해법으로서 Euler법, Runge-Kutta-Gill법, Matrix법이 있다. Matrix법은 평행비가 그다지 높지 않은 성분에 의해 구성되는 액체혼합물의 증류계산의 계산시간단축에는 유효하다. 그러나 주중(酒中)의 평형비가 높은 미량성분의 취급을 위해서는 가장 기본적인 Euler법 또는 RKG법이 적합하다. 이러한 종류의 계산에서는 스틸의 잔액에 계산의 오차가 축적되므로 변수의 유효숫자를 많게 하거나 전체의 물질수지가 성립하도록 보정하는 등의 보완이 필요하다.

(3) 회분정류탑의 조작

회분정류탑의 조작방법으로서 일정환류비에 의한 조작과 환류비를 서서히 높이는 조작이 있다. 후자에서는 예를 들어 에탄올의 증류의 경우 유출액내의 에탄올농도를 가능한 일정하게 유지하기 위해 환류비가 증가된다. 운전가동시에는 처음에 유액을 채취하지 않고 전환류를 하여 탑내의 조성분포가 정상상태에 달한 후 유액을 채취하는 것이 보통이다. 경우에 따라서는 유출액을 연속적으로는 채취하지 않고 환류액류에서 간헐적으로 배출하여 분류(fractionation)하는 것도 가능하다.

그림 3-31에 일정환류비에서의 조작의 시뮬레이션 결과를, 그림 3-32에 환류비를 서서히 높

이는 조작의 시뮬레이션 결과를 나타냈다. 모두 에탄올의 증류이나 후자는 에탄올을 어느 정도 정제할 수 있음을 알 수 있다.

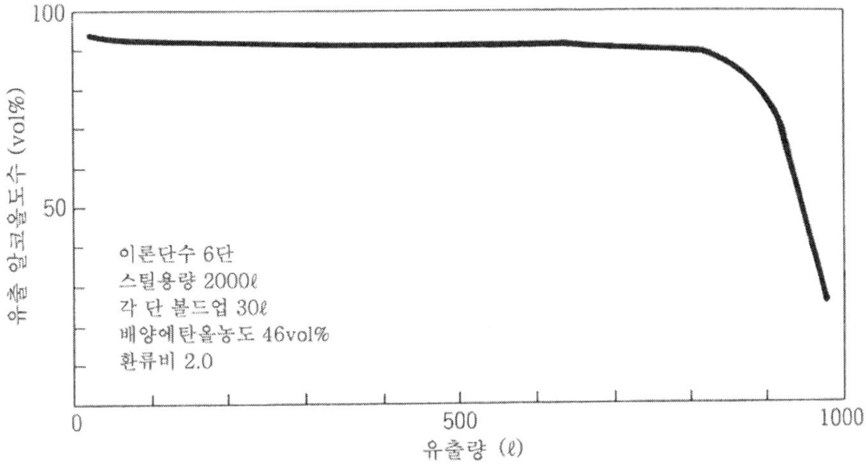

그림 3-31 회분정류탑 일정환류비조작에 의한 에탄올증류 유출패턴

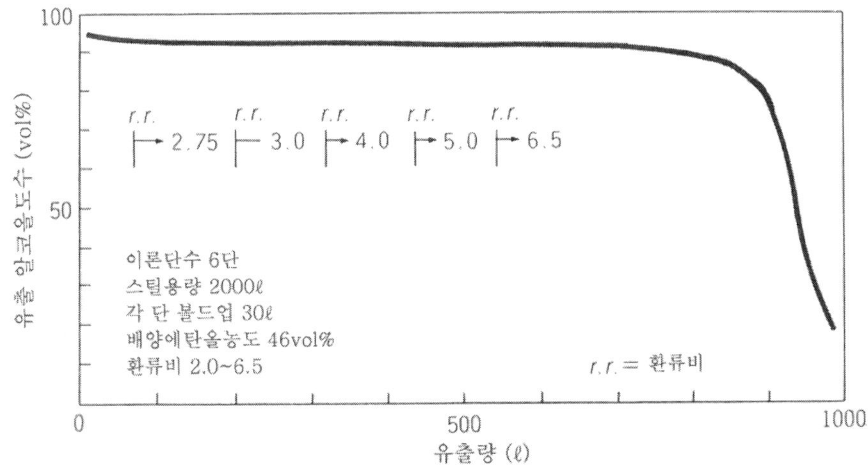

그림 3-32 회분정류탑 환류비 가변조작에 의한 에탄올증류 유출패턴

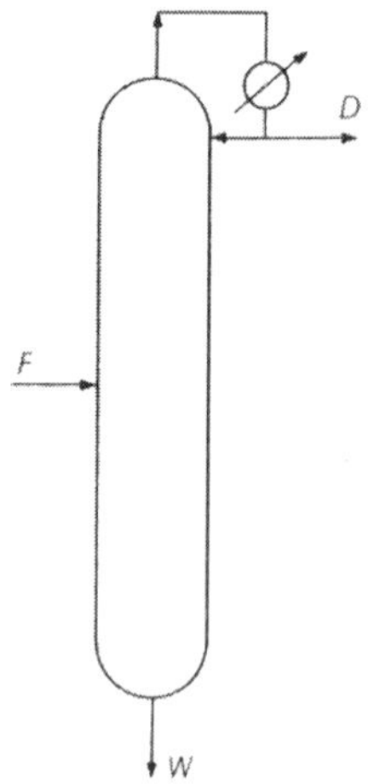

그림 3-33 conventional column

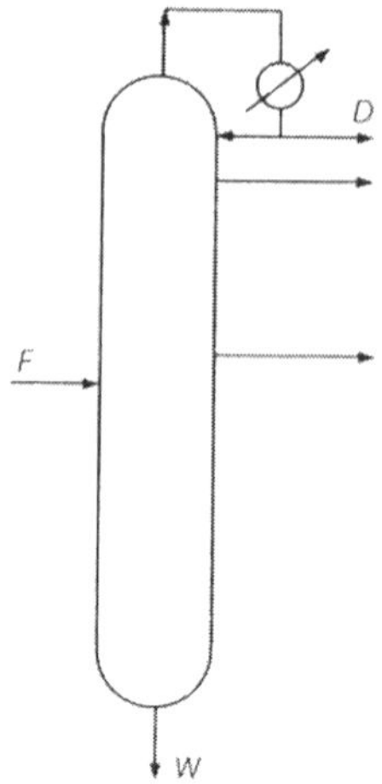

그림 3-34 complex column

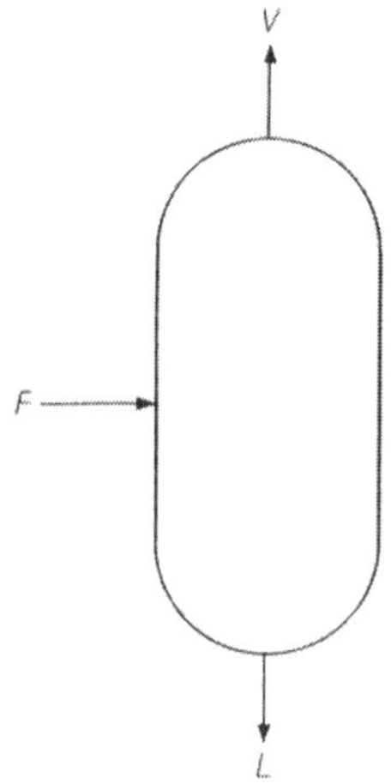

그림 3-35 평형(flash) 증류기모델

3-4 연속증류

연속증류탑은 피드(feed)가 1개로 탑 정상과 바닥에서 제품을 채취하는 conventional column (그림 3-33)과 복수의 피드와 배출을 가진 complex column(그림 3-34)으로 분류된다. 평형(flash)증류도 연속증류로 분류된다.

3-4-1 연속증류의 원리

(1) 평형(flash) 증류

그림 3-35에 나타낸 것이 평형증류장치의 모식도이다. 피드 F는 끓는점보다 높은 온도의 액 또는 끓는점에서 기액액상의 상태로 공급된다. 피드가 증기 V와 액 L로 나누어지므로 전체의 물질수지는

$$F = V + L$$

이 되며 2성분계의 증류를 생각하여 가벼운 쪽 성분의 피드내의 농도 z, 증기내의 농도 y, 액내

의 농도 x로 물질수지를 취하면

$$Fz = Vy + Lx$$

이 된다. 여기서, F를 소거하면

$$L/V = (y-z)/(z-x)$$

가 되며 이것은

$$y = -\frac{L}{V}x + \left(\frac{L}{V}+1\right)z \tag{3.35}$$

로 나타낼 수 있다. 피드량과 액이 되는 양의 비(L/F)를 q라 하면 식(3.35)는 다음과 같이 나타낼 수 있다.

$$y = -\frac{q}{1-q}x + \frac{z}{1-q} \tag{3.36}$$

(x, y)는 기액평형선도상의 점으로 z와 q가 주어지면 그림 3-36에 나타낸 것처럼 도해에 의해 x와 y를 구할 수 있다. 점(z, z)에서 기울기가 $-q/(1-q)$인 직선을 그어 그 직선과 기액평형곡선의 교점좌표가 구하는 점(x, y)이다.

식(3.35), (3.36)은 다성분계로도 확장할 수 있다.

$$y_i = -\frac{q}{1-q}x_i + \frac{1}{1-q}z_i \tag{3.37}$$

이 경우는 평형비 K_i를 이용하여 $\sum y_i$가 1이 되도록 반복 계산하여 시행착오로 x_i를 구하게 된다.

여기서, 이용한 q는 유체가 가진 열량으로 그 상태를 나타내는 값이며 다음 식으로 나타낼 수 있다.

$$q = \frac{(\text{포화증기의 엔탈피}) - (\text{현재 엔탈피})}{(\text{포화증기의 엔탈피}) - (\text{포화액의 엔탈피})} \tag{3.38}$$

평행증류의 피드 q값은 $0<q<1$이지만 끓는점의 액에서는 $q=1$, 끓는점보다 낮은 온도의 액에서는 $q>1$, 끓는점의 증기에서는 $q=0$, 과열증기에서는 $q<0$이 된다. q값은 연속증류에서 탑에 공급되는 유체의 상태를 나타내는 수치로서 중요하다.

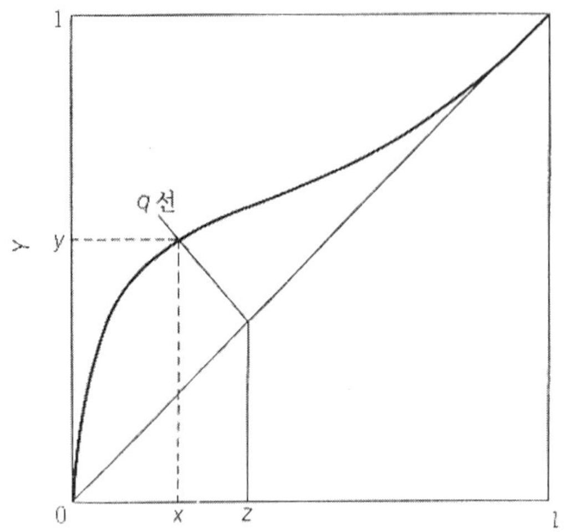

그림 3-36 q선과 기액평형

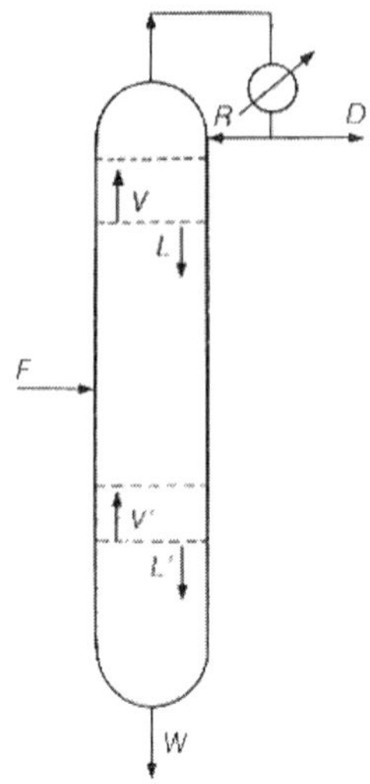

그림 3-37 conventional column의 모델

(2) 연속증류의 McCabe Thiele법에 의한 해석

2성분계의 연속증류의 경우 탑내를 상승하는 증기는 각 단에서 응축됨에 따라 잠열을 방출하여 각 단상의 액을 증발시킨다. 따라서 탑 위로 갈수록 저비점성분의 농도가 높아지고 아래로 갈수록 낮아진다.

여기서 그림 3-37에 나타낸 conventional column을 생각해보자. 여기서도 단상의 액과 단을 떠나는 액의 조성이 같고, 단에서 발생하여 위의 단으로 들어가는 증기는 단상의 액조성과 평행인 이론단(이상단)이라 가정하자. 또한 탑벽을 통한 열의 출입은 없고 액의 증발잠열은 그 조성에 관계없이 일정하다.

정류의 경우에는 증류탑의 피드단보다 위를 농축부, 아래를 회수부라고 하는데 전체의 물질수지는

$$F = D + W$$

저비점성분에 착안하면

$$Fx_F = Dx_D + Wx_W$$

로 농축부, 회수부의 물질수지를 각각 생각해보자. 농축부의 콘덴서 주변에서 증기조성을 y, 액

조성을 x, 첨자를 각 단의 번호라 하면

$$V = R + D$$

$$Vy_2 = Rx_1 + Dx_D$$

환류액 R은 끓는점의 액($q=1$)으로 되돌아온다고 하면 외부환류량 R과 내부환류량 L은 변하지 않는다. $R/D(=L/D)$를 환류비로서 r로 나타내면

$$y_2 = \frac{r}{r+1}x_1 + \frac{1}{r+1}x_D$$

가 된다. 3단째 이후도 마찬가지로 풀면 $j+1$단의 증기조성은 다음 식과 같다.

$$y_{j+1} = \frac{r}{r+1}x_j + \frac{1}{r+1}x_D \tag{3.39}$$

식(3.39)는 회분정류의 경우의 조작선의 식(식(3.24))과 동일하다. 피드단까지는 이 조작선에 의해 각 단의 증기, 액조성을 구할 수 있다. 피드단보다 아래 단에서 탑 바닥까지의 회수부에서는 피드가 들어가기 때문에 액량, 증기량 모두 농축부와 다르다. 회수부의 물질수지는

$$V' = L' - W$$

$$V'y_{f+1} = L'x_f - Wx_W$$

가 된다. 여기서 L'는 회수부의 액유량, V'는 증기유량, W는 관출액유량, f는 피드단의 번호, x_W는 관출액의 조성을 나타낸다. 따라서 회수부의 조작선은 다음 식으로 나타낼 수 있다.

$$y_{n+1} = \frac{L'}{V'}x_n - \frac{W}{V'}x_W \tag{3.40}$$

피드량 F와 그 q값(식(3.38))에서 피드내의 액부분은 qF, 증기부분은 $(1-q)F$가 되므로 L', V'는 다음과 같다.

$$L' = L + qF$$

$$V' = V - (1-q)F$$

q값과 F를 이용하면 회수부의 조작선은

$$(V-(1-q)F)y=(L+qF)x-Wx_W \tag{3.41}$$

이 된다. 농축부의 조작선은

$$Vy=Lx+Dx_D \tag{3.42}$$

로도 나타낼 수 있으므로 식(3.41)에서 식(3.42)를 빼고 탑 전체의 성분물질수지로부터 $Fx_F=Wx_W+Dx_D$로 놓으면 농축부 조작선과 회수부 조작선의 교점을 나타내는 식으로 다음 식을 얻는다.

$$qx+(1-q)y=x_F \tag{3.43}$$

$z=x_F$로 놓으면 이 식은 식(3.36)과 동일한 q선의 식이 된다.

이상에서 기액평형선도의 대각선상의 $x=x_D$인 점에서 기울기 $r/(r+1)$의 직선을 그어, 그 직선과 q선의 교점과 $x=y=X_D$인 점을 잇는 선분이 농축부의 조작선, 교점과 $x=y=x_W$의 교점을 잇는 선분이 회수부의 조작선이 된다(그림 3-38). 그림 3-38과 같이 조작선과 기액평형곡선이 충분히 떨어져 있는 경우에는 종이 위에서 작도하여 각 점을 구하는 것이 가능하나 근접해 있는 경우에는 기액평형곡선의 근사식을 이용하여 계산으로 각 점을 구하는 것이 편리하다.

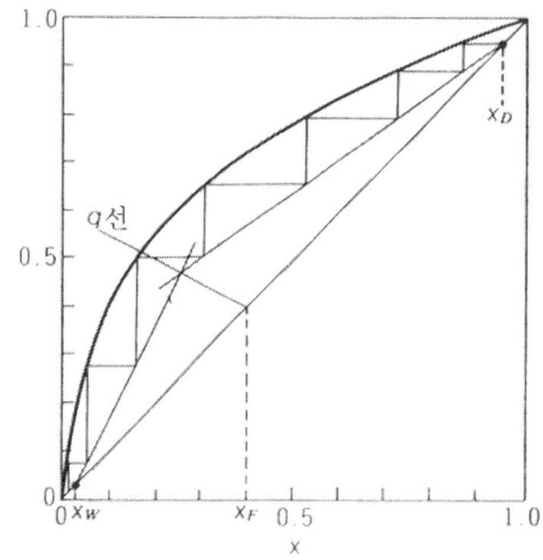

그림 3-38 2성분계 연속증류(정류)의 조작선

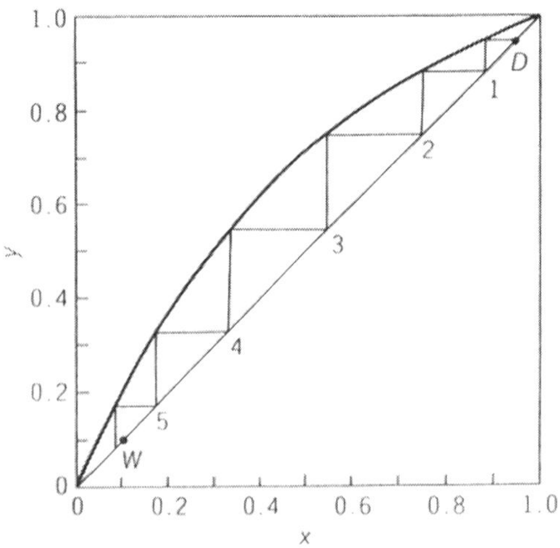

그림 3-39 최소이론단수

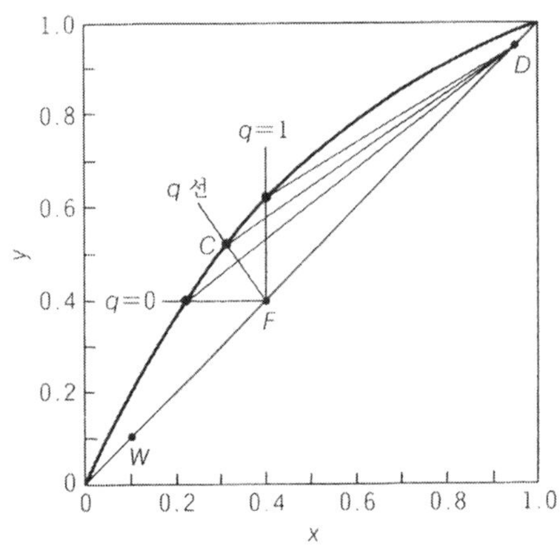

그림 3-40 최소환류비

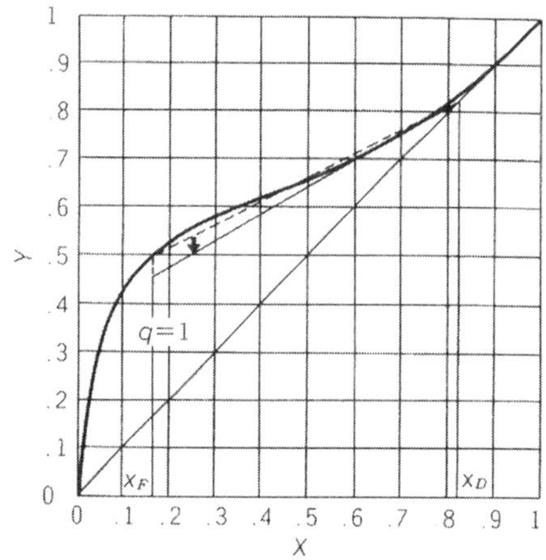

그림 3-41 에탄올-수계의 최소환류비

이 해석법은 2성분계의 정류의 경우에만 적용할 수 있다는 점과 탑 정상에서 계산해가기 때문에 소요단수에 '잉여'가 발생하는 등 엄밀하지 않은 부분이 있으나 그림으로 표현할 수 있어 이해하기 쉽다는 이점이 있다.

(3) 최소이론단수와 최소환류비

환류비가 무한대, 즉 D가 0인 조작을 전(全)환류라고 하는데 이 경우 조작선의 기울기 $r/(r+1)$은 1이 되어 조작선이 그림 3-39의 기액평형도의 대각선에 일치한다. 이때 얻어지는 소요단수를 최소이론단수라고 한다.

환류비를 낮추어 가면 농축부의 조작선과 q선의 교점이 기액평형곡선과 가까워져 결국 기액평형곡선상에 놓이게 된다(그림 3-40). 이때의 환류비를 최소환류비라고 하며 소요단수는 무한대가 된다. 이 최소환류비 이하에서는 목적으로 하는 분리를 하는 것이 불가능하다. 그림 3-41에 나타낸 에탄올-수계의 경우와 같이 기액평형곡선의 일부가 아래로 볼록하기 때문에 기액평형곡선의 접선이 최소환류비를 나타내는 조작선이 되는 경우가 있으므로 주의해야 한다.

(4) 다성분계의 연속증류

일반적으로 다성분계의 연속증류의 해석에는 축차단계산(逐次段計算)이 이루어진다. 수치계산법에는 다양한 방법이 있으나 증류탑 모델자체는 대부분 공통이다. 그림 3-42에 연속증류탑의 단모델을 나타냈다. 성분을 i, 단번호를 j, 증기량을 V, 하강액량을 L라 하고, 피드량을 F, 커트에 대해서는 액을 U, 증기를 W로 나타냈다. 필요에 따라 열수지를 고려한다. 이 단 모델을 적재하여 증류탑을 구성함에 따라 다단피드, 다단사이드커트의 해석이 가능해진다. 그림 3-43에 증류탑 모델을 나타냈다.

McCabe Thiele법에서 이용한 가정을 그대로 적용하여 유량의 수지를 취하고 각 부분의 증기 및 액의 유량을 사전에 계산해둔다.

환유량을 R이라 하면 액유량에 대해서는

$$L=R \tag{3.44-1}$$

$$L_j=L_{j-1}+F_jq_j-U_j \tag{3.44-2}$$

$$L_N=B=\sum_{j=2}^{N}F_j-D-(\sum_{j=2}^{N}U_j+\sum_{j=2}^{N}W_j) \tag{3.44-3}$$

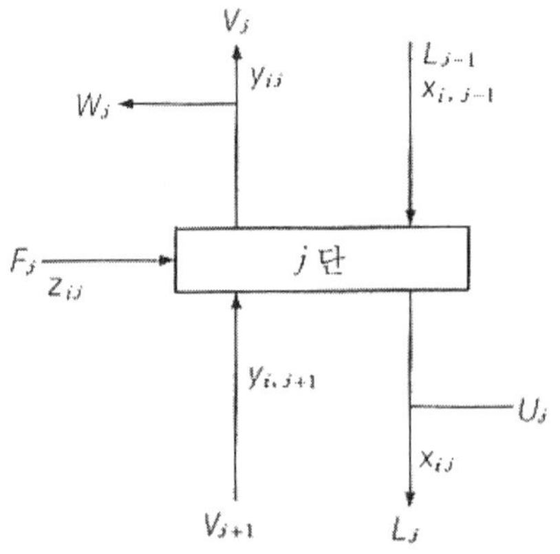

그림 3-42 연속증류탑의 단모델

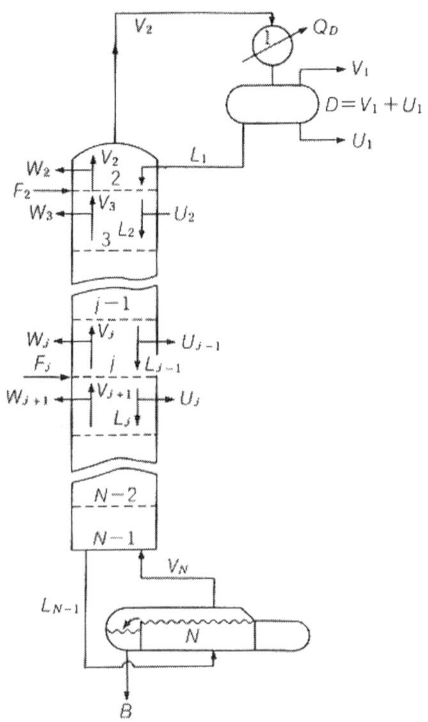

그림 3-43 연속증류탑의 모델(complex column)

이며 증기유량에 대해서는

$$V_1 = D - U_1 \quad (3.45\text{-}1)$$

$$V_2 = V_1 + U_1 + L_1 \quad (3.45\text{-}2)$$

$$V_j = V_{j-1} - F_{j-1}(1 - q_j) + W_{j-1} \quad (3.45\text{-}3)$$

의 각 식으로 구해진다.

액조성은 각 단에서의 성분의 평형비와 각 성분의 물질수지에서 구해진다.

콘덴서 주변의 물질수지는

$$V_2 y_{i2} - V_1 y_{i1} - (L_1 + U_1) x_{i1} = 0 \quad (3.46)$$

j 단에서의 물질수지는

$$L_{j-1} x_{i,j-1} + V_{j+1} y_{i,j+1} + F_j z_{ij} - (V_j - W_j) y_{ij} - (L_j + U_j) x_{ij} = 0$$

$$(2 \leqq j \leqq N-1) \quad (3.47)$$

Reboiler 주변의 물질수지는

$$L_{N-1} x_{i,N-1} + F_N z_{iN} - V_N y_{iN} - L_N x_{iN} = 0 \quad (L_N x_{iN} - D x_{iB}) \quad (3.48)$$

가 된다. 콘덴서의 수를 늘리거나 환류를 분할하여 임의의 위치로 되돌리는 것도 이와 같이 모델식을 세우면 자유롭게 할 수 있다.

기액평형관계는 다음 식과 같다.

$$y_{ij} = K_{ij} x_{ij} \quad (3.49)$$

콘덴서와 j 단 간의 물질수지는 식(3.44)와 (3.45)에서 다음과 같이 주어진다.

$$L_j = V_{j+1} + \sum_{k=2}^{j} (F_k - W_k - U_k) - D \quad (2 \leqq j \leqq N-1) \quad (3.50)$$

$$D = V_1 + U_1 \quad (3.51)$$

이상으로부터 연립방정식을 세워 그것을 푼다. 이때, 임의의 단의 각 성분의 몰분율의 합이 1이 되도록 보정을 하는 것이 필요하다.

비선형의 연방방정식의 해법으로는 크게 나누어 축차대입법과 경사법이 있다. 축차대입법에는 Tridiagonal Matrix법, Relaxation법 등이 있다. 각종 계산법에 대해서는 전문서적을 참조하기 바란다.

연속증류의 비정상상태의 해석에는 기본적으로 회분정류탑의 해석과 동일한 계산을 적용할 수 있다. Wilson식을 이용한 다성분계 · 다탑증류계산도 계산속도와 그래픽스기능이 향상된 고성능 워크스테이션을 이용하면 손쉽게 할 수 있다.

3-4-2 단효율

(1) 증류탑의 구조

증류탑은 그 내부에 따라 단탑(段塔)과 충전탑으로 나눌 수 있다. 최근 진공증류를 위해 압력손실이 적은 충전물이 개발되어 있으나 공업적으로 주류를 이루는 것은 단탑이다. 그림 3-44에 각종 단의 구조를, 그림 3-45에 충전물의 예를 나타냈다. 충전물은 불규칙충전물과 규칙충전물로 분류되며 특히 최근 대규모의 규칙충전물이 이용되기 시작하였다.

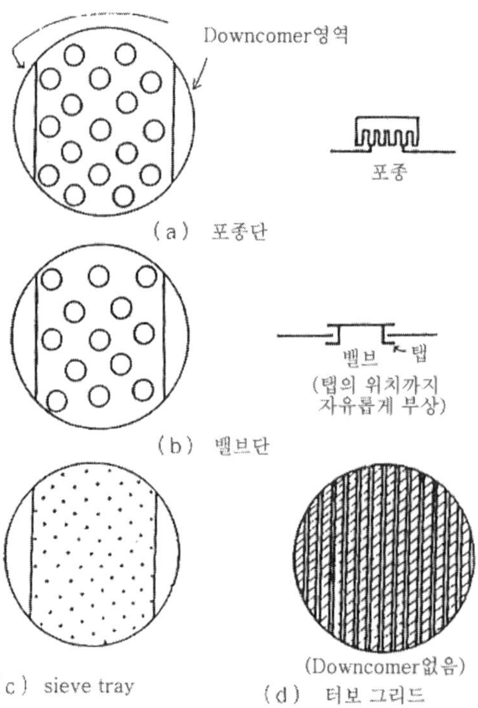

그림 3-44 각종 단구조

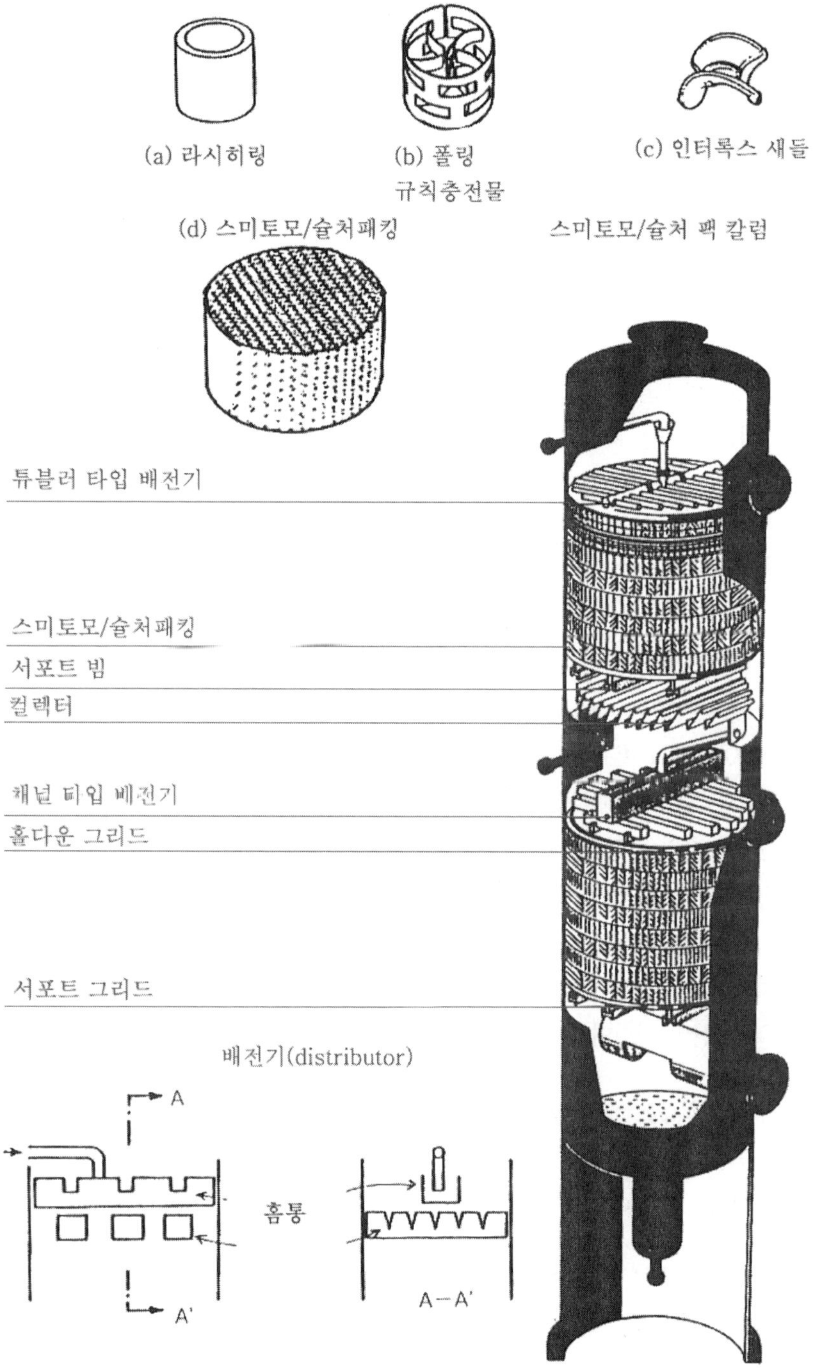
(a) 라시히링
(b) 폴링
(c) 인터록스 새들
규칙충전물
(d) 스미토모/슐처패킹
스미토모/슐처 팩 칼럼
튜블러 타입 배전기
스미토모/슐처패킹
서포트 빔
컬렉터
채널 타입 배전기
홀다운 그리드
서포트 그리드
배전기(distributor)
A
홈통
A'
A−A'

그림 3-45 각종 충전물

(2) 단효율

지금까지의 계산에 의한 증류의 해석에서는 이론단 또는 이상단으로 단상을 떠나는 증기와 단상의 액 간에 기액평형관계가 성립한다는 가정 하에 해설해왔다. 그러나 실제 단에서 단상의 액은 그 흐름방향 또는 액의 깊이방향의 농도구배, 증기의 배출 등으로 기-액이 평형한 경우는 있을 수 없다. 기액평형에서 벗어난 척도로서 단효율이 있다. 또한 탑의 전체효율을 나타내는 척도로서 총괄탑효율이 있다. 이것은 다음 식으로 나타낼 수 있으며 단순한 척도이지만 실용성이 높다.

$$E_0 = \frac{N_{th}}{N} \times 100 \tag{3.52}$$

N_{th}는 목적으로 하는 분리에 필요한 이론단수, N은 실제 단수이다.

Murphree가 제안한 단효율 E_{MV}는 다음 식으로 정의된다.

$$E_{MV} = \frac{y_n - y_{n+1}}{y_n^* - y_{n+1}} \tag{3.53}$$

여기서, y_n, y_{n+1}은 탑 정상에서 n단째 및 $n+1$단째의 증기조성, y_n^*는 n단째의 액조성 x_n에 평형한 증기조성이다. y_n이 x_n과 평형하면 $E_{MV}=1$이 된다. 실제로 E_{MV}값을 계산하려는 시도가 1950년대에 AIChE위원회에서 이루어졌으나 실용성과는 거리가 멀었다. 당시 연구방법은 기존의 화학공학의 차원해석수법에 의한 부분이 많았기 때문에 만약 지금 그와 같은 연구가 이루어진다면 계산기의 능력과 더불어, 고도의 모델에 기초한 해석이 이루어질 수 있지 않을까 생각된다. 증류계산에서 단효율을 고려해야 하는가라는 논의에 대해서는 의견이 엇갈리고 있으나 저자들의 개인적인 견해로는 넣는 편이 낫다는 정도의 문제이며 총괄탑효율로 충분한 경우가 많다. 단효율을 고려하는 경우는 식(3.53)을 다음과 같이 변형함에 따라 탑 정상부터 계산한 경우에도 반복 계산의 전회의 y_{n+1}를 이용하여 y_n를 계산할 수 있다.

$$y_n = E_{MV} y_n^* + (1 - E_{MV})\, y_{n+1} \tag{3.54}$$

(3) 증류탑의 설계

실제 증류탑의 설계에 있어서는 탑내의 액, 증기의 성상 및 유량으로부터 tray dynamics계산이라 불리는 계산을 하여 탑직경, 단간격, 그리고 다공판의 경우에는 구멍직경, 구멍수, 배열 등이 결정된다. 상세에 대해서는 핸드북류를 참조하기 바란다. 설계 시 방지해야 하는 이상현상을 표 3-5에 정리하였다.

표 3-5 증류탑내의 이상현상

명칭	현상
Corning 또는 Blowing	단(tray)의 개구부에서 뿜어 나오는 증기에 의해 액이 튀게 된다. 기-액 접촉이 나빠져 효율이 떨어진다.
Pulsating	증기에 비해 액량이 많아져 증기가 단속적으로밖에 흐르지 않게 되어 액면이 맥동한다. 포종단에서 일어난다.
Dumping	포종단에서 액량이 많고 증기량이 적을 때 단 위의 액이 뚜껑의 틈을 통해 아래로 떨어진다.
Weeping	액이 단의 개구부를 통해 아래로 떨어진다.
Entrainment와 Jetting	Entrainment(비말동반)는 액적이 증기의 흐름에 동반되는 것. Jetting은 증기량의 증가에 따라 단상의 포말의 높이가 올라가 entrainment가 급격히 증가하는 것.
Flooding	하강관(down comer)을 통해 흘러내려야 할 액이 역으로 탑 정상에서 흘러내리는 것. 그 원인은 증기량의 증가에 따른 증기압손실의 증가로 인해 하강관에서 액이 흘러내릴 수 없게 되는 경우가 많다.

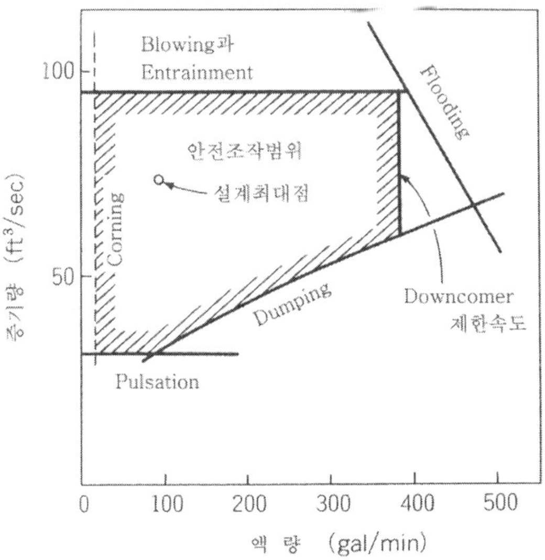

그림 3-46 성능그래프(포종단)

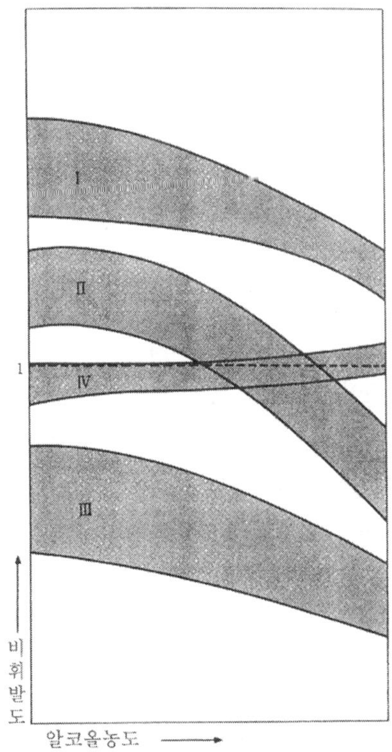

그림 3-47 주중(酒中)미량성분의 비휘발도

단의 성능에 관해서는 그림 3-46에 나타낸 퍼포먼스 차트에서 안정조작범위가 나타내며 단이 적절히 설계되어 있는지를 체크한다.

3-4-3 에탄올 연속식 증류기의 원리

(1) 발효 누룩(모로미) 내의 미량성분과 그 기액평형

발효가 끝난 누룩(모로미)에는 물, 에탄올, 고형분 외에 부산물로서 다양한 알코올, 산 그리고 그들의 에스테르 등이 포함되어 있다. 수백개의 미량성분 중 기액평형 데이터가 얻어지는 수는 적으나 이후 ASOG, UNIFAC 등의 매개변수가 증가함에 따라 계산할 수 있는 성분의 수가 증가할 것을 기대한다.

미량성분의 기액평형관계에 대해서는 성분이 미량이기 때문에 용액 내에서 그 성분의 존재가 다른 미량성분이나 주성분인 물, 에탄올의 기액평형관계에 미치는 영향을 무시할 수 있어 편리하다. 단, 이들 미량성분의 농도가 퍼센트 단위가 되는 경우에는 다성분계로 취급할 필요가 있다.

가로축에 에탄올의 몰분율, 세로축에 미량성분의 평형비를 에탄올의 평형비로 나눈 값(비휘발도)을 취한 두 로그그래프는 미량성분의 성질을 이해하는데 편리하다. 그림 3-47은 미량성분군을 4개의 그룹으로 나누어 그 비휘발도와 에탄올농도의 관계를 나타낸 것이다.

제Ⅰ군은 소위 저비등성분이다. 여기서 말하는 저비등성분은 반드시 순물질로서의 비점(沸點)이 에탄올보다 낮은 것을 말하는 것이 아니라 액상활량계수가 높기 때문에 기상내의 농도가 높아지는 경우도 포함되어 있다. 이들 성분은 에탄올농도의 전범위에 걸쳐 비휘발도가 1보다 큰 것이다. 아세트산에틸, 아세트알데히드, 다이아세틸 등이 이 군으로 분류된다. 참고로, 다이아세틸의 대기압에서의 비점은 약88℃로 n-프로판올과 거의 같다.

아세트알데히드와 같이 에탄올농도가 높아지면 디에틸아세탈이 되는 반응도 있으므로 분리순서에 주의가 필요하다.

$$CH_3CHO+2C_2H_5OH = CH_3CH(OC_2H_5)_2+H_2O \tag{3.55}$$

제Ⅱ군은 중비점성분으로 위치되는 것이다. 이들 성분은 에탄올농도가 낮은 영역에서 비휘발도가 1보다 크며 에탄올농도가 높아지면 1보다 작아진다. n-프로판올, i-부탄올 등 퓨젤알코올이라 불리는 그룹이 이에 속한다.

제Ⅲ군은 고비점성분으로 β-페네탄올, 저급지방산 등이 여기에 속한다.

제Ⅳ군은 메탄올과 같이 특수한 경우로 에탄올농도가 높은 영역에서만 비휘발도가 1보다 높다.

(2) 에탄올증류기의 변천과 각 탑의 기능해석

1830년에 발명된 Coffey's Still을 계기로 에탄올의 연속식 증류기는 보다 순수한 에탄올의 증류를 위하여 점점 복잡화되어가 1950년 후반 프랑스 Les Usine Melle사의 Super Allospase식이 그 복잡화의 정점을 나타냈다.

이하에 각종 연속식 에탄올 증류장치를 연대순으로 정리하여 각 장치내의 각 탑의 기능과 함께 각 단계의 개선점에 대해 설명한다.

그림 3-48은 이루게스식이라 불리는 증류장치이다. 고형분의 분리와 동시에 모로미와 거의 평형한 조성의 증기를 얻기 위한 모로미(발효누룩)탑과, 에탄올을 농축하여 퓨젤알코올 등을 탑의 중단에 농축하여 분리하는 정류탑까지는 Coffey's Still과 거의 같은 기능을 가진다. 정류탑에서의 퓨젤일코올의 분포의 계산 예를 그림 3-49에 나타냈다. 계산에 이용된 평형비는 Wilson식에서 구한 액상활량계수와 Antoine식에 의한 증기압으로 계산하였다. 증류탑내의 성분거동에 대해서는 탑내의 환류비(L/V)와 성분의 평형비 K_{ij}에 의해 어느 정도 추측이 가능하다. L/V에 비해 K_{ij}가 크면 그 성분은 탑 위로 이동하려 하고 K_{ij}가 작으면 탑 아래로 모인다. 퓨젤알코올에 대해 보면, 정류탑 상부에서는 에탄올이 농축되어 있으므로 K_{ij}가 L/V보다 작아져 탑

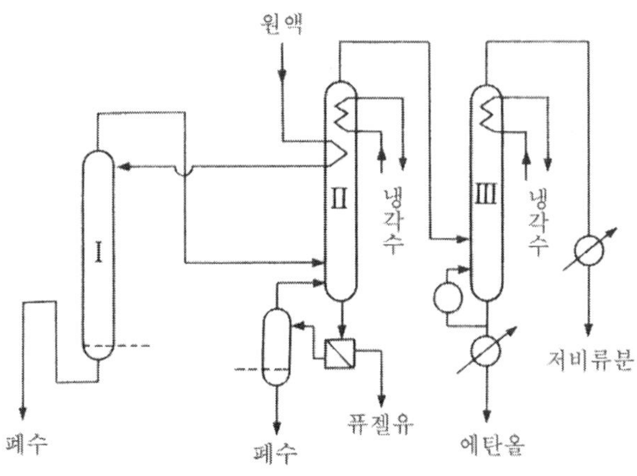

그림 3-48 이루게스식 연속증류장치

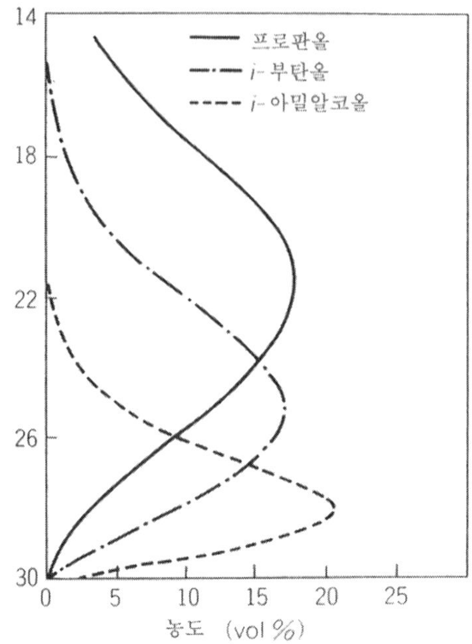

그림 3-49 정류탑내의 퓨젤알코올의 분포(계산 예)

아래로 이동하려 한다. 그러나 탑 하부에서는 에탄올농도가 낮으므로 K_{ij}가 L/V보다 커져 탑 위쪽으로 이동하려 한다. 따라서 탑의 중간피크를 만드는 것이다. 이러한 개념은 각 탑의 운전조건을 생각하는데 있어 유효하다.

정제탑은 정류탑의 유출액에서 제 I 군 및 제Ⅳ군에 속하는 성분을 분리하는 목적으로 설치되어 있다. 탑내의 성분의 농도분포를 그림 3-50에 나타냈다. 이 탑의 구성에서는 메탄올의 분리가 가능하나 에탄올농도가 높은 영역에서 K_{ij}가 낮아지는 저비점성분의 분리는 그다지 좋지 않다. 그림 3-51의 이루게스개량형은 저비점성분의 분리를 행하는 부분을 모로미탑상부에 만든 것이다. 이에 따라 저비점성분의 분리능력은 향상되나 저비점성분의 분리를 더 좋게 하기 위해 그림 3-52의 기욤식에서는 저비점성분을 분리하기 위한 탑을 추가하였다. 이 탑에는 모로미탑 정상에서 증기가 피드되어 퓨젤알코올의 일부가 빠져나온다. 그림 3-53에 탑내 분포를 나타냈다. 이 탑은 초류탑(初留塔) 또는 저비탑(低沸塔)이라 불린다. 이 방식에서는 초류탑 및 정류탑에서 분리한 퓨젤알코올 등을 보다 농축하여 탑 정상에서 에탄올을 회수하는 후류탑 또는 퓨젤탑이 설치되어 있다. 이 탑의 목적은 정류탑내의 퓨젤알코올 등의 농도를 저하시킴에 따라 이러한 성분이 제품에 영향을 미치지 않도록 하는데 있다. 이 조합의 증류장치의 저비탑을 지금부터 설명할 추출증류로 치환한 것이 미국의 음료알코올 증류장치로서 일반적이며 최근 스코틀랜드에도 그 기술이 도입되었다.

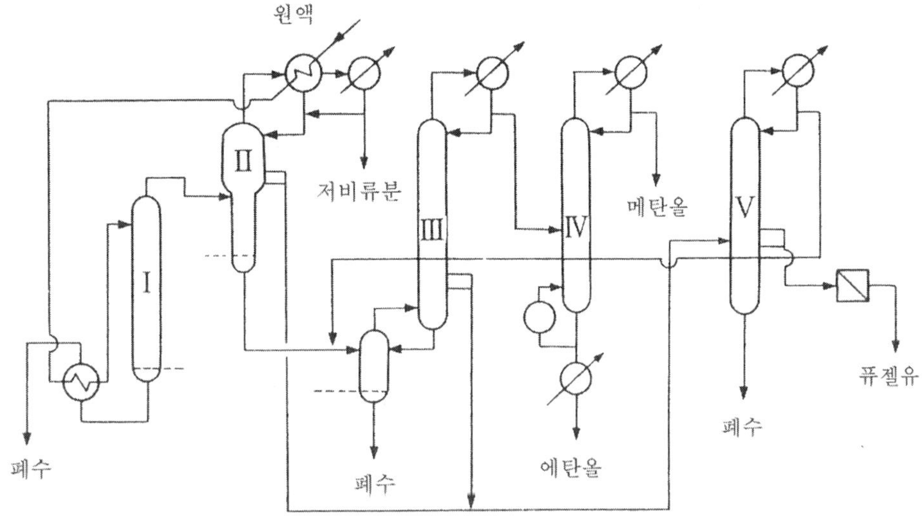

그림 3-52 기음식 연속증류장치

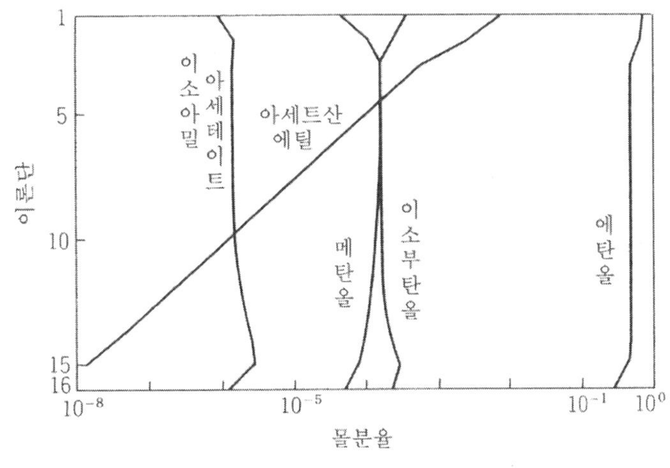

그림 3-53 저비탑의 탑내 분포

그림 3-54, 그림 3-55의 아로스파스식, 슈퍼아로스파스식은 물을 추출제로 한 추출증류에 의해 저비점성분을 분리하는 것이 특징이다. 추출탑의 탑 정상에 첨가되는 물에 의해 탑내의 에탄올 도수를 적극적으로 내려 저비점성분의 평형비를 높이는 것이다. 추출증류탑이 2개라서 슈퍼라는 말이 붙었다. 그림 3-56에 추출증류탑의 탑내 조성분포를 나타냈다. 탑내의 에탄올농도를 내리면 평형비 K_{ij}는 올라가지만 동시에 하강액량이 증가하므로 L/V도 올라가게 된다. 따라서 K_{ij}의 상승보다 L/V의 상승이 커질 경우에는 저비점성분의 분리가 오히려 나빠지는 'trade off'가 있으므로 조작조건의 설정에 충분한 주의가 필요하다.

추출증류탑의 탑 정상은 온도가 90℃이상으로 높으므로 정제탑의 가열원으로서 탑 정상의 증기가 이용된다. 또한 그림 3-57과 같이 추출탑의 가수(加水)를 탑 정상, 환류를 그보다 아래단으로 되돌림에 따라 탑 정상의 온도를 100℃가까이 높일 수 있다. 이때의 탑 정상 부근의 조성분포를 그림 3-58에 나타냈다. 탑 정상에서 환류단까지의 사이는 성분의 분리를 위해 전혀 기능하지 않으므로 이곳을 에너지회수부라고 이름붙이는 것도 가능하다.

그림 3-54와 그림 3-55의 제Ⅵ탑은 3-4-3 (1)에서 설명한 제Ⅳ군의 미량성분을 분리하기 위해 설치되어 있다. 일반적으로 음료알코올의 연속증류장치로 이용되고 있는 메틸탑이라는 명칭은 전후 절간(切干)고구마를 원료로 한 누룩(모로미)에 많이 함유된 메탄올을 효율적으로 분리하기 위해 고안된 '메틸탑'에서 유래한 것이다.

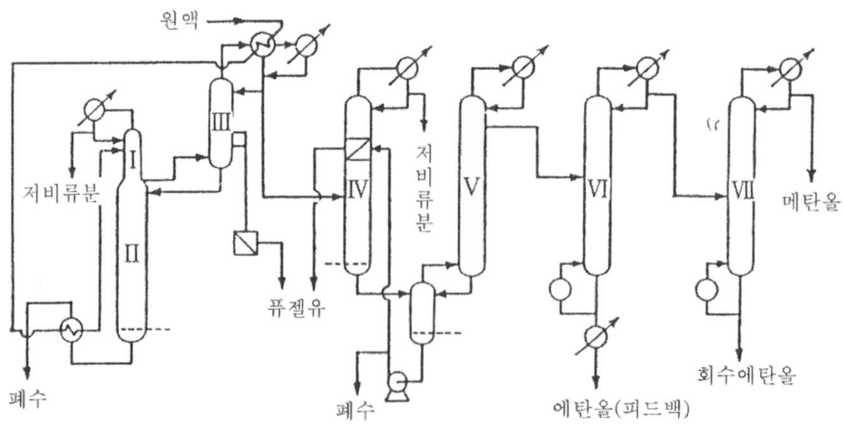

그림 3-54 아로스파스식 연속증류장치

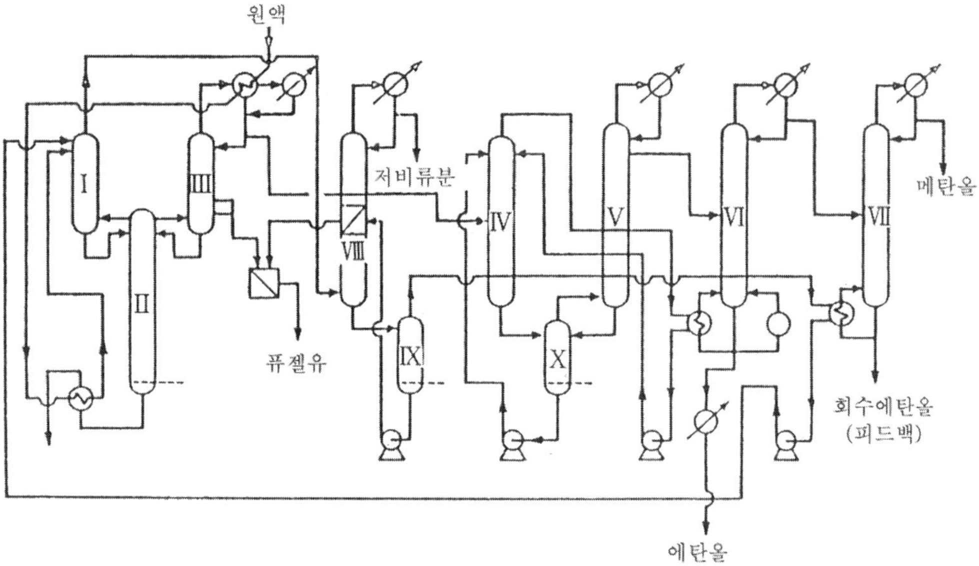

그림 3-55 기슈퍼아로스파스식 연속증류장치

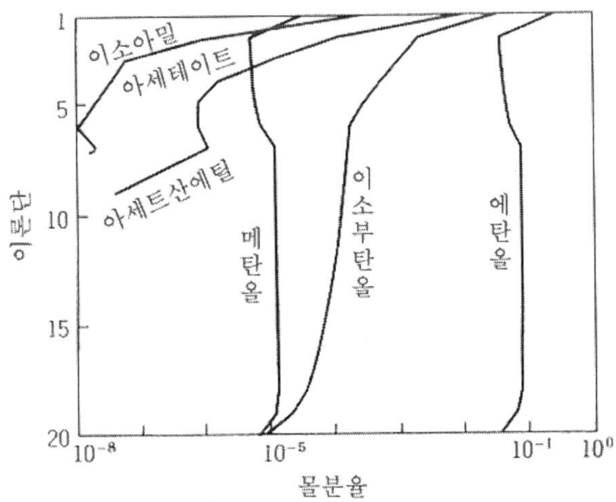

그림 3-56 기추출증류탑 탑내분포

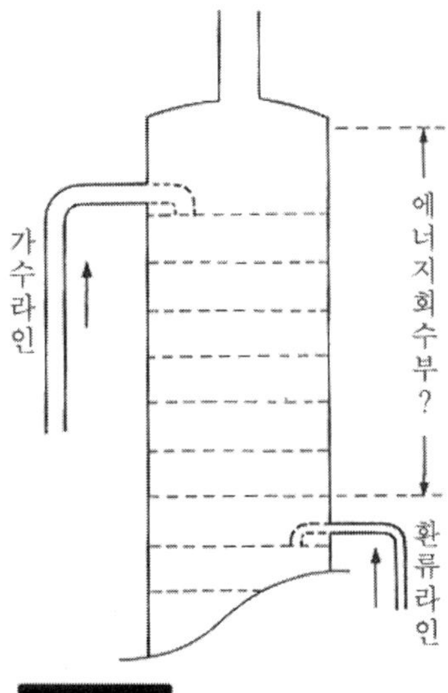

그림 3-57 기추출탑 상부의 구조

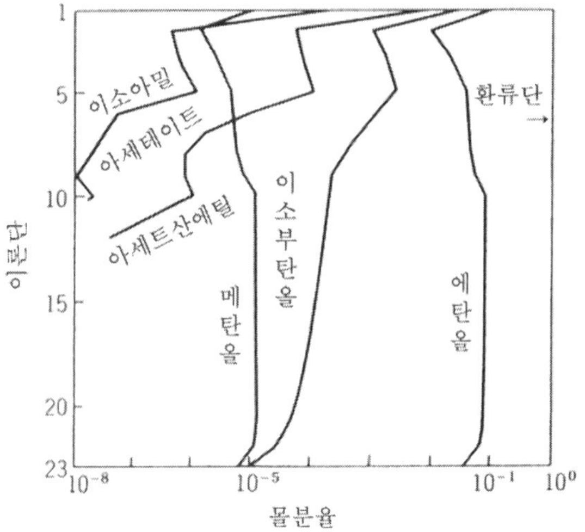

그림 3-58 기추출탑 탑내분포(환류단을 내림에 따른 효과)

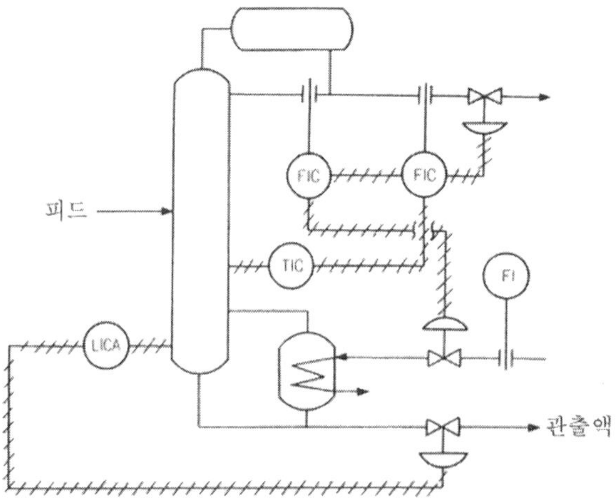

그림 3-59 기연속증류(정류)탑 제어계통도

3-4-4 증류탑의 제어

연속증류의 경우 극단적으로 말해 외란이 없으면 내버려두어도 어딘가에서 물질수지가 균형을 이루어 안정되는 특성이 있다. 그림 3-59에 정류탑의 제어계통도를 나타냈다. 그림의 ○안의 알

파벳은 F는 유량, T는 온도, L은 레벨을 나타낸다. I는 표시, C는 컨트롤, A는 알람이다.

외란을 최대한 제거할 목적으로 탑에 들어가는 유량에 대해서는 대부분 정치(定値)제어를 이용한다. PID제어를 할 때 주의해야 할 것은 미분동작, 적분동작을 너무 많이 하면 유량이 시시각각 변동하여 증류탑의 외란 하에서도 자동제어가 어렵다는 점이다. 제1차 석유쇼크 이전의 증류탑의 제어에 대한 해설서에는 제품의 농도를 일정하게 유지하기 위한 제어로서 투입하는 증기량을 변화시켜 환류비를 변화시키는 방법이 적혀 있는 경우가 많았다. 그러나 증류탑의 제어의 기본은 물질수지를 맞추는 것이며 그림 3-59의 예와 같이 탑내의 에탄올의 체류량을 일정하게 유지되도록 정류탑 중단의 온도조절에 의해 제품의 배출량의 정치제어의 목표치를 사전에 2점 설정해두고, 온도가 높으면 에탄올의 체류량이 적어지므로 설정값이 낮은 쪽으로 전환하고, 낮으면 높은 쪽의 설정값으로 전환한다는 제어를 이용하는 것이 소비에너지 관점에서도 합리적이다. 배출량의 증감에 따라 환류비가 변화하지 않도록 환류량을 증감하는 것이 바람직하다. 이 설정값은 사전에 물질수지로부터 추측되는 유량의 ±2~3%의 2점을 선택한다. 포종탑과 같이 비교적 시간지연이 큰 증류탑에 대해서도 이 제어방법은 충분히 실용적이다.

3-5 증류의 에너지절약

증류 프로세스는 분리 프로세스 중에서도 에너지를 대량으로 소비하는 프로세스이다. 그러나 소비에너지의 절감을 위한 연구도 다양한 각도에서 이루어지고 있으며 Uhde GmbH사의 에너지절약 에탄올증류시스템은 다중효과를 이용하여 에탄올 1kg을 0.9kg의 증기로 증류한다. 여기서는 분리 프로세스로서의 효율평가법과 다양한 에너지절약방법에 대해 설명한다.

3-5-1 증류에서 이론적 분리에너지

끓는점이 가까운 2성분 A, B ($\alpha_{A/B}$이 1에 가깝다)으로 된 이상용액의 일반증류에 의한 순물질로의 분리라는 특수한 경우를 생각해보자. 피드는 끓는점의 증기($q=0$)에서 행한다고 하면 1몰의 혼합물을 순물질로 분리하기 위해 필요한 최소증기부하는

$$G_{\min} = \frac{1}{\alpha - 1} \tag{3.56}$$

Raoult의 법칙과 Clausius-Clapeyron의 식으로부터

$$\ln\alpha = 10.5\Delta Tb/T$$

Trouton의 규칙($\Delta h = 10.5RTb$)과 $\ln\alpha = \alpha - 1$의 근사로부터 소요에너지는 다음과 같다.

$$Q = G_{\min} \cdot \Delta h = \frac{T}{\Delta Tb} RT \tag{3.57}$$

Δh는 증발잠열, R은 가스상수, ΔT는 끓는점 차를 나타낸다.
한편, 동일한 분리의 최소등온가역일 W_{rev}는 A성분의 조성을 XA라고 하면

$$W_{rev} = -RT(XA\ln XA + (1-XA)\ln(1-XA)) \tag{3.58}$$

A, B의 등온혼합물에서는

$$W_{rev} = 0.69RT \tag{3.59}$$

가 된다.

식(3.57)과 (3.59)를 비교하기 위해 여기서는 $\Delta Tb = 10K$, $T = 400K$로 하여 Q를 계산하면 $Q = 40RT$가 되며, 실제로 W_{rev}의 60배 가까운 에너지가 필요한 것이다. 이것은 비가역적 일에 의한 에너지손실에 의한 것이지만 얼마나 W_{rev}에 근접했는가가 에너지절약 효과평가의 하나의 척도가 된다.

3-5-2 증류시스템의 유효에너지해석

본장의 첫머리에 reboiler에서 소비한 에너지를 엔탈피로서 거의 100% 응축기로 회수할 수 있다고 설명하였으나 이것은 열역학 제1법칙에 기초한 에너지수지에 대한 이야기로 그 에너지의 질적 면에 대해서는 고려하지 않았다. 그러나 실제상의 에너지수지의 해석을 위해서는 이것만으로는 불충분하며 에너지의 질, 구체적으로는 열역학 제2법칙에 기초하여 엔트로피 또는 유효에너지(available energy, exergy)수지를 해석할 필요가 있다. 증류시스템과 그에 부수된 열교환서브시스템의 유효에너지해석법에 관해서는 城子(13)등의 연구가 있으며 열교환시스템을 포함한 증류시스템의 최적구성문제의 해법이 제안되어 있다.

(1) 증류시스템의 수열체와 여열체(열원)

그림 3-60에 나타낸 2성분계의 증류시스템을 생각해보자. 이 시스템은 증류탑 본체와 부수된 열교환기군으로 구성되어 있다. 증류탑 본체에 대해서 보면 증류를 하기 위한 열원으로서 예열된 원료 ①, Reboiler에 의해 재탕된 유체 ③, 수열체로서 환류액을 각각 받는다. 증류탑 본체에서 열교환서브시스템으로 나가는 것은 탑 바닥의 제품(B) ⑤와 재탕액 ③, 탑 정상의 제품(A)과 환류액에 상당하는 증기 ②이다. 시스템 전체에 대한 냉각매체는 수열체로서 ⑥, 가열매체로서 ⑦이다. 이렇게 되면 시스템에 걸리는 모든 유체는 수열체와 여열체(열원)의 2가지 그룹으로 나눌 수 있다. 또한 이후의 해석에서는 편의상 증류시스템내의 압력손실 및 열손실은 없으며 운동에너지 및 위치에너지도 무시할 수 있는 것으로 가정한다.

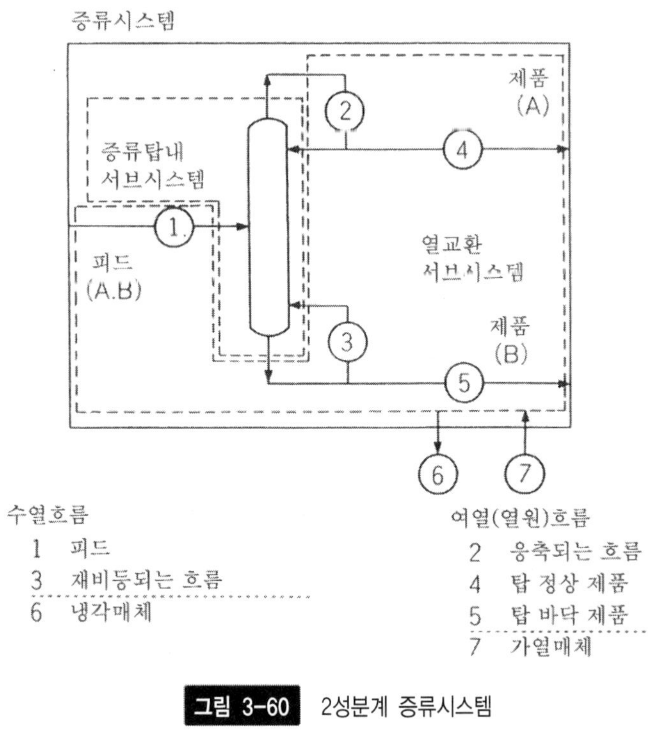

그림 3-60 2성분계 증류시스템

(2) 유효에너지의 정의

열의 유효에너지란 시스템의 온도가 외계와 평형에 달하기까지 가능한 최대일량으로 어느 온도

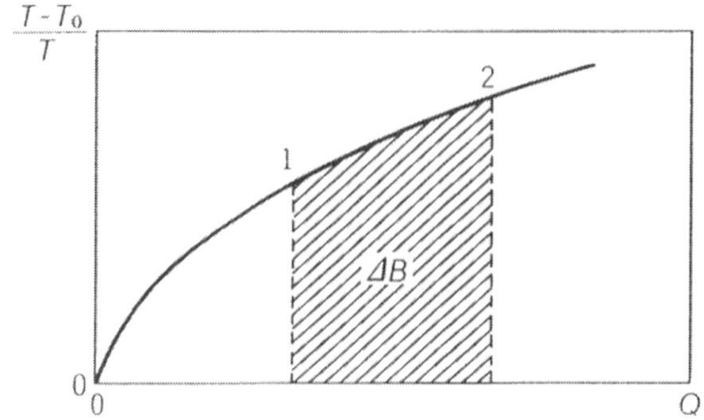

그림 3-61 유효에너지의 변화

T_1에 어느 유체의 보유열량 Q_1에 관한 유효에너지는 다음 식으로 나타낼 수 있다.

$$B_1 = \int_0^{Q_1} \left(1 - \frac{T_0}{T(Q)}\right) dQ \tag{3.60}$$

여기서 T_0는 외계온도, $(1\text{-}T_0/T)$는 시스템과 외계 간에 작동하는 Carnot사이클의 효율(Carnot효율)이다. 따라서 유효에너지는 세로축을 $(1\text{-}T_0/T)$, 가로축을 Q로 한 그래프 상에서 $1\text{-}T_0/T(Q)$의 곡선과 가로축으로 둘러싸인 면적으로 표시된다. 또한 시스템이 온도 T_1(상태1)에서 T_2(상태2)까지 변화할 때의 유효에너지변화 ΔB는 다음 식으로 나타낼 수 있다.

$$\Delta B = B_2 - B_1 = \int_{Q_1}^{Q_2} \left(1 - \frac{T_0}{T(Q)}\right) dQ \tag{3.61}$$

그래프 상에서는 그림 3-61에 사선으로 나타낸 면적으로 표시된다. B_2는 온도 T_2에 어느 유체의 보유열량 Q_2에 관한 유효에너지이다.

(3) 열이용선도

프로세스 시스템에 포함된 모든 유체는 수열체와 여열체(열원)로 분류할 수 있다고 설명하였다. 이들 유체의 Carnot효율과 보유열량의 관계를 선도로 나타낸 것이 열이용선도이다. 그림 3-62(a)는 그림 3-60의 증류시스템의 열이용선도이다. 그림의 번호는 증류시스템의 유체번호에 대응된다. 그림 3-62(b)는 복합열이용선이라 부르는 것으로 수열측과 여열측 각각에 대해 동일 Carnot효율을 가진 열량을 적산함에 따라 각각의 측을 1개의 선으로 합성한 것이다. 그림 3-62(b)의 수열측 복합선을 여열측 복합선 아래에 배치한 것이 그림 3-63(a)이다. 이 선도가 그림 3-58에 나타낸 증류시스템의 열이용상태를 나타낸다. 열에너지는 위의 여열측 복합선에서 수열측 복합선으로 수직방향으로 흘러가고 있으며 각각 대응되는 유체 간에 열의 이동이 있다는 것을 보여준다. 이 이동에 의해 열에너지는 약화되며 선도에서 여열측 복합선과 수열측 복합선으로 둘러싸인 부분의 면적이 대상으로 하는 열교환시스템의 열이동의 불가역성에 기인한 유효에너지손실이다. 한편, 증류탑 본체부분에 대해서도 유효에너지손실은 존재한다. 즉, 그림 3-63(a)의 여열측 및 수열측의 복합열이용선에서 가열매체 7과 냉각매체 6을 제거하고 수열측 복합선을 여열측 복합선 위에 배치한 선도(그림 3-63(b))로 둘러싸인 부분이 증류의 불가역성에 의한 유효에너지손실이 된다. 열교환시스템의 유효에너지손실과 증류탑 본체의 유효에너지손실을 더한 것이 증류시스템 전체의 유효에너지손실이다. 또한 이들 선도의 세로축의 Carnot효율 대신 온도자체를 취해도 ($T-Q$선도라 부른다) 이 선도의 유효성에는 어떠한 지장도 없다. 증류시스템의 분리에 요하는 최소일량을 무시하면 2개의 열이용복합선이 완전히 겹쳐졌을 때 증류시스템이 가역과정이 되며 유효에너지손실은 없어진다. 실제로는 열이 이동하기 위해서는 전열면적이 유한한 이상, 온도차가 필요하며 완전히 겹치는 일은 있을 수 없으나 증류시스템의 에너지절약방법을 이 선도상에서 복합신을 움직이년서 생각할 수 있어 에너지절약안을 평가하는 것이 가능하다.

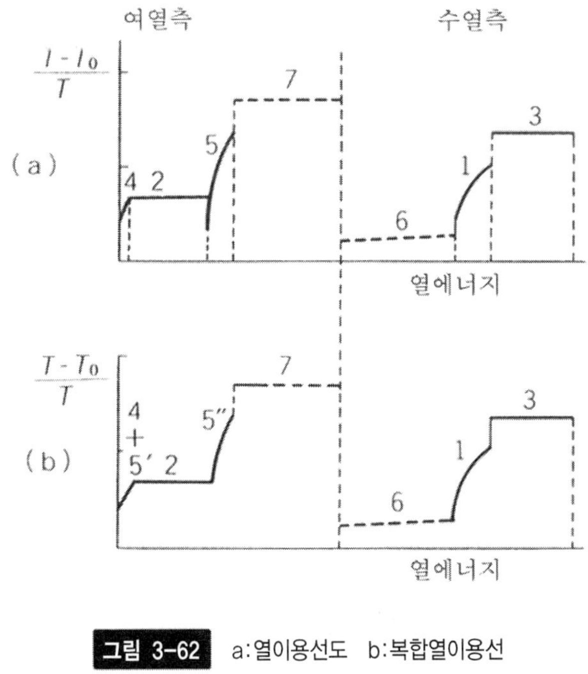

그림 3-62 a:열이용선도 b:복합열이용선

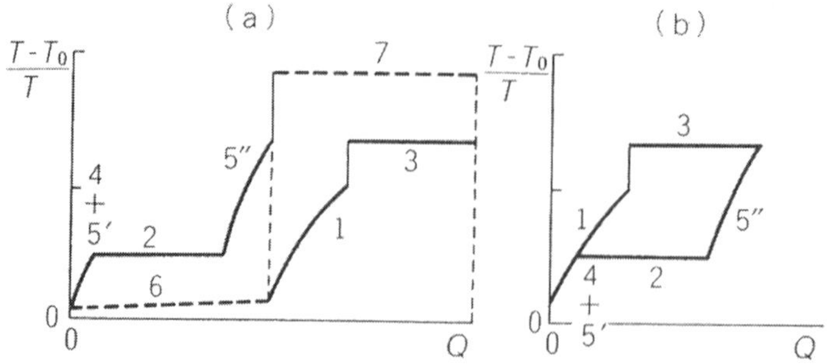

그림 3-63 a:열교환시스템의 유효에너지손실 b:증류탑의 유효에너지손실

3-5-3 조작변수의 변경에 의한 에너지절약

증류에서의 에너지절약방법에는 시스템 자체의 구조를 바꾸지 않는 경우와 구조를 바꾸는 경우가 있다. 만일 제어가 엄밀하지 않아서 환류비 등의 설정값을 정상상태에서 품질규격을 만족하는 값보다 훨씬 위로 놓았다고 하면 제어방법을 개선하여 설정값을 낮게 함으로써 에너지절약도 달성할 수 있으나 그 부분은 겨우 5% 전후로 생각된다.

증류탑의 단수를 증가시킴에 따라 목적으로 하는 분리의 환류비를 낮출 수 있다. 이에 따라 필요한 예열량과 수열량이 감소한다. 물론 최소환류비 이하에서는 분리가 불가능하므로 환류비를 최소환류비에 근접시킬 때는 보다 정확한 목적물질의 기액평형 데이터가 필요하다. 이 환류비 저감효과를 Carnot효율 대 연량선도에 나타내면 그림 3-64와 같다. 조작변수의 변화에 따라 그림의 점선부분이 실선부분으로 이동한다. 환류비의 저하와 그 외의 조작변수의 영향을 표 3-6에

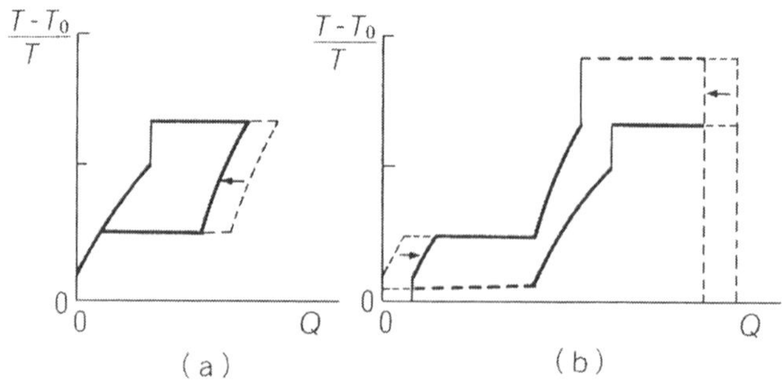

그림 3-64 환류비 저감효과

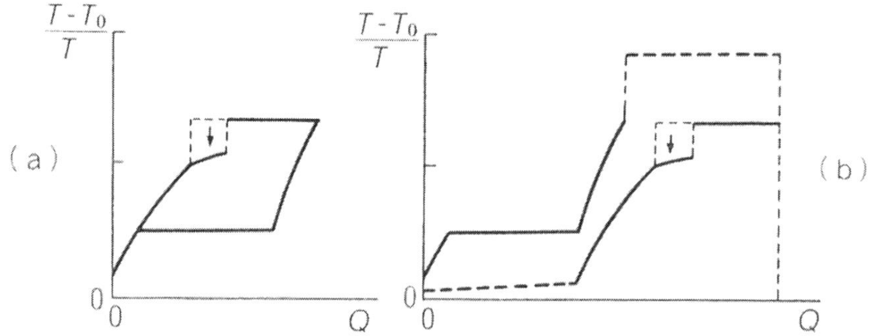

그림 3-65 q값 변경효과

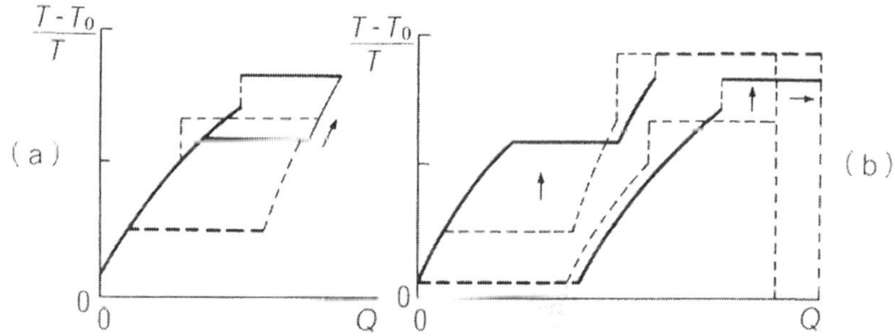

그림 3-66 압력 변경효과

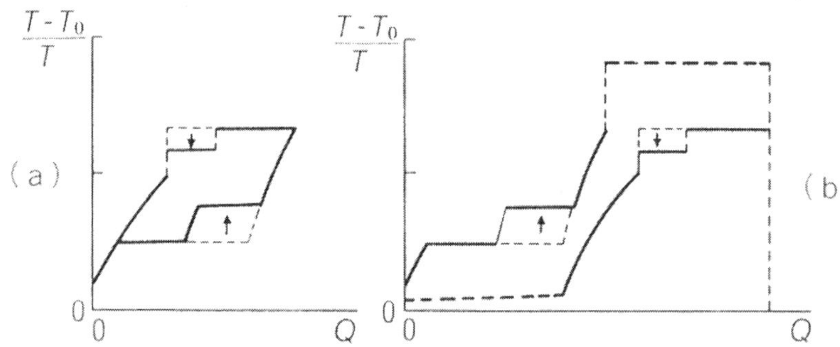

그림 3-67 국소적 온도레벨 변경효과

표 3-6 조작변수의 변경과 유효에너지손실

조작변수* 의 변화	Q	$\frac{T-T_0}{T}$ 의 차		유효에너지손실**		
		증류탑내 서브시스템	열교환 서브시스템	증류탑내 서브시스템 (ΔB_C)	열교환*** 서브시스템 (ΔB_H)	증류 시스템 ($B_S = \Delta B_C + \Delta B_H$)
R(환류) 감소	감소	변화 없음	변화 없음	감소	감소	감소
q-값 감소	변화 없음	감소	증가	감소	증가	변화 없음 ($\lvert\Delta B_C\rvert+\lvert\Delta B_H\rvert$)
P(압력) 증가	증가	감소	상부에서 감소 하부에서 증가	감소	증가	증가
T(온도)	변화 없음	감소	증가	감소	증가	변화 없음 ($\lvert\Delta B_C\rvert+\lvert\Delta B_H\rvert$)

* 다른 조작변수는 일정하게 유지된다.

** 유효에너지손실은 $\int_0^Q (1-T_0/T)\Delta dQ$로 구한다.

여기서 $(1-T_0/T)\Delta$는 열이용선도의 복합열이용선 간의 q에서의 Carnot효율 차

*** 응축과 탑 정상 제품 냉각의 열은 냉각매체를 통해 배출된다. 탑 바닥 제품의 냉각부하의 일부 회수가 가능하다. 나머지의 배출부하는 일정하다.

정리하였다. 표 3-6에는 중간응축기, 중간Reboiler를 설치함에 따라 증류탑 본체부분의 국소적 온도레벨을 변화시킨 경우의 유효에너지손실변화를 함께 나타냈다. q값의 영향, 압력의 영향, 국소적 온도레벨의 변경에 따른 영향은 각각 그림 3-65, 그림 3-66, 그림 3-67의 Carnot효율 대 연량선도에 의해 그림 3-64와 같다.

3-5-4 시스템의 구조변경에 의한 에너지절약

그림 3-60에 나타낸 단일증류탑과 그 주변의 열교환시스템으로 구성된 증류시스템에서는 앞에서 설명했듯이 환류비의 저감이(시스템 외에서 공급되는 가열매체와 냉각매체의 온도레벨이 일정한 경우) 유일한 에너지절약대책이라는 것이 유효에너지 해석결과 밝혀졌다.

시스템의 구조를 변화시킴에 따라 표 3-6에 든 조작변수와 국소적 온도레벨의 변경을 이용

하여 시스템내부의 열교환 등에 의해 유효에너지손실을 줄일 수 있다. 경우에 따라서는 용제의 첨가에 따라 분리대상이 되는 성분의 평형비를 높여 소요에너지를 감소시킬 수도 있다.

증류탑과 증류탑을 열교환기를 개입하여 열적으로 결합(heat integration 또는 energy integration)시킴과 더불어, 압축식 열펌프(heat pump)나 화학 열펌프를 이용함에 따라 열에너지를 회수할 수 있다.

그림 3-68에 증류에서의 에너지회수방법을 모식적으로 나타냈다. 일반증류와 이중효용을 Carnot효율 대 열량선도(그림 3-69(a), (b))에서 비교하면 2중효용에 의해 유효에너지손실이 확실히 줄어들었음을 알 수 있다. 2중효용(다중효용)식에서 하나의 탑의 콘덴서를 다른 탑의 reboiler로서 이용 가능한 만큼 증류탑의 압력차를 취할 수 없는 경우나, 탑 정상-탑 바닥 간에 열펌프에 의한 온도상승이 너무 커질 경우에는 중간응축기나 중간 reboiler를 이용하는 것이 효율적이다(그림 3-70).

여기서 나타낸 유효에너지해석 등의 수법에 따라 유효에너지손실이 적은 프로세스 flow sheet의 설계는 가능하나, 유효에너지손실의 감소는 동시에 프로세스 flow sheet를 복잡하게.

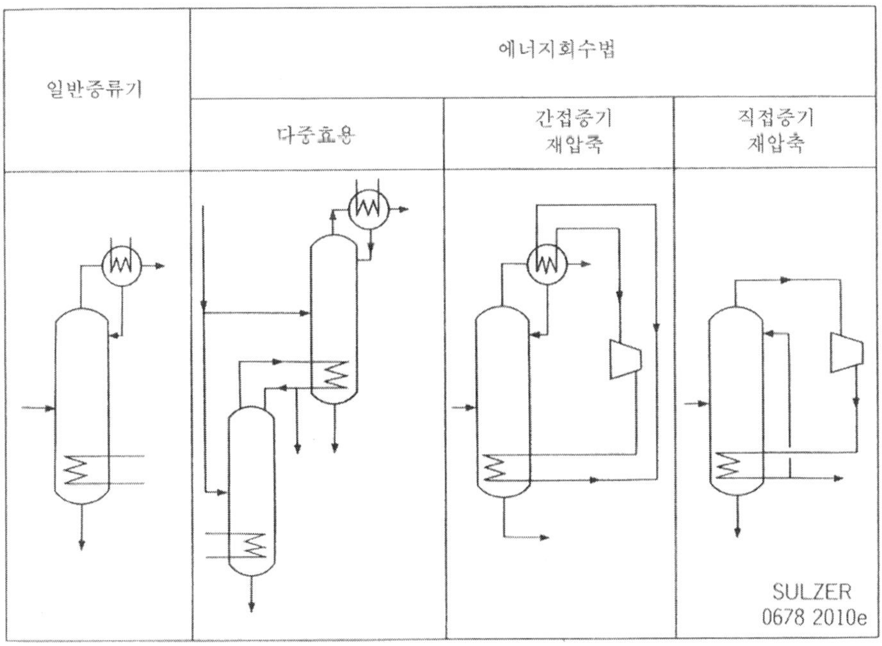

그림 3-68 연속증류의 열에너지 회수방법

만든다. 따라서 설비투자의 증가, 조작안정성의 저하와의 균형에 대해서는 충분한 주의가 필요하다

프로세스 시스템의 에너지절약을 위한 하드웨어적 요소기술의 하나로서 총괄전열계수가 높은 열교환기가 있으며 전열의 촉진기술로서 연구가 진행 중이다. 표 3-7에 온도차가 낮은 열교환용으로 개발된 특수전열관을 나타냈다.

이와 같이 총괄전열계수가 높은 열교환기의 출현은 에너지절약기술에 있어 밝은 재료는 아니지만 열교환기에는 스케일의 부착에 의한 성능저하라는 문제가 항상 따라다니는 경우가 많다. 관내의 선속도에 대한 지침은 있어도 설계 시 전열면적의 여유를 얼마로 하면 좋은가 의 문제에 대해서는 아직 이론적인 해답이 없는 실정이다. 열교환기의 수가 적은 경우에는 어느 정도 안전을 생각할 수 있으나 열교환기 네트워크 시스템이라 불릴 정도의 복잡한 열교환시스템에서는 열교환기의 설계가 설비투자액을 크게 좌우하여 열교환기 자체가 난관이 되므로 주의가 필요하다.

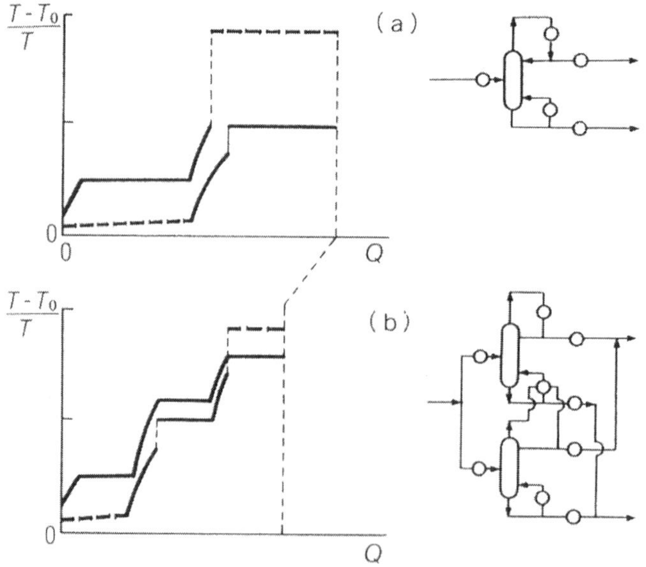

a : 에너지회수를 전혀 하지 않은 경우

b : 이중효용

그림 3-69 연속증류의 유효에너지손실

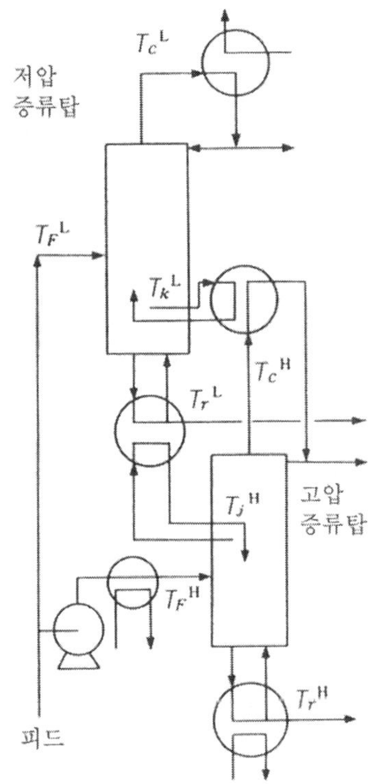

그림 3-70 중간콘덴서, 중간 reboiler의 이용방법

표 3-7 총괄전열계수가 높은 열교환기용 튜브

명 칭	개략적인 형상	전열촉진	재 질
리플 핀튜브 ※	내면미세홈관	관내프레온비등 · 응축	Cu, Al
로우 핀튜브 ※	내면일체핀관	관외프레온비등(응축)	Cu, Bs, Cu-Ni
라이플 핀튜브 ※	상기+내면홈관	상기+관내수대류	Cu, Bs, Cu-Ni
트레드 핀튜브 ※	선단가공 외면일체핀 +내면돌기관	상기	Cu, Bs, Cu-Ni, Ti
더블플루티드 튜브	내외면세로홈관	관내비등 관내응축	Ti

※ : 스미토모경금속상품명

재질 : Cu 인탈산동, Bs 알루미늄황동, Cu-Ni 큐프로니켈, Ti 티타늄, Al 알루미늄

1.리플 핀튜브(내면홈관)

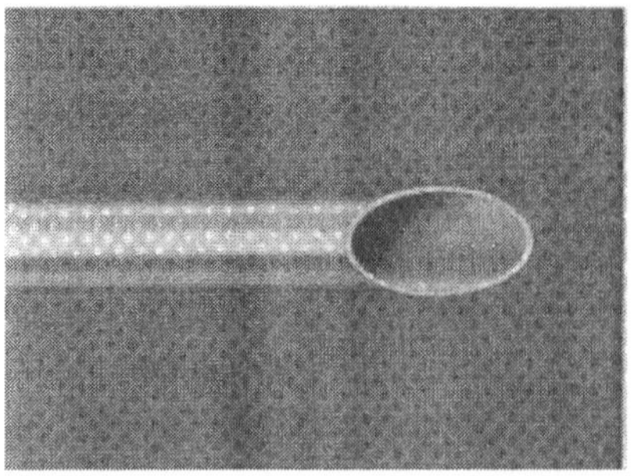

2.로우 핀튜브

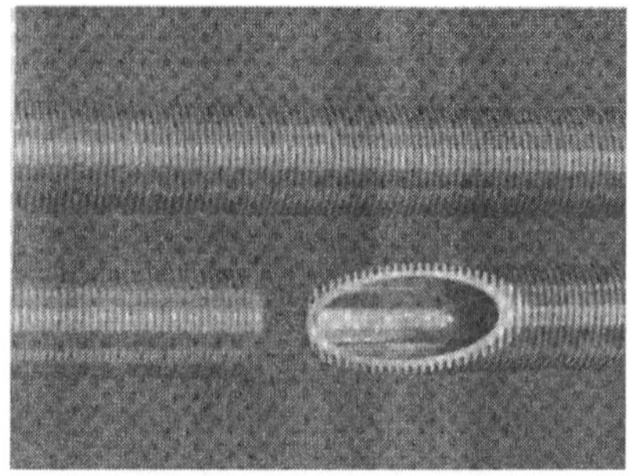

3.라이플 핀튜브

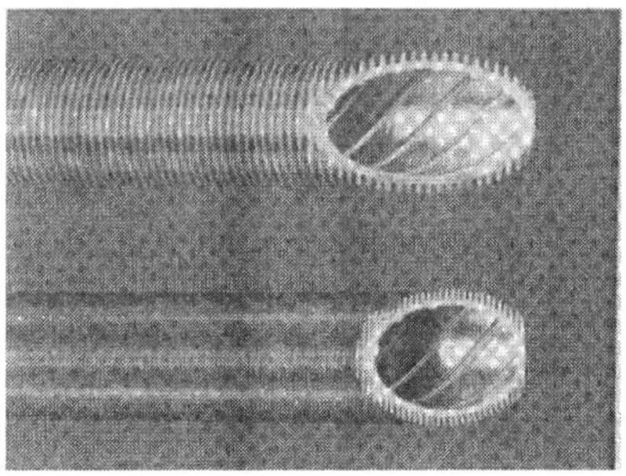

4.트레드 핀튜브

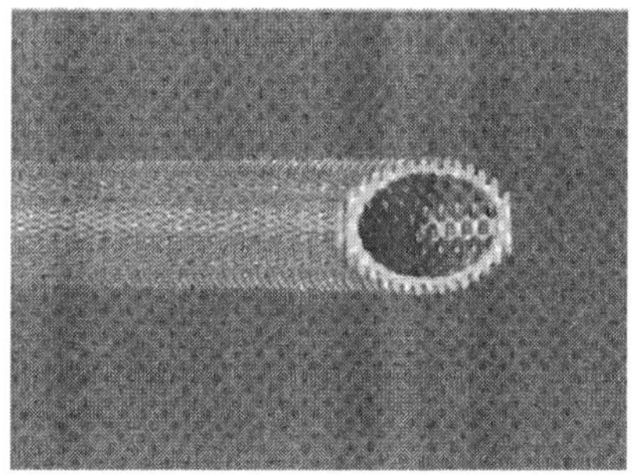

3-5-5 열펌프의 응용 예

(1) 화학 열펌프

NEDO(신에너지종합개발기구)의 출수알코올공장에서 '폐열회수 제Ⅱ종 흡수식 열펌프'가 1983년 도입되었다. 그림 3-71은 흡수식 열펌프가 도입된 정류탑 주변의 flow sheet이다. 이 흡수식 열펌프는 열 이동매체로서 취화리튬(LiBr)수용액을 이용하고 있다.

제Ⅱ종 흡수식 열펌프의 작동원리를 그림 3-72의 flow sheet 및 그림 3-73의 듀링선도를 이용하여 설명한다. 그림 3-72의 flow sheet에서 증발기와 흡수기의 압력은 280mmHg, 재생기와 응축기는 30mmHg로 조작되어 있다. 증발기에서 약74℃로 증발한 물(그림 3-73의 점1)은 흡수기에서 62%의 취화리튬수용액에 흡수되어 수용액을 약60%로 희석할 때 약123℃가 된다(점2). 희석열은 이용수의 가열에 이용된다. 희석수용액은 재생기로 가열되어 약68℃에서 수분이 증발하고(점5) 다시 62%로 농축된다. 증발된 물은 응축기에서 28℃로 응축되어(점3) 펌프로 증발기에 보내진다. 따라서 계내에서 물은 일정량 순환하게 된다. 열의 이동이 순환하고 있는 물의

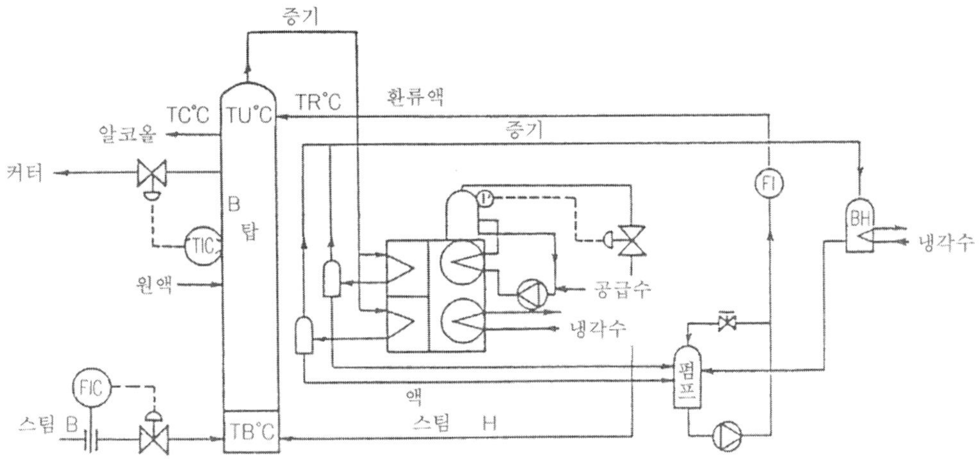

그림 3-71 정류탑 주변의 flow sheet

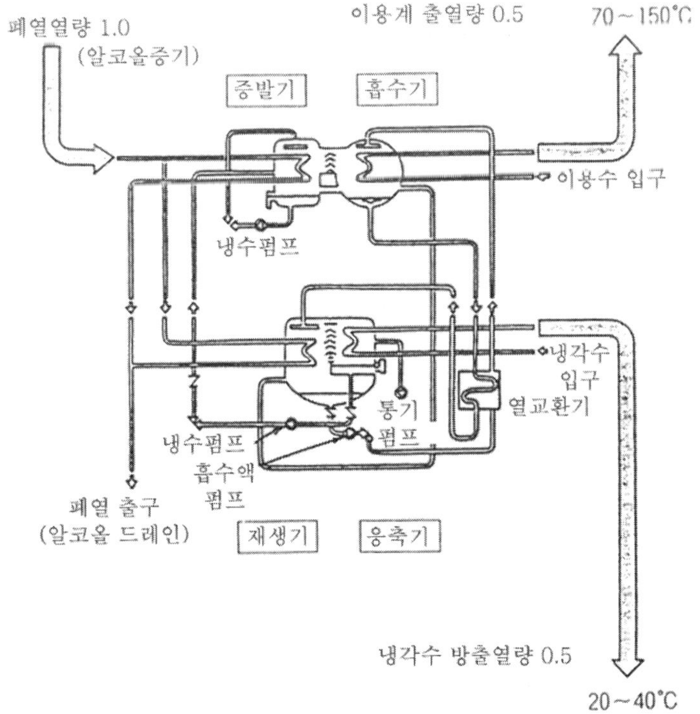

그림 3-72 흡수식 열펌프의 flow sheet

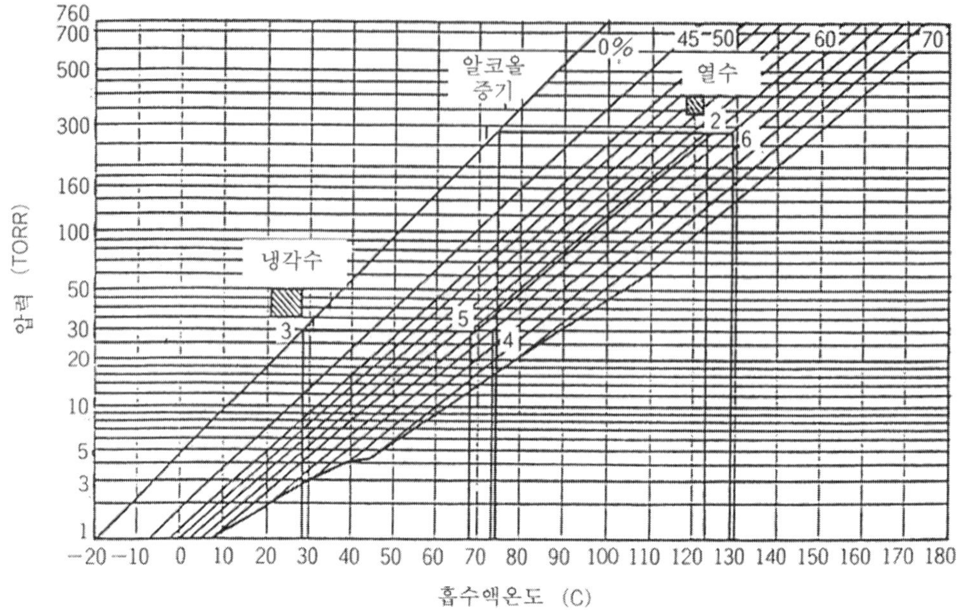

그림 3-73 LiBr-수계의 듀링선도

잠열을 교환에 의해서만 이루어진다고 하면 입열량 1에 대해 흡수기로 회수할 수 있는 열량은 0.5가 된다. 즉, 이 열펌프의 성적계수는 0.5가 되는 것이다. 단, 여기서 잊어서는 안 되는 것이 냉각수의 존재이다. 이 공장에서는 지하수의 이용에 의해 20℃라는 냉각수를 저가로 얻을 수 있지만 냉동기를 사용하지 않으면 20℃의 냉각수를 얻을 수 없게 되고, 그렇다고 하면 근저부터 뒤집어 이 계산방법에서는 성적계수가 0이 되기 어렵다. 이와 같이 제Ⅱ종 흡수식 열펌프의 도입이 에너지절약방법으로서 가능한가라는 것은 저가의 저온냉각수의 존재유무에 달려 있는 것이다.

표 3-8에 열펌프 도입 후의 사용증기량 실적을 종래의 시스템과 비교하여 나타냈다. 절약증기량은 일본의 비용 체계를 기준으로 할 시 시간당 1,250kg/h로 전기료를 제외해도 약5,000만엔의 투자를(증기단가 5,300엔/t, 전기 21엔/kWH) 약1년 안에 회수할 수 있는 비용실적 높은 설비투자가 된다.

(2) 압축식 열펌프

1977년부터 Sulzer Brothers(스위스)는 그림 3-68에 나타낸 직접증기압축형 열펌프의 실증을 위한 증류 파일럿 플랜트에 의해 테스트를 실시하였다. 그림 3-74에 그 flow sheet를 나타냈다.

표 3-8 흡수식 열펌프의 실적

	기존의 시스템	도입 후
탑 정상의 온도	80℃	76℃
BR(B탑환류)온도	60℃	74℃
탑 바닥의 온도	108℃	108℃
증기량(보일러)	3,320kg/h	1,960kg/h
증기량(열펌프)	0kg/h	1,088kg/h
BR량	9,100ℓ /h	8,800ℓ /h
제품량	2,000ℓ /h	2,000ℓ /h
절약증기량		*1,250kg/h

*1,250kg/h는 기존의 시스템에서 BR(B탑 환류)량을 8,800ℓ /h로 계산하여 얻은 증기량 3,210kg/h에서 도입 후의 증기량(보일러) 1,960kg/h를 뺀 것이다.

직접증기압축의 경우는 그림 3-68의 간접증기압축에 비해 열교환기가 일단 적기 때문에 압축비가 적어도 된다는 이점이 있다.

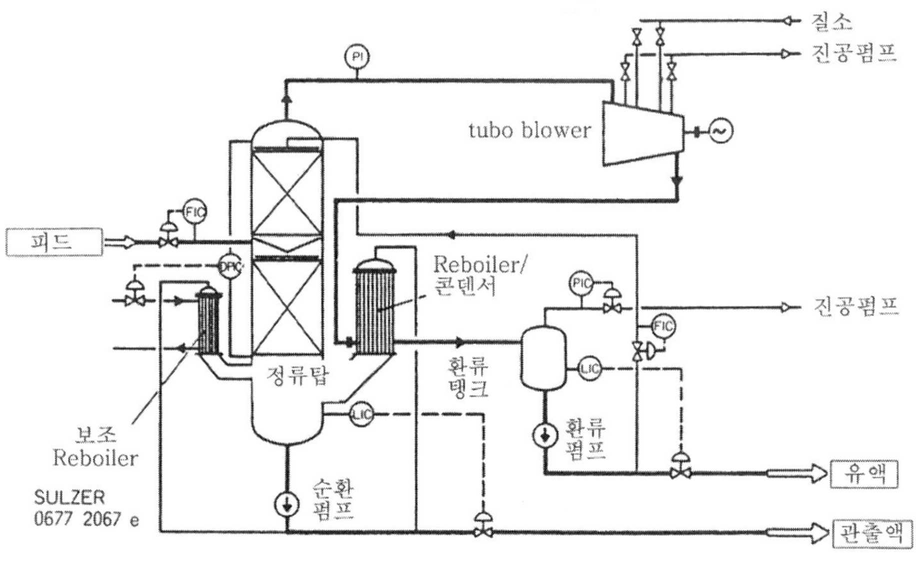

그림 3-74 Sulzer의 직접증기압축형 열펌프 flow sheet

표 3-9 파일럿 플랜트 실험결과

설계값	탑/충전높이	0.25m/12m SULZER Packing type BX
	혼합물	cis/trans-Decalin
	탑 정상의 압력/온도	175mbar/124℃
	탑 바닥의 압력/온도	199mbar/135.5℃
	탑내압력손실	24mbar
	가열량	360kg/h$\left(2.4\frac{m}{s}\sqrt{\frac{kg}{m^3}}\right)$
	환류비	∞
	증발잠열(탑 정상)	74.5kcal/kg
일반증류탑	단열탑 필요에너지	
	(열손실 없음)	31.2kW
	대류에 의한 열손실계산	
	(송풍기 없음)	3.1kW
	일반 파일럿 증류탑의 필요총량	34.3kW
열펌프식 증류탑	대류에 의한 열손실 실측값	
	(송풍기 있음)	5.2kW
	공급에너지 실측값	
	보조 Reboiler	4.4kW
	turbo blower	6.3kW
	단열탑 필요에너지	5.5kW
에너지절약	가열 필요에너지	
	(대류에 의한 열손실 없음)	
	일반증류탑	31.2kW(100%)
	열펌프식 증류탑	5.5kW(18%)

cis-/trans-decaline의 전환류증류를 가열량 360kg/h, 탑 정상의 압력 175mbar/온도 124℃로 실시하여, turbo blower에 의한 탑 정상의 증기의 압축으로 온도를 314mbar/143℃로 높여 탑 바닥을 가열하고 있다. 그 결과를 표 3-9에 나타냈다.

파일럿 플랜트의 실험결과에 기초한 실제 플랜트의 설계에서 소요에너지량 및 비용을 일반 증류기와 비교하여 표 3-10에 나타냈다. 이때의 에너지절약은 비용으로 환산하여 80%로 투자액은 1년반 이내에 회수할 수 있는 것으로 하였다.

표 3-10 실제 플랜트의 경제평가

		일반증류탑	열펌프식 증류탑
계산값	탑작경	2.5m	
	충전높이	12m SULZER Packing type BX	
	탑 정상의 압력/온도	175mbar/124℃	
	탑 바닥의 압력/온도	199mbar/135.5℃	
	탑내압력손실	24mbar	
	가열량	36000kg/h	
	증발잠열(탑 정상)	74.5kacl/kg	
에너지	가열 필요에너지[kW]	3120	
	turbo blower[kW]	–	310
	Reboiler[kW]	–	23
	에너지총량[kW]	3120	333
에너지비용	스팀비용[Fr/h] (20스위스프랑/t≅3.50스위스프랑/100kW)	112	0.08
	전기에너지비용 (0.07스위스프랑/kWh)	–	21.20
	에너지비용합계[Fr/h]	112	22.50
	에너지비용합계[Fr/년] (1년=8000h)	900000	180000
	소비에너지비용[%]	100	20

마에카와(前川)제작소는 1984년 자사의 고유기술인 스크류수증기압축기를 이용한 알코올증류탑의 열펌프시스템에 대한 검토결과를 발표하였다. 그림 3-75에 그 flow sheet를 나타냈다. 스크류압축기와 터보압축기의 특징을 비교하면 표 3-11과 같으며 스크류압축기는 폭넓은 압축비와 부하변동에 대응할 수 있음을 알 수 있다. 또한 물은 안정하고 저가의 냉매이지만 분자량이 작기 때문에 터보압축기에서는 압축이 어렵다는 문제점도 스크류압축기는 해소한다. 압축기의 운동조건을 표 3-12에, 운동경비의 비교를 표 3-13에 나타냈다. 이 계산에서는 증기단가 5,000엔/t, 전력단가 18엔/kWH로 계산하였으나 이 경우도 약1.5년 전후에서 투자액을 회수할 수 있다. 이 기술은 1986년 (주)Suntory 오사카 플랜트의 연속식 증류기에 도입되어 순조롭게 가동되고 있다.

표 3-11 스크류압축기와 터보압축기의 비교

(1) 압축비를 크게 할 수 있다.	용적형 압축기이기 때문에 속도형 압축으로 단단(單段)에서는 종래 불가능했던 압축비 2이상으로 효율을 떨어뜨리지 않고 운전이 가능하다. 즉, SSHP로서 사용할 경우에는 압축비 2~5, 온도상승폭 20~50℃까지 경제적인 범위를 넓힐 수 있어 기존의 증발, 증류, 건조과정의 온도, 압력조건을 변화시키지 않고 SSHP에 의한 가동방식으로 개조할 수 있다. 또한 H_2O를 매체로 한 개방사이클 열펌프 시스템이 가능하므로 시스템의 범용성을 증가시켜 적용범위가 넓어진다.
(2) 내구성이 좋고 신뢰도가 높다.	흡인하는 증기가 먼지나 이물을 포함하고 있으면 터보압축기나 축류압축기는 임펠러의 균형을 잃게 되어 이상진동 등을 일으켜 운전불능이 되지만 스크류압축기의 경우는 문제없이 운전을 계속할 수 있다.
(3) 넓은 운전연구범위에서 안정된 성능을 발휘할 수 있다.	터보압축기나 축류압축기와 같이 기체역학적인 영향을 받기 어렵기 때문에 폭넓은 운전온도, 압력조건에서 효율적인 운전이 가능하며 프로세스에 기인한 조건변화에 대한 추종성이 좋다. 또한 서징영역도 갖지 않는다.
(4) 부하변동에 대한 추종성이 우수하다.	용적형의 특성과 회전형의 특성을 겸비하고 있는 스크류압축기는 회전수를 변경함에 따라 25~100% 사이에서 연속적으로 효율적인 용량제어가 가능하다.

SSHP(Screw type Steam compression Heat Pump)

표 3-12 압축기 운전조건

형식	MYCOM S TM 250L
흡입증기	0.361kg/cm^2 · abs 73℃(포화)
토출증기	1.109kg/cm^2 · abs 102℃(포화)
회전수	10,600rpm
제거량	6,299m^2/h
소요축동력	147kW
가동률	7,000h/년

표 3-13 운전경비의 비교

	기존방식	SSHP
소비증기량	1,600kg/h	-
소비전력량	-	158kWh
에너지비용	8,000엔/h	2,844엔/h

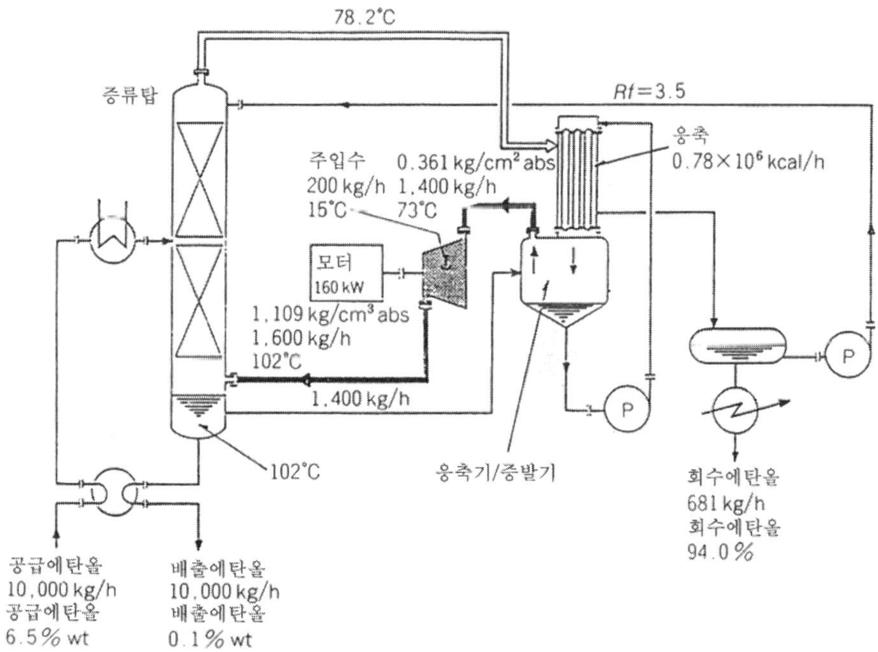

그림 3-75 수증기 압축형 열펌프에 의한 열회수

3-5-6 막에 의한 농축과의 조합

역침투막 등의 선택투과성막을 이용하여 알코올 등의 유기용매를 농축하는 것이 가능하다. 대부분의 경우 그 분리특성은 기액평형의 평형비에 상당하는 선택률로 표시된다. 이러한 점에서 역

침투막과 같은 막분리도 증류와 마찬가지로 통계적 분리에 속하는 것이다.

이러한 막농축을 증류에 의한 농축의 전처리로서 이용할 수 있다. 그러나 에탄올의 연속증류에 의한 농축의 경우 특히 유출액의 에탄올농도가 높으면 최소환류비가 피드의 에탄올농도가 아닌, 기액평형곡선의 형상에 의해 결정되는 경우가 있다. 그림 3-76에 나타낸 예로 말하면, 87몰%로 농축할 경우 피드의 에탄올도수가 4몰%이상(단, q =1)이면 최소환류비가 동일하여 막농축의 이점이 줄어들게 된다.

Pervaporation(permeation+vaporation)막과 증류의 조합에 대해서는 石川 · 平田그룹에 의해 실험과 아울러 상세히 검토되어 있다(17). 기본적인 flow sheet를 그림 3-77에 나타냈다. 증류탑에서의 유출액은 60~95wt%로 막분리장치에 공급된다. 투과측은 감압되어 있으며 액측에 증발잠열이 공급되기 때문에 물이 풍부한 증기가 투과된다. 원액측은 99.5wt%의 에탄올수용액이 얻어진다. 소비에너지를 그림 3-78에 나타냈다. 여기서는 통상의 무수에탄올의 증류의 소요에너지와 비교하였으나 다양한 에너지대책을 실시한 증류시스템과의 비교가 필요하다.

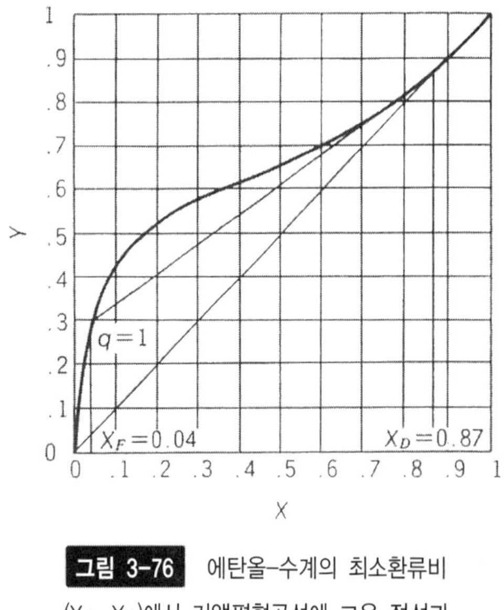

그림 3-76 에탄올–수계의 최소환류비 (XD, XD)에서 기액평형곡선에 그은 접선과 기액평형곡선의 교점의 X좌표가 0.04이다.

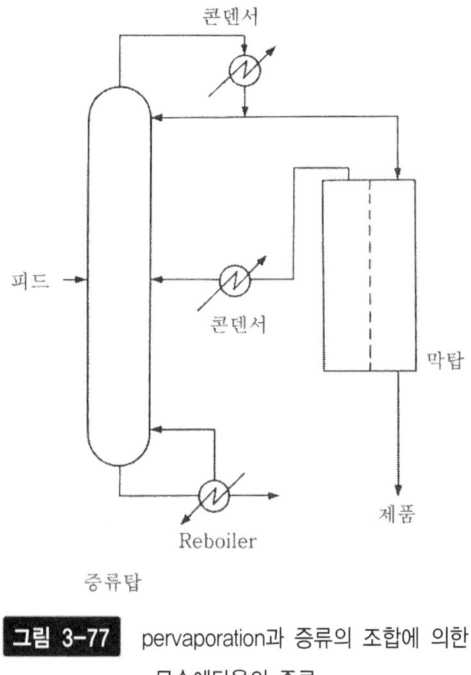

그림 3-77 pervaporation과 증류의 조합에 의한 무수에탄올의 증류

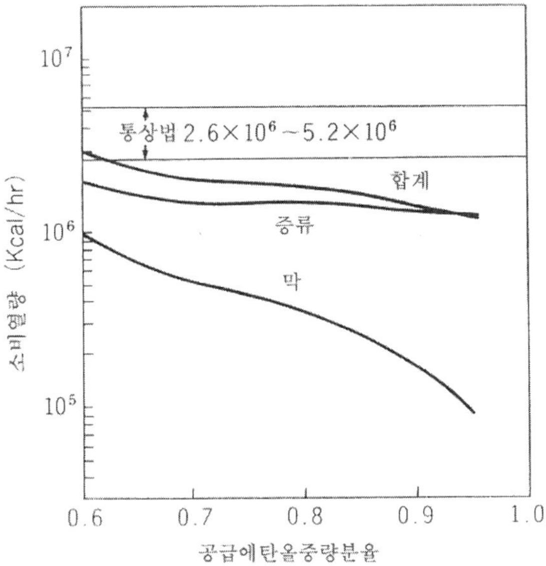

그림 3-78 소비에너지

3-5-7 그 외의 에너지절약방법

증류탑의 에너지절약이라고 하면 자기완결형 대책이 많다. 지금까지 설명한 방법이 모두가 그러한 패턴이다. 1계열의 제조플랜트 또는 하나의 공장이나 공장단지, 그리고 하나의 지역전체를 고려하여 유효에너지손실을 최소화하는 시도도 필요하다고 생각된다.

증류탑 정상의 잠열에너지를 이용하여 증기를 발생시킴에 따라 발전을 행하고 있는 예, 또는 흡수식 냉각기를 이용하여 냉수를 제조하는 예 등은 공장전체의 에너지균형을 고려한 것이다. 여기서 주의할 것은 계절에 따라 또는 다른 공정의 기술혁신에 따라 수요가 변동할 수 있는 에너지제조를 위해 에너지회수를 해서는 안 된다는 것이며 '폐열은 발생한 장소에서 사용하라'는 경험에 기초한 경우도 많을 것으로 생각된다.

이러한 검토를 위한 도구로서 컴퓨터에 의한 프로세스 flow sheet의 해석(process flowsheeting)은 점점 그 필요성이 인식되어 갈 것이다. process flowsheeting을 위한 프로그램으로 유명한 것으로는 Simulation Science의 PROCESS, Chemshare의 Design Master, Aspen Tech의 Aspen Plus, 치요다화학공업의 Capes, 일본과학기술연수소의 L-GIFS 등이 있으나 이러한 종류의 프로그램은 엔지니어링회사보다 오히려 제조회사에서 사례연구를 위해 이용가치가 있을 것으로 생각된다.

[참 고 문 헌]

[1] 平田, 頼實 : 증류공학 핸드북, 91-97, 313-314 (1966)

[2] 小島, 栃木 : ASOG에 의한 기액평형계산법, 1-5, 107, 172 (1979)

[3] Gmehling, Fredenslund : Ind. Eng. Chem. Process Des. Dev. 21, 118-127 (1982)

[4] Krell : Handbook of Laboratory Distillation, 21-24, 93-95 (1982)

[5] 小島 : 프로세스 설계를 위한 상평형, 32 (1977)

[6] Tsujimura, Sasaki : Proceedings of 1st International Conference on Industrial Process Modelling and Control (1985)

[7] 藤田, 東畑 : 화학공학Ⅲ, 11-13 (1970)

[8] 山口 : 식물성분분석법, 20 (1963)

[9] 佐渡友, 宮原 : 화학공학논문집, 7(1), 33-39 (1981)

[10] 廣瀨 : 컴퓨터에 의한 증류계산법의 기초, 6-22 (1979)

[11] 兒島 : 증류공학 핸드북, 560-566 (1966)

[12] Danzigar, Baumer : Proceedings of 3rd International Symposium on Distillation, 4.1/15 (1979)

[13] 城子 : 최근의 화학공학 [증류공학 1980] 113-124 (1980)

[14] 野世溪 : 최근의 전열촉진기술강연회, -기초와 응용-, 26-33 (1984)

[15] 友井川, 增田 : 발효와 공업, Vol.7, 656-660 (1985)

[16] Sakashita : Proceedings of IEA Heat Pump Conference 261-272 (1984)

[17] 石川 · 平田 : 미발표

[18] Rose : Distillation Design in Practice, 150-161 (1985)

흡 착

Chapter 04

4-1 머리말

식품공업에 있어서 흡착조작은 ①불필요(불순)한 성분의 제거 ②유용한 성분의 회수(농축, 분리, 정제)로 크게 나눌 수 있다[(1-4)]. 현재까지 식품공업에 있어서 대부분의 조작은 ①에 속한다. 그러나 흡착제와 흡착기술의 진보와 따라 액체 크로마토그래피(LC)에 대표되는 고도정제 기술의 공업화가 가능해진 점, 이성화당과 같이 이와 같은 기술을 이용하여 생산된 제품이 시장에 나온 점 등에 의해 식품공업에서도 이후 흡착을 이용한 고도분리기술이 발전해갈 것으로 기대된다.

식품공업에 있어서 흡착조작의 특징은 다음과 같이 요약할 수 있다.

1) 식품은 직접 체내에 섭취되기 때문에 흡착조작 중에 이물(독물)이 혼입되면 안 되므로 흡착제, 그 재생 · 세정에 이용하는 용매가 한정된다.
2) 대부분의 식품은 복잡한 다성분계이므로 이론적인 해석이 어려우며 경험적 수법에 기초하여 조작되는 경우가 많다.
3) 조작조건도 식품고유의 특성에 의해 한정된다.

흡착조작에서는 고체입자(이하, 흡착제)의 표면자체 또는 표면에 도입된 관능기와 용질이 상호작용함에 따라 특정 용질만이 흡착제에 붙어 있는 것을 이용하여 분리를 하게 된다. 대부분의 흡착제 입자는 많은 세공을 가지고 있어 세공내에도 용질이 흡착된다. 이와 같은 세공에 의해 입자 1개당 흡착에 이용되는 면적이 증가하여 다량의 용질을 흡착하는 것이 가능해진다.

흡착조작은 흡착제를 통(칼럼)에 채운 고정층을 이용하는 고정층조작과 교반조 내에서 접촉시키는 조작의 2가지가 일반적인데 특히 고정층조작이 주로 이용된다.

본장에서는 다공성구상흡착제가 충전된 고정층에 의한 흡착분리조작(및 LC)에 있어 분리기구, 분리특성의 해석, 분리조작의 설계에 대해 설명한다. 고정층에 의한 정밀분리방법인 LC는 분석수법으로서 널리 이용되고 있으나 여기서는 공업적인 분리(분취)조작을 대상으로 한다.

고정층 흡착분리조작은 비정상조작으로 칼럼내의 길이와 시간의 함수로 나타나는 수학적인 취급은 정상조작에 비해 복잡하다. 이와 같은 분리특성의 해석하기 위해서는 흡착평형과 흡착속도에 대해 이해하지 않으면 안 된다.
실제조작에 대해서는 목적물질의 순도(또는 제거율)와 함께

$$\text{생산성} = [\text{시료공급량} \cdot \text{회수율}]/[\text{단위장치체적} \cdot \text{단위분리시간}] \tag{4.0}$$

을 고려하여 설계할 필요가 있으나 순도 또는 제거율은 식(4.0)의 우변의 각 변수의 복잡한 함수가 되므로 설계계산이 쉽지 않다.

또한 식품 및 바이오산업에 있어서 흡착조작을 대상으로 하므로 본장에서는 액체내의 용질의 고정층 흡착분리조작(액상흡착)에 대해 취급하나, 수식모델은 기상, 액상에 관계없이 적용할 수 있으므로 본장의 수학적 취급은 어디에도 이용할 수 있다. 또한 따로 취급되는 경우가 많은 LC이론과 고정층 흡착이론의 관계에 대해서는 특히 상세하게 설명하기로 한다.

본장에서는 고정층 분리조작을 설명하기에 앞서, 흡착평형과 흡착제입자 1개에 착안한 흡착속도에 대해 설명한다(4-2장, 4-3장). 4-2장에서는 개개의 흡착기구에 대한 간략한 소개와 실측값을 표현하는데 편리한 흡착평형식에 대한 간략한 소개만을 하고자 한다. 4-4장에서는 고정층 조작에 있어서 이동현상에 대한 기초적인 사항을 설명한다. 4-5~4-8장에서는 각종 LC에 대해 설명한다. 특수한 장치 또는 규모확대(scale up)에 대해서는 4-9~4-10장에서 개략적으로 설명한다. 각 절에는 많은 수식과 기호를 이용하고 있어 보기에 불편하다고 생각하는 독자도 있을지 모르나 가능한 수식과 수식 내의 기호의 물리적 의미를 친절히 설명했으며 너무 복잡하다고 생각되는 사항은 본장 말미의 부록에 따로 수록하였다. 또한 4-11장에서는 규모확대 설계계산 예에 따라 수식모델의 이용방법을 설명하였다. 또한 본문내의 기호의 이해에 도움이 되도록 책의 말미에 기호표를 정리하였다.

물론 현시점에서 고정층 흡착분리 및 LC분리기구가 전부 해명되어 있는 것은 아니므로 당연히 본장의 설명에는 한계가 있다. 보다 상세한 해석이 발표된다면 그 결과를 첨부해갈 필요가

있을 것이다. 또한 새로운 개념에 의한 방법이나 장치의 개발이 흡착분리조작을 전혀 새로운 방향으로 전개할지도 모른다. 그러나 이 경우에도 본장의 내용의 기초적 부분은 기본적으로 유용할 것이며 모델이나 계산방법의 적용도 가능할 것이다.

흡착 및 LC조작에 관한 문헌은 방대하다. 단행본, 총설도 다수 출판되어 있으므로 참고하기 바란다[2-20].

4-2 흡착평형

흡착제입자와 피흡착물질의 평형상태를 그림 4-1에 나타냈다. 입자세공내부농도(C_p), 세공내 고상농도(C_q)와 입자체적기준의 농도(C_s)는 다음 식과 같은 관계가 있다.

$$C_s = \epsilon_p C_p + (1-\epsilon_p) C_q \tag{4.1}$$

여기서, ϵ_p는 입자세공(공극)률(intraparticle void fraction)이나. C_s, C_p, C_q는 체적기준의 농도(g/mℓ , mol/ℓ , wt%)의 차원을 가진다. 단백질 등의 LC용 충전제인 아가로스젤이나 덱스트란젤은 복잡한 구조를 가지므로 세공과 고상을 확실히 구별하기는 어렵다[21]. 따라서 입자를 균일상으로 간주하여 입자체적기준의 농도(C_s)를 대표농도로 하는 취급(solid diffusion model)이 편리하다. 겉보기 충전제밀도 ρ_p(g/cm^3), 충전제 중량기준의 농도 q(g/g, mol/g)를 사용하는 문헌도 많다. 이들 변수는 이하의 식에서 C_s와 관계된다.

$$C_s = \epsilon_p C_p + \rho_q q \tag{4.2}$$

흡착이 발생하지 않는 경우(즉, $C_q = 0$일 때)는 $C_s = \epsilon_p C_p$가 된다. 반대로, 흡착량이 클 때는 $C_s = \rho_p q$가 된다. 세공의 이용률은 분자의 크기에 의존하며 분자가 커질수록 감소한다. 이 성질을 이용한 분리방법이 뒤에서 설명하는 젤 여과배제 크로마토그래피 (gel filtration chromatography, GFC)이다. ϵ_p를 분자의 크기관계로 본 GFC의 해석도 있으나 여기서는 다음 식으로 정의한다. C_p와 C 간의 분배계수(K_p)를 분자의 크기만의 함수로 간주한다(K_p는 농도에는 의존하지 않는다)[18].

$$C_p = K_p C \tag{4.3}$$

또한 C_p와 C_q 간에 다음 평형관계식을 정의한다.

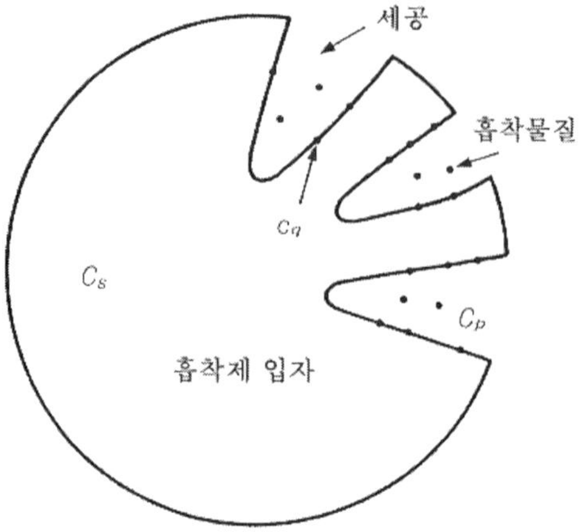

그림 4-1 입자내의 흡착기구

$$C_q = K_{pq} C_p \tag{4.4}$$

이 두 관계식을 이용하여 C_s는 C와 다음과 같은 관계를 갖는다.

$$C_s = [\epsilon_p + (1-\epsilon_p) K_{pq}] K_p \cdot \quad C = KC \tag{4.5}$$

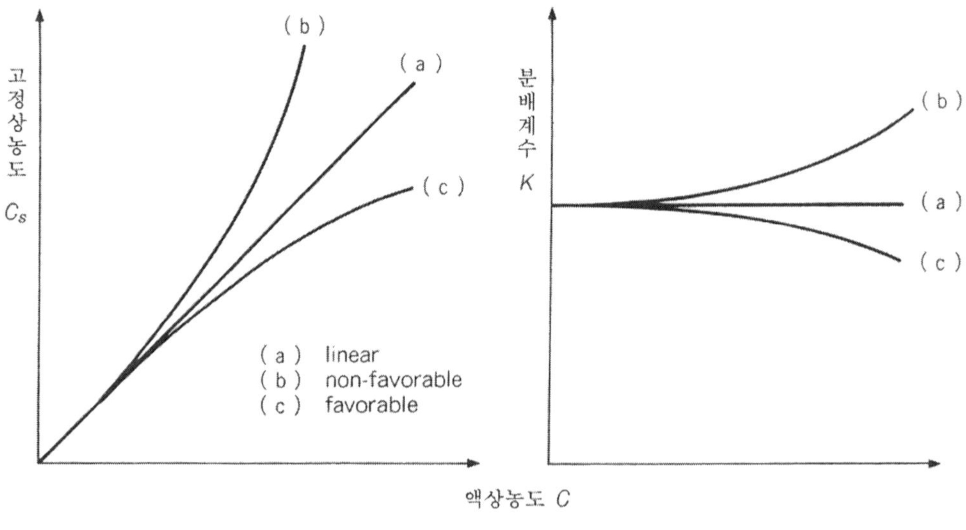

그림 4-2 흡착등온선 또는 분배계수의 모식도

액상과 고정상 간의 흡착평형은 그림 4-2에 나타냈듯이 크게 3가지로 나눌 수 있다. (a)는 직선평형이라 불리며 분배계수(K)가 일정하다. (b)는 unfavorable isotherm이라 불리며 K는 액상농도(C)가 증가할수록 증가한다. (c)는 favorable isotherm이라 불리며 K는 C가 증가할수록 감소한다. 대부분의 액상흡착평형이 이 부류에 속하며 favorable isotherm은 Langmuir식이나 Freundlich식 중 하나로 나타낼 수 있다. 이하의 식에서는 간략화를 위해 $\epsilon_p C_p \ll (1-\epsilon_p) C_q$, $(1-\epsilon_p) K_p = 1$이라 한다. 즉, 다음 식이 성립한다고 가정한다.

$$C_s = K_{pq} C = KC \tag{4.6}$$

(1) Langmuir식

$$C_s = K_L QC/(1+K_L C) = K(C)C \tag{4.7}$$

$$K(C) = (K_L Q)/(1+K_L C) \tag{4.8}$$

C가 작으면 $C_s = K_L QC$가 되어 직선평형이 된다. 한편, C가 증가하면 C_s의 증가율이 감소하여 최대흡착량 Q에 가까워진다.

어느 한정된 범위에서 흡착평형(등온선)의 실험결과를 나타낼 때는 다음의 무차원농도를 도입하면 편리하다.

$$X = C/C_0 \tag{4.9}$$

$$Y = C_s/C_{s0} = C_s/[K(C_0)C_0] \tag{4.10}$$

이 무차원농도를 이용하여 식(4.7)은 다음 식이 된다.

$$Y = X/[(R_{eq} + (1-R_{eq})X] \tag{4.11}$$

여기서,

$$R_{eq} = 1/1(1+K_L C_O) \tag{4.12}$$

액상흡착에 있어 Langmuir식은 실험식으로서 그 적용범위가 넓다. 일반적으로 $E+L \rightleftharpoons EL$과 같은 평형관계에서 Langmuir식을 얻을 수 있다. 여기서, E를 효소, L를 그 효소에 생물학적 친화성을 가진 리간드라고 생각하면 affinity chromatography의 흡착평형으로 간주할 수 있다.[20]

다음으로 이하의 이온교환평형을 생각해보자.

$$E^n + \overline{nL} \underset{}{\overset{Ke}{\rightleftarrows}} \overline{E}^n + nL \tag{4.13}$$

여기서, n은 피흡착물질 E가 가진 전하의 수이다. L은 E와 같은 극성으로 1가의 전하를 가진 이온이다. 위에 ¯이 붙은 것은 고정상의 이온교환기와 정전적 상호작용을 가지고 있음을 의미한다. 이 평형관계에서 Langmuir식과 동일한 다음 식이 유도된다.

$$C_s = K_e(C_R/C_L)^n C / \left[1 + K_e n^2 (C/C_R)(C_R/C_L)^n\right] \tag{4.14}$$

여기서, C_R은 이온교환용량, C_L은 이온농도, C는 피흡착물질농도이다.

(2) Freundlich식

$$C_s = K_F C^m = K(C)C \tag{4.15}$$

$$K(C) = K_F C^{m-1} \tag{4.16}$$

$X(=C/C_0)$과 $Y(=C_s/C_{s0})$를 이용하여 무차원화하면

$$Y = X^n \tag{4.17}$$

Freundlich식은 $n<1$에서 favorable, $n=1$에서 직선평형, $n>1$에서 unfavorable이 된다.

(3) 분리계수

증류에서의 상대휘발도와 마찬가지로 분리계수 R_{eq}를 이하와 같이 정의한다[10].

$$R_{eq} = [X(1-Y)]/[Y(1-X)] \tag{4.18}$$

Y에 관해 바꿔 쓰면 Langmuir식(4.11)과 같은 형태가 된다. 따라서 R_{eq}가 일정한 식(4.11)은 실험식으로서 유용하다. $R_{eq}=1$은 직선평형, $R_{eq}<1$은 favorable isotherm, $R_{eq}>1$은 nonfavorable isotherm로 나타낼 수 있다. 식(4.11), (4.17)을 R_{eq} 또는 n을 매개변수로서 그림 4-3에 나타냈다.

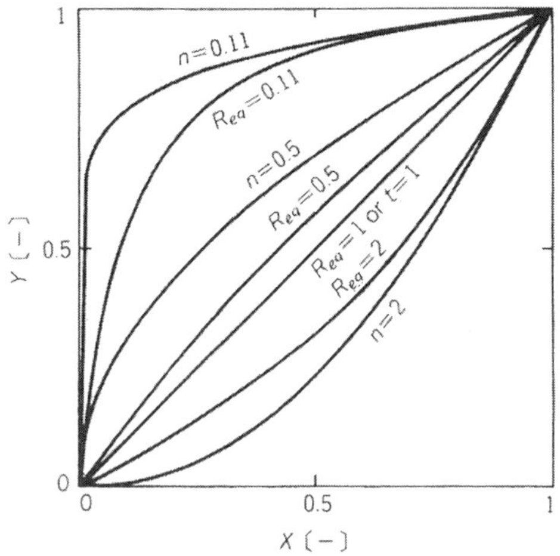

그림 4-3 Y와 X의 관계

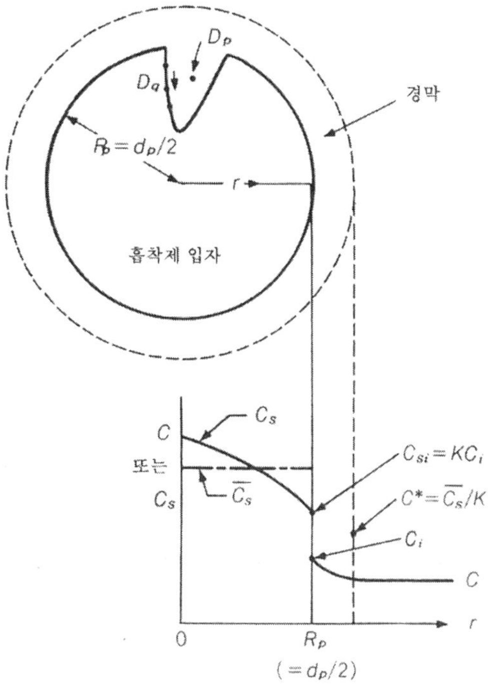

그림 4-4 입자내 농도와 액상농도의 모식도

4-3 흡착속도

흡착제입자에서의 흡착속도는 이하의 3가지 속도에 의해 지배된다(그림 4-4).

① 입자내 세공표면에서의 흡착속도

② 입자주위의 경막에서의 물질이동속도

③ 입자내 확산속도

이 3가지 속도 중 ①은 보통 극히 빠르기 때문에 무시할 수 있다. 일반적으로 액상흡착에서는 ③의 경우인 입자내 확산속도가 지배하는 경우가 많다.

4-3-1 경막내의 물질이동속도

경막내의 물질이동속도는 다음 식으로 나타낼 수 있다.

$$n_f = k_f(C_i - C) \tag{4.19}$$

여기서, n_f는 단위면적당 이동속도, k_f는 경막물질이동계수, C는 액 본체의 피흡착물질농도, C_i는 입자표면에 접한 위치에서의 농도이다(그림 4-4). 입자직경 R_p의 입자전체의 이동속도는 $n_f \cdot \ 4\pi R_p^2$이므로 입자평균농도($\overline{C_s}$)의 시간변화는 다음 식과 같다.

$$\partial \overline{C_s}/\partial t = k_f a_v(C - C_i) = k_f(3/R_p)(C - C_i)$$

$$= k_f a_v(C - C_{si}/K) = (k_f/K)(3/R_p)(KC - C_{si}) \tag{4.20}$$

여기서, $a_v = 3/R_p$는 단위체적당 표면적, $K = C_s/C$는 분배계수이다.

물질이동계수 k_f에 대해서는 많은 상관식이 제시되어 있으나 이들 대부분은 다음 식의 형태로 바꿔 쓸 수 있다.

$$Sh = a + b\epsilon^c Re^d Sc^e \tag{4.21}$$

여기서, $Sh(=k_f d_p/D_m)$은 셔우드수, $Re(=\rho u d_p/\eta)$은 레이놀즈수, $Sc(=\eta/\rho D_m)$은 슈미트수이다. $d=e$일 때 $ReSc = ud_p/D_m = \nu$가 된다. ν는 무차원(환산)속도이다(ν를 입자기준의 페클레수라고 부르기도 한다. 공통(空筒)기준의 선속도 u_0에 기초한 ν_0 또는페클레수도 이용된다)[10].

표 4-1 식(4.21)의 매개변수값

(식)	a	b	c	d	e	문헌	비고
A	0	1.15	0	1/2	1/3	Carberry[22)]	
B	0	3.5	0	1/3	1/3	Pfeffer & Happel[23)]	
C	0	1.09	-2/3	1/3	1/3	Wilson & Jeankopolis[24)]	
D	0	0.437	0	1/2	1/2	Vermeulen et al.[10)]	ε =0.4로 가정
E	0	1.66	0	0.22	1/3	Chu et al.[25)]	ε =0.4로 가정
F	2	1.45	0	1/2	1/3	Foo & Rice[26)]	

대표적인 상관식에 대한 위 식의 변수값을 표 4-1에 정리하였다. 뒤에서 설명하는 LC의 특히 입자직경이 작은 경우($d_p < 100\mu m$) 또는 Sc수가 큰 경우($Sc > 10000$)는 아직 확립된 상관식이 없어 종종 이용되고 있다.

4-3-2 입자내 확산

분자확산에 의한 단위면적당 유속 n_{mD}는 다음 식과 같다[27].

$$n_{mD} = -D_m(\partial C/\partial r) \tag{4.22}$$

여기서, D_m은 분자확산계수이다. 이 식을 이용하면 구좌표 1방향확산에 대한 확산방정식은 물질수지에 의해 다음 식이 된다[27].

$$\partial C/\partial t = (1/r^2)(\partial/\partial r)\left[r^2 D_m(\partial C/\partial r)\right] \tag{4.23}$$

실제 흡착제는 앞에서 말했듯이 세공내에서의 확산과 세공고상표면에서의 흡착 및 확산을 생각할 필요가 있다. 그림 4-1과 같이 세공내부의 농도를 C_p, 고상에 흡착된 농도를 C_q, 입자체적당 농도를 C_s, 입자에 대한 세공의 비율 즉 입자공극률을 ϵ_p라고 하자. 또한 세공내 농도분포를 추진력으로 하는 확산계수(세공확산계수, pore diffusion coefficient)를 D_p, 세공고상표면 흡착량을 추진력으로 하는 확산계수(표면확산계수, surface diffusion coefficient 또는 고상확산계수, particle diffusion coefficient)를 D_q라 하면 정미의 입자내 확산유속은 다음 2가지 식의 합이 된다[10].

$$n_{pD} = -\epsilon_p D_p(\partial C_p/\partial r) \tag{4.24}$$

$$n_{qD} = -(1-\epsilon_p)D_q(\partial C_q/\partial r) \tag{4.25}$$

위의 식을 이용하여 물질수지를 취하면 확산방정식은 다음과 같다.

$$\epsilon_p\frac{\partial C_p}{\partial t} + (1-\epsilon_p)\frac{\partial C_q}{\partial t} = \frac{1}{r^2}\frac{\partial}{\partial r}\left[D_p\epsilon_p r^2\frac{\partial C_p}{\partial r}\right] + \frac{1}{r^2}\frac{\partial}{\partial r}\left[D_q(1-\epsilon_p)r^2\frac{\partial C_q}{\partial r}\right] \tag{4.26}$$

위 식은 식(4.1)을 이용하면 다음과 같이 일반화된 형태로 쓸 수 있다.

$$\partial C_s/\partial t = (1/r^2)(\partial/\partial r)\left[r^2 D_s(\partial C_s/\partial r)\right] \tag{4.27}$$

$$D_s = \epsilon_p D_p(\partial C_p/\partial C_s) + (1-\epsilon_p) D_q(\partial C_q/\partial C_s) \tag{4.28}$$

D_p, D_q, $K_{pq} = C_q/C_p$가 일정할 때 식(4.5)의 관계를 이용하면 표면확산지배에서는

$$D_s = D_q \tag{4.29}$$

세공확산지배에서는

$$D_s = \epsilon_p D_p/[\epsilon_p + (1-\epsilon_p)K_{pq}] \tag{4.30}$$

가 된다.

따라서 K_{pq}가 일정하거나 0일 때 식(4.27)은 분자확산방정식 (4.23)과 같은 형태가 된다. 확산방정식 (4.23)은 D가 일정할 때 많은 경계조건에 대해 이미 해석되어 있다[27]. 또한 열전도문제에 대한 해도 이용할 수 있다[28]. 흡착제의 성질, 사용환경, 조건에 따라서는 흡착제가 팽윤 · 수축하는 경우가 있다. 이것은 이동경계값 문제라 불리며 수학적으로 복잡하게 된다. 그러나 고형분에 착안한 좌표와 농도를 이용하면 수축 · 팽윤을 암묵적으로 고려한 겉보기상 식(4.23)과 같은 형태의 확산방정식이 얻어져 취급이 간단해진다[27],[28],[30].

다음으로 확산방정식의 해석해, 수치해와 확산계수의 산출방법에 대해 설명한다. 일반적인 단일흡착제의 흡착조작을 생각해보자(그림 4-5). 외부매체는 완전혼합되어 있다고 하자. 이 이동현상은 확산방정식 (4.27)과 ①입자외부 경막물질이동에 관한 식

$$\partial \overline{C_s}/\partial t = k_f(3/R_p)(C_b - C_{si}/K) \tag{4.31}$$

및 ②외부매체와 입자내 평균농도의 관계를 나타내는 물질수지식

$$V_s \partial \overline{C}_s/\partial t = -V_b(\partial C_b/\partial t) \tag{4.32}$$

의 3가지 식을 이용하여 나타낼 수 있다.

초기조건으로 시간 0에서 입자는 균일농도 C_{s0}, 경계조건으로 입자중심에서는 유속이 0이라는 조건을 이용한다. 다음으로 확산계수와 분배계수가 일정할 때의 식(4.27), (4.31), (4.32)에 대한 몇 가지 해석해를 설명한다.

$$\text{여기서, } \alpha = \text{외부체적}/(\text{입자체적}\times\text{분배계수}) = V_b/(KV_s) \tag{4.33}$$

을 정의한다.

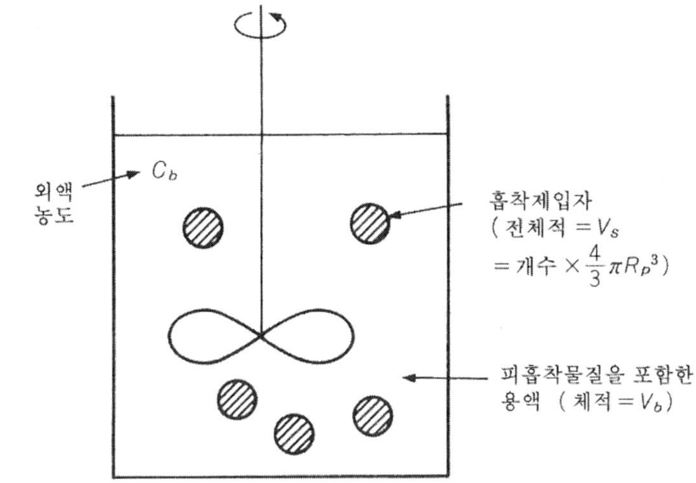

그림 4-5 회분식 흡착조작의 모식도

[CASE 1] 경막저항은 무시할 수 있고($k_f \to \infty$) 입자체적에 대해 외부체적이 매우 크며($\alpha \to \infty$) 표면농도는 일정하다($C_{s,i}$ = constant= KC_b). 이 경우의 해석해는 다음 식과 같다[27].

$$E = 1 - \frac{6}{\pi^2}\sum_{n=1}^{\infty}\frac{1}{n^2}exp\left[-\pi^2 n^2 D_s t / R_p^2\right] \quad (4.34)$$

여기서, $E\left[=(C_{s0}-\overline{C_s})/(C_{s0}-C_{si})\right]$는 평형도달률이다. 따라서 초기조건, 경계조건을 만족하는 실험을 하여 E~t/R_p^2 곡선을 구하면, 위 식과의 곡선적합(curve fitting)에 의해 D_s를 정할 수 있다. 프로세스가 진행된 후($E>0.7$)에는 위 식의 급수항의 제1항만이 지배적이 되므로(그림 4-6)

$$E = 1-(6/\pi^2)\exp\left[-\pi^2 D_s t / R_p^2\right] \quad (4.35)$$

평로그그래프에 (1-E)와 t/R_p^2을 출력하면 (1-E)<0.3에서 직선이 얻어지며 그 기울기로 확산계수를 구할 수 있다.

1/(1+α)=0.01과 식(4.34)는 거의 중첩된다.

[CASE 2] 경막저항은 무시할 수 있고($k_f \to \infty$) 확산의 진행에 따라 외부농도(=표면농도)가 변한다. 이하의 해석해가 유도되어 있다[27].

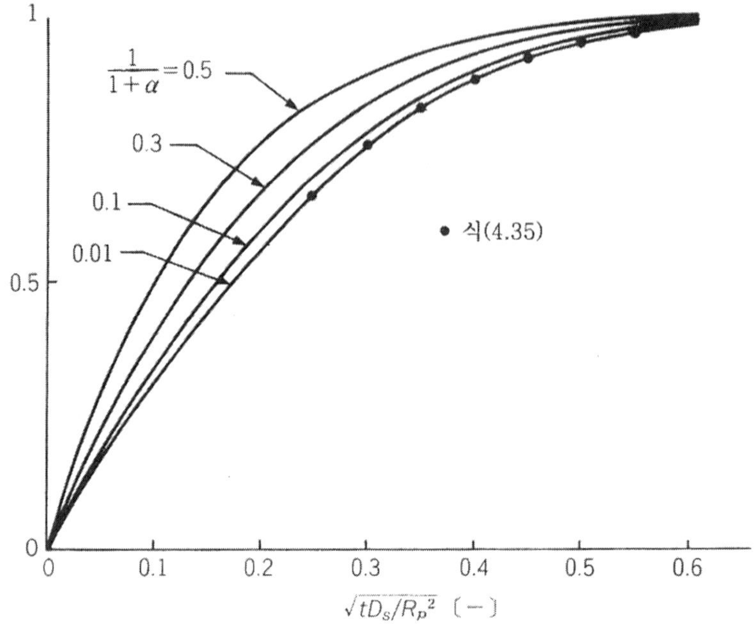

그림 4-6 E와 $\sqrt{tD_s/R_p^2}$ 의 관계

$$E = 1 - \sum_{n=1}^{\infty} \frac{6\alpha(1+\alpha)}{9+9\alpha+\alpha^2 q_n^2} exp\left[-q_n^2 D_s t/R_p^2\right] \tag{4.36}$$

$E=(C_{b0}-C_b)/(C_{b0}-C_{be})=(C_{s0}-\overline{C_s})/(C_{s0}-C_{se})$이다. $C_{se}(=KC_{be})$는 평형시의 농도이다. 또한 q_n은 다음 식의 0 이외의 근이다.

$$\tan q_n = 3q_n/(3+\alpha q_n^2) \tag{4.37}$$

식(4.37)을 다양한 α에 대해 계산하여 그림 4-6에 나타냈다. $\alpha=\infty$에서 <CASE 1>의 식(4.34)와 일치한다.

충분히 강하게 혼합한 조(槽)내에 입자를 도입하여 외부용액의 농도변화를 측정함에 따라 E, t/R_p^2의 관계를 구하면, 식(4.36)과의 곡선맞춤에 의해 확산계수가 정해진다. 이 방법은 입자내 확산계수의 산출방법으로 널리 이용되고 있다[6]. 이 경우도 <CASE 1>과 마찬가지로 확산 프로세스가 진행됨에 따라 식(4.36)의 급수항 제1항만이 지배적이 된다.

<CASE 3> 경막물질이동과 입자내 확산의 양자가 기여할 때 해석해는 다음 식과 같다[27].

$$E = 1 - \sum_{n=1}^{\infty} \frac{6L^2}{q_n^2\left[q_n^2 + L(L-1)\right]} exp\left[-q_n^2 D_s t/R_p^2\right] \tag{4.38}$$

여기서, $L = R_p k_F/(D_s K)$, q_n은 $q_n \cot q_n + L - 1 = 0$의 근이다. 또한 $L = \infty$에서 <CASE 1>과 같은 결과가 된다. 여기서도 확산 프로세스가 진행됨에 따라 급수항의 제1항만이 지배적이 된다.

4-3-3 선형추진력근사

식(4.27)의 확산방정식은 편미분방정식이므로 해석해를 얻을 수 없는 경우는 수치계산이 번거롭다. 특히 고정층 흡착에서는 연립편미분방정식이 되므로 수치계산이 실용적이지 않다. 따라서 다음 식으로 표현되는 입자의 평균농도와 표면농도의 농도차를 추진력이라 생각하는 선형추진력근사[Linear Driving Force(LDF) approximation]가 종종 이용된다[10],[31],[35].

$$\partial \overline{C}_s/\partial t = k_s a_v (C_{s,i} - \overline{C}_s) = k_s a_v (KC - \overline{C}_s) \tag{4.39}$$

4-3-2장에서 확산 프로세스가 진행되면 <CASE 1>~<CASE 3>의 급수해의 제1항만이 지배적이 된다는 것을 설명하였다. 이와 같은 영역에서는 $\partial \overline{C}_s/\partial t$가 $(C_{s,i} - \overline{C}_s)$에 비례한다는 것이 증명되므로 LDF근사가 성립한다. Glueckauf는 표면농도가 변화하는 경우를 검토하여 다음 식을 얻었다[32].

$$\partial \overline{C}_s/\partial t = (\pi^2 D/R_p^2)(C_{s,i} - \overline{C}_s) + (1 - \pi^2/15)\partial C_{s,i}/\partial t \tag{4.40}$$

표면농도 $C_{s,i}$가 일정, 즉 4-3-2의 <CASE 1>에서는 우변 제2항이 소거되어 식(4.39)와 일치한다. 또한 고정층흡탈착조작이나 LC조작에서는 표면농도가 시간과 함께 변화하지만 $\partial \overline{C}_s/\partial t = \partial C_{s,i}/\partial t$로 근사할 수 있으므로

$$\partial \overline{C}_s/\partial t = (15 D_s/R_p^2)(C_{s,i} - \overline{C}_s) \tag{4.41}$$

이 되며 많은 연구자들이 다른 방법으로 유도한 $k_s a_v = 15 D_s/R_p^2$이 얻어진다[18],[33],[34],[36],[37].

경막물질이동과 입자내 확산의 양방이 기여하는 경우 식(4.20)과 (4.39)에서 다음 식이 구해진다[7],[10][11].

$$\partial \overline{C}_s / \partial t = k_t a_v (KC - \overline{C}_s) = K_F a_v (C - C^*) \tag{4.42}$$

$$\begin{aligned} b/(k_t a_v) &= K/(k_f a_v) + 1/(k_s a_v) \\ &= KR_p/(3k_f) + R_p^2/(15D_s) \end{aligned} \tag{4.43}$$

$$b/(K_F a_v) = R_p/(3k_f) + R_p^2/(15KD_s) \tag{4.44}$$

여기서, $k_t a_v$(또는 $K_F a_v$)는 총괄물질이동계수이다. 보정계수 b는 직선평형(K=일정)에서 1이 된다. 곡선평형에서 $K_F a_v$는 흡착농도영역에서의 평균값을 나타내며 b=1~1.3이 된다.

또한 다음 식의 Langmuir흡착속도식도 LDF식과 같은 형태로 변형되는 것으로 알려져 있다[10],[38].

$$\partial C_s / \partial t = k_c C(Q - C_s) - k_d C_s \tag{4.45}$$

$k_t a_v$값은 엄밀히 말하자면 시간에 의존한다[34],[39]. 또한 고정층흡탈착조작이나 LC조작에서는 체류시간이나 흡착평형에 따라서도 변화한다[10]. 따라서 엄밀한 취급이 요구되는 경우에는 보정계수를 계산할 필요가 있다[7],[10],[40],[41].

4-3-4 표면확산

흡착량이 높을 때 세공내의 농도구배에 의한 입자내 확산과 더불어, 고상(세공표면)흡착량구배를 추진력으로 하는 표면확산이 일어난다고 생각된다. 표면확산과 입자내 확산이 독립적으로 진행되는 직선평형(K=일정)을 가정하면 D_s는 식(4.29)로 나타낼 수 있으므로 4-3-2장의 방법에서 구한 D_s는 양방의 기여를 고려한 값이 된다. 별도의 실험을 하여(예를 들어, 흡착량이 적은 조건에서의 탈착실험) 세공내 확산계수 D_p를 구하면 D_q의 기여를 계산할 수 있다[42-44]. 흡착평형이 비선형의 경우는 식(4.27)을 수치계산하여 곡선적합에 의해 D_q를 정해야 한다. 표면확산의 중요성은 특히 기상흡착에 관해 최근 강조되고 있다[7],[8],[10],[42],[44]. 또한 액상흡착에서의 표면확산에 대한 연구도 보고되어 있으나 현재로서는 정밀도 높은 계산이 불가능하므로 이후 진전을 기대해본다.

4-3-5 농도의존성을 나타내는 확산계수 또는 분배계수

확산계수 또는 분배계수가 농도에 의존하는 경우는 해석해를 이용할 수 없으므로 수치해와 실험결과가 일치하도록 시행계산을 하지 않으면 안 된다. 표면농도가 일정한 경우 <CASE 1>의 차분수치계산에서 구한 E와 t/R_p^2의 관계가 보고되어 있으나 $D=$일정의 해석해에 비해 복잡한 형상을 나타낸다[45]. <CASE 1>에 관해서는 LDF식에 기초하여 k_s값과 D의 농도의존성의 관계를 확립함에 따라 $\partial \overline{C}_s/\partial t$의 실측값에서 D를 농도의 함수로서 구하는 방법이 제안되어 있으나 흡착조작에의 적용이나 확장은 아직 불충분하다[29],[30].

4-4 고정층조작에서의 이동현상도

흡착제 입자를 통(칼럼)에 충전한 고정층은 흡착조작뿐 아니라, 칼럼 액체크로마토그래피(liquid chromatography, LC) 분리조작에서 널리 이용되고 있다. LC는 일반적으로 용질과 충전제(고정상) 간의 상호작용의 차에 의해 일어나는 이동속도의 차에 기초한 분리방법으로 정의된다. 어느 용질이 어느 순간에 이동상에 존재하는 분율을 R이라 하면 고정상에 존재하는 분율은 (1-R)이 된다[17] $R=1$에서 용질은 고정상에 존재하지 않는나(즉, 흡작하지 않는다). $R=0$에서는 용질이 이동상에 존재하지 않으므로 겉보기상 불가역으로 고정상에 흡착되어 있음을 의미한다. 최초의 좁은 의미의 LC에서는 R이 농도에 의존하지 않고 소량의 용질(시료)을 칼럼에 첨가하여 용출하는 방법을 의미하였다

반면, 최근 급속히 발전한 분리기술인 생물화학적 친화성을 이용한 affinity chromatography (AFC)에서는 목적물질만의 R이 0에 매우 가까운 조건을 달성할 수 있다[19],[20]. 또한 R은 농도와 외부용액의 조성에 의존하며 $R=1$이 되도록 외부용액조성을 변화시킴에 따라 목적물질을 분리 · 용출한다. 목적물질만이 선택적으로 칼럼에 흡착되므로 칼럼이 목적물질에서 포화될 때까지 시료용액을 공급한다. 그 후 필요에 따라 불순물을 씻어내려 탈착조작을 한다(그림 4-7). 따라서 AFC의 흡착 프로세스는 당액의 탈색 등에 대표되는 불용물의 제거와 동일한 프로세스이다. 실제로 AFC의 이론적 해석은 종래의 고정층 흡착이론에 기초한 취급이 많다[5],[19],[46–51].

목적물질과 고정층 간에 특이적인 흡착관계가 존재하지 않는 경우는 고정층칼럼을 물질이 이동하는 동안(즉, 용출시) 이동속도의 차를 이용하여 각 성분을 분리해야 한다. 이동속도의 차에 의한 분리가 LC의 분리원리이다. 사전에 칼럼을 평형화하는데 이용한 액조성과 용출액의 조성이 같은 조작을 isocratic elution이라 부른다(그림 4-8A). 한편, 용출액의 조성을 단계적으로 변화시키는 단계용출(stepwise elution), 연속적으로 변화시키는 구배용출(gradient elution)의 2가지도 특히 흡착LC에서는 일반적인 용출방법으로 널리 이용되고 있다. isocratic elution과

non-isocratic elution 중 어느 것을 선택할 것인가는 각 LC의 분리원리 및 대상으로 하는 물질의 특성, 이용하는 장치, 요구되는 순도 등에 의해 결정된다. 현재 주로 이용되고 있는 LC의 명칭, 분리원리, 사용 예, 특징, 용출방법 등을 정리하여 표 4-2에 나타냈다.

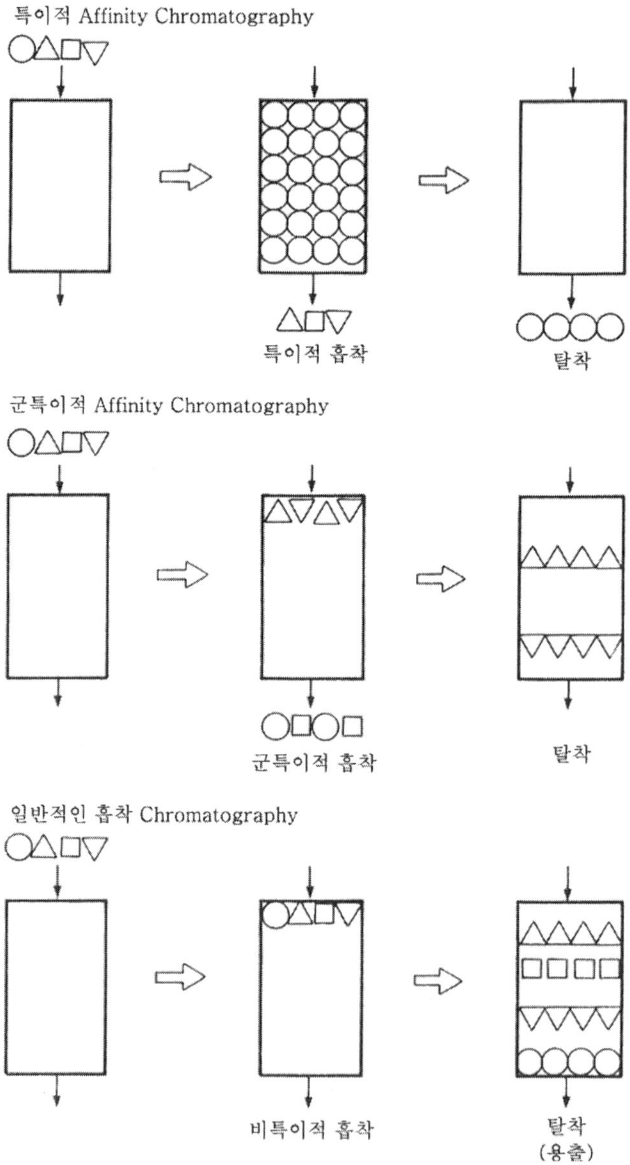

그림 4-7 각종 흡착 크로마토그래피의 조작

LC와 고정층흡탈착조작은 같은 수식모델(미분방정식)을 이용하여 경계조건을 바꾸는 것만으로 동일하게 취급할 수 있다. 일정농도의 용질을 칼럼입구에 공급하는 것을 스텝입력이라 한다. 따라서 스텝입력에 대한 해가 파과곡선[칼럼출구에서의 용질농도와 시간(또는 액량)의 관계]가 된다. 또한 일정농도의 용질을 일정시간 칼럼입구에 공급하는 것은 펄스입력이라 불리는 경계조건으로 표시되며 그 해는 용출곡선이 된다. 그러므로 우선, 4-4-1장에서는 각종 모델과 각 모델에서 유도되는 용출곡선 및 파과곡선과 조작변수 및 칼럼변수와의 관계에 대해 설명한다(4-4-2장, 4-4-3장).

non-isocratic elution에 관해서는 4-6장에서 이동속도분리(칼럼 LC)를 들어 설명한다. 4-7장에서는 고정층흡탈착조작을 AFC에 초점을 두어 설명한다.

a) 이외에도 다양한 크로마토그래피가 있다. 예를 들어 메탈킬레이트 크로마토그래피, 순상 크로마토그래피 등.
b) ( )안의 생략형이 본문에서 사용되었다.
c) 생물학적 친화성 크로마토그래피를 AFC라 부르는 경우가 많다.
d) 이온교환수지를 이용한 크로마토그래피에는 이온배제 크로마토그래피, 이온감속 크로마토그래피, 이온 크로마토그래피 등의 별칭으로 불리는 분리방법도 많이 있다.

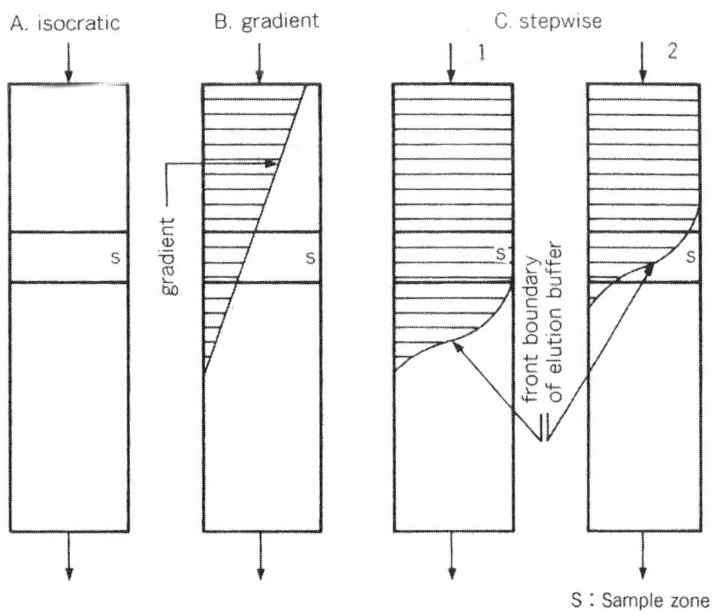

그림 4-8 액체 크로마토그래피의 각종 용출방법

표 4-2 액체 크로마토그래피의 분류[a)]

<table>
<tr><th colspan="4">크로마토그래피명[b)]</th><th>분리원리</th><th>용출방법</th></tr>
<tr><td rowspan="3">고정상과 상호작용을 갖지 않는다
(0<K<1)</td><td rowspan="3">사이즈배제
(SEC)</td><td>수계</td><td>젤여과
(GFC)</td><td rowspan="3">분자체
(분자의 크기, 형상)</td><td rowspan="3">isocratic</td></tr>
<tr><td></td><td>젤침투
(GPC)</td></tr>
<tr><td>비수계</td><td></td></tr>
<tr><td rowspan="6">고정상과 상호작용을 갖는다
(K>1)</td><td rowspan="4">수계</td><td colspan="2">Affinity[c)]
(AFC)</td><td>용질과
고정상(리간드) 간의
친화성</td><td rowspan="6">분자량 수천 이하의 저분자에서는 isocratic, 그 이상의 분자량의 고분자에서는 non-isocratic(gradient 또는 stepwise elution)을 이용한다.</td></tr>
<tr><td colspan="2">이온교환[d)]
(IEC)</td><td>전기적 성질</td></tr>
<tr><td colspan="2">하이드록시아파타이트</td><td>인산기와 상호작용
(상세는 불명)</td></tr>
<tr><td colspan="2">소수상호작용
(HIC)</td><td>소수적 상호작용</td></tr>
<tr><td rowspan="2">비수계</td><td colspan="2">역상
(RPC)</td><td></td></tr>
<tr><td colspan="2">흡착</td><td>van der waals힘</td></tr>
</table>

4-4-1 모델

(1) 평형론모델[10-13,15-18,52-54]

그림 4-9와 같은 칼럼내의 미소부분의 수지를 생각해보자. ① 속도분포는 균일(전류(栓流))하다. ② 2상간의 물질이동은 신속하고 순간적으로 평형에 달한다. ③ 축방향의 혼합확산은 무시한다. 이러한 가정 하에 다음 식을 얻는다.

$$\partial C/\partial t + H\partial C_s/\partial t = -u\partial C/\partial z \tag{4.46}$$

좌변 제1, 2항은 용질의 이동상, 고정상에서의 축적을, 우변은 흐름에 의한 물질수송을 나타낸다.

용질이 존재하지 않는 칼럼에 펄스상태로 용질을 첨가했을 경우(펄스입력)와 연속적으로 공급했을 경우(스텝입력)의 경계조건은 다음과 같다.

$$\left\{\begin{array}{l} C=C_0 \quad at \ z=0 \ \ \text{for}\, 0<t<t_0 \\ C=0 \quad at \ z=0 \ \ \text{for}\, t>t_0 \end{array}\right\} \text{(펄스입력)} \tag{4.47a}$$

$$C=C_0 \ \ at \ z=0 \ \ \text{for}\, t>0 \ \ \text{(스텝입력)} \tag{4.47b}$$

앞에서 말했듯이 C_s는 C의 함수로서 크게 3가지로 나눌 수 있다(그림 4-2). 우선, 가장 간단한 $K=C_s/C=$일정(linear adsorption isotherm)을 생각해보자. 극히 짧은 펄스가 칼럼출구에 나타나는 시간을 보유시간 t_R(retention time)이라 하면 다음 식의 해석해가 얻어진다.

$$t_R=(Z/u)(1+HK)+(t_0/2) \tag{4.48}$$

또한 무차원보유시간 $\theta_R(=t_R/\tau)$은

$$\theta_R=t_R/\tau=(1+HK)+(\theta_0/2)=(1+R)+(\theta_0/2) \tag{4.49}$$

여기서, $\theta=t/\tau$은 무차원시간, $\theta_0=t_0/\tau$은 무차원시료용량을 나타낸다. 이들 해는 칼럼입구에 들어온 용질이 (1+HK)라는 무차원시간을 거친 후 칼럼출구에 도달하는 것을 나타낸다. 여기서, $R[=1/(1+HK)]$는 용질이 이동상에 존재하는 분율이다.

다음으로 $K=K(C)$, 즉 흡착등온선이 비선형의 경우는 다음 식과 같다.

$$\theta|_c=\theta_0+1+H(\partial C_s/\partial C)|_c \tag{4.50}$$

이 식은 용출곡선의 적분값이 $C_0\theta_0$가 되는 θ까지 유효하다. 만일 $C=C_0$가 되는 θ까지 적분해도 $C_0\theta_0$에 만족하지 않는 경우는 용출곡선에 C_0의 농도를 가진 부분이 존재한다. 또한 위의 식은 용질농도의 이동속도가 흡착등온선의 기울기에 따라 결정되는 것을 의미한다. 단, favorable isotherm에 따른 용질의 스텝입력의 경우 그 선단은 $u/(1+HC_{s0}/C_0)$로 이동하여

$$t_B=(Z/u)/(1+HC_{s0}/C_0)=(Z/u)[1+HK(C_0)] \tag{4.51}$$

가 된다.

평형론모델(4-4-1)에서는 $-D_L\dfrac{\partial C}{\partial z}=0$이며 2상간의 이동은 순간적으로 이루어지므로 $\overline{C}_s=C_s$

가 된다.

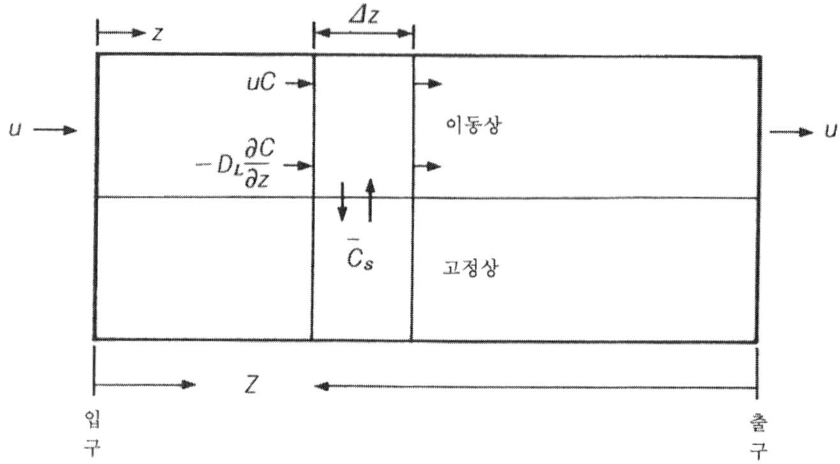

그림 4-9 칼럼내에서의 물질수지

(2) 물질수지모델(Rate theory)

앞에서 설명한 평형론모델에 의해 용질의 칼럼내에서의 이동속도와 그 결과로서 파과곡선 또는 용출곡선의 위치와 형상에 관한 기초적 이해가 얻어진다. 그러나 실제 칼럼에서는 이하의 2가지 기구에 의해 용질zone이 칼럼을 이동하면서 확산된다.

① 이동상에서의 분산(zone spreading). 축방향혼합확산(와상확산이나 흐름의 불균일성에 의해 일어난다)이나 분자확산에 의해 발생한다.

② 고정상과 이동상의 2상간의 용질의 이동속도에 의해 발생하는 분산이다. 입자내 확산이나 경막물질이동이 기여한다.

이들 기구를 고려한 물질수지로부터 보다 엄밀한 모델이 얻어진다.

①의 이동상에서의 축방향혼합을 유효축방향혼합확산계수 D_L로 나타낼 수 있다고 하면 이동상에서의 물질수지식은 다음과 같다[10],[18],[55],[56].

$$(\partial C/\partial t) + H(\partial \overline{C}_s/\partial t) = D_L(\partial^2 C/\partial z^2) - u(\partial C/\partial z) \tag{4.52}$$

여기서, $\overline{C}_s = (3/R_p^3)\int_0^{R_p} r^2 C_s dr$은 고정상의 용질의 평균농도이다. 앞에서 설명한 평형론모델의 기초식과 비교하면, 우변 제1항(축방향혼합확산의 기여를 나타낸다)이 첨가된 것과 좌변 제2

항의 고정상의 용질농도의 축적을 나타내는 항의 C_s가 평균농도 $\overline{C}_s$로 치환된 점이 다르다. 고정상에 관해서는 입자내 확산방정식이 이용된다.

$$\partial C_s/\partial t = D_s\left[(\partial^2 C_s/\partial r^2) + (2/r)(\partial C_s/\partial r)\right] \tag{4.53}$$

경막물질이동에 관해서는 다음 식이 성립한다.

$$\partial \overline{C}_s/\partial t = k_f(3/R_p)(C - C_{si}/K) \tag{4.54}$$

이 식은 (4.52)와 (4.53)을 연결시키는 식이 된다. 이동상에 관한 경계조건 BC와 초기조건 IC는 평형론모델과 같다. 단, 식(4.52)는 2단 미분방정식이므로 BC가 하나 더 필요하다. 주로 이용되는 BC는 $C=0\ \ at\ \ Z=\infty$이다. 고정상의 BC로서는 $r=0$에서 $\partial C_s/\partial r=0$과 식(4.54)를 이용한다. IC는 $t=0$에서 $C=C_s=0$, $0<z<Z$이다.

이 3가지 식에 의한 물질수지모델은 매우 엄밀하여 LC 또는 고정층 흡착을 정확하게 기술할 수 있을 것으로 생각된다. 그러나 해석해는 직선평형(즉, $K=$일정)의 isocratic elution의 용출곡선 또는 파과곡선에 대해서만 구해져 있다[57],[58]. 또한 그 해는 무한급수 또는 부정적분을 포함한 복잡한 것으로 변수값에 따라서는 매우 수속되기 어렵다는 것이 보고되어 있다[59]. 해의 형태가 복잡하기 때문에 어느 하나의 특정변수와 용출곡선 또는 파과(破過)곡선의 형상과의 관계를 유도하는 것은 쉽지 않다. 또한 평형관계가 비선형(즉, K가 농도에 의존한다)의 경우나 non-isocratic elution에서는 수치계산이 필요하나 방대한 계산시간이나 프로그래밍의 어려움을 고려하면 실용적이지 않다. 직선평형에 관해서는 라플라스영역의 해에서 유도된 1차 및 2차 모멘트식에서 용출곡선 또는 파과곡선과 조작변수의 관계를 유도할 수 있다. 이 유용성에 대해서는 4-4-2장에서 설명한다. 한편, 이 모델을 적절한 가정 하에 간략화한 모델이 해석해 또는 수치해를 구하는데 이용되고 있다. 이하에 간략화한 모델에 대해 간단히 설명한다(이하의 해석해 또는 수치해는 칼럼출구에서의 해, 즉 용출곡선 또는 파과곡선을 의미한다).

i) 이동상 · 고정상의 2상간의 물질이동은 신속하다($\overline{C}_s = C_s = C_{s,i}$).

따라서 기초식은 무차원화하여 나타내면 다음 식과 같다.

$$(1 + H\partial C_s/\partial C)(\partial C/\partial T) = (1/2N)(\partial^2 C/\partial z^{*2}) - (\partial C/\partial z^*) \tag{4.55}$$

여기서, $T=R\theta$, $z^*=z/Z$, $N=Z/[2(D_L/u)]$이다. 스텝입력에 대한 해석해(파과곡선)는 다음 식과 같다[55],[60].

$$X = C/C_0 = F(T)/2 \tag{4.56}$$

$$F(T) = erfc[(N/2T)^{1/2} - (NT/2)^{1/2}] + erfc[(N/2T)^{1/2} + (NT/2)^{1/2}]\exp(2N) \tag{4.57}$$

여기서, $erfc\,d = 1 - erf\,d$ 또는 $erf\,d = (2/\pi^{1/2})\int_0^d \exp(-\zeta^2)d\zeta$는 오차함수이다. $N > 20$에서는 $F(T)$의 우변 제2항이 소거되어

$$X = F(T)/2 = (1/2)\cdot\ erfc[(N/2T)^{1/2} - (NT/2)^{1/2}] \tag{4.58}$$

이 된다(11). 이 해는 $T=1$, 즉 $\theta = 1 + HK$에서 $X = 0.5$가 되어 변극점을 가진다. $\theta = 1 + HK$에서의 $dX/d\theta$는 다음 식과 같다.

$$dX/d\theta = R[N/(2\pi)]^{1/2} \quad at \quad \theta = 1 + HK \tag{4.59}$$

펄스입력의 해는[55],[60]

$$X = C/C_0 = [F(T) - F(T - T_0)]/2 \tag{4.60}$$

으로 주어진다. 위의 식은 극히 짧은 펄스시에는 다음과 같이 간략화된다[61].

$$X = C/C_0 = T_0(N/2\pi T^3)^{1/2}\cdot\ \exp[-(N/2T)(T-1)^2] \tag{4.61}$$

이 식의 X는 가우스분포에 가까운 형태를 취하며 $T=1$ 즉, $t = (Z/u)(1 + HK)$에서 C는 이하의 최대값 C_{max}를 취한다.

$$C_{max} = C_0 T_0 (N/2\pi)^{1/2} \quad at \quad t = (Z/u)(1 + HK) \tag{4.62}$$

분산(= 표준편차^2)은 다음 식으로 주어진다.

$$\sigma^2 = [(Z/u)(1 + HK)]^2/N \tag{4.63}$$

또한 $\xi = (z/Z) - T$라는 변수를 이용하여 좌표변환을 하면 식(4.55)는 비정상평판 1차원확산방정식과 같은 형태가 되며 그 해를 이용하면 스텝입력의 해는 식(4.58)과 동일한 식이 된다. 펄스입력에 대한 해는 식(4.61)의 2분의 1승항 내의 T의 차수가 다르지만 N값이 커지면 양자의 차가 거의 없어진다.

$K=K(C)$의 경우 C_s가 C의 2차식으로 표현되는 경우는 근사해가 주어져 있다[62]. 또한 차분계산에 의한 수치해도 주어져 있다[63].

ii) 선형추진력근사모델(LDF모델)

4-3-3장에서 설명한 선형추진력(LDF) 근사식

$$\partial \overline{C}_s/\partial t = k_s(3/R_p)(KC-\overline{C}_s) \tag{4.64}$$

과 이동상에 대한 식(4.52)의 연립방정식은 $K=$ 일정의 경우 일반해가 이미 제시되어 있으나 약간 복잡하다[55].

Houghton은 어느 정도 시간이 경과하면 k_s를 다음 식과 같이 N내에 넣을 수 있다는 것을 제시하였다[64].

$$1/N = 2(D_L/u)/Z + 2R(1-R)/[\tau k_s(3/R_p)] \tag{4.65}$$

따라서 각 매개변수의 값을 식(4.65)에 대입하여 식(4.56) 또는 (4.60)에서 용출곡선 또는 파괴곡선을 계산할 수 있다.

$K=K(C)$의 경우는 해석해를 얻을 수 없으므로 수치계산되어 있다[65],[66].

iii) 반응율속모델(Reaction-kinctic model)

D_L을 0으로 놓은 식(4.52)와 (4.45)의 연립방정식의 펄스입력에 대한 해는 다음과 같다[10],[12],[67].

$$X = C/C_0 = [J(R_{eq}NTU, M) - J(R_{eq}NTU, M-M_0)]/P \qquad (R_{eq}<1) \tag{4.66}$$

$$P = P_1 + P_2 + J(R_{eq}NTU, M) - J(R_{eq}NTU, M-M_0) \tag{4.67}$$

$$P_1 = \exp[(1-R_{eq})(NTU-M)][1-J(NTU, R_{eq}M)] \tag{4.68}$$

$$P_2 = \exp[(1-R_{eq})(NTU-M+M_0)]J(NTU, R_{eq}M-R_{eq}M_0) \tag{4.69}$$

여기서,

$$NTU = k_c \cdot H \cdot Q \cdot \tau, \quad R_{eq} = 1/(1+K_L C_0)$$

$$M = NTUT^*, M_0 = NTU(C_0/HC_{s0})(t_0/\tau)$$

$$T^* = (\theta - 1)/HK_0 = (tu/Z - 1)/(HC_{s0}/C_0)$$

R_{eq}는 4-2-1장에서 나타냈듯이 흡착등온선의 비선형성(favorable의 정도)을 나타내는 변수로 R_{eq} =1에서 직선평형 즉 K = 일정이다. R_{eq}가 1보다 작아질수록 더 favorable이 되고, R_{eq}가 1보다 커질수록 non-favorable이 된다. M_0는 펄스입력의 크기를 나타내는 변수이다. $J(x, y)$는 다음 식으로 정의되는 J함수이다.

$$J(x,y) = 1 - \exp(-y)\int_0^x \exp(-\zeta) I_0(2\sqrt{\zeta y})d\zeta \tag{4.70}$$

$(xy)^{1/2} > 7$에서는 이하의 식으로 계산할 수 있다[10],[12],[67].

$$J(x,y) = (1/2)erfc(\sqrt{x} - \sqrt{y}) + \exp[-(\sqrt{x} - \sqrt{y})^2]/[\sqrt{4\pi}(\sqrt{y} + \sqrt[4]{xy}] \tag{4.71}$$

R_{eq} =1, 즉 K= 일정일 때 위의 식은

$$X = [J(NTU, M) - J(NTU, M - M_0] \ (R_{eq} = 1) \tag{4.72}$$

가 된다. 이 해는 LDF모델 식(4.39)와 $D_L = 0$으로 놓은 식(4.52)을 연립하여 풀면 직접 구할 수도 있다[68].

스텝입력의 해는[10],[12],[69]

$$X = J(R_{eq}NTU, M)/[J(R_{eq}NTU, M) + P_1] \ \ (R_{eq} < 1) \tag{4.73}$$

R_{eq}=1, 즉 K= 일정일 때,

$$X = J(NTU, M) \ \ (R_{eq} = 1) \tag{4.74}$$

NTU가 커지면 식(4.71)의 우변 제2항을 무시할 수 있으므로 다음과 같이 간략화된다.

$$X = (1/2) \cdot erfc[(NTU)^{1/2} - (M)^{1/2}] \tag{4.75}$$

이 식은 식(4.58)과 마찬가지로 $T=1$ 즉 $\theta = 1 + HK$에서 $X = 0.5$가 되어 변극점을 가진다. $\theta = 1 + HK$에서의 $dX/d\theta$를 식(4.59)와 비교하면

$$NTU = 2[HK/(1+HK)]^2 N = 2(1-R)^2 N \tag{4.76}$$

의 관계가 유도된다[9]. 이 관계를 이용하면 식(4.75)는 식(4.58)과 거의 일치한다. 또한 $R_{eq} < 1$의 경우 Langmuir흡착평형식을 대입한 LDF식과 비교함에 따라 다음 식의 관계가 유도된다[10],[15],[38].

$$NTU = 2HK_0 k_s a_v \tau/(1+R_{eq}) \tag{4.77}$$

앞에서 말했듯이 실제 흡착조작의 대부분은 반응율속이 아니다. 그러나 이 모델은 LDF식과의 대응이 유도되므로 NTU에 입자내 확산 등의 다른 물질이동의 기여를 포함하여 위에서 서술한 해석해를 이용하면 매우 편리하다. 따라서 엄밀히 말하면 반응단위수(the Number of Reaction Unit, NRU)라 불러야 할 것을 여기서는 이동단위수((the Number of Transfer Unit, NTU)라 부르기로 한다.

ⅳ) 정형농도분포해[9–13]

흡착등온선이 favorable인 경우 파과곡선의 형상이 칼럼길이에 의존하지 않는 현상이 관찰된다. 흡착대가 칼럼입구 부근에 존재할 때는 흡착대의 폭이 비교적 좁고, 입자내 확산이나 축방향혼합확산 등에 따라 흡착대가 넓어지려 한다. 흡착대가 넓어짐에 따라 흡착대의 선단부는 농도가 낮아지고 그 결과 이동속도가 흡착대 중심부보다 느려진다. 반대로, 흡착대의 후단부는 중심부보다 빨리 이동한다. 이와 같은 이동속도의 차이가 원인이 되어 zone이 스스로 축소되려는 zone sharpening효과(self-sharpening effect라고도 한다)가 흡착대의 이동에 따라 강해져 결국 zone을 넓히려는 효과(zone spreading)와 균형을 이루게 된다. 단, 이 상태가 달성되면 흡착대(zone)는 어디에서도 평형론에서 기술되는 다음 식의 이동속도로 이동한다.

$$dz/dt = u/[1+HK(C_0)] = u/[1+HC_{s0}/C_0] \tag{4.78}$$

식(4.78)의 이동속도에 기초한 시간변수 $T^* = (tu/Z-1)/HK_0$를 이용하면 LDF식은 경막율속에서는 $dX/d(NTU \cdot T^*) = X - X^*$, 확산율속에서는 $dX/d(NTU \cdot T^*) = Y^* - Y$의 형태가 되어 평형관계와 함께 직접 적분할 수 있다. 즉, 파과곡선 $f(X)$는 $M = NTU(T^*-1)$만의 함수가 된다. 이와 같은 정형농도분포파과곡선의 몇 가지 해를 표 4-3에 나타냈다.

표 4-3 정형농도분포근사해에서의 $f(X)$

$f(X, R_{eq}\text{ or } n) = NTU(T^{*}-1)$			
평형관계	경막율속 $f_D(X)$	확산율속 $f_C(X)$	반응율속 $f_R(X)$
Langmuir 식 (constant separation factor 식) $Y=\dfrac{X}{R_{eq}+(1-R_{eq})X}$	$\dfrac{\ln X - R_{eq}\ln(1-X) + (1-R_{eq})}{1-R_{eq}}$ (A)	$\dfrac{R_{eq}\ln X - \ln(1-X) - (1-R_{eq})}{1-R_{eq}}$ (B)	$\dfrac{\ln X - \ln(1-X)}{1-R_{eq}}$ (C)
Freundlich 식	$\dfrac{n}{n-1} ln\left[X^{\frac{n-1}{n}}-1\right]+1$ $-n\left[(1-n)^{(0.15n-1.65)}-1\right]$ (D)	$\dfrac{1}{n-1} ln\left[1-X^{(1-n)}\right]$ $-(1-n)^{(0.15n-1.65)}$ (E)	
NTU	$\dfrac{6Hk_f}{d_p}\dfrac{Z}{u}$ $=\dfrac{6(1-\epsilon)k_f}{d_p}\dfrac{Z}{u_0}$	$\dfrac{60D_q HK_0}{d_p^2}\dfrac{Z}{u}$ 또는 $\dfrac{60D_pH}{d_p^2}\dfrac{Z}{u}$	$Hk_cQ\dfrac{Z}{u}=(1-\epsilon)k_cQ\dfrac{Z}{u_0}$ $≒\dfrac{2}{1+R_{eq}}\dfrac{Z}{u}\dfrac{60}{d_p^2}$ $\cdot HD_p$ (또는 HK_0D_q)

* Freundlich식의 마지막 항은 적분상수를 수식으로 근사한 것이다.[10)]

Miura and Hashimoto[40),41)]는 이 관계를 그림으로 나타냈으며 식과 잘 일치한다.

표 4-4 모멘트법에 의해 식(4.52), (4.53), (4.54)에서 구한 N과 매개변수의 관계

$$N_A = Z/[2D_L/u] = Z/(2\lambda d_p)$$

$$N_B = Z/[2\gamma_m D_m/u]$$

$$N_C = \frac{30D_s}{R(1-R)d_p^2}\frac{Z}{u} = \frac{30D_s}{d_p^2}\frac{(1+HK)^2}{HK}\frac{Z}{u}$$

$$N_D = \frac{(k_fa_V)/K}{2R(1-R)}\frac{Z}{u} = \frac{(k_fa_V)/K}{2}\frac{(1+HK)^2}{HK}\frac{Z}{u}$$

N_D는 (4.39) 또는 (4.64)와 D_L=0으로 한 (4.52)에서도 직접 구할 수 있다. 이 경우 k_fa_v/K를 k_fa_v라 간주하여 (4.43)을 대입하면 N_C+N_D를 구할 수 있다.

또한 $k_fa_v/K=k_fa_v=60D_s/dp^2$이라 놓으면 N_D는 N_C가 된다.

$N_{eff}=NTU/2=N_C(\text{or } N_D)[HK/(1+HK)]^2$

$N_{eff}=NTU/2=N_A(\text{or } N_B)$

라는 관계가 성립한다.

N_{eff}는 유효단수이다.[77]

(3) 이론단모델

이 모델은 칼럼을 연속된 동일한 체적의 완전혼합조로 근사하는 개념에 기초한다[15-18, 70-72]. ① 2상간의 평형은 신속하게 이루어진다. ② 조(槽)를 넘어 혼합은 일어나지 않는다. 이 가정을 이용하여 i단의 조에서의 물질수지는 다음과 같다.

$$(V_0/N)dC_{(i)}/dt + [(V_t - V_0)/N]dC_{s(i)}/dt = F[C_{(i-1)} - C_{(i)}] \tag{4.79}$$

N은 전체단수이다. $K=$일정일 때의 위의 식의 해는, 펄스입력일 때 포아송분포가 되고 N이 클 때 $T=1$에서 최대값이 되며 분산은 $[(Z/u)(1+HK)]^2/N$이 된다. 또한 분산을 비교함에 따라 이론단모델과 물질수지모델의 대응을 이해할 수 있다. 스텝입력에서도 4-4-3장에서 설명했듯이 동일한 대응관계가 성립한다($K=$일정의 스텝입력에서의 해는 부록2에 나타냈다).

N이 크다는 것은 칼럼내의 분산기구가 작다(2상간의 물질이동이 신속하거나 축방향의 혼합확산이 작다)는 것을 의미한다. 반대로, 이 경우 $HETP=Z/N$는 작아진다. 따라서 고성능 LC 칼럼 또는 고정층이란 $HETP$가 작거나 N이 크다고 평가된다.

한편, 4-4-1 (2)의 iii) 및 iv)에서는 이동단위수 NTU가 성능을 나다내는 변수로 사용되어 NTU가 큰 것이 고성능(분산이 작다)을 의미한다. NTU는 원래 2상의 연속향류접촉조작에 대해 유도된 변수로 정형농도분포근사에서는 가상적으로 고정상과 이동상이 상대적 속도로 향류접촉하여 있다고 생각된다. 또한 NTU와 조작변수의 직접적인 관계도 앞에서 설명한 것처럼 유도된다.

이에 대해 이론단모델에서의 단은 칼럼내에 명확한 형태로는 존재하지 않으며 물리적 의미도 애매하다(흐름은 연속적이며 충전층은 균질하다). 그러나 $HETP$ 및 N은 LC칼럼효율을 나타내는 표준적 척도로 이용되고 있고, 4-4-2장에서 설명했듯이 물질수지모델과의 대응에 따라 조작변수와 연관되어 있다. 또한 모델자체의 사용도 특히 흡착평형이 비선형의 경우의 수치계산에는 간편하다.

N과 $HETP$, NTU와 $HTU=Z/NTU$ 중 어느 것을 사용할 것인가는 이와 같이 임의이다. 결국, 흡착조작에서의 파과곡선의 해석에서는 정형농도분포근사에 의해 NTU가 사용되므로 NTU가 주류이며, LC에서는 초기문헌이 계기가 되어 $HETP$가 주류를 이루고 있다. NTU 또는 다른 변수가 LC에서의 $HETP$을 대신할 수는 없으므로 둘 다 이해해 두어야 한다. NTU와 N의 관계는 식(4.76), 식(4.77), 표 4-3, 표 4-4를 통해 이해할 수 있다.

4-4-2 용출곡선에 영향을 미치는 인자

(1) 직선평형(K=일정)

이론단모델에서 N이 클 때 용출곡선은 가우스분포로 근사할 수 있으며 이때 N은 t_R과 용출곡선의 분산 σ^2에 대해 다음과 같은 관계를 가진다[70-72].

$$N = (t_R/\sigma)^2 = \left[(1+HK)/\sigma_r\right]^2 \tag{4.80}$$

여기서, $\sigma_r^2 = (\sigma/\tau)^2$이다. $HETP$는

$$HETP = Z/N = Z(\sigma/t_R)^2 = Z(w/t_R)^2/8 = Z(W/t_R)^2/16 \tag{4.81}$$

이 된다(그림 4-10). 따라서 펄스를 입력한 칼럼에서 용출곡선의 t_R과 w(or W)를 측정함에 따라 $HETP$를 구할 수 있다. $HETP$가 작으면(N이 크면) 고성능칼럼이 된다는 것은 앞에서 설명한 바와 같다. 또한 직선평형에서는 NTU와 N의 관계가 식(4.76)으로 표현되므로 값을 쉽게 변환할 수 있다.

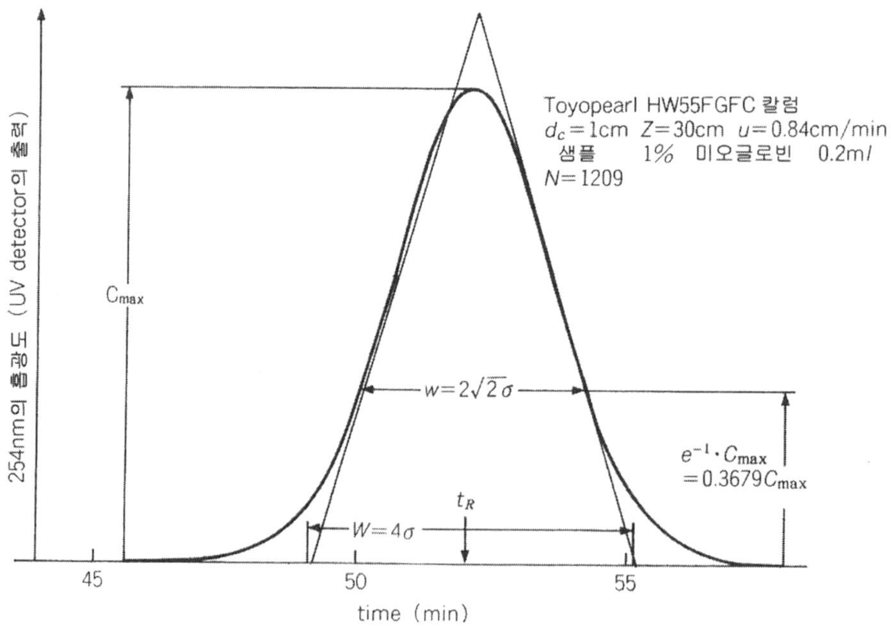

그림 4-10 전형적인(isocratic) 용출곡선(실험결과)[73]

식(4.81)의 *HETP*에는 조작변수가 포함되어 있지 않다. 4-4-1 (2)의 물질수지모델, 식(4.52), (4.53), (4.54)의 라플라스영역의 해에서 용출곡선의 1차 절대모멘트 μ'_1과 2차 중앙모멘트 μ_2는 다음과 같이 주어진다[60],[74],[75].

$$\mu'_1 - (t_0/2) = (Z/u)(1+HK) = \tau/R = (Z/u_0)[\epsilon + (1-\epsilon)K] \tag{4.82}$$

$$\mu_2 - (t_0^2/12) = \tau^2\{(2D_L/uZ)(1+HK)^2 + (HKud_p^2/30Z)[(1/D_s)+(10K/k_f d_p)]\} \tag{4.83}$$

μ'_1는 평형모델에서 유도된 t_R, 식(4.49)와 같은 형태로 되어 있다. 칼럼분포에서는 $\mu'_1 = t_R$, $\sigma^2 = \mu_2$로 좋으며 *HETP*는 다음 식이 된다.[76]

$$HETP = Z/N = 2(D_L/u) + [R(1-R)d_p^2 u/30][(1/D_s)+(10K/k_f d_p)] \tag{4.84}$$

또한 D_L가 $\lambda d_p u$와 $\gamma_m D_m$의 합으로 나타낼 수 있다고 하면[72]

$$HETP = A + B/u + Cu + Du \tag{4.85}$$

여기서, $A = 2\lambda d_p$, $B = 2\gamma_m D_m$, $C = R(1-R)d_p^2/(30D_s)$, $D = R(1-R)d_p K/(3k_f)$ 가 된다. 또는 $h = HETP/d_p$, $\nu = ud_p/D_m$으로 무차원화하면

$$h = A^* + B^*/\nu + C^*\nu + D^*\nu \tag{4.85'}$$

가 된다. 여기서, $A^* = 2\lambda$, $B^* = 2\gamma_m$, $C^* = R(1-R)/(30\gamma_s)$, $D^* = R(1-R)D_m K/(3d_p k_f)$, $\gamma_s = D_s/D_m$이다. 이와 같은 무차원화는 광범한 조건의 실험결과를 동일한 스케일에서 비교할 수 있으므로 유용하다(4-5장의 그림 4-28, 4-29를 참조).

*HETP*식은 최초로 *HETP*와 조작변수를 관계 지은 식으로 알려져 있는 Van Deemter식[72]과 같은 형태를 하고 있다. 단, 한 가지 차이는 C항의 30이 $2\pi^2$라는 것이다. 이것은 Van Deemter그룹이 $k_s a_v$에 대해 4-2장의 <CASE 1>의 경계조건, 즉 표면농도가 일정한 값을 사용했기 때문이다. 또한 분산에 기여하는 각 인자가 독립적으로 작용하는 경우, 각 인자만이 지배적인 경우의 $N(= Z/HETP)$을 표 4-4에 정리하였다. 이들의 합으로부터 다음 식에 의해 구해진 *HETP*는 식(4.85)와 완전히 동일하다.

$$HETP = Z/N = Z[1/N_A + 1/N_B + 1/N_C + 1/N_D] \tag{4.86}$$

이와 같이 물질수지모델에서 다른 순서로 구한 *HETP*식 또는 N식은 모두 위의 식의 형태

로 되어 있다. 대부분의 $HETP$식은 식(4.85)을 수정하거나 확장한 형태라고 볼 수 있다. 일반적인 $HETP$와 u의 관계를 그림 4-11에 모식적으로 나타냈다.

K = 일정일 때 용출곡선은 대부분의 경우 대칭이지만 종종 유속을 증가함에 따라 비대칭이 되며 t_R이 감소하는 현상이 관찰된다.[78] 이것은 입자내 확산속도가 zone의 이동속도에 비해 매우 느리기 때문이다. 일례로 4-4-1 (2)의 물질수지모델, 식(4.52), (4.53)을 수치계산하여 용출곡선을 구한 결과를 그림 4-12, 4-13에 나타냈다. 그림 4-12에서 $\phi\left[=R_p(D_s\tau)^{-1/2}\right]$의 증가와 함께 용출곡선은 비대칭이 되며 $C_{\max}$에서의 θ값이 감소하고 있다. 한편, ϕ가 작을 때 $\delta\left[=Z/(D_L/u)=2N_A\right]$의 감소는 용출곡선의 폭의 증가를 일으키지만 $C_{\max}$에서의 θ값은 식(4.82)의 μ'_1 또는 평형모델 식(4.49)에서 주어지는 $(1+HK)$와 거의 일치한다. 이와 같은 용출곡선의 수치계산을 광범한 매개변수값에 대해 행하여 입자직경과 유속의 증가, 칼럼길이와 확산계수의 감소에 의한 비대칭화의 정도를 계산하는 상관관계를 구하였다(그림 4-14). $K_{\text{peak}}/K=0.9$가 되는 ϕ값을 ϕ_s로 놓으면 $R\phi_s^2$과 $(1-R)$에는 그림과 같이 좋은 상관이 얻어진다. 따라서 이 그림에서 임의의 HK에 대해 대칭인 용출곡선이 얻어지는 φ의 상한값 ϕ_s가 구해진다. 실제조작은 ϕ_s보다 낮은 ϕ로 하는 것이 좋다. N값은 일반적으로 $N>100$으로 어느 모델도 대칭인 용출곡선을 부여하여[79] 이러한 조건에서 같은 N값을 이용하여 계산한 용출곡선은 차이가 없다(그림 4-13). 즉, 식(4.85)에 각 매개변수값을 대입하여 N을 구하고 식(4.60)에서 용출곡선을 계산하면 된다. 또한 용출곡선의 폭 W와 용출위치 t_R은 N과 K를 알면 식(4.82), (4.83)으로 사전에 정확한 계산이 가능하다.

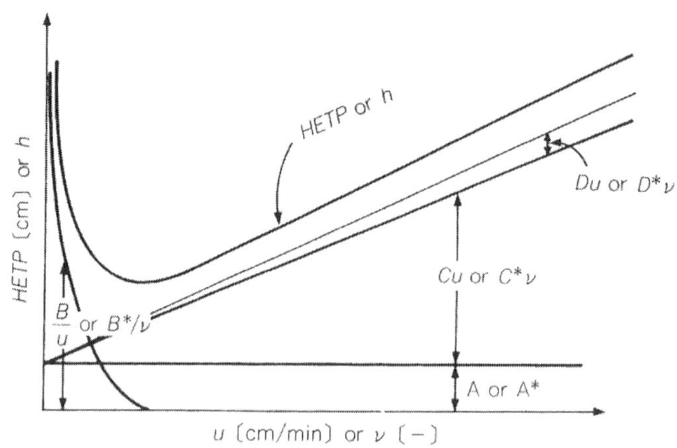

그림 4-11 $HETP \sim u$ 또는 $h \sim \nu$의 관계

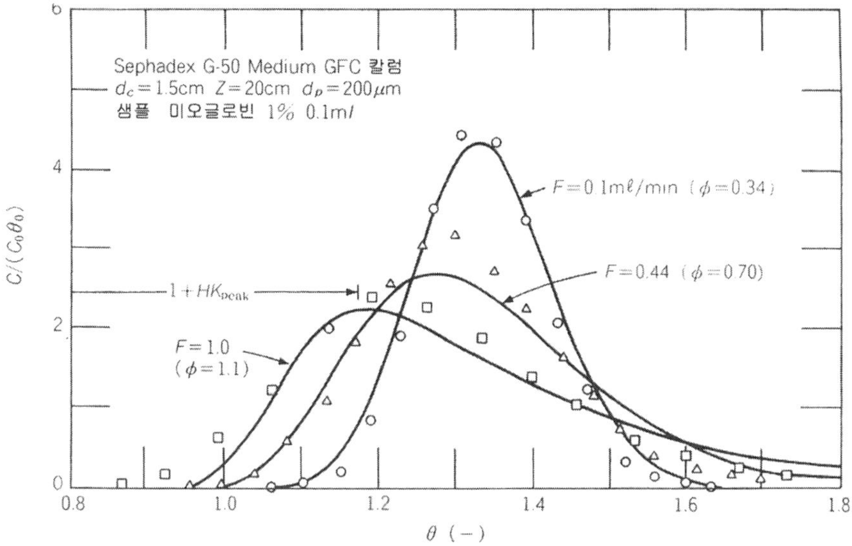

그림 4-12 용출곡선의 형상에 대한 유속의 영향(isocratic elution K=일정)[78]

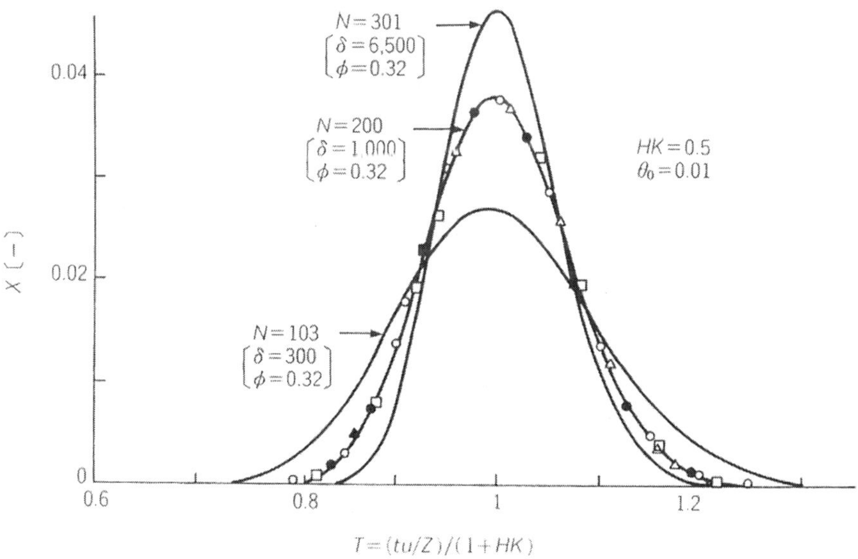

실선은 부록1의 계산방법에 의한 결과,
●는 식(4.60), △는 식(4.61), ○는 식(4.72)[$NTU=2(1-R)^2N$을 이용하여 NTU를 환산],
□는 이론단모델(부록2)의 계산결과

그림 4-13 각종 모델에 의한 용출곡선의 비교

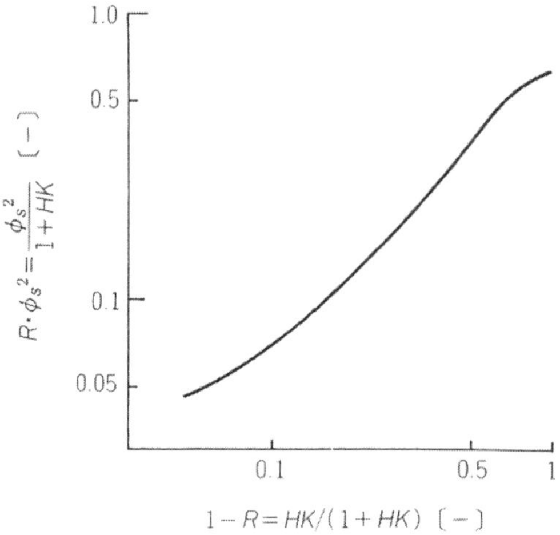

ϕ_s 는 $K_{peak}/K = 0.9$가 되는 ϕ값
부록 1의 수치계산에서 용출곡선을 계산하여 그 결과로부터 구하였다.

그림 4-14 $R \cdot \phi_s^2$과 $1-R$의 관계

단, 주입시료용량이 커지면 C_{max} 도 증가하나 폭도 넓어져 결국 평탄부가 존재하는 용출곡선이 된다(4-5의 그림 4-30 참조). 이 경우도 t_R은 식(4.82)에서 계산이 가능하나 W에 관해서는 모델계산(예를 들어 식(4.60))이 필요하다.

○△□는 실험점, 실선은 부록1의 계산법에 의한 계산결과

$(D_L/u = 0.02\text{cm},\ D_s = 9.5\times10^{-8}\text{cm}^2/\text{s},\ HK = 0.34,\ Z/(D_L/u) = 1000,$

$\phi = R_p(D_sZ/u)^{-1/2}$ 의 값은 그림에 나타냈다)

(2) 비선형평형(K가 농도에 의존한다)[80~83]

이 경우의 해석해는 특수한 경우를 제외하고는 얻을 수 없다. 그림 4-15, 그림 4-16은 이론단모델(부록2)을 이용하여 Langmuir형의(즉, favorable한) 흡착평형식이 성립하는 경우에 대해 용출곡선을 계산한 결과이다. 주입시료체적 θ_0의 증가에 따라 용출곡선의 피크위치가 θ가 작은 쪽으로 이동하여 tailing이 증가한다. $N = 200$ 일 때는 평형모델식 (4.50)에서도 정확하게 용출곡선을 계산할 수 있음을 알 수 있다. $N = 50$ 에서는 전체적으로 용출곡선이 넓어져 있다. 특히 곡선

이 옆으로 넓어지기 때문에 평형모델에 의한 피크위치의 예측 정밀도가 떨어진다. 그림 4-17은 unfavorable isotherm에 대한 용출곡선의 계산결과이다. 그림 4-15, 그림 4-16과는 반대로 피크 곡선이 완만하고 피크 후단부에서는 급격히 0으로 떨어진다. 이와 같이 K가 비선형이라서 발생하는 비대칭 용출곡선에 관해서는 그림 4-10과 같이 폭을 측정하여 $HETP$를 정할 수 없다. 그림 4-16에 모식적으로 나타낸 다양한 매개변수와 크로마토그래피변수를 관계를 규정하고자 하는 것이다.

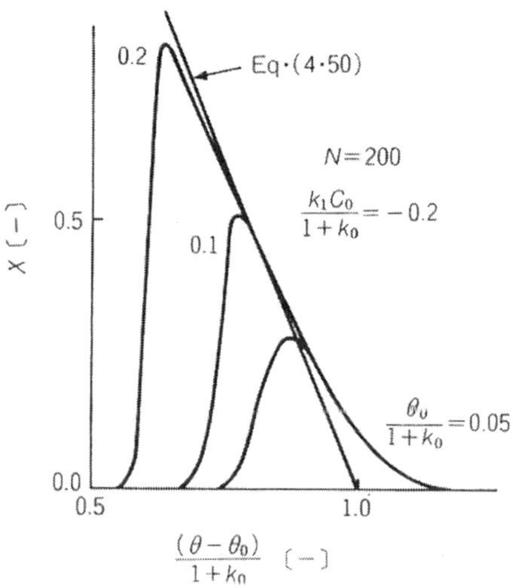

(계산방법은 부록2를 참조. Langmuir식 (4.7)의 C가 낮은 곳에서는 $HC_s = k_0C + k_1C^2$로 전개하여 근사할 수 있다. [$HK = k_0 + k_1C = k_0 + k_1C_0X$]의 관계를 이용하여 계산.)

그림 4-15 favorable isotherm에 대한 용출곡선

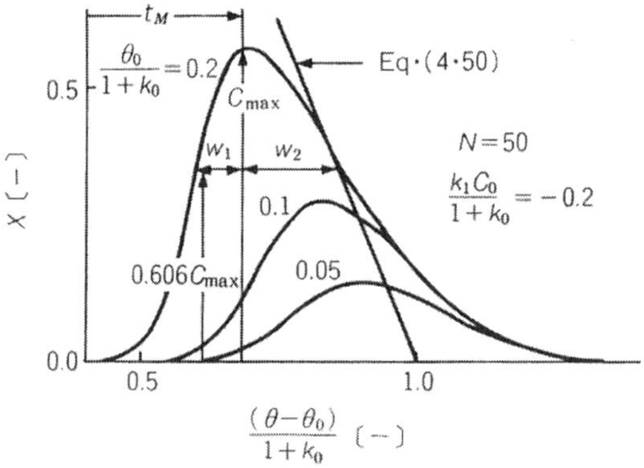

(계산방법은 부록 2를 참조.)

그림 4-16 favorable isotherm에 대한 용출곡선

4-4-3 파과곡선에 영향을 미치는 인자[7~15]

(1) 직선평형(K=일정)

물질수지모델[식(4.52), (4.53), 부록 1]에 의해 수치계산된 K가 일정한 경우의 파과곡선의 결과를 그림 4-18, 4-19에 나타냈다. 사용한 변수의 값은 용출곡선의 계산(그림 4-12)에 이용한 값과 동일하다. ϕ값이 낮은 경우 파과곡선은 $T=1$ 부근에서 변극점을 나타내는 S자형을 보이며 $T=1$의 전후의 확산은 거의 동일하다. 한편, ϕ의 증가에 따라 파과곡선은 T값이 낮은 곳에서 볼록해져 $X=1$에 도달하는 시간은 느려진다. 파과곡선의 T에 대한 미분이 그림 4-12, 그림 4-13에 나타낸 용출곡선의 형상에 대응된다고 생각하면 된다. 따라서 용출곡선에서 검토한 조건(그림 4-14)에서는 계산에 이용한 모델이 달라도 파과곡선은 거의 같은 형상이 된다(그림 4-19). 이와 같은 조건에서의 파과곡선의 형상과 위치는 이하의 식에 의해 N과 R로 관계된다(그림 4-20).

$$t_R=(Z/u)(1+HK) \tag{4.87}$$

$$dX/dT|_{T=1}=\sqrt{N/2\pi} \tag{4.88}$$

$$N=2\pi(Z/u)^2(1+HK)^2/W_{ab}{}^2 \tag{4.89}$$

따라서 파과곡선의 형상에서 N과 K를 구할 수 있으나 K 또는 C_s를 구하기 위해서는 다음 식에 의해 적분값에서 구하는 방법이 정확하다. 물질수지에 의해 정리하면

$$(Ft_bC_0)-F\int_{t_a}^{t_b}C\,dt=C_0V_0+C_s(V_t-V_0) \tag{4.90}$$

$$t_a+(t_b-t_a)f=(Z/u)\left[1+HK(C_0)\right] \tag{4.91}$$

여기서,

$$f=\int_{t_a}^{t_b}(1-X)dt/(t_b-t_a) \tag{4.92}$$

N이 클 때 $f=0.5$가 된다.

또한 칼럼내에서의 흡착대(zone)의 길이 Z_a는 다음 식으로 주어진다.

$$Z_a/Z = u_a(t_b - t_a)/Z = (\theta_b - \theta_a)/[1 + HK(C_0)] = T_b - T_a \tag{4.93}$$

여기서, $u_a = u/[1 + HK(C_0)]$ 이므로

$$t_B/(Z/u) = [1 + HK(C_0)][1 - f(Z_a/Z)] \tag{4.94}$$

가 된다. 해석해 식(4.58)로부터

$$Z_a/Z = (11/N)^{1/2} \; X_B = 0.05 \; X_E = 0.95 \tag{4.95}$$

$$Z_a/Z = (8/N)^{1/2} \quad X_B = 0.08 \; X_E = 0.92 \tag{4.96}$$

이 된다. 또한 $f = 0.5$ 로 놓고 식(4.96)을 식(4.94)에 대입하면

$$t_B/(Z/u) = [1 + HK(C_0)][1 - 0.5(8/N)^{1/2}] \tag{4.97}$$

이 된다. 실제조작에서는 파과곡선의 전체형상보다 오히려 설정파과농도(X_B)에 대한 파과점(t_B)과 그 시점에서의 칼럼의 이용효율 E의 계산이 중요하다. 그림 4-20의 사선으로 나타낸 칼럼바닥(column bed)의 미이용부분과 1점 사선으로 나타낸 버리는 부분을 고려하면 이용효율 E는 다음과 같다.

$$E = T_B - \int_{T_a}^{T_B} X\,dT \tag{4.98}$$

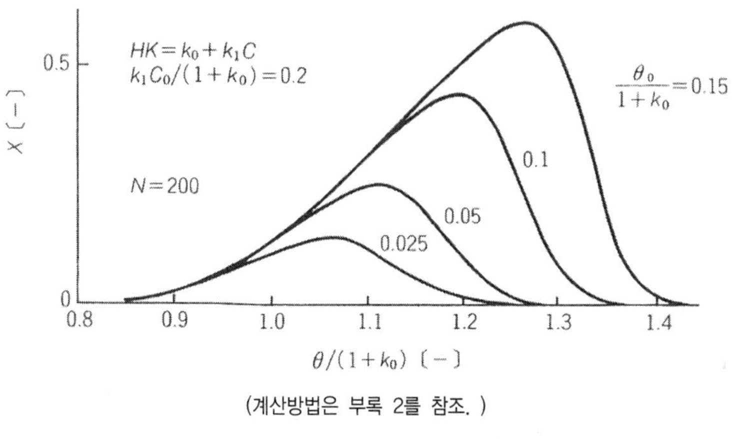

(계산방법은 부록 2를 참조.)

그림 4-17 unfavorable isotherm에 대한 용출곡선

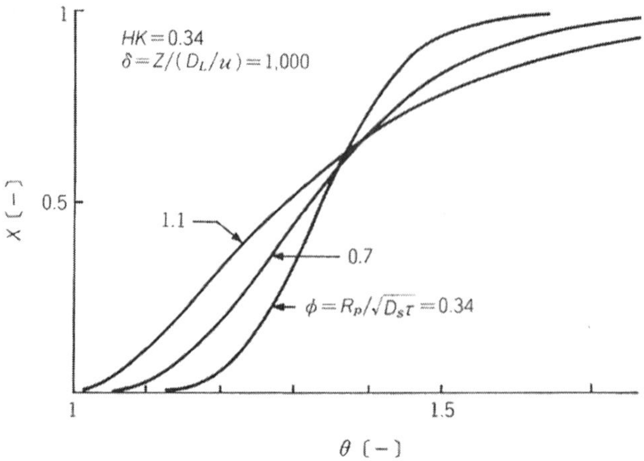

(계산방법은 부록 2를 참조.)

그림 4-18 파과곡선의 형상과 ϕ의 관계

계산에 사용한 매개변수는 그림 4-12와 같다.

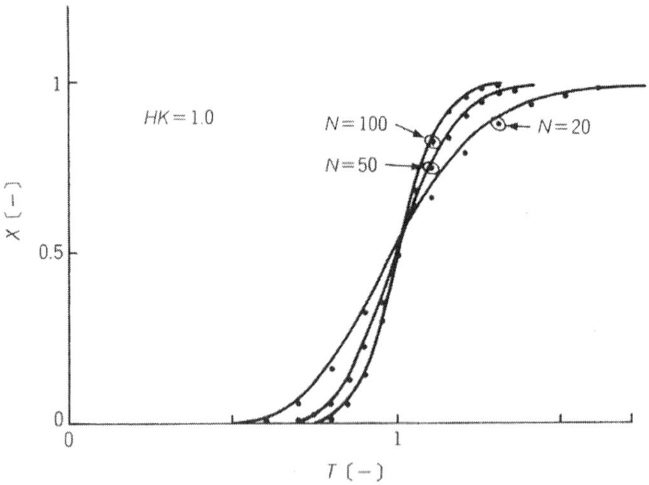

부록 1에 나타낸 수치계산, 부록 2의 이론단모델,
식(4.56), (4.74)는 거의 차이가 없어 실선으로 나타냈다.
식(4.58), (4.75)의 2가지 결과도 거의 동일한 값을 보였다(●).

그림 4-19 각종 모델에 의해 계산한 파과곡선

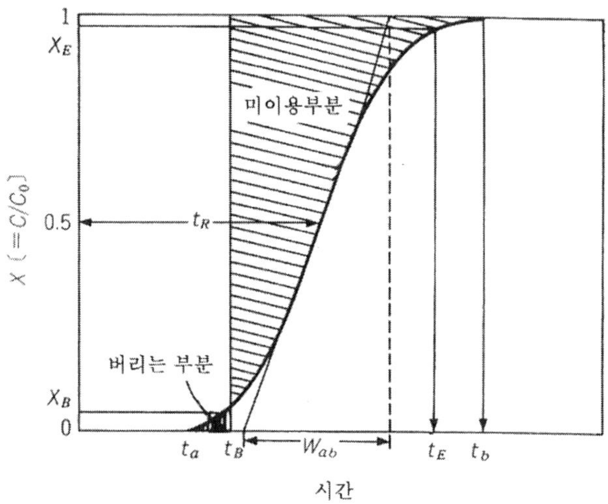

그림 4-20 파과곡선과 관계된 매개변수의 관계

(2) 비직선평형(K가 농도에 의존한다)

$K=K(C)$인 경우의 파과곡선의 형상의 정성적인 이해를 위해 favorable isotherm으로서 Langmuir식과 Freundlich식을 이용하여 각종 모델에 의해 파과곡선을 수치계산하였다. 그 결과를 그림 4-21~그림 4-23에 나타냈다. 그림 4-21은 Langmuir식에서 용질농도(C_0)와 N의 영향을 나타낸 것이다. $C_0=0$은 앞에서 설명한 직선평형의 해와 일치한다. C_0의 증가에 따라 파과곡선의 선단이 θ가 작은 쪽으로 이동하고 있다. 또한 $W_{ab}=t_b-t_a=\tau(\theta_b-\theta_a)$는 C_0의 증가와 함께 감소하고 있다.

즉, C_0의 증가(favorable isotherm에서의 비선형성의 증가)는 식(4.98)로 정의되는 이용효율을 향상시킨다. 이것은 4-4-1 iv)에서 설명한 용질농도에 이동속도가 의존하여 발생하는 self-sharpening effect 때문이다. 반응속도식에서 얻어진 해 식(4.73)에, 식(4.76)과 (4.77)에 따라 N에 대응하는 NTU를 대입하여 계산된 결과는 이론단모델과 거의 일치한다. R_{eq}가 낮을 때, 즉 흡착등온선이 매우 favorable한 경우는 정형농도분포근사를 해도 비교적 이론단모델 수치계산결과에 가까운 값을 보인다. 또한 D_L에 모든 분산의 효과를 집약시키는 모델 식(4.55) 또는 LDF모델 식(4.52), (4.39)의 해를 표 4-4의 식으로 결정한 각각의 매개변수(즉, N_A와 N_D)를 이용하여 차분계산에 의해 구하면 이론단모델과 거의 같은 결과를 얻는다. N의 감소(즉, 유속의 증가, 입자경의 증가, 칼럼길이의 감소, 온도의 저하에 의한 입자내 확산의 저하 등)는 파과곡선의 W_{ab}를 넓게 한다. 따라서 이용효율이 저하된다.

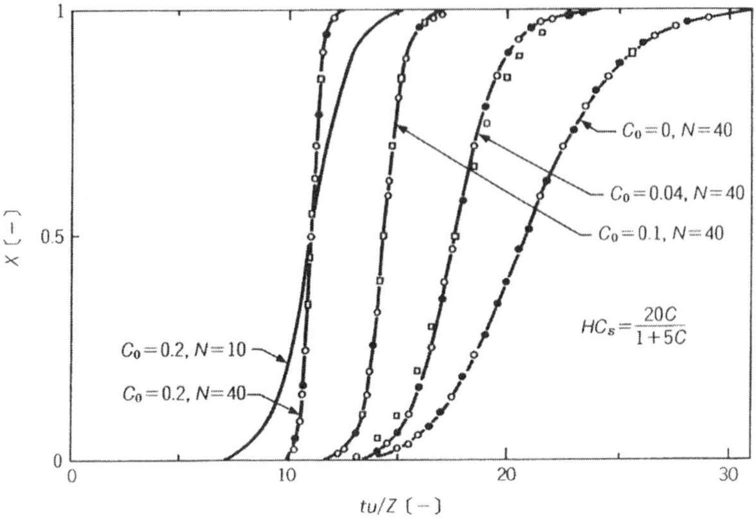

실선은 이론단모델의 수치계산(부록 2).

○는 식(4.55)의 차분수치계산,

●는 식(4.73)에서 $NTU=\dfrac{2}{1+R_{eq}}\cdot 2N$에 대한 계산결과,

□는 정형농도분포해(표4-3(B)식))의 계산결과

그림 4-21 Langmuir 평형에서의 파과곡선

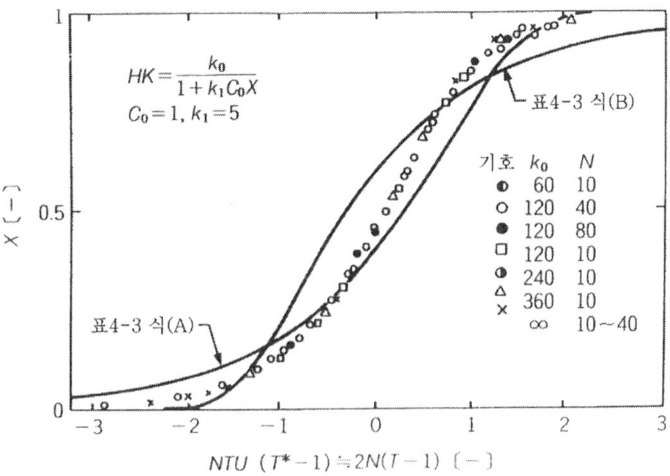

(기호는 부록2의 계산법에 의한 결과이다.)

그림 4-22 X와 $2N(T-1)$의 관계(Langmuir식)

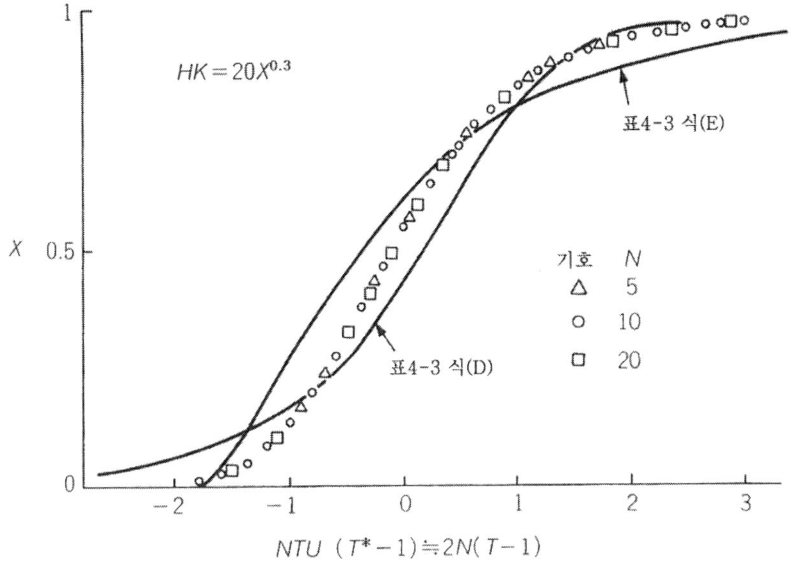

(기호는 부록2의 계산법에 의한 결과이다.)

그림 4-23 X와 $2N(T-1)$의 관계(Freundlich식)

그림 4-22, 그림 4-23은 Langmuir식과 Freundlich식에 대한 파과곡선을 다양한 단수에 대해 계산하여 $2N(T-1)$에 내해 출력한 것이다. N에 상관없이 1개의 곡선으로 표현된다. 즉, 정형 농도분포가 형성되어 있다. 정형농도분포 근사해도 같은 그림 안에 나타냈다.

Unfavorable isotherm의 파과곡선을 이론단모델에 의해 계산하여 그림 4-24에 나타냈다. Unfavorable isotherm의 용출곡선(그림 4-17)과 마찬가지로 $X=1$에 점차 접근하는 곡선이 된다. 또한 평형모델 식(4.46)에서 상당히 정확하게 계산할 수 있음을 알 수 있다.

파과곡선의 형상은 입자내 확산의 저하에 따라 S자형에서 일탈하여 그림 4-18과 같은 형상이 된다. 또한 평형이 매우 favorable인 경우 예를 들어 직각평형일 때도 역시 동일한 형상의 파과곡선이 얻어진다.

실제 파과곡선의 측정값의 형상에 대해, 강한 비선형성과 입자내 확산저하의 2가지 기구 중 어느 쪽이 지배적인가를 결정하는 것은 중요하나 경우에 따라서는 매우 곤란할 때도 있다. 또한 용출곡선의 비대칭화도 같은 2가지 기구에 의해 일어나므로 구별하여 취급할 필요가 있다.

일반적으로 무차원이동상속도 $\nu(=ud_p/Dm)$ 또는 공탑기준의 무차원속도 $\nu_0(=u_0d_p/Dm)$과 $HETP$에 의해 어느 인자가 율속인가를 계산한다.

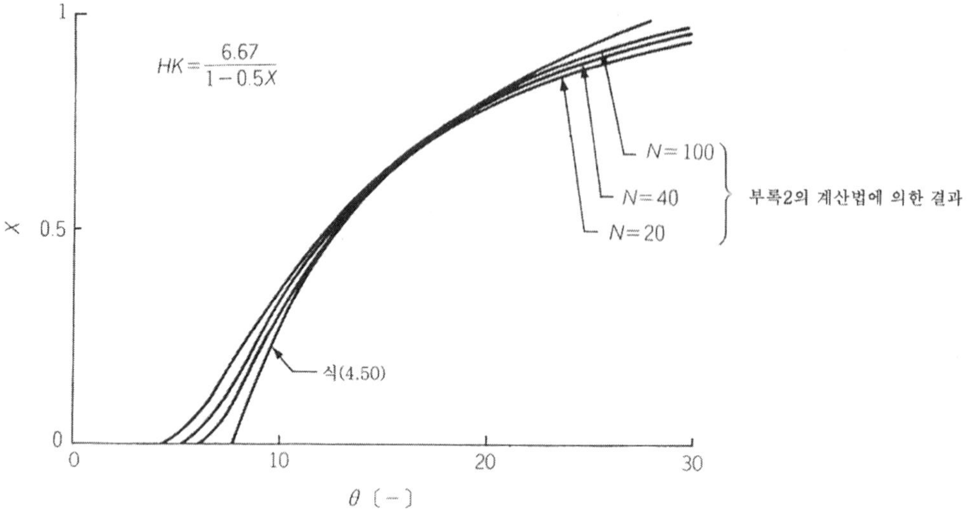

그림 4-24 Unfavorable isotherm에 대한 파과곡선

고정층 흡착조작에 관한 문헌에서는 $HETP$ 대신 총괄페클레수 Pe_{tot} 나 총괄용량계수 $K_F a_v$ 를 이용하는 경우가 많다. Favorable한 비선형 흡착평형의 파과곡선에서 정보를 인출하는 방법을 이하에 정리하였다(그림 4-25).

① 파과곡선에서 $(t_E - t_B)$와 평형흡착량을 구한다($X_B = 0.1$, $X_E = 0.9$를 취하는 경우가 많다).

② Langmuir형 또는 Freundlich형 중 어느 쪽의 흡착평형식으로 나타낼 수 있으면 표 4-3의 정형농도분포해[$f(X, R_{eq} \text{ or } n)$]에서 [$f(X_E, R_{eq} \text{ or } n) - f(X_B, R_{eq} \text{ or } n)$]으로 구한다. 일례로, Freundlich식의 경막율속(표 4-3(E))에 대해 이 순서대로 하면 다음 식이 된다.

$$f(X_E, n) - f(X_B, n) = \ln(X_E/X_B) + \left[\ln(1 - X_B^m)/(1 - X_E^m)\right]/m$$

여기서, $m = (n-1)/n$, 만일 흡착평형식이 어느 쪽 형태로도 나타낼 수 없는 경우는 흡착평형데이터를 그림적분 또는 수치적분하여 $f(X_E) - f(X_B)$를 구한다(그림 4-26).

③ $f(X_E, R_{eq} \text{ or } n) - f(X_B, R_{eq} \text{ or } n) = NTU(t_E - t_B)/[(Z/u)(HC_{so}/C_o]$ 에서 $NTU[= K_F a_v (Z/u) = 2N]$을 구한다.

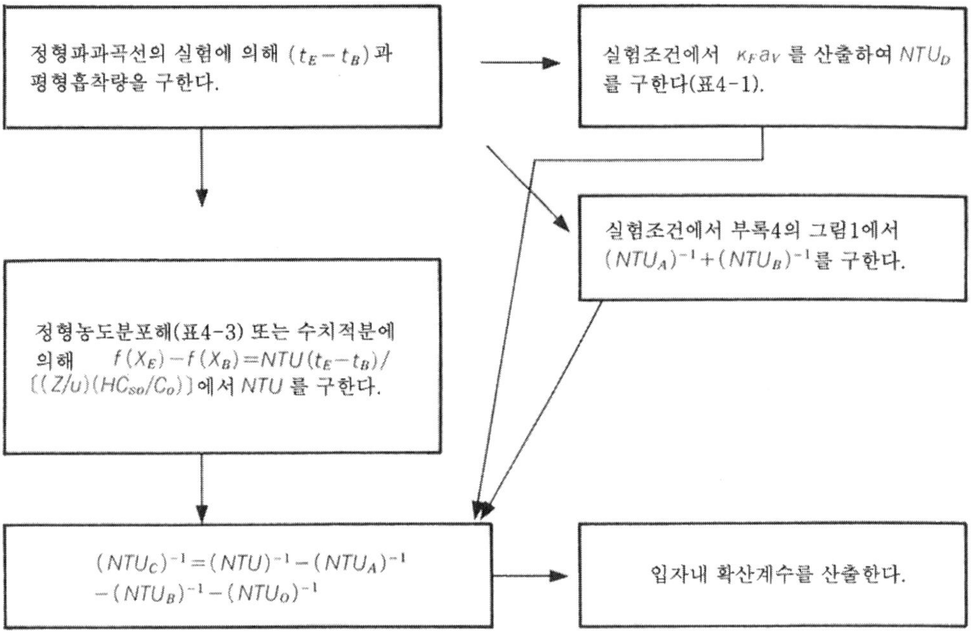

그림 4-25 정형파과곡선에서 입자내 확산계수를 구하는 순서

직선평형의 경우는 N과 K가 일정하면 각종 율속단계에 대한 해석해가 모두 거의 같은 값을 취한다(그림 4-19). 따라서 앞에서 말했듯이 N이 경막물질이동, 입자내 화간, 축방향혼합확산의 기여를 단순히 합하여 포함한 것이라고 간단히 생각할 수 있다. 한편, 그림 4-22, 그림 4-23에서도 알 수 있듯이 정형농도분포해는 율속단계에 따라 그 형태가 다르다. 따라서 총괄적인 값을 어느 쪽의 율속단계를 가정하여 구한다는 순서에 대해서 모순이 생긴다. 다행히 어느 쪽 해를 이용해도 $[f(X_E)-f(X_B)]$값에는 큰 차이가 없으므로(예를 들어, Langmuir형의 경우 $X_E+X_B=1$로 설정하면 $f(X_E)-f(X_B)$ 값은 어느 쪽 모델이나 동일하다) 어느 쪽의 율속을 가정한 해(또는 수치적분값)를 이용하여 $NTU(N$ 또는 $K_Fa_v)$를 구한 후 경막물질이동에 관해 표 4-1의 상관을 이용하여 산출한 값(NTU_D) 또는 축방향혼합확산에 관해 부록3에 나타낸 상관에 따라 환산한 값(NTU_A+NTU_B)를 이용하여 입자내 확산의 기여(NTU_C)를

$$1/NTU=1/NTU_A+1/NTU_B+1/NTU_C+1/NTU_D \tag{4.99}$$

에 따라 산출할 수 있다. 또한 NTU_C에서 입자내 확산계수값을 산출할 수 있으나 비선형성이 강한 경우는 보정계수를 필요로 한다.[7],[10]

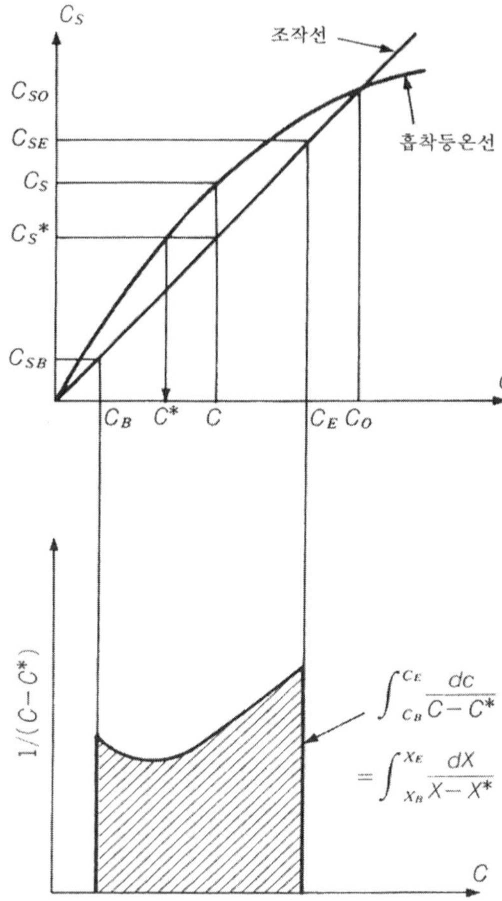

그림 4-26 $f(X_E) - f(X_B)$의 도적(圖的)결정방법

4-5 Isocratic elution chromatography

용액(이동상)조성을 일정하게 행하는 Isocratic elution LC에 대해서도 기본적으로 4-4장에서 설명한 모델로 설계가 가능하다. 여기서는 젤 여과 크로마토그래피(GFC)[젤 침투-또는 사이즈배제-크로마토그래피]로 설명하나 다른 분배계수가 농도에 의존하지 않는 isocratic elution LC에

도 동일한 해석을 적용할 수 있다.

GFC의 분리원리는 분자에 체질의 원리를 적용한 것 이다.[84~86] 거대분자는 충전제 젤 입자 세공내에 전혀 들어갈 수 없으며 칼럼공극체적 V_o로 용출된다. 반면, 매우 작은 분자는 세공내 전부를 이용하여 이동하므로 칼럼체적으로 용출된다. 중간정도크기의 분자는 분자의 크기가 큰 것부터 순서대로 용출된다. 분배계수 K는 이동상의 염농도나 pH에(원리적으로는) 의존하지 않으며 분자의 크기와 젤의 구조로만 이루어진 함수이므로 isocratic elution으로 조작된다. GFC는 근접분자량물질의 분리 이외에도 탈염(고분자물질에서 저분자의 제거)의 유용한 수단이기도 하다(GFC의 충전제 또는 실제 분리 예에 관해서는 문헌을 참조).[84~91]

4-5-1 용출곡선의 계산(분리에 영향을 미치는 인자)

N과 K의 2가지 매개변수가 주어지면 용출곡선은 시료주입량의 함수로 계산할 수 있다는 것을 4-4-2장에서 설명하였다. K값의 계산방법도 보고되어 있으나 실용적으로는 소형 칼럼으로 실험하여 측정된 t_R에서 식(4.82)에 의해 K가 결정된다. K값을 알면 임의의 칼럼 또는 크로마토그래피 조건에 대한 용출위치를 식(4.60) 또는 간단하게 식(4.82)에 의해 예측할 수 있다.

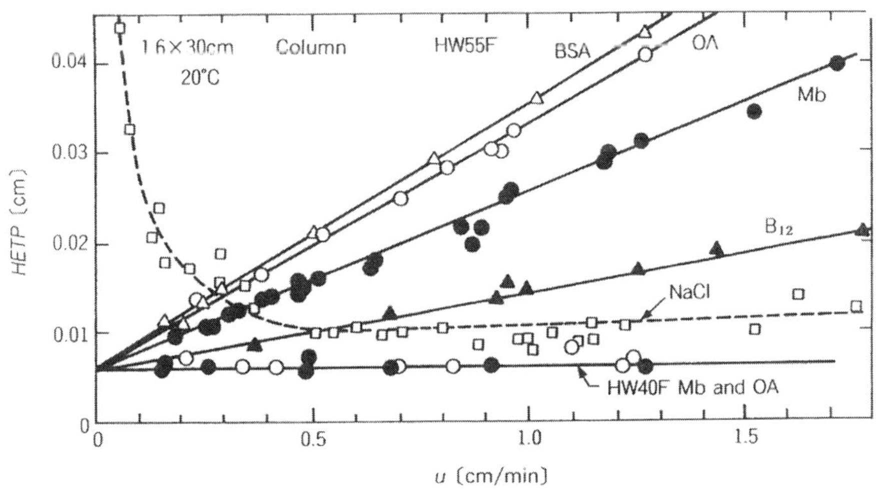

칼럼 d_c=1.6cm, Z=30cm, d_p=44μm, Toyopearl HW55F, HW40F MPGFC 칼럼,
샘플 : 0.3~0.5%, 소 혈청 알부민(BSA), 난백 알부민(OA), 미오글로빈(Mb),
0.1% 비타민 B_{12}, 0.5M NaCl, 샘플용량 : 0.5mℓ

그림 4-27 $HETP$와 u의 관계[92]

N 또는 $HETP$에 관한 이론적 배경은 4-4장에서 설명하였다. $HETP$와 이동상선속도 u의 관계의 측정결과를 그림 4-27에 나타냈다.[92] 그림 4-27의 $HETP$와 u의 관계는 저분자인 NaCl을 제외하고는 직선으로 표현된다. 이 관계는 식(4.85)로 설명할 수 있다. HW40F 젤 내부에 단백질은 들어갈 수 없으며 HW55F 젤 칼럼의 NaCl 이외의 $HETP$의 $u=0$에의 외삽값[즉, 식(4.85)의 A항]이 거의 일치한다. 저분자 NaCl의 $HETP$는 u가 0.2cm/min보다 낮아지면 급격히 증가한다. 이것은 식(4.85)의 제2항인 분자확산계수 D_m가 기여하기 때문이다. 식(4.85)의 제2항, 제4항을 무시한 다른 데이터는 $HETP=A+Cu$로 나타낼 수 있다.

무차원이론단 상당높이 $h(HETP/d_p)$와 무차원속도 $\nu(=ud_p/D_m)$을 이용하면 광범한 실험 조건의 실험결과를 동일한 스케일에서 비교할 수 있어 편리하다.[17],[92],[93] 그림 4-28은 그림 4-27의 실험데이터와 함께, 온도와 입자직경이 다른 실험결과를 $h-\nu$의 형태로 정리한 것이다. 실험결과는 2개의 직선으로 둘러싸인 비교적 좁은 영역으로 제한되어 있다. 그림 4-29는 매우 작은 입자(10μm)의 고속액체 GFC(HPGFC)와 종래의 저압 GFC의 실험결과이다. 이들에 의해 다음과 같은 사실을 알 수 있다.

① 같은 충전제에서 다른 입자직경 d_p의 $HETP$와 u는 일체의 h와 ν의 관계로 나타낼 수 있다. 즉, d_p를 작게 할수록 용출곡선의 폭 W은 비약적으로 좁아진다. 이것이 고속액체 크로마토그래피(HPLC)의 원리이다.

② $\nu=0$ 또는 $u=0$에의 외삽값(=축방향 혼합확산계수)은 온도에 크게 의존하지 않으며 h =2-3 즉 $HETP$=2-3d_p의 값을 나타낸다(부록3 참조).

③ 입자내 확산계수는 분자확산계수와 동일한 온도의존성을 가지며(부록4 참조) 온도의 저하와 함께 $HETP$가 증가한다.

④ $HETP$의 시료의존성은 무차원화됨에 따라 매우 약해진다.

⑤ $\nu<5$에서 $HETP$의 최소값이 존재하며 그 이하에서는 분자확산계수의 기여에 따라 $HETP$이 증가한다. 그러나 일반적으로 이 영역에서 조작되는 경우는 적다. 또한 칼럼내경 1~9cm까지 $HETP$의 차이가 거의 없어 'wall effect'를 무시할 수 있는 것으로 보고되어 있다.[94]

HW55SF와 HW55C 칼럼 이외의 데이터를 그림 4-27에서 환산하였다.

D_m값은 문헌값을 사용했으나 Young의 식에서 거의 정확한 값을 환산할 수 있다(부록 4 참조).

기호의 생략은 그림 4-27과 같다.

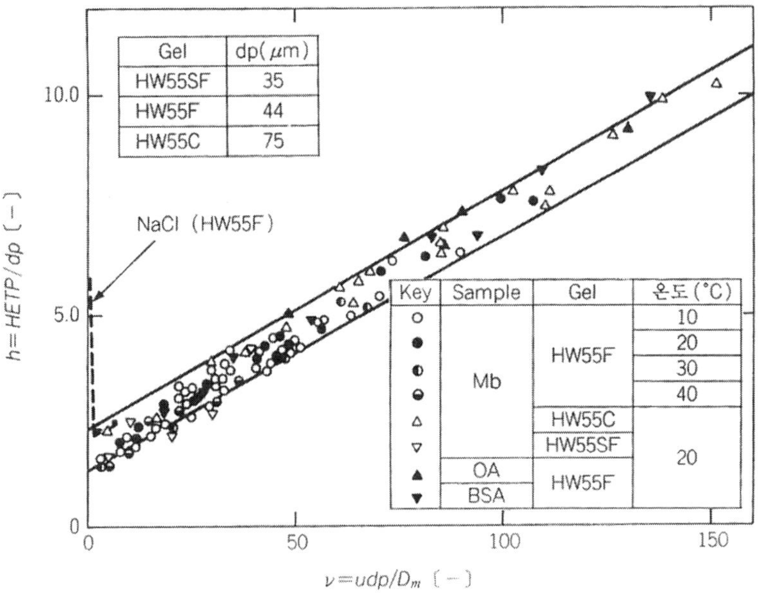

그림 4-28 h와 ν의 관계[94]

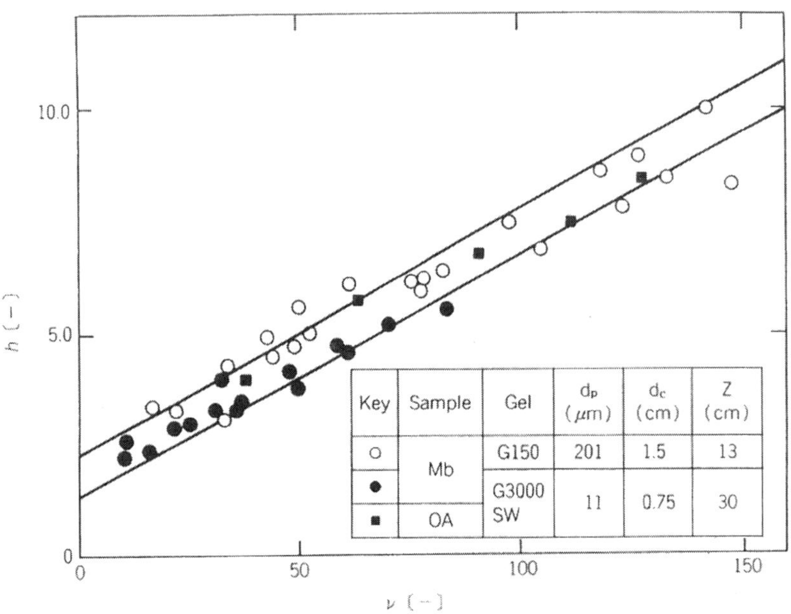

그림 4-29 HPGFC(TSKG-3000SW)와 LPGFC(Sephadex G-150)에서의 h와 ν의 관계[94])

LPGFC의 데이터는 96)에서 인용하였다. 그림의 2개의 선은 그림 4-28과 같다.

GFC에서는 시료주입량(V_F)이 중요한 인자이며 통상 어느 정도의 V_F까지는 $HETP$가 일정하고 그 후 급격히 증가한다. 이러한 $HETP-V_F$의 관계는 부하량이 낮은 용출곡선에서는 σ_o^2와 t_{RO}를 측정하여 K와 N_o를 구해 두면 식(4.60)에 의해 정확히 계산할 수 있다(첨자 0은 저부하량에서의 값을 의미한다). 보다 간편한 방법은 식(4.85), (4.86)을 이용하면 된다.

한편, GFC에 의한 탈염조작에서는 고분자 K가 0이며 저분자 K가 가까운 젤을 사용하므로 피크간의 거리가 길어져 대량의 시료를 처리할 수 있다(그림 4-30). 탈염조작조건의 계산을 위한 차트가 제시되어 있으나[97] 현재는 컴퓨터의 발달에 따라 이하의 수단으로 간단히 조작조건을 계산할 수 있다.[98],[99]

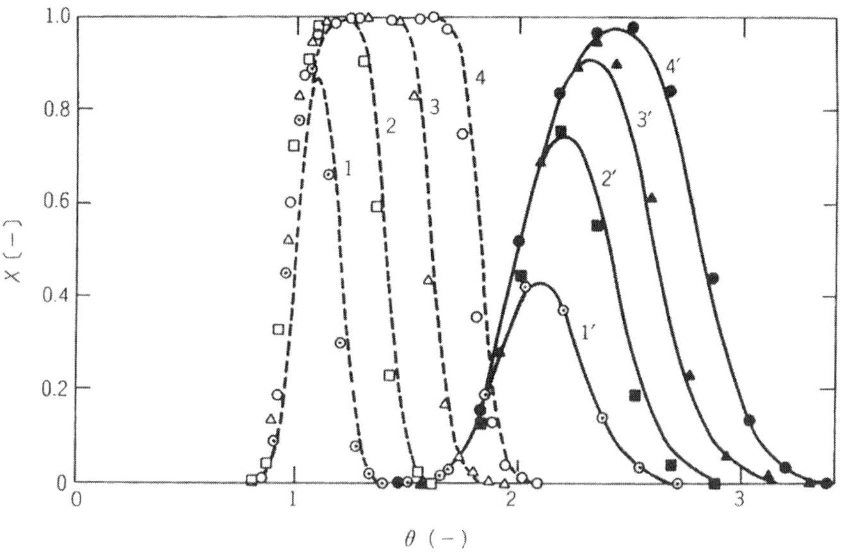

Sephadex G25 Coarse칼럼($d_c=2.5cm$, $Z=45cm$, $d_p=28\mu m$)
$F=4m\ell/\mathrm{min}$. 시료 0.05% 소 혈청 알부민 $+0.1M$ 황산암모늄. 1 ~ 4는 소 혈청 알부민, 1′ ~ 4′는 황산암모늄을 나타낸다. 시료용량 $10m\ell(\theta_6=0.21)$, 1, 1′ ; $20m\ell(\theta_0=0.41)$, 2, 2′ ; $30m\ell(\theta_0=0.62)$, 3, 3′ ; $40m\ell(\theta_0=0.83)$, 4, 4′. ⋯는 $N=209$의 식(4.60)에 의한 계산결과, (−)는 $HK=1.0$, $\phi=0.32$, $\delta=418$을 이용하여 부록1의 계산방법에 의한 결과이나 $1/N=(2/\delta)+2HK^2\phi/[15(1+HK)^2]$에서 $N=122$를 계산하여 식(4.60)에 의해 계산한 결과와 거의 차이가 없다.

그림 4-30 GFC에 의한 탈염[97]

① 소형칼럼에서 저V_F에서의 $HETP$를 유속(u)의 함수로 측정함과 동시에, t_R에서 분배계수 K를 구해 둔다.

② 원하는 조작조건에 대해 $HETP-u$의 관계에서 N을 산출하고 식(4.60)에 대입하여 용출곡선을 T에 대해 계산한 뒤, K를 이용하여 실시간으로 환산한다.

이 계산을 각 성분마다 행하여 중첩한다. 또한 회수위치에서의 순도도 계산한다. 이 순서는 근접성분의 분리에서도 목적성분의 $HETP$를 측정할 수 있으면 적용이 가능하다. 또한 이 계산을 확장하면 생산성, 순도, 회수율의 관계를 계산할 수도 있다.[98],[99]

4-5-2 분리도

4-5-1장의 계산방법으로 GFC분리조작을 설계할 수는 있으나 보다 간편한 규모확대(scale up) 매개변수가 있으면 편리할 것이다. 인접한 피크의 분리정도를 나타내는 척도로서 그림 4-31에 정의된 R_s가 주로 이용된다.

$$R_s = (t_{R,2} - t_{R,1}) / [(W_1 + W_2)/2] \tag{4.100}$$

첨자 1과 2는 각각 피크 1과 2를 의미한다. 좋은 분리, 즉 R_s를 크게 하기 위해서는 ①분자를 크게 한다(피크간의 거리를 길게 한다) ②분모를 작게 한다(피크 폭을 좁게 한다) 가 필요하다. 그림 4-31에 식(4.58)에서 $(K_2 - K_1) = 0.1$의 경우의 용출곡선의 계산결과를 나타냈다. 정밀한 분리에는 R_s는 1~1.3정도가 필요하며, 높은 R_s를 얻기 위해서는 수천단의 이론단 N이 필요함을 알 수 있다.

식(4.100)에는 조작변수가 포함되어 있지 않다. 따라서 t_R에는 식(4.82)를, W에는 식(4.81), (4.85)를 대입한다(단, 용출곡선은 가우스분포이며 $W_1 = W_2$라 가정한다. 또한 $h = A^* + C^*\nu$라 한다). 일반적으로 분배계수 K와 분자량 MW의 관계는 식(4.101)로 근사할 수 있다.[84]

$$K = a - b \log MW \tag{4.101}$$

이들 각 식을 대입하여 정리하면 다음 식이 된다.

$$R_s = bH \log(MW_1/MW_2) Z^{1/2} / 4\left[(1+HK_1)^2 (A^* d_p + C^* u d_p^2 / D_m)\right]^{1/2} \tag{4.102}$$

따라서 어떤 분리실험결과의 조작조건 또는 칼럼 스케일을 변경한 경우라도 우변의 값을 같게 하면 변경전과 같은 분리가 얻어진다. 이 식에서 R_s는 ① 칼럼길이의 제곱근에 비례하며 ②

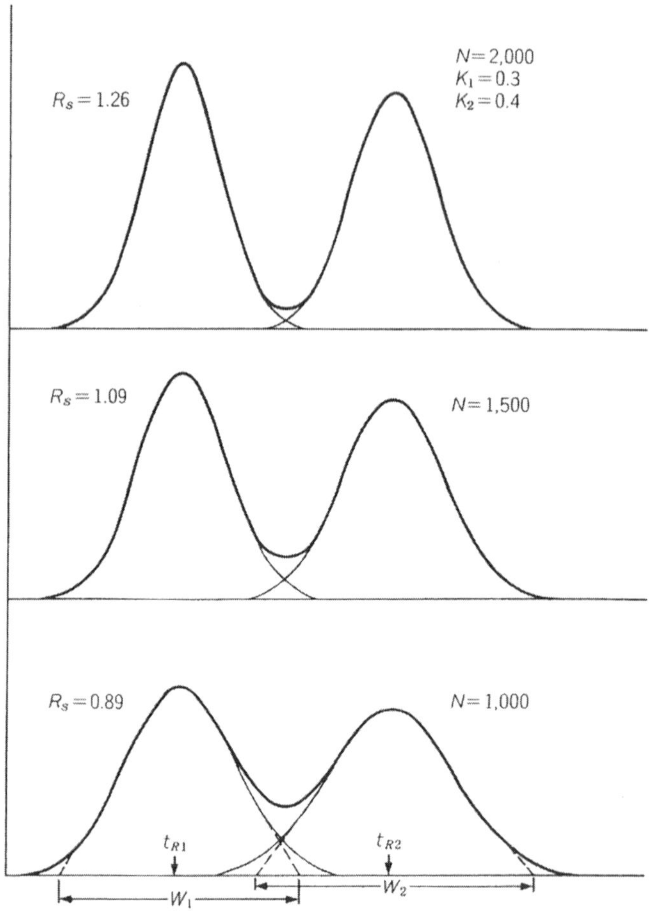

가는 선은 식(4.61)에 의해 그림의 N과 K를 이용하여 계산한 결과이며
굵은 선은 그 단순한 합계이다.
$H=1.857$, 즉 공극률 0.35로 하였다.

그림 4-31 GFC에서의 근접한 피크의 분리 계산 예

입자직경 d_p, 유속의 감소, 확산계수의 증가에 따라 증가하며 ③ 식(4.101)의 b의 증가 즉 분자량에 대한 K의 의존성이 커짐에 따라 증가함을 알 수 있다. 특히 유의할 점은 d_p의 효과이다.

식(4.85′) 또는 그림 4-28, 그림 4-29에서 알 수 있듯이 h는 ν만의 함수가 되므로 예를 들어 d_p를 100에서 $10\mu m$로 감소시켰을 때 같은 ν를 얻기 위해서는 유속을 10배로 할 수 있으며 $HETP$은 10분의 1이 된다. 따라서 분리시간의 단축과 함께 분리가 향상될 수 있다. 이것이

고속액체 크로마토그래피(HPLC)의 원리이다. 실제로 유속을 10배로 하는 것은 충전제의 내압(일반적으로 단백질 LC의 충전제는 세공의 크기와 친수성 기재의 성질에 의해 연질이다)으로 인해 불가능하며, 오히려 ν를 낮추어 분리성능을 더 높일 수 있었다. 따라서 그림 4-29에서도 알 수 있듯이 HPGFC의 유속은 ν에서 생각하면 그렇게 큰 값이 아니다(HPLC란 단시간에 고분리성능을 얻을 수 있는 LC를 가리키며 고유속을 의미하는 것은 아니다. HPLC와 종래의 저압 LC, 그 중간에 위치하는 중속LC(MPLC)를 엄격히 정의하기는 어려우나 $d_p = 30\sim70\mu m$ 를 MPLC, 그 이하를 HPLC라 부르는 경우가 많다. 또한 HPLC에서는 칼럼에 5~10기압 이상의 압력을 주어야 한다).

4-5-3 비이상적인 분리거동

[고유속에서의 용출곡선의 tailing] 고유속시 피크용출액량이 감소하고 tailing이 증가하는 현상이 관찰된다는 것은 앞에서 설명하였다(그림 4-12). 이와 같은 현상을 피하기 위해서는 그림 4-14에 따라 조작변수를 결정하면 된다. 실제로, 예를 들어 $d_p = 60\mu m$, $Z = 30$cm, $\gamma_s = 0.1$, $HK = 0.2$로 계산히면 $\phi_s^2 = 0.12$가 되며 대응하는 ν는 240이 된다. 따라서 HPLC 또는 MPLC에서는 비대칭의 피크가 출현할 가능성이 적다.

[시료농도의 영향] GFC에서는 분배계수 K와 $HETP$가 모두 시료농도에 영향을 받지 않지만 시료농노가 승가하면 어느 이상에서 급격히 $HETP$가 증가하여 용출곡선이 일그러지거나 2개로 나누어지는 현상이 관찰된다.[84],[94] 이것은 시료zone과 이동상의 용매점도의 상대적 차이에 의한 것이다. 이러한 현상은 고성능칼럼에 미리 농축된 시료를 첨가했을 때 특히 현저하게 나타날 것으로 예상되므로 시료와 이동상 용매의 점도가 2배 이상 차이가 나며 고성능 칼럼을 이용할 때는 주의할 필요가 있다.[84],[94]

[흡착] GFC 젤의 선택은 일반적으로는 분자량과 분배계수의 관계, 즉 b값에 기초하여 결정된다. 이 관계에는 분자체만이 영향을 미치며 흡착은 관여하지 않는다. 그러나 충전제 기재에 포함되는 해리기에 의한 정전적 상호작용이나 소수적 상호작용에 의해 시료와 충전제 젤의 흡착현상이 종종 관찰된다.[84] 이러한 흡착은 당연히 이동상의 pH나 염농도에 크게 의존한다.[88] 또한 시료와 충전제 기재 간에 특이적인 친화력이 작용하는 경우가 있다.84) 반대로, GFC에서의 흡착을 적극적으로 분리에 이용하는 예도 당류의 분리에 관해서는 많이 보고되어 있다.[88],[89]

4-5-4 정리

GFC의 이점은 다음과 같다. ①분리조건이 까다롭지 않다. ②세정 · 재평형화 조작이 불필요하다. ③시료의 반복 주입에 의한 생산성향상 또는 분리 · 회수한 시료를 다시 칼럼에 도입하여 순도를 높이는 조작(리사이클)이 용이하다. ④ 조작변수가 적고 규모확대 설계계산이 용이하다. ②~④는 다른 isocratic elution LC에서도 동일하다. 또한 흡착을 포함하지 않으므로 일반적으로 ⑤회수율이 매우 좋다.

결점은 다음과 같다. ⑥다른 분리모드의 LC에 비해 분리성능이 떨어진다. 이것은 주로 선택성, 즉 식(4.100)의 분자가 낮기 때문이다. Giddings가 제안한 분리가능성분수[100]로 생각하면 $N = 1000$에서도 7로 다른 LC보다 상당히 적다. 분리성능을 높이기 위해서 앞에서 말한 HPLC가 사용된다. ⑦isocratic elution에서는 zone의 폭이 시료용량보다 좁아지는 일은 있을 수 없다(즉, 농축효과는 기대할 수 없다). 특히 HPLC 칼럼을 이용하여 많은 피크를 분리하기 위해서는 시료용량이 상당히 제한된다. 따라서 미리 시료를 농축한 뒤 칼럼에 첨가해야 하는 경우도 있다.

여기서 설명한 취급은 다른 isocratic elution LC(이온배제, 역상 등)에도 적용할 수 있다.[101,[102]] 단, 시료부하량이 높아져 평형관계가 비선형이 될 경우(K가 농도의 함수가 될 경우)는 4-4-2(2)에서 설명한 방법이 필요하다.

4-6 Non-isocratic elution chromatography

이온교환(IEC), 소수상호작용(HIC), 군특이적 AFC 등의 LC에 의한 단백질분리조작은 다음과 같이 이루어진다(그림 4-32).

① 시료를 칼럼 상부에 비교적 좁은 zone으로 흡착시킨다.
② 미흡착 또는 약하게 흡착하여 있는 불순물을 초기완충액으로 씻어 내린다.
③ 이동상 액조성(일반적으로는 염농도)을 연속적으로(구배용출) 또는 단계적으로(단계용출) 변화시켜 용출한다.
④ 칼럼의 세정, 재평형화하여 ①로 되돌린다.

IEC의 직선염농도구배용출에 있어 단백질zone의 칼럼내의 이동을 생각해보자(그림 4-33). IEC칼럼은 미리 낮은 염농도로 평형화되어 있다. 이 조건에서는 단백질이 이온교환체에 강하게 흡착되어 있으므로 용출시작 직후 zone은 거의 이동하지 않으나 염농도가 증가함에 따라 서서히

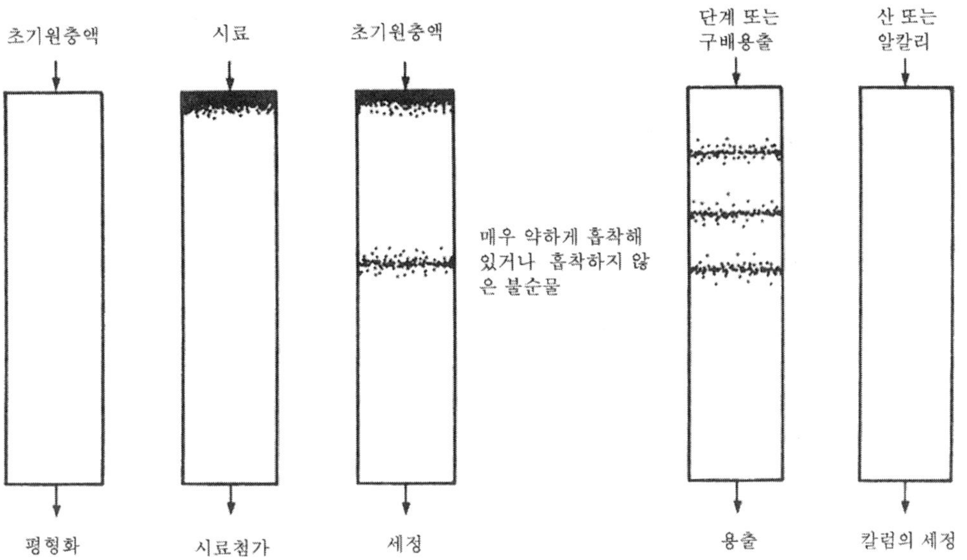

그림 4-32 이온교환 또는 소수 크로마토그래피의 조작순서

흡착이 약해져(단백질의 이온교환체에 대한 흡착은 염농도에 강하게 의존하므로) 이동속도가 급격히 증가한다. 그 후 이동속도가 완충액의 그것과 같아지면 모든 zone은 같은 속도로 이동한다.[18],[103~106] 한편, isocratic elution에서는 각 성분의 이동속도가 일정하고 진행에 따라 zone 간의 거리가 넓어진다. 단계용출의 칼럼내의 분리거동은 그림 4-34의 A와 B와 같이 2가지로 나눌 수 있다. 용출액의 염농도가 높고 단백질이 완전히 탈착되는 경우 zone은 항상 용출액의 선단에 위치하여 이동한다(그림 4-34의 B). 이 경우는 매우 급한 구배에 의한 농도구배용출로 간주할 수 있다. 반면, 용출액의 염농도가 낮고 단백질이 약하고 흡착하면서 이동하는 기구(그림 4-34의 A)는 isocratic elution과 거의 동일하다.[18]

직선염농도구배용출(Linear Gradient Elution, LGE)은 구배제작기기가 필요하지만 한 번의 조작으로 다성분을 용출할 수 있다. 또한 연속적으로 염농도를 증가시키므로 의사피크의 염려가 없으며[18],[107] 구배만으로 분리를 조절할 수 있다. 한편, 단계용출(Stepwise Elution, SE)은 용출액을 바꾸는 단순한 조작만으로 적절하게 조작될 경우 단시간내에 농축된 fraction을 얻을 수 있다. 그러나 불연속한 용출액의 변화에 따른 의사피크나 몇 개의 성분이 하나의 피크가 되는 경우가 있을 수 있다. 또한 용출계획(용출액의 염농도, 양)의 설정이 어렵다.

일반적으로 우선 LGE를 하여 크로마토그래피 조건을 검색한 다음, 분리의 정도에 따라 SE 또는 LGE 중 어떤 것을 사용할 것인가를 결정하면 된다.

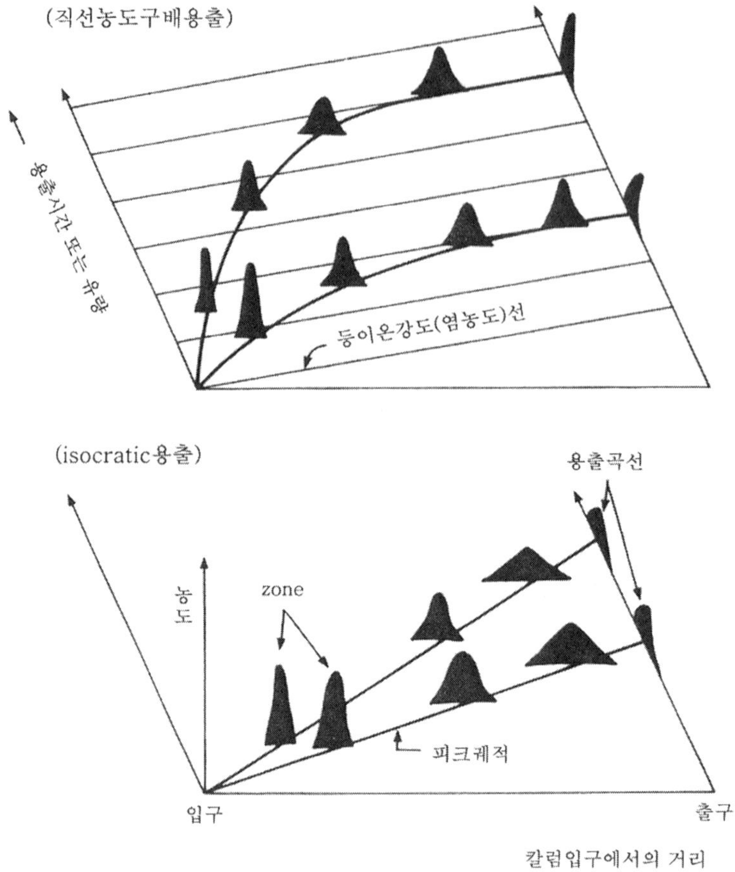

그림 4-33 직선농도구배용출에서 zone의 이동 모식도[18],[104]

4-6-1 직선농도구배용출에서의 분리거동[18],[103~110]

직선농도구배용출(LGE)에서도 4-4장에서 설명한 입자내 확산이나 축방향혼합확산에 의해 zone은 칼럼내를 이동하면서 확산해간다. 그러나 zone의 선단과 후단에서 염농도가 다르다. 선단에서는 염농도가 낮아 K가 크고 후단에서는 염농도가 높아 K가 작다. 따라서 zone의 중심을 향해 zone을 축소시키려는 zone sharpening effect가 작용한다. 또한 zone의 이동속도도 시간과 함께 변화한다. 이와 같이 분리기구는 복잡하다. 칼럼내의 분리거동은 이하의 2가지 식을 정량화함에 따라 기술할 수 있다(I= 염농도, K_I= 염의 분배계수, N_I= 염의 이론단수, C= 단백질농도, K_P= 단백질의 분배계수, N_P= 단백질의 이론단수).

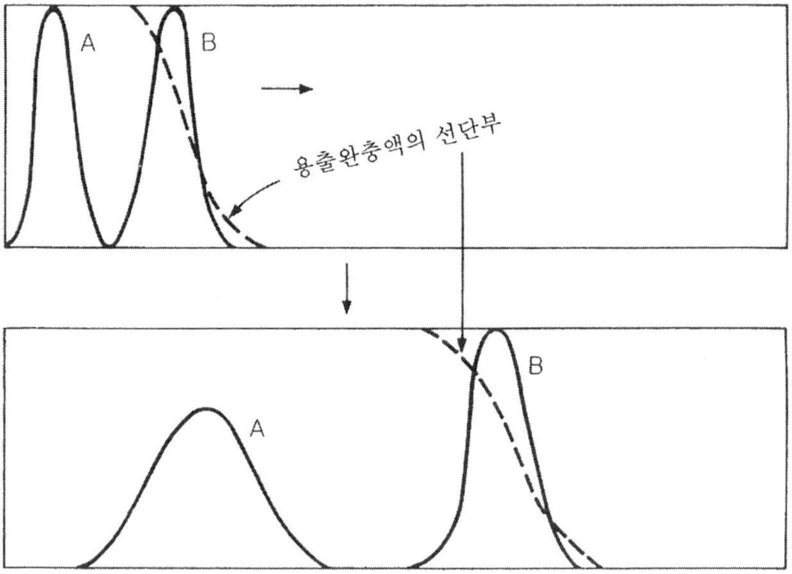

그림 4-34 단계용출에서 칼럼내 zone의 이동 모식도[5],[18]

$$I(z,t) = f(N_I, N_I) \tag{4.103}$$

$$C(z,t) = f(K_P(C,I), N_P) \tag{4.104}$$

단, 염과 단백질은 독립적으로 거동하는 것으로 생각한다. 이 가정은 다음의 2가지 이유에서 타당하다고 생각된다.[18] ①일반적으로 단백질의 IEC 또는 HIC에서는 용출시의 염농도가 수십~수백mM인데 비해, 단백질농도는 수십μM정도로 염에 비해 매우 낮다. ②염의 확산계수는 단백질에 비해 100배정도 크므로(부록4 참조) 충전제 내부에서는 단백질이 확산하는 시간규모에서 염농도가 일정하다.

일반적으로 K_I는 일정하므로 $I(z,t)$는 4-4-1장에서 설명한 모델에 의해 용이하게 기술할 수 있다. 한편, $C(z,t)$는 K_P가 C와 I에 의존하는데다, N_P도 K_P의 함수이므로 엄밀히 말하면 시간과 함께 변화한다. 따라서 $C(z,t)$는 수치계산이 필요하므로 가능한 간단해야 할 필요가 있다. 예를 들어, 식(4.55) 또는 (4.52), (4.64) 등이 이용되고 있다. 이론단모델도 상미분방정식이므로 수치계산이 비교적 용이하여 실용적이다.[18],[103]

여기서는 이론단모델을 기초로 한 LGE에 대한 모델계산과 실험값을 비교함에 따라 조작변수의 1성분의 용출거동에 대한 영향을 설명한다. 모델의 상세는 부록2에 정리하였다.
그림 4-35는 회분실험에 의해 구한 IEC의 흡착등온선을 몇 가지 나타낸 것이다. 흡착등온선의 형상이 이온강도(염농도), pH 등에 의해 크게 영향을 받음을 알 수 있다. 각 곡선은 결보기상 포화곡선, 즉 Langmuir형의 형상을 나타내고 있다. C가 낮은 영역의 직선부분의 기울기에서 구한 분배계수 K는 I의 함수로서 다음 식으로 나타낼 수 있다.

$$K = AI^B + K_{crt} \tag{4.105}$$

이 식에서 B는 식(4.14)에서 설명했듯이 결합에 관여한 전하의 수로 볼 수 있다. K_{crt}는 식(4.5)에서 $K_{pq}=0$일 때의 K값, 즉 IEC칼럼이 GFC로만 이용되는 조건에서 구한 K이다. 각종 단백질, IEC칼럼에 대한 A, B, K_{crt}값이 문헌 103에 보고되어 있다.

그림 4-36은 유속의 영향을 나타낸 것이다. 유속의 증가와 함께 용출곡선의 폭은 증가하나 용출위치는 일정하다. 계산된 용출곡선은 실험값과 잘 일치된다.

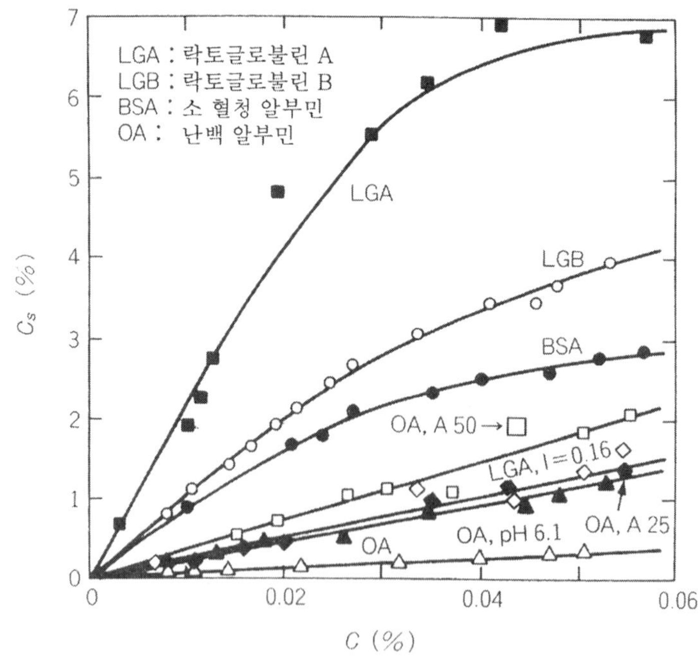

주석이 없는 한 I=0.03M, pH 7.9, 20℃의 DEAE Sepharose CL6B에 대한 값이다. A25 : DEAE Sephcdex A25, A50 : DEAE Sephcdex A50

그림 4-35 이온교환 젤과 단백질의 흡착평형[103]

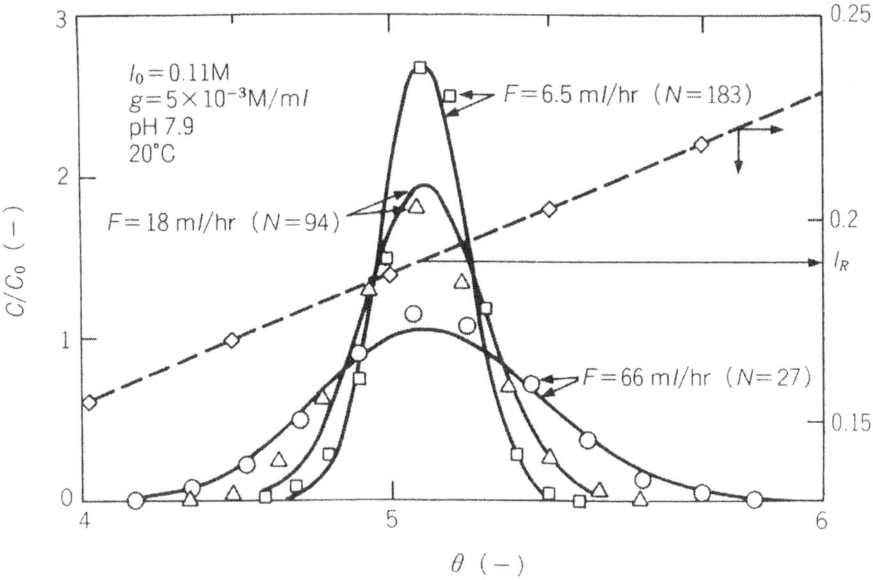

DEAE Sepharose CL6B 칼럼(d_c=1.5cm, d_p=110μm) 샘플 : 0.02 난백 알부민 6mℓ.
실선과 파선은 부록2의 모델에 의한 계산값.

그림 4-36 LGE에서의 유속의 영향

모델계산결과를 검토한 결과, 통상의 이론단모델과 마찬가지로 이론단수 N과 용출곡선의 폭 W의 2승의 곱이 일정하다는 관계식(4.81)이 성립하고 있다. 초기흡착량이 높은 경우는 시료주입량(V_F)을 증가시켜도 용출곡선의 폭은 일정한 채 높이만 증가한다(그림 4-37). 한편, 초기흡착량이 낮을 때는 V_F이 증가할수록 용출곡선이 일그러진다.[18],[103]

구배의 기울기가 완만해짐에 따라 용출곡선의 용출위치는 느려지고, 폭은 넓어지고, 높이는 낮아진다.[18],[103] 또한 용출위치의 염농도(이온강도 I_R)는 구배의 감소와 함께 저하한다. 이들에 대해서는 4-6-2에서 상세히 설명한다.

시료초기농도(C_o)의 증가에 따라 용출곡선은 용출곡선액량이 낮은 쪽으로 일그러지며 tailing이 증가한다(그림 4-38). 이것은 4-4-2(2)에서 설명한 비선형평형에 의한 것이다. 초기염농도에 있어 C_o=0.1%에서는 이미 흡착평형관계가 상당히 비선형임에도 불구하고, 용출곡선은 C_o =0의 그것과 큰 차이가 없다. 이것은 염농도의 증가에 따라 급속히 흡착평형의 직선부영역이 확대되며 주로 이와 같은 영역에서 zone이 이동하기 때문이다.[16],[18],[103]

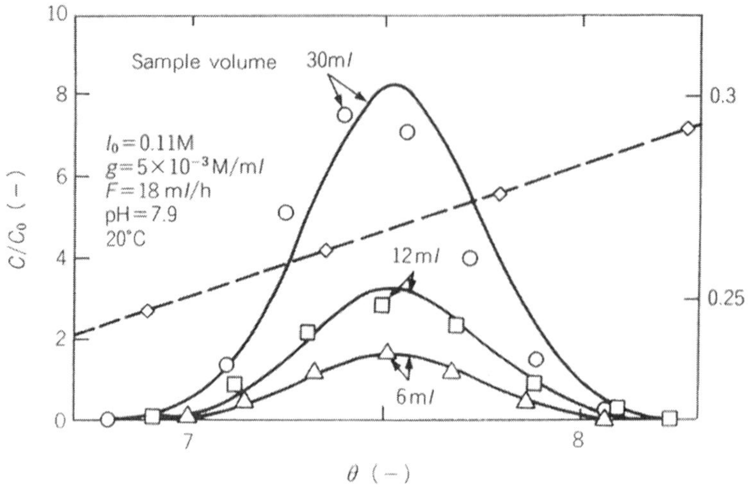

칼럼은 그림 4-36과 같다. 샘플 0.025% β-락토글로불린A

실선은 N=107, 파선은 N_I=400에 의한 계산값(부록2)

그림 4-37 LGE에서의 샘플용량의 영향

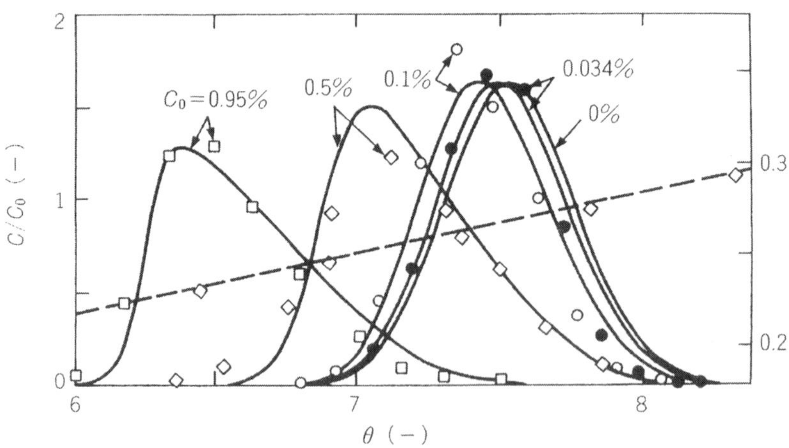

칼럼은 그림 4-37과 같다. 실험조건은 그림 4-39와 같다.

샘플 0.025% β-락토글로불린A. 용량 6mℓ .

실선은 N=107, 파선은 N_I=400에 의한 계산값(부록2).

그림 4-38 LGE에서의 시료초기농도의 영향

4-6-2 직선농도구배용출에서의 용출위치의 간단한 계산방법

LGE의 용출곡선은 부록2에 나타낸 모델에 의해 추정이 가능하나 계산이 복잡하다. 또한 회분 실험에 의한 K의 넓은 I의 범위에 대한 측정은 사전에 정보가 없으면 시행착오가 필요하고 다성분시료에 대해서는 각 성분의 선택적 측정이 필요하다. 여기서는 평형모델에 기초한 LGE에서의 용출위치의 간단한 계산방법에 대해 설명한다. 이 방법은 $K(I)$를 알고 있을 때뿐만 아니라, 모르는 경우에도 용출위치를 간단한 예측할 수 있다. 또한 SE의 설계에도 유용한 정보를 제공하며 단백질의 IEC 또는 HIC 칼럼에의 보유기구에 관한 유용한 지견을 부여하는 수단도 된다.

칼럼내에서 단백질의 zone의 이동은 K가 염농도 I에만 의존한다고 가정하면, 평형모델 (4-4-1 (1))에 기초하여 다음 식으로 표현된다.

$$dz_p/dt = u[1 + HK(I)]$$

직선염농도구배 $I = I_0 + Fgt$가 칼럼에 도입되었다고 하면 칼럼내에서의 I는 칼럼입구에서의 거리 z와 시간 t의 함수로 다음 식과 같이 주어진다.

$$I = I(z,t) = I_0 + Fg[t - (z/u)(1 + HK')] \tag{4.107}$$

I_0는 초기염농도, g[M/mℓ]는 염농도구배, F는 체적유량, K'는 염의 분배계수이다. 따라서 식(4.106), (4.107)과 $K(I)$를 연립하여 풀면 용출위치(t_R 또는 V_e)를 구할 수 있다. 그러나 해석해는 K가 I의 간단한 함수로 표현될 때만 얻어지며[105] 그 외의 경우는 조작조건마다 수치계산을 해야 한다. 따라서 이러한 복잡함을 피하기 위해 식(4.106), (4.107)에서 시간에 관한 항을 소거하고 약간의 연산을 하여 다음 식을 얻는다.[18],[103],[104]

$$f(I_R) - f(I_0) = GH \tag{4.108}$$

여기서,

$$f(I) = \int_{I_a}^{I} dI/[K(I) - K']$$

I_R은 피크위치에서의 염농도(그림 4-36 참조), $GH[= g(V_t - V_0)]$는 칼럼 젤 체적으로 규격화된 구배이다. I_a는 엄밀히 말하면 0이지만 실제로는 통상 이용되는 I_0(거기서는 $f(I_a)$가 $f(I_R)$에 비해 무시할 수 있는 값을 취한다)를 이용하는 것으로 좋다.

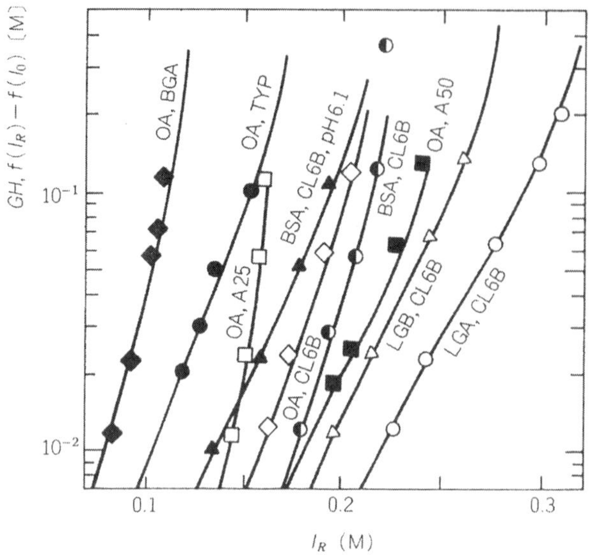

생략형은 그림 4-35와 같다.
주석이 없는 한 pH 7.9, DEAE Sepharose CL6B칼럼.
칼럼형상 d_c=1.5cm, Z=15cm.
접선은 회분실험에서 구한 K를 이용하여 식(4.108)에서 계산한 값이다.
기호는 실험결과의 $GH \sim R_R$ 이다.

그림 4-39 $GH \sim I_R$곡선과 $f(I) \sim I_R$곡선의 비교[103]

$K(I)$를 알면 미리 $f(I)$를 계산하여 I에 대해 출력한다. 다음으로 임의의 조작조건에 대해 g, V_t, V_0에서 GH값을 계산한다. I_0에 대응하는 $f(I_0)$를 곡선에서 읽는다(통상의 조건에서는 $f(I_0)$를 무시할 수 있다). 그런 다음, $f(I_0)+GH$에 대응하는 I를 읽는다. 이것이 용출염농도 I_R이 된다. 또한 식(4.109)에서 용출위치(시간 또는 액량)를 계산한다.

$$V_e = Ft_R = (I_R - I_0)/g + V_0(1+HK') \tag{4.109}$$

그림 4-39는 회분실험결과에서 계산한 $f(I)$와 I의 관계와 실험의 비교를 나타낸 것이다. 실험점과 계산선이 잘 일치한다. 또한 부록2의 계산에 의한 용출곡선의 피크위치에서 구한 I_R과 GH의 관계도 그림의 계산선과 거의 같은 값이 된다.

$K(I)$를 모르는 경우에는 적당한 임의의 소형 칼럼을 이용하여 다른 구배에서의 용출실험으로 I_R를 측정 후 GH에 대해 출력하여 위에서 말한 곡선을 작성한다. 일단, 이 GH~I_R곡선이 구해지면 위에서 말한 수법으로 임의의 칼럼의 크기, 유속, 구배 등에 대해 용출위치를 미리 계산할 수 있다. 그림 4-40에 실험결과의 일례를 나타냈다. 유속, 구배, 입자직경, 칼럼형상에 상관없이 일체의 곡선이 구해진다. 또한 식(4.108)의 미분형인 다음 식에 기초하여 GH~I_R곡선을 미분하면 $K(I)$를 구할 수 있다.[18],[104]

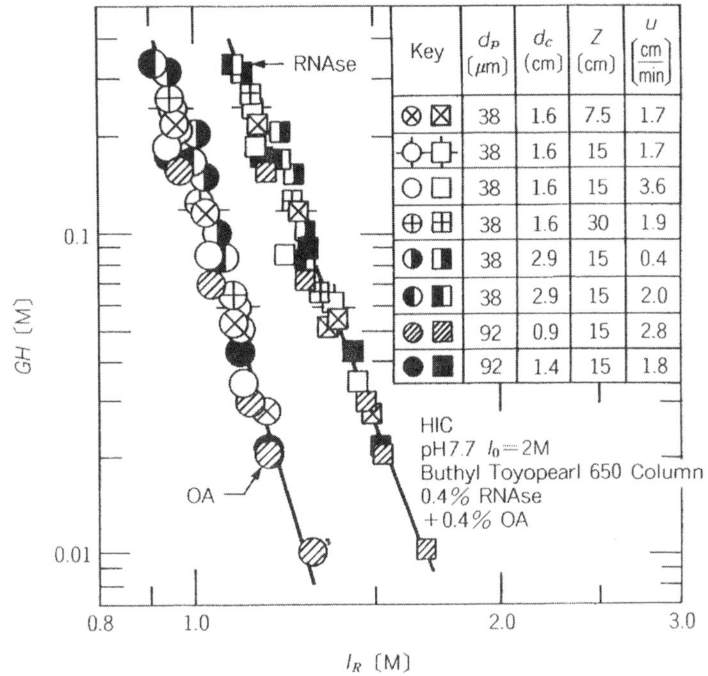

HIC : 소수 크로마토그래피, OA : 난백 알부민, RNA_{se} : 리보뉴클레아제,
황산암모늄농도 $I_0 = 2M$에서의 감소구배용출

그림 4-40 4-40 GH와 I_R의 관계[104]

$$d(GH)/dI = 1/[K(I) - K']\tag{4.110}$$

그림 4-41은 이러한 방법으로 구한 값과 isocratic elution 및 회분실험의 결과를 비교한 것이다. 이 방법(즉, LGE실험에서 GH~I_R곡선을 작성한다)에서는 각 성분이 분리되어 있으면 그 $K(I)$ 또는 적분값을 구할 수 있으므로 각각을 선택적으로 측정해야 하는 회분실험보다 편리하고 신속하다. 이러한 GH~I_R곡선의 pH에 대한 변화로부터 HIC 및 IEC칼럼에의 단백질 보유기구에는 각각의 분리원리 이외의 원인이 관여하고 있다는 사실이 지적되었다.[18],[104]

4-6-3 직선농도구배용출에서의 분리도[18],[109],[111]

분배계수 $K(I,\ C_p)$를 알면 앞에서 설명한 모델에 의해 분리거동을 예측할 수 있다. 그러나

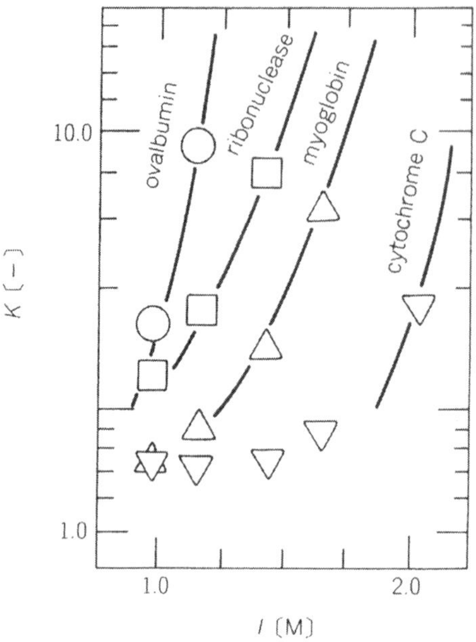

실선은 그림 4-40에서 대응되는 GH~I_R곡선의 미분에서 구하였다.

그림 4-41 Bulhyl Toyopeal 650 HIC 칼럼에서의 K와 I의 관계

모델계산결과에서 어느 조작인자와 분리거동의 해석적인 관계는 얻을 수 없다. 4-5-2장에서 설명했듯이 분리도 R_s와 칼럼 및 크로마토그래피 조작변수의 관계를 알면 규모확대에 유용하다. IEC 또는 HIC의 유속범위는 GFC에 비해 높으므로 식(4.85)의 우변 제3항만이 지배적이 된다. 이 관계와 용출곡선의 폭에 관하여 zone sharpening effect와 zone spreading effect가 균형을 이루고 있다는 가정 하에 얻어진 해[103]를 이용함에 따라 이하의 R_s식이 얻어진다.[18],[109]

$$R_s \propto M = \sqrt{[(D_m \cdot \ I_r \cdot \ Z)/(GH \cdot \ u \cdot \ d_p^2)]} \tag{4.111}$$

D_m은 분자확산계수, Z는 칼럼길이, GH는 칼럼 젤 체적으로 규격화된 구배, u는 이동상 선속도, d_p는 입자직경, I_r은 무차원화를 위해 도입된 변수로 1의 값을 가진다. 이 식에서 이하의 관계가 유도된다.[18],[109]

① 구배 g가 일정할 때 R_s는 Z에 의존하지 않는다. 이것은 그림 4-33에서 설명했듯이 용출시작 후 얼마가 지나면 각 zone의 이동속도가 근접하여 어느 Z이상에서는 분리가 변하지 않게 되기 때문이다. Z를 길게 했을 때는 Z에 반비례하고, g를 감소시키면 R_s는 Z의 제곱근에 비례한다.

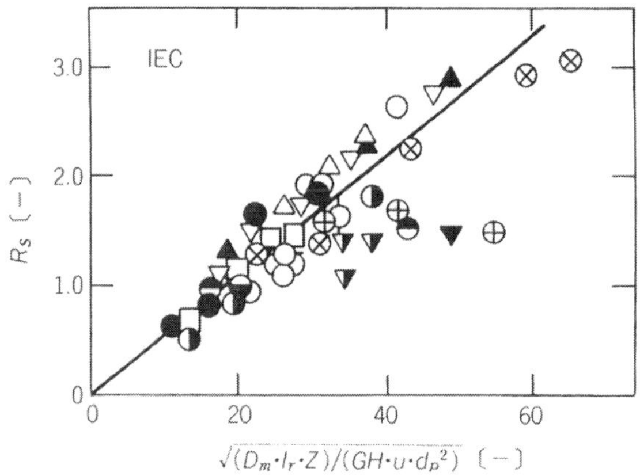

Key	d_p [μm]	d_c [cm]	Z [cm]	u [cm/min]	T [°C]
⊕	40	0.6	1	1.6	25
◒				2.5	
⊖				3.9	
◑		1.6	7	1.5	
○			15	1.8	
●				3.5	
⊗			30	1.7	
▲	65	0.9	15	2.6	
△		1.4	15	1.8	
▽		2.9	15	1.8	
⧨				0.5	
▼				0.2	
□	87	1.4	15	1.8	
⌽	40	1.6	15	1.7	35
-○-					15

직선 밑에 위치하는 점은 칼럼길이 1cm에서 구배가 완만한 경우와
유속 u가 0.5cm/min이하의 경우이다.
온도의 영향은 $D_m \cdot \eta/(T+273)=$일정의 관계에서
역산할 수 있다(η :용매점도)[부록4 참조].

그림 4-42 R_s와 각종 조작변수의 관계[109]

② R_s는 g의 감소와 함께 증가한다($R_s \propto g^{-1/2} \propto GH^{-1/2}$).

③ R_s는 u의 평방근과 d_p의 역수에, 그리고 D_m의 제곱근에 비례한다.

그림 4-42, 그림 4-43은 IEC와 HIC의 실험결과를 식(4.111)에 기초하여 출력한 것이다.[109] ①~③의 관계가 기본적으로는 성립하고 있음을 알 수 있다. 그림의 직선보다 아래쪽에 일탈해 있는 점은 ①매우 짧은 칼럼(Z =1cm)의 완만한 구배, ②저유속(ν =100) 중 하나이다(어느 쪽도 식(4.111)을 도출할 때의 가정에서 벗어난다는 것을 의미한다). 따라서 IEC나 HIC에서는 목적으로 하는 분리가 얻어지는 조건에서 비교적 짧은 소입자경 충전제 칼럼을 무차원속도 ν 가 100이상의 고유속에서 조작하는 것이 생산성을 높일 수 있다.

실제분리에서는 R_s보다도 다음 식으로 정의되는 정제율을 지표로 사용하는 경우가 많다.

$$\text{정제율} = \frac{\text{분취한 } Fraction\text{내의 단위단백질량당 활량}}{\text{시료내의 단위단백질량당 활량}}$$

그림 4-44는 조효소($\beta-$galactosidase)의 구배용출실험에서의 정제율과 GH의 관계를 회수율의

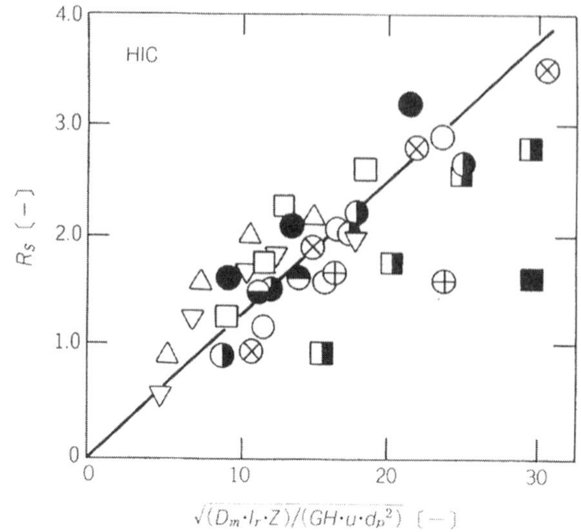

Key	d_p [μm]	d_c [cm]	Z [cm]	u [cm/min]
⊕	37	0.6	1	1.7
◒				2.5
◓				3.2
◑		1.6	7.5	1.7
○			15	1.7
●				3.5
⊗			30	1.9
□		2.9	15	2.0
◨				0.4
■				0.2
▽	92	0.9	15	2.8
△		1.4		1.8

직선 밑에 위치하는 점은 그림 4-42와 같이 칼럼길이 1cm에서 구배가 완만한 경우와 유속 u가 0.5cm/min 이하의 경우이다.

그림 4-43 R_s와 각종 조작변수의 관계[109]

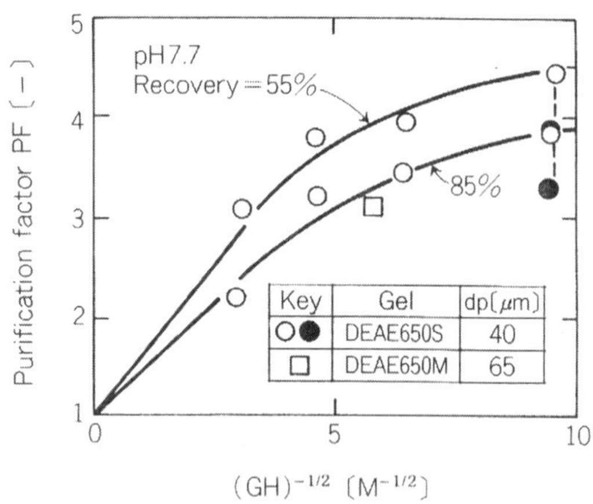

샘플 : β-갈락토시다아제,
칼럼 : DEAE Toyopearl 650S(d_c=1.6cm, Z=15cm)
DEAE Toyopearl 650M(d_c=1.4cm, Z=15cm),
□, ○ : 샘플 10mℓ, ● : 샘플 50mℓ, F=2mℓ /min

그림 4-44 조효소의 정제율 PF와 GH의 관계

함수로 나타낸 것이다.[108] 이 경우 일정한 회수율이 되도록 피크에서 대칭으로 용출fraction을 회수하여 그 단백질농도와 효소활성을 측정하였다. 따라서 회수율 55%에서는 활성피크의 선단과 후단의 상당한 부분을 제외하고 정제율을 계산하였다. $1/\sqrt{GH}$가 작은 범위(급구배)에서는 구배의 감소와 함께 정제율이 직선적으로 증가하고 있으나, $1/\sqrt{GH}$가 커짐에 따라(즉, 구배가 완만해짐에 따라) 정제율의 증가가 점점 한계에 다다르고 있다. 또한 같은 GH에서는 회수율을 떨어뜨리면(피크 부근만을 회수하면) 정제율이 향상된다. 시료부하량의 증가와 입자직경의 증가는 정제율을 저하시키고 있다. 구배와 정제율의 관계는 R_s와 구배의 관계와 동일하다는 것, 실제조작에서는 회수율이 매우 중요한 인자라는 것을 알 수 있다.

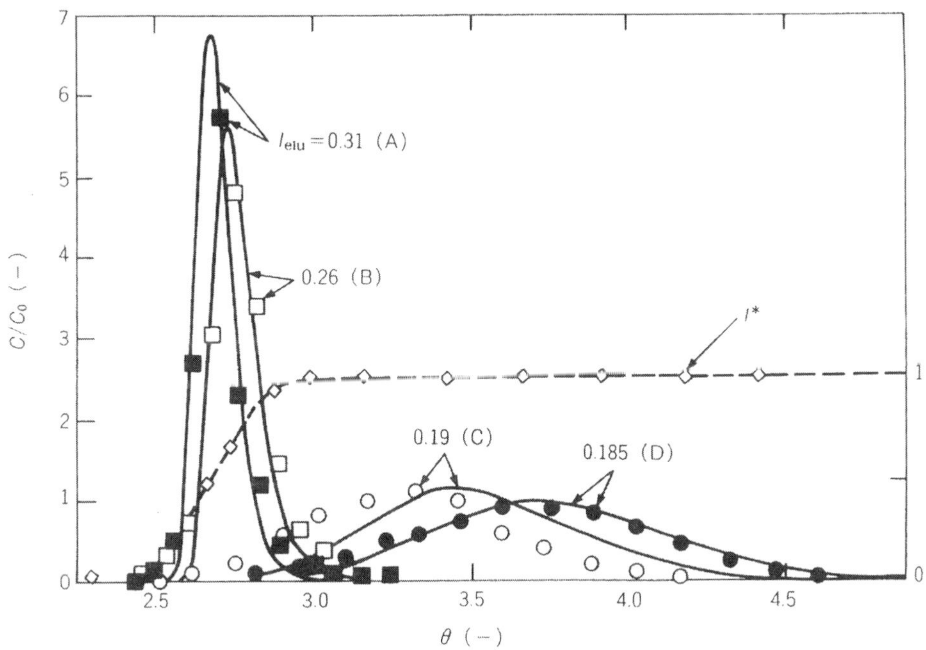

칼럼 : DEAE Sepharose CL6B(d_P=110μm d_c=1.5cm, Z=10cm)
F=18mℓ /hr I_{elu}는 용출액의 이온강도[=염농도+완충액의 이온강도(=0.01)]
시료 : 0.02% 난백 알부민, 6mℓ
$I^* = (I - I_0)/(I_{elu} - I_0)$, I_0=0.11M
실선은 부록2에 나타낸 모델계산값.
N=100(A), (B), N=83(C), N=80(D), N_I=400

그림 4-45 단계용출에서의 용출액의 염농도의 영향

4-6-4 단계용출에서의 용출위치와 분리에 영향을 미치는 인자

용출완충액을 불연속으로 바꾸어 용출을 행하는 단계용출(SE)기구는 그림 4-34에서 나타냈듯이 2종류로 나눌 수 있다. 그림 4-45의 A와 B의 용출곡선은 용출액농도가 높고 단백질이 완전히 탈착되므로 zone이 항상 용출액의 선단에 위치하여 이동하는 경우(그림 4-34의 B)에 속한다. 용출곡선이 매우 날카롭게 농축되어 있다. 한편, 그림 4-45의 C와 D의 용출곡선은 그림 4-34의 A의 용출기구에 의한 것이다. 용출완충액의 염농도가 감소됨에 따라 피크가 늦게 용출되며 피크높이도 낮다. 이와 같은 용출거동은 AFC에서도 관찰된다.[51] 그림 4-45의 A와 B 및 C와 D에서 피크높이가 크게 차이난다는 것에 유의해야 한다. 전자와 같은 용출곡선을 얻을 수 있는 것이 SE의 이점이다. 단, 극단적으로 높은 염농도의 용출액을 이용하면 모든 단백질이 하나의 피크가 갖게 된다. 또한 낮은 염농도의 용출완충액에서는 그림 4-45의 C나 D와 같은 용출곡선을 용출할 때 다음의 높은 염농도의 용출액이 피크 후반과 겹쳐 의사피크를 만들어내는 경우가 있으므로 주의해야 한다.[18] SE에서는 목적성분만 칼럼에 보유되고 다른 불순물질이 용출되거나 그 반대의 조건을 설정하지 않으면 안 된다. AFC에서는 이와 같은 조건을 간단히 설정할 수 있으나 IEC 또는 HIC에서는 용이하지 않다.

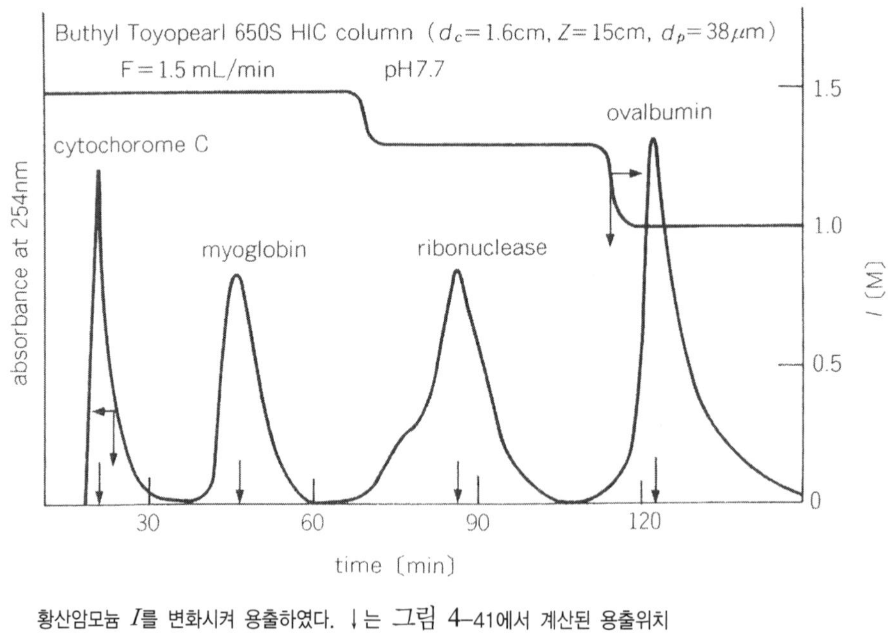

황산암모늄 I를 변화시켜 용출하였다. ↓는 그림 4-41에서 계산된 용출위치

그림 4-46 HIC 칼럼에서의 단계용출실험결과[104]

그림 4-41에서 나타낸 K와 I의 관계에 기초하여 HIC 칼럼에서의 단계용출을 설계하여 실행한 결과를 그림 4-46에 나타냈다. 각 성분이 잘 분리되었으며 그림 4-41에서 예측되는 위치에 용출되었음을 알 수 있다.

실제시료에는 수많은 불순물이 포함되어 있다. 그림 4-47의 시판조효소의 LEG-IEC 실험결과에서 많은 피크가 관찰되는데 여기서는 그림에 나타낸 A, B, C의 3가지 피크에 착안한다. 피크A는 용출시작 직후에 용출곡선되므로 초기완충액으로 씻어 내릴 수 있을 것으로 예상된다. 피크B가 목적효소이다. 피크C는 가장 강하게 흡착되는 불순물이다. 피크B, C의 GH~I_R곡선에서 구한 K~I에서 최적용출염농도(I_E)는 0.15M로 결정된다.[112] 그림 4-48은 SE 실험결과이며 그 HPIEC에 의한 순도검정결과를 그림 4-49에 나타냈다. $I_E=0.15$M에서 혼입된 불순물이 가장 적다는 것을 알 수 있다. 앞에서 말했듯이 SE에서는 피크가 하나로 보여도 실제로는 상당한 양의 불순물이 혼입되어 있는 경우가 있으므로 주의할 필요가 있다(LGE와 SE의 설계방법의 상세에 대해서는 문헌 18을 참조).

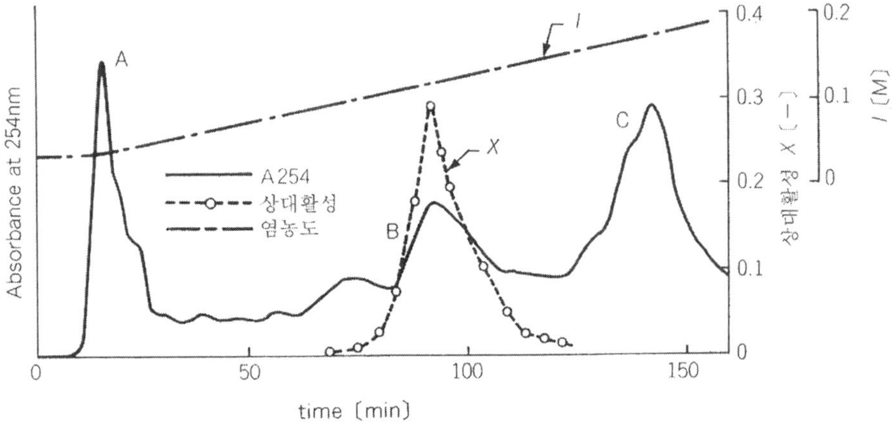

칼럼 : DEAE Toyopearl 650S(d_c=1.6cm, Z=15cm)
염(NaCl)농도구배 $g=6\times10^{-4}$M/mℓ
F=2mℓ /min, 샘플 1% 10mℓ

그림 4-47 β－갈락토시다아제의 직선염농도구배용출 IEC 실험결과[112]

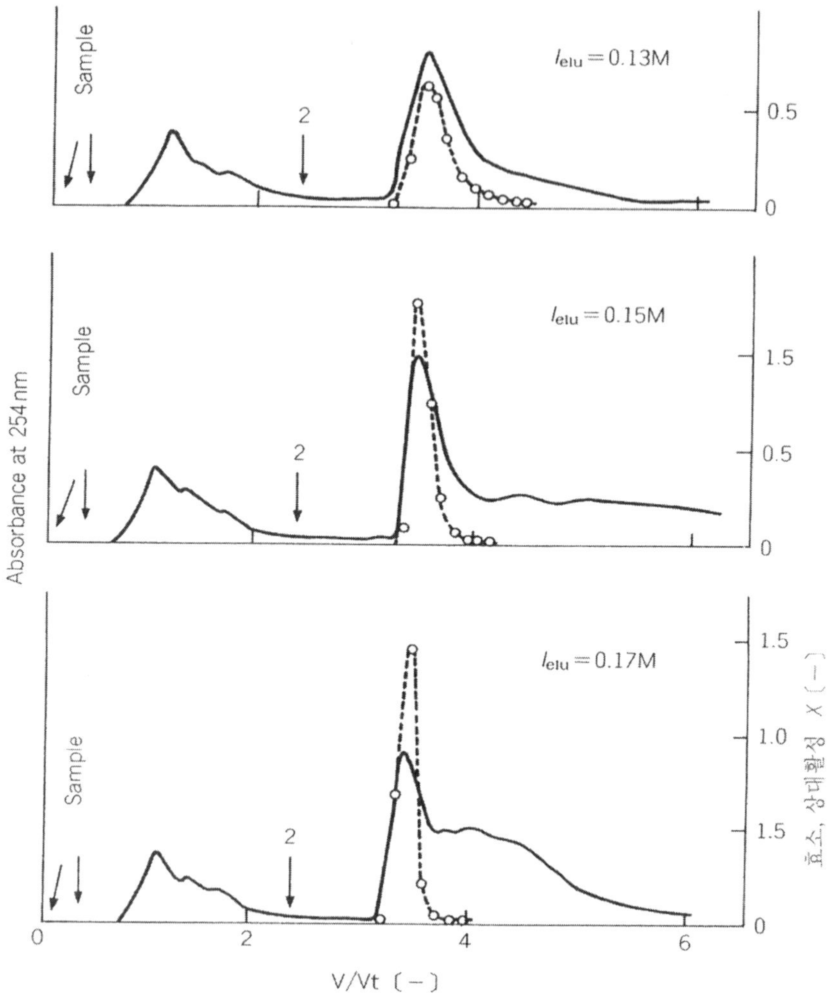

칼럼 : DEAE Toyopearl 650S(d_P=40μm d_c=1.6cm, Z=15cm)
용출은 완충액(pH 7.7)내의 NaCl농도를 0.03M에서(2의 위치에서) 소정의 염농도로
변화하여 시험하였다.
시료 : 조β−갈락토시다아제, 1%, 101ℓ
F=1.3mℓ /min, 25℃.

그림 4-48 단계용출에서의 용출액의 염농도의 영향[112]

실선의 파선은 UV검출기출력과 효소활성을 나타낸다.

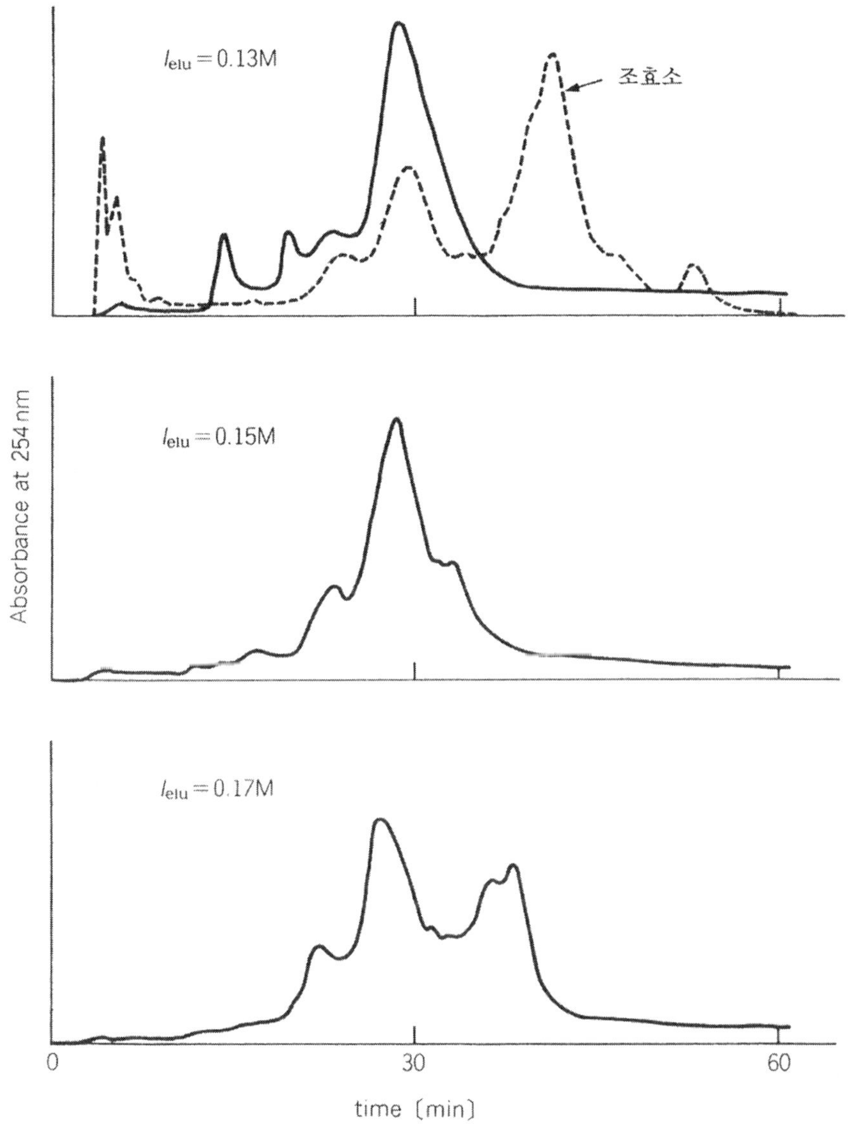

칼럼 : TSK-gel DEAE 5PW(d_P=10μm d_c=0.75cm, Z=7.5cm)
g=0.0047M/mℓ , F=1mℓ /min, pH 7.7

그림 4-49 HPIEC에 의한 순도검정[112]

그림 4-48의 각 활성회수부분을 투석하여 시료로 하였다.

4-6-5 부하량[18],[113]

흡착 크로마토그래피에서는 도입된 시료가 칼럼 상부에 흡착되므로 GFC와 같은 시료체적이 근소한 증가에 의한 용출곡선의 확산은 생기지 않는다. 부하량을 엄밀히 고려할 때는 4-6-1장에서 설명했듯이 용량과 농도를 따로 취급할 필요가 있다. 그러나 부하량이 그다지 높지 않을 때는 단백질의 용출거동은 시료용량에 의존하지 않으므로[104],[109] 칼럼체적당 단백량으로 생각해도 좋다. 부하량은 포함되어 있는 불순물질의 양 또는 희망하는 정제도에도 크게 의존한다. IEC나 HIC에서는 AFC와는 달리, 목적물질 이외에도 흡착을 하므로 목적물질의 최대흡착에서 부하량을 계산할 수 없으며 시료부하량을 바꾸어 실험하여 회수된 목적물질의 순도에 의해 최적부하량을 결정하지 않으면 안 된다.[112]

4-6-6 정리

IEC와 HIC의 특징을 이하에 정리한다. ①다량의 시료를 처리할 수 있으며 농축도 가능하다. ②대부분의 단백질이 적당한 조건에서 흡착되며, 이어서 염농도의 변화로 높은 회수율로 용출된다. ③칼럼길이가 비교적 짧아도 된다. ④비교적 빠른 유속으로 조작이 가능하다. ⑤수많은 시판충전제의 입수가 가능하고 AFC 충전제에 비해 저가이다. 그러나 크로마토그래피변수의 수가 GFC에 비해 대단히 많고 각 변수가 복잡하게 분리거동에 영향을 미친다. 따라서 GFC와 같은 간단한 규모확대 계산이 불가능하므로 각 변수의 분리거동에 대한 영향을 잘 이해한 뒤 필요한 데이터를 얻기 위한 실험을 해야 한다. 분리 · 정제의 향상은 항상 어떠한 희생에 의해 성립된다는 것을 유의해야 한다. IEC 또는 GFC에서는 항상 목적성분에 근접한 불순물질이 존재하므로 회수율과 정제율은 상반되는 인자이다. 따라서 목적을 사전에 명확히 정한 다음 설계해야 한다. 여기서는 주로 고분자인 단백질을 대상으로 설명하였다. 저분자의 IEC에서는 식(4.14)에서도 알 수 있듯이 결합에 관여하는 전하의 수가 적으므로 K의 I에 대한 의존성이 약하다. 즉, 어느 I에서 많은 물질의 K가 10이하가 된다. 또한 입자내 확산도 1자릿수 크다(20℃에서 단백질의 D_m은 $1\times10^{-6}cm^2/s$이하인데 비해, 아미노산의 D_m은 $0.8\sim1\times10^{-5}cm^2/s$이다. 부록4 참조). 그 결과, isocratic elution 또는 1단의 단계용출에서 많은 피크를 분리할 수 있다.[114] 또한 $\nu(=ud_p/D_m)$ 값이 낮아져 이론단이 높아지므로 비교적 빠른 유속에서도 분리효율이 높다는 것을 알 수 있다. 또한 저분자의 LGE에서는 zone sharpening effect가 약하여 피크의 폭이 I_R에서의 isocratic elution값과 가까워진다.[115],[116]

4-7 고정층 흡탈착조작(Affinity Chromatography)도

목적물질과 생물학적 친화성을 가진 리간드를 도입한 고정상을 이용하는 affinity chromatography (AFC)는 최근 가장 발달한 고도분리수법이다. 목적물질만이 선택적으로 칼럼에 흡착되므로 칼럼의 유효이용률이 높다. 일반적으로 AFC는 다음과 같이 조작된다(그림 4-50).[20],[117],[118]

① 목적물질을 칼럼에 포화근처까지 특이(선택)적으로 흡착시킨다.

② 미흡착 또는 약하게 흡착된 불순물질을 씻어 내린다.

③ 목적물질을 탈착(용출)한다.

①의 조작에서 리간드의 소수기나 해리기에 의해 비특이적 흡착이 작용하며 불순물질까지도 칼럼에 보유되는 경우가 있으므로 주의가 필요하다. ③의 탈착(용출)조작에서는 목적물질과 생산학적 친화성을 가진 물질(보효소, 기질아날로그 등)을 이용하는 용출과 이동상의 pH나 염농도를 변화시키는 용출의 2가지 방법이 가능하다. 공업적으로는 비용면에서 후자가 유리하다.[118]

면역 AFC와 같이 흡착특이성이 매우 강한 경우 용출(탈착)에 상당히 엄격한 조건이 요구되므로 목적물질이 변성될 우려가 있어 주의해야 한다.[118],[119] 또한 군특이적 AFC라 해도 회수율이 낮은 경우가 있다.[120]

AFC의 리간드 및 분리 예에 대해서는 문헌과 단행본, 총설을 참조하기 바란다.[20],[117],[118],[120~122]

i) 흡착조작 : AFC의 흡착등온선은 매우 favorable이며 4-2장에서 설명한 Langmuir식이나 Freundlich식으로 표현되는 경우가 많다. 그림 4-51은 소 혈청 알부민(BSA), NAD를 보효소로 하는 탈수소효소군을 군특이적으로 흡착할 수 있는 것으로 알려져 있는 블루색소(Cibacron blue) AFC 칼럼에 대한 BSA의 흡착등온선을 나타낸 것이다.[48] 실험결과는 Langmuir식으로 나타낼 수 있으며, 대응되는 파과곡선을 그림 4-52에 나타냈다. 면역 AFC와 같이 흡착이 매우 강한 경우의 파과곡선은 직각평형의 해로 정밀도 있게 표현할 수 있다.[46],[123]

ii) 세정조작 : 불순물의 분배계수 K가 일정하다고 가정할 수 있으면 4-4장의 모델에 의해 불순물의 용출거동을 계산할 수 있다. 일반적으로는 불순물의 흡착평형을 측정하지 않고 실험에 의해 예를 들어 280nm의 흡광도가 어느 레벨로 떨어질 때까지 세정하여 세정시간(액량)을 정한다.

iii) 용출조작 : 용출은 4-6장에서 설명한 수법으로 해석할 수 있다. 즉, $I(z,t)=f(K_I, N_I)$와

$C(z,t)=f\left[K_P(C,I),\ N(C,I)\right]$ 를 모델화하여 용출곡선을 계산할 수 있다. 큰 차이는 용출 전에 시료가 칼럼의 상당부분을 차지하고 있다는 것이다. 또한 용출방법은 단계용출이 일반적이다. 지금까지의 많은 AFC의 해석에서는 K_P를 $I>I_0$에서 0으로 놓는 간편한 방법이 많았다.[46],[118] 실제 조작에서는 조작시간, 회수율의 효율을 고려하여 적당한 X값으로 흡착조작을 종료하고 세정, 용출을 행한다. 군특이적 AFC에서는 직선농도구배용출을 하는 경우가 있는데 그 취급은 4-6장과 동일하다.

앞에서 설명했듯이 AFC의 조작은 4-4장에서 설명한 고정층 흡탈착조작의 이론을 적용할 수 있는 부분이 많다.[19],[46~51],[118],[119] 그러나 AFC는 회수율이 매우 낮은 경우가 많다.[120],[121] 또한 사용횟수가 많아지면 분리성능이나 흡착성능이 저하되는 경우가 있다.[124] 이러한 경우는 파과곡선의 파과시간이 감소하므로 당연히 ⅰ)의 흡착조작에서 시료공급량을 사용횟수에 맞추어 줄일 필요가 있다.

이와 같은 취약화는 시료내의 불순물에 기인하는 경우가 많으므로 가능한 시료내의 불순물을 제거해 두는 것이 바람직하다.

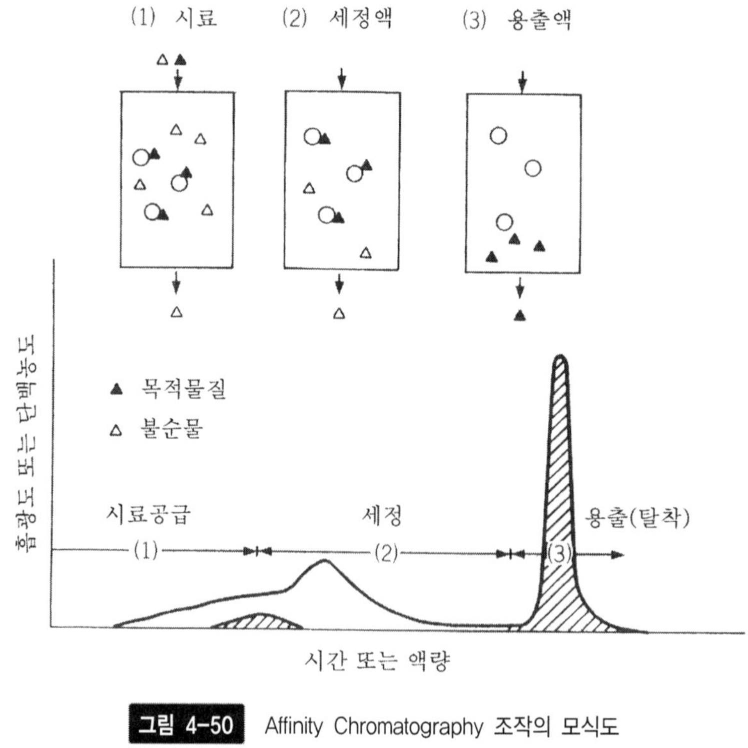

그림 4-50 Affinity Chromatography 조작의 모식도

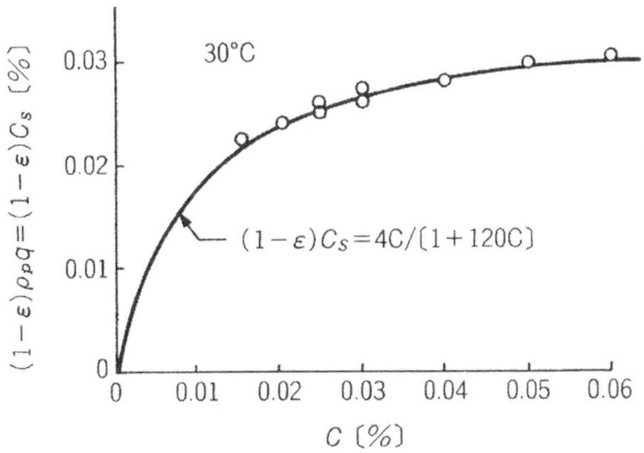

칼럼 : Blue-Sepharose CL-4B

그림 4-51 소 혈청 알부민의 Blue-색소 칼럼에의 흡착등온선[48]

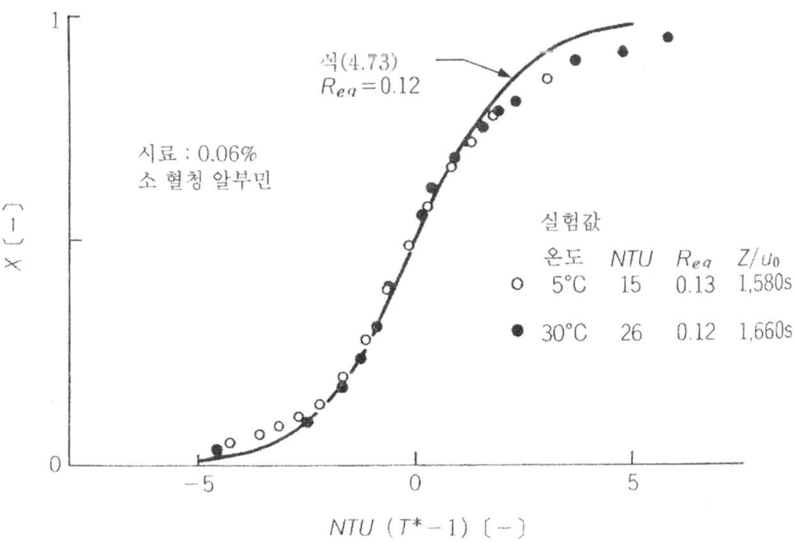

칼럼 : Blue-Sepharose CL-4B

그림 4-52 Blue-색소 Affinity 칼럼에서의 소 혈청 알부민의 파과곡선[48]

4-8 다성분계 고정층 흡착조작 및 displacement chromatography

공급시료내의 각 용질이 충전제의 흡착부위의 수에 비해 문제가 되지 않을 정도로 낮은 농도이면 각 성분이 독립적으로 움직인다고 볼 수 있다. 따라서 지금까지 설명해온 이론이 성립한다. 그러나 각 성분의 농도가 높아 그 존재가 다른 성분의 흡착평형에 영향을 미칠 수 있는 경우는 별도의 취급이 필요하다.[7],[10],[16]

간단하게 평형모델, 4-4-1 (1)에서 2성분의 파과곡선을 생각해보자. 만일 두 성분(A, B)의 평형이 직선이고, 상호작용이 없고, 흡착부위에 대한 경쟁도 없다면 각 성분을 단독으로 얻은 파과곡선의 합계로 결과가 얻어진다(그림 4-53(a)).

한편, 흡착평형이 비선형으로 favorable이며 서로의 존재에 의해 단독으로 존재했을 때보다 흡착량이 감소할 경우 단순한 합계가 아닌, 그림 4-53(b)와 같이 복잡해진다. 물질수지에 의해 각 성분에 대해 이하가 성립하다.

C의 첨자 A_1, A_2, B_2는 그림 4-53(b)내의 농도이다. $C_{s,A2}$, $C_{s,B2}$는 각각 C_{A2}, C_{B2}의 평형농도이다.

$$V_2 C_{B2} = V_0 C_{B2} + (V_t - V_0) C_{s,B2} \tag{4.112}$$

$$V_2 C_{A2} - (V_2 - V_1) C_{A1} = V_0 C_{A2} + (V_t - V_0) C_{s,A2} \tag{4.113}$$

만일 A, B성분의 흡착평형을 다음 식으로 표현할 수 있다고 하면

$$C_{s,A} = Qk_1 C_A / (1 + k_1 C_A + k_2 C_B) \tag{4.114}$$

$$C_{s,B} = Qk_2 C_B / (1 + k_1 C_A + k_2 C_B) \tag{4.115}$$

식(4.112)~(4.115)에서 다음 관계식이 구해진다.

$$C_{A2} = \{(1 - V_1/V_2)/[(1 - V_0/V_2)(1 - k_1/k_2)]\} C_{A1} \tag{4.116}$$

따라서 C_{A2}에서 C_{A1}을 계산할 수 있다.

실제조작에서는 고정층조작에서 발생한 다양한 물질이동으로 인해 그림 4-54와 같이 4개의 zone이 생긴다. zoneⅡ와 zoneⅣ가 그림 4-53(b)의 2개의 zone과 대응한다. 원리적으로는 2성분 이상이라도 각 성분의 흡착평형이 다른 성분의 함수로서 구해지면 4-4장의 모델에 의해 흡

착거동을 예측할 수 있다. 그러나 각 성분을 분별 · 정량하는 것은 어려우므로 흡착평형식을 미리 가정하여 평형식의 매개변수를 결정하는 것이 간단한 경우도 많다.[126] 정형농도분포를 가정하는 다성분계에서의 고정층 흡착조작의 간단한 계산법을 비롯하여 많은 유용한 보고가 제시되어 있다.[7],[10],[127~133]

이와 같은 다성분계 흡착에서의 치환효과(displacement effect)를 적극적으로 분리에 이용하는 수법을 displacement chromatography라고 한다.[16],[134],[135] 그림 4-55에 나타낸 흡착등온선을 가진 물질의 혼합물을 생각해보자. 성분4는 칼럼고정상에 가장 강한 친화력을 가지며 그 존재 하에는 성분3이 거의 흡착하지 않는다. 성분3을 단독으로 칼럼에 첨가한 후 성분4를 칼럼에 공급하면 성분3은 성분4에 의해 고정상에서 밀려나와 그 농도에 대응한 속도로 칼럼을 이동하는데, 어느 일정시간을 경과한 후 성분4와 같은 이동속도를 가진 장방형의 zone이 된다. 일단 형성된 zone은 그 농도 그대로 칼럼내를 이동한다. 이와 같은 정상상태에 달했을 때의 각 성분의 농도를 그림으로 결정하는 방법을 그림 4-55에 나타냈다.[16]

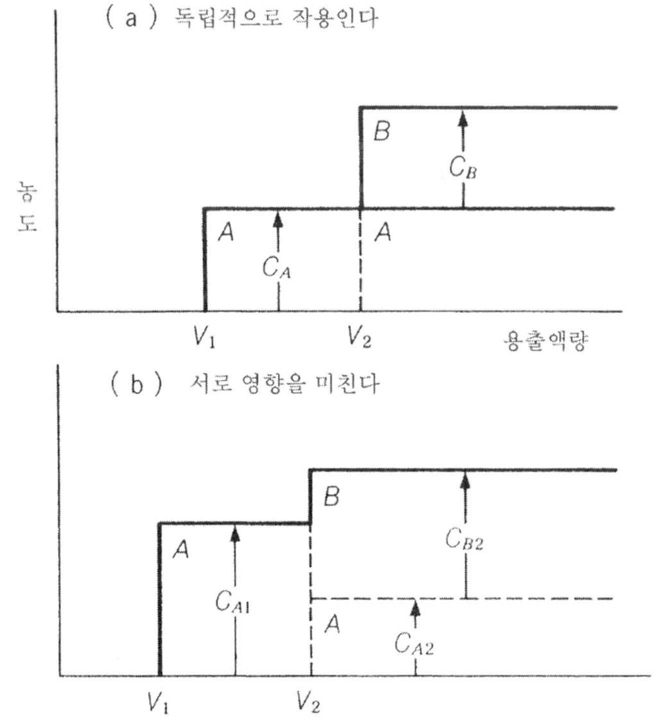

그림 4-53 2성분의 파과곡선

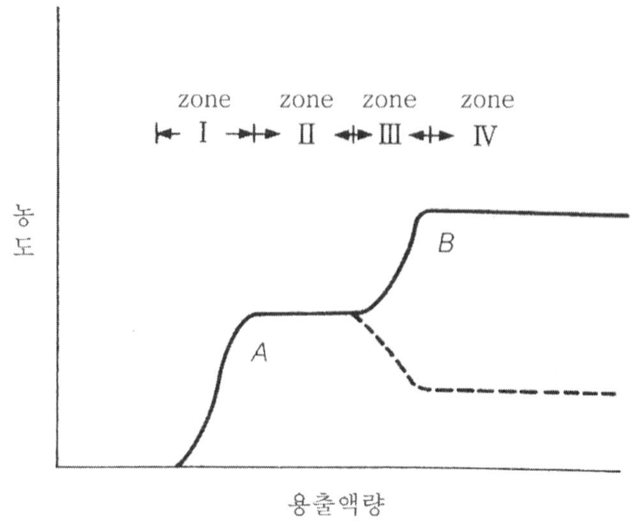

그림 4-54 실제 2성분의 파과곡선의 모식도

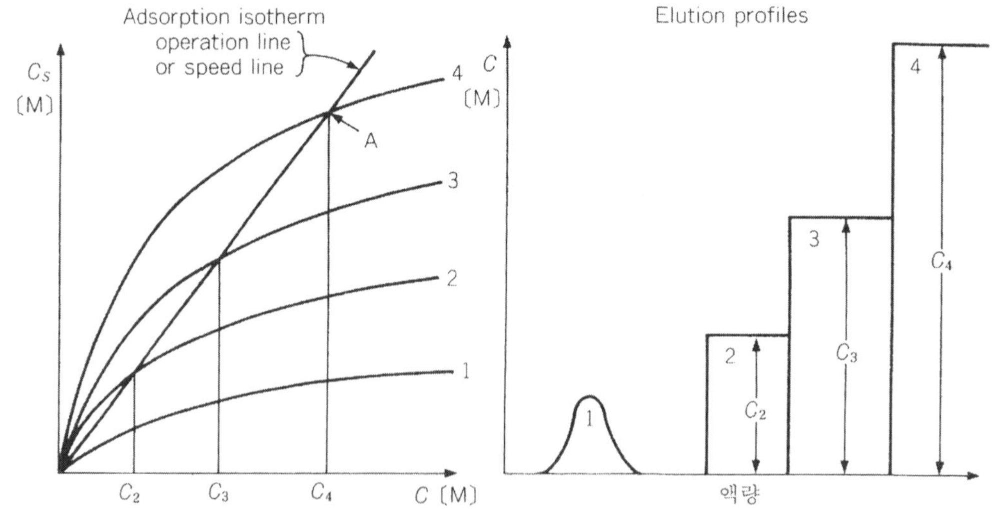

그림 4-55 Displacement Chromatography의 분리원리

흡착등온선의 원점에서 공급되는 가장 흡착량이 높은 물질의 초기농도(A점)에 직선을 그린다. operation(또는 speed) line이라 불리는 이 직선과 각 성분의 등온선의 교점이 정상상태에서의 각 성분의 zone농도가 된다. 그림에서 성분1과는 교점이 없으나 이러한 경우는 displacement effect가 작용하지 않으며 통상의 isocratic elution(단, 평형관계는 비선형일지도 모른다)과 동일해지며 용출곡선이 얻어진다.

실제로는 물질이동속도의 영향으로 각 zone간에 두 성분이 혼합된 영역이 존재한다. 또한 실제 분리조작을 위해서는 적당한 스페이서(spacer)가 필요하므로 생화학물질이나 식품관계재료에 이용된 예는 적다.[136] 단, 고정상의 흡착능력의 유효이용이라는 점에서는 우수한 분리(분취) 방법이라 생각된다.

4-9 고정층 이외의 흡착조작

4-9-1 교반(혼합조)조작

교반조 내에서 흡착제와 용질을 접촉시키는 방법에 있어 물질수지는 다음 식과 같다.

$$V_0 dC_{(n)}/dt + (V_t - V_0) d\overline{C}_{s(n)}/dt = F[C_{(n-1)} - C_{(n)}] \tag{4.117}$$

여기서, V_t는 (각) 완전혼합(교반)조 체적, V_0는 그 중 용액이 차지하는 체적이다. 따라서 $(V_t - V_0)$는 흡착제가 차지하는 체적(=흡착제중량/흡착제밀도)을 나타낸다. 다단조작의 경우를 고려하여 단수를 나타내는 첨자 n을 붙였다. 1단 조작에서는 $n=1$이다. $C_{(0)}$는 1단째에 공급하는 농도가 된다. 불연속조작에서는 $F=0$이 되므로 4-3-2에서의 설명을 그대로 적용할 수 있다. $d\overline{C}_s/dt$는 4-3-2에서 설명했듯이 엄밀하게는 입자내 확산방정식과 경막물질이동을 나타내는 식을 이용하고, 간단하게는 직선추진력근사식을 이용한다. 흡착평형 및 물질이동을 나타내는 매개변수를 알면 식(4.117)을 적당한 경계조건, 초기조건에서 계산하여 조작조건을 구할 수 있다. 직선추진력근사를 이용하면 상미분방정식이므로 수치계산도 쉽게 할 수 있다. 해석해가 얻어지는 경우도 있다.[7],[10]

교반(혼합조)조작은 고정층조작에 비해 조작조건이 한정된다, 흡착제가 마모 · 파손된다, 효율이 낮다, 흡착제를 분리하는 대책이 필요하다, 등의 결점이 있다. 그러나 고정층에서는 바로 눈막힘이 일어날 수 있는 불용성물질이나 입자물질이 포함되어 있는 시료의 처리에는 혼합조조작이 적합하다. 또한 매우 연질인 LC젤을 대형 칼럼에 충전하면 압밀을 일으켜 조작이 어려워진다. 이와 같은 젤에서는 약하게 교반한 혼합조조작이 유용한 경우가 있다.

일반적으로 흡착평형이 매우 favorable하여 선택성이 높을 때는 혼합조조작에서도 분리도가 높다.

4-9-2 (의사)이동층조작

고정상에 강하게 흡착하는 성분 A와 거의 흡착하지 않는 성분 B의 2성분을 분리할 때 고정상과 이동상을 향류로 접촉시키면 효과적으로 분리할 수 있다(그림 4-56). 실제로는 충전제를 연속적으로 이동시키면 충전제의 마모와 장치적인 문제가 있다. 따라서 몇 개의 고정층 칼럼을 이용하여 마치 이동상과 고정상이 향류로 접촉하는 이동층조작과 동일한 효과를 얻으려는 방법을 의사이동층(Simulated Moving Bed, SMB)조작이라 한다.[137~145]
그림 4-56에 기초하여 SMB의 분리기구를 생각해보자. 이동층(액상)은 우에서 좌로, 반대로 고정상은 좌에서 우로 이동하고 있다. A성분은 고정상에 강하게 흡착하고, B성분은 흡착하기 어렵다고 하자. 이와 같은 분리기구가 제대로 작용했을 때의 농도분포는 그림 4-57과 같다. 따라서 zone I 에서의 이동상 액내에는 A, B 두 성분 모두 포함되지 않으므로 다시 zone IV로 돌아갈 수 있다. 통상의 회분식고정층(LC)조작에 비하면 각 zone의 이동속도, 길이 등의 조작변수가 부가되므로 실제로 적절한 조작조건을 설정하는 것은 쉽지 않다. Hashimoto, Adachi 및 그 공동연구자들은 SMB의 몇 가지 해석수법을 제안하여 실험에 의해 이를 검증하였다.[137~140])

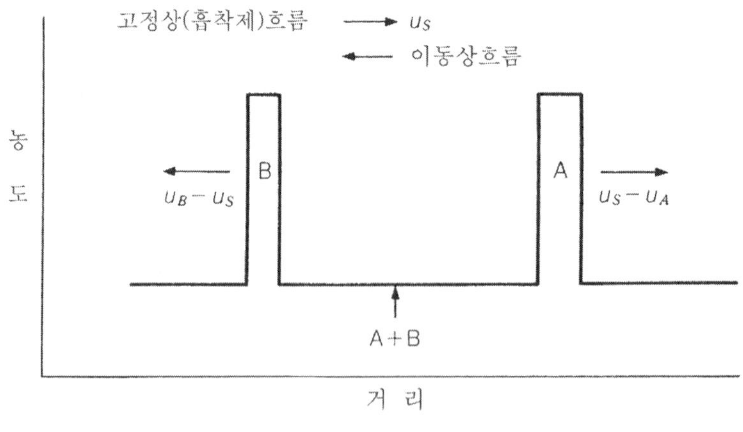

그림 4-56 이동층분리의 개념도[139]

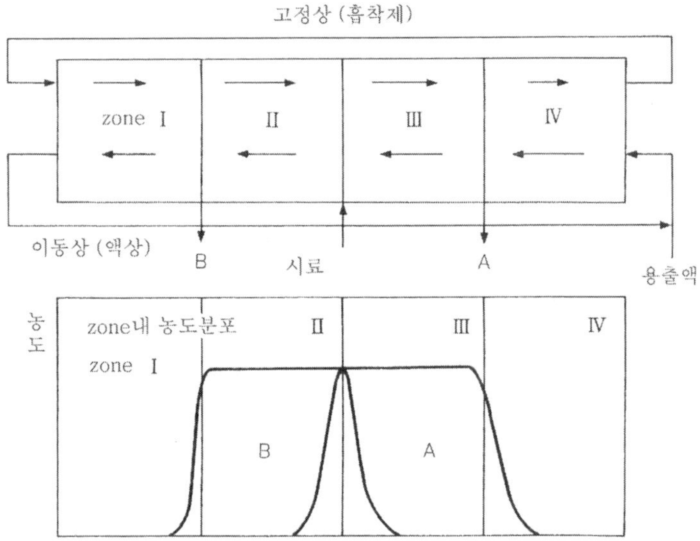

그림 4-57 의사이동층분리의 모식도[138~140]

SMB은 이미 당류의 공업적 규모분리에 이용되고 있으나[145] 조작이 복잡하다는 점, 밸브, 배관, 칼럼입구 · 출구 등에서의 분산에 의한 분리저하, 기본적으로 2성분 분리라는 점, 정상상태조삭에 시간이 필요하다는 점 때문에 그 적용범위가 한정된다. 기본적으로는 회분조작을 의사적으로 연속화한 것이므로 bed이용률[식(4.120) 참조]은 회분식과 동일하다. 생산성도 회분식보다 항상 높은 것만은 아니다.[38]

4-9-3 연속분리

4-9-2장의 의사이동층 외에 연속분리로는 회전액체 크로마토그래피[146],[147]와 Continuous Extraction Separation System(CESS)이 있다.[148],[149] 후자에 대한 일반적인 호칭은 없고 동일한 원리이지만 현재로서는 다소 다른 장치에서는 별도의 명칭을 사용하고 있다. 여기서는 CESS로 부르기로 한다.

(1) 회전액체 크로마토그래피(LC)[146],[147]

원리를 모식적으로 그림 4-58에 나타냈다. 이중원통에 충전제를 채워 원통자체 또는 입구, 출구를 일정회전수로 회전시킨다. 공급된 시료내의 용질은 각각의 분배계수 K에 따라 칼럼내를 고유의 궤적을 그리며 이동한다. 따라서 칼럼출구에서는 목적성분을 연속적으로 추출할 수 있다.[146],[147] 4-9-2장의 의사이동층조작이 2성분을 대상으로 하는데 비해, 이 방법에서는 원리적으로 다성분 분리가 가능하다.

평형모델을 이용하여 일반칼럼과 회전LC에서의 분배계수 K가 일정한 isocratic elution 2성분 분리를 생각해보자. 각 성분의 이동속도에서 구한 용출시간의 차 $(t_{R,2}-t_{R,1})=H(K_2-K_1)\tau$가 최대시료부하량 t_0가 되므로 성분2가 칼럼출구에 도달한 시간과 2회째($t=t_c$에서 $t=t_c+t_0$ 사이) 주입한 시료내의 성분1의 그것이 같아지도록 하면 최대효율을 얻을 수 있다. 사이클시간 t_c는

$$t_c=\tau(1+HK_2)+t_0-\tau(1+HK_1)=2\tau H(K_2-K_1) \tag{4.118}$$

이 되며 1사이클당 시료주입량 t_0/t_c는 다음 식이 된다.

$$t_0/t_c=H(K_2-K_1)/[t_0+H(K_2-K_1)]=1/2 \tag{4.119}$$

칼럼 미사용영역의 전체칼럼체적에 대한 비율은 다음과 같다.

$$\begin{aligned}(t_c-t_0)(Z/2)/(t_cZ)&=H(K_2-K_1)/\{2[t_0+H(K_2-K_1)]\}\\&=t_0/2t_c=1/4\end{aligned} \tag{4.120}$$

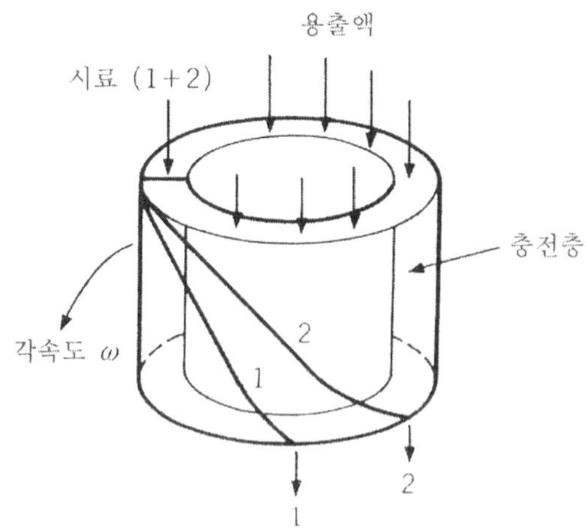

그림 4-58 회전 크로마토그래피의 개념도[146]

회전 LC 칼럼의 정상조작에 대해서는 t를 각도, τ를 $\omega\tau$(ω:각속도)로 간주할 수 있으면 위의 일반칼럼의 식을 그대로 적용할 수 있다.[150] 단, 회전 LC에서는 $t_c = 2\pi$라 해야 한다. 따라서 통상의 고정 칼럼과 같은 높이의 회전 LC를 이용하여 동일한 분리성능을 얻기 위해서는 τ를 같게 할 필요가 있으므로 $\omega = \pi / [\tau H(K_2 - K_1)]$이 된다. 또한 간략을 위해 $K_1 = 0$, $K_2 = 1$이라는 값을 위의 식에 대입하면 $t_0 = \pi$, $t_c = 2\pi$가 되며 회전 LC 칼럼의 상부 절반에 시료를 남겨놓고 절반에 용출액을 공급하게 된다.

이와 같이 평형모델에서 생각해도 통상의 회분식 LC와 동일한 생산성밖에 갖지 못하는데다, 충전의 어려움, 회전부의 장치적 어려움 등을 생각하면 대규모의 분리에 적용하기 위해서는 세심한 검토가 필요하다.

(2) Continuous Extraction Separation System(CESS)[148],[149]

CESS의 원리를 그림 4-59에 나타냈다. 흡착zone과 탈착zone, 그리고 충전제와 시료를 분리하는 막이 필요하다. 충전제에 흡착된 시료는 막을 투과할 수 없으나 막은 시료가 투과할 수 있는 세공직경을 가지고 있어야 한다. 그림 4-59에서도 알 수 있듯이 복수의 펌프가 필요하나.

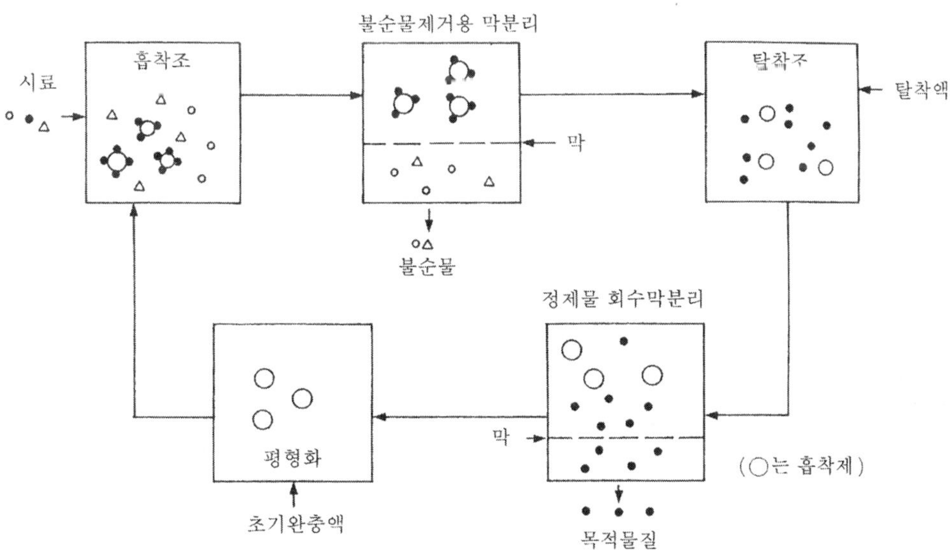

○으로 나타낸 흡착제를 막 투과할 수 없는 가용성고분자로도 완전히 동등한 조작이 가능하다.

그림 4-59 CESS의 분리원리의 개념도

또한 각 펌프의 유량설정, 각 조의 체적, 흡착제의 양 등 조작변수가 많으므로 최적의 분리조건을 설정하는 데는 세심한 검토가 필요하다. 이러한 방법으로 효율적인 분리를 하기 위해서는 흡착량과 선택성이 모두 매우 높은 것이 좋다.

4-9-4 유동층

칼럼 내부에서 충전제를 유동시키는 장치, 유동층도 4-9-1장의 혼합층과 동일한 결점을 가지고 있으나, 낮은 압손으로 높은 유속을 얻을 수 있으므로 혼합조와 마찬가지로 유용한 경우가 있다. 다단유동층의 물리수지식은 4-9-1장과 동일하다.

4-9-5 Pulse bed 방식 (간헐이동층)[152]

당액의 정제에는 간헐적으로 액과 흡착제를 향류접촉시키는 간헐이동층(pulse bed)방식이 이용된다. 당액을 칼럼 하부에서 상승시키고 흡착제를 상부에서 하강시켜 향류접촉시킨다. 칼럼 하부에서 추출된 흡착제는 세정하여 재생된다.

4-9-6 그 외의 방법

LC 또는 고정층조작은 본질적으로 일괄 프로세스로 칼럼평형화, 시료첨가, 용출, 세정의 사이클을 반복함에 따라 생산한다. 사이클조작[153], 파라메트릭 펌핑[154],[155] 등이 이루어지고 있다. 또한 칼럼 내 미이용부분을 유용하게 사용하기 위해 칼럼 도중에 입구를 여러 개 설정하여 각 시료의 이동속도에 따라 각기 다른 입구에서 공급하는 방법(moving port chromatography)도 제안되어 있다.[156]

4-10 장치 및 규모확대

액체 크로마토그래피(LC) 또는 고정층 흡착조작의 일반적인 장치의 block도를 그림 4-60에 나타냈다. 규모를 확대했을 경우도 본질적으로 장치자체를 바꿀 필요는 없다. 또한 몇 개의 장치(예를 들어 검출기)는 흡착조작에서는 사용하지 않는 편이 일반적이며 LC에서도 경우에 따라서는 생략할 수 있다. 공업장치는 컴퓨터에 의해 제어된다.

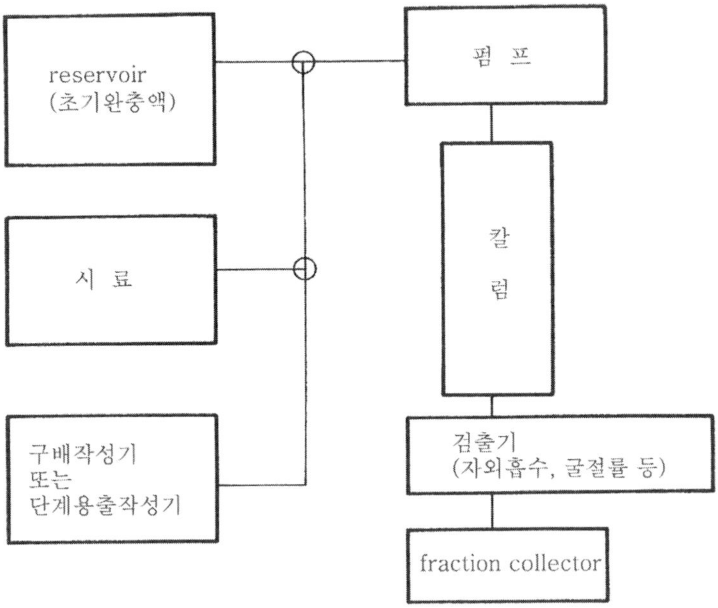

그림 4-60 일반적인 액체 크로마토그래피 또는 고정층 흡탈착장치의 block도

LC 또는 고정층의 규모확대는 다른 분리방법에 비해서 그렇게 어렵지는 않으나 이하의 점을 고려해야 한다.[18],[157]

① 충전제의 특성(기계적 강도, 내약제성)

② 칼럼용기의 구조

③ 대형 칼럼의 충전

④ 유지보수

4-10-1 공업적 분리에서의 충전제

공업적으로 이용되는 충전제는 다음과 같은 조건이 필요하다.[18],[113]

① 기계적으로 안정하다. 압밀을 일으키지 않는다.

② 세정에 사용되는 산이나 알칼리에 강하다.

③ pH 또는 염농도에 의해 bed체적이 변하지 않는다.

④ 고가가 아니며 반복 사용할 수 있다(칼럼에 충전한 상태로 용출, 세정, 평형화가 반복되

어도 장시간 칼럼효율의 저하 없이 사용이 가능하다).

⑤ 생산품(lot)의 격차가 적다.

식품을 대상으로 하는 경우는

⑥ 충전제에서 독성을 가진 물질이 (미량이라도) 용출되지 않는다. 반대로 말하면, 구성물질이 유독한 충전제는 이용하지 않는 것이 좋다.

목적물질이 안정하지 않는 효소 · 단백질 등의 생화학물질에서는

⑦ 젤 매트릭스가 친수성으로 직경이 큰 세공을 가지고 있으며 불용성으로 안정하다.

⑧ 목적의 분리원리 이외의 상호작용이 일어나지 않는다.

이상의 조건이 필요하다. 또한 최종제품의 용도에 따라 충전제를 고압살균(autoclave)할 수 있는 것이 바람직한 경우도 있다. 고도분리용 LC충전제는 구형으로 입자직경분포가 좁은 것도 요구된다.

고정층의 압력손실은 통상 Kozeny-Carman식으로 계산할 수 있다.

$$\Delta P = 180 Z \eta u_o d_p^{-2} (1-\epsilon)^2 \epsilon^{-3} \tag{4.121}$$

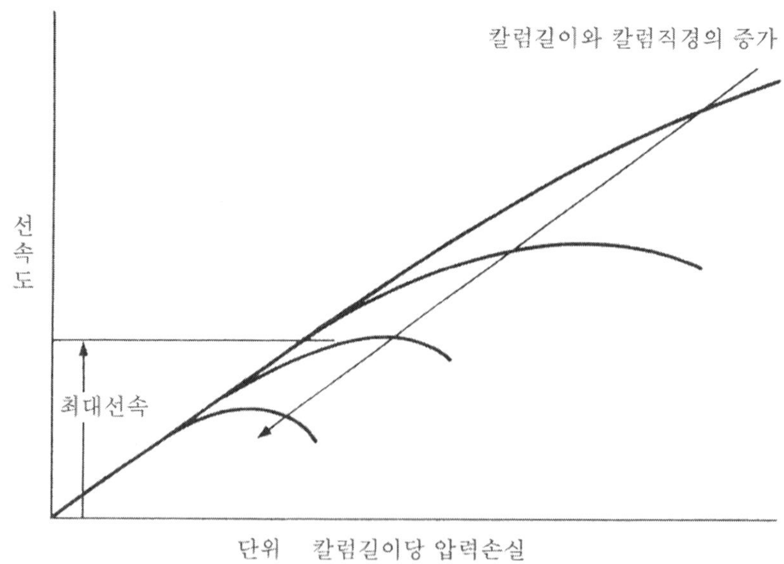

그림 4-61 선유속과 압력손실의 관계 모식도

경질의 흡착제 또는 비교적 유속이 느린 소형 칼럼에서는 위의 식에 의해 ΔP와 u_o가 직선 관계를 나타낸다. 그러나 LC용 젤은 정도의 차이는 있으나 칼럼을 대형화하면 그림 4-61과 같이 압밀화를 일으켜 조작이 어려워진다(특히 위의 ⑦의 조건을 만족하는 것은 압밀화되는 경향이 높다).[113] 압밀화를 일으킨 칼럼은 소형 칼럼보다 성능이 저하된다. 방지대책으로는 칼럼에 동심원상의 방해판을 장착한다, 적당한 경질의 입자를 혼합한다, 등이 보고되어 있다. 그러나 이러한 대책은 결국 칼럼효율을 저하시키거나 충전이 어려워지는 경우가 있다. 좋은 해결방법 중 하나는 칼럼을 다단으로 하는 것인데[113],[158] 각 단의 연결부에서의 분산이 전체적 zone의 분산에 비해 가능한 작도록 해야 한다.[47],[113]

AFC, IEC, HIC에서는 칼럼의 길이가 그렇게 길지 않아도 되기 때문에 직경이 크고 길이가 짧은 칼럼을 이용하는 경우가 많다. 최근에는 비교적 경질의 젤이 시판되어 있다. 이러한 충전제를 이용하면 대형 칼럼에서 빠른 유속으로 조작할 수 있다.

4-10-2 칼럼용기의 구조와 유지보수

칼럼입구에 도입된 액은 균일하게 젤 bed표면에 공급되어야 한다. 또한 GFC와 같이 펄스상으로 시료를 도입하는 경우는 펄스가 수평으로 흐트러지지 않고 젤 bed에 들어가는 것이 바람직하다. 현재까지 연질 젤에 주로 이용되어 온 직경 37cm, 길이 150cm의 칼럼용기에서는 입구(출구)의 포트수가 여러 개 설치되어 있다.[113] 이 용기의 인형(原型)에 대한 연구에서는 포트수가 많을수록 칼럼 dead volume에서의 흐트러짐이 줄어든다고 보고되어 있다.[158] 단, 이 칼럼용기는 원래 연질 젤을 충전하여 비교적 낮은 속도에서 조작하는 것을 목적으로 하고 있다. 한편, 소결(燒結)금속(또는 유리)에서 분산을 하는 1포트의 칼럼용기가 중압~고압의 대형 LC에 비해 효율적이라는 보고가 있다.[159],[160] 30~40μm 이하의 충전제를 이용한 대형 칼럼용기는 내압 관계로 스테인리스제를 필요로 하는 경우가 많은데 바이오프로덕트의 LC에서는 용출원충액이 적지만 염을 포함하고 있어 스테인리스의 부식에 유의가 필요하다.

한편, 비교적 입경의 큰 흡착충전제 또는 흡착제가 팽창 · 수축하는 경우는 칼럼 상부를 개방하여 reservoir를 만들어 놓는 경우가 많다.[7],[13],[161]

한번 충전한 대형 칼럼은 재충전이 번거롭기 때문에 항시 적절한 관리를 하여 칼럼성능의 저하, 압력저하를 방지해야 한다. 이러한 현상은 사용하는 시료나 용매의 성질에 크게 의존한다. LC에서는 시료, 용매 모두 불용성미립자를 제거하기 위해 0.45~0.22μm의 필터로 여과하는 것이 바람직하다. 특히 흡착 LC에서는 사용횟수가 증가하면 오염이나 강한 흡착을 하는 불순물이 축적된다. 따라서 칼럼입구 직전에 가이드 칼럼이나 인라인필터를 설치하는 것이 바람직하다.

칼럼은 몇 사이클에 1번, 각 회사에서 추천하는 방법으로 세정을 한다. 강산, 강알칼리 등의 세정에 강한 충전제는 LC의 공업화에 있어 중요하다.

당액의 정제에서는 흡착제의 한계가 수백사이클인 경우가 많다.[152],[162] LC의 경우는 시료의 성질에 크게 좌우되나 가능한 사이클수를 높이지 못하면 공업장치로서 이용이 어렵다.

4-11 설계계산순서

본장에서 설명한 모델 또는 식을 실제로 이용하여 설계계산하는 순서를 고정층 흡착조작과 액체 크로마토그래피(LC) 분리조작에 대해 몇 가지 예제와 함께 해설한다. 똑같은 예제가 다른 문헌에도 기재되어 있으므로 참고하기 바란다.[2],[3],[6~14]

4-11-1 고정층 흡착조작

예제 01 당액의 탈색

내경(d_c)=60cm의 탑에 입자직경(d_p)=0.08cm의 활성탄을 높이(Z)=500cm까지 충전하여 [공극률(ε)=0.4], 당액을 초기색가(C_0)=1g-색가/ℓ 의 5%까지 탈색한다. 체적유량(F)=500mℓ /s로 한다. 흡착평형은 문헌 10의 예제4의 값을 이용하면 Langmuir식 $C_s = QK_LC/(1+K_LC)$ 이 된다[Q=27g/ℓ –색가, K_L=100ℓ /g–색가]. $R_{eq}=1/(1+K_LC_o)=0.0099$ 이므로 불가역(직각)평형으로 생각할 수 있으며 문헌 10에서는 직각평형의 해를 이용하여 계산하였으나 여기서는 입자내 확산지배의 정형농도분포해[표4-3(B)]를 이용하여 계산해보자.

[해]

$$[R_{eq}\ln X - \ln(1-X) - (1-R_{eq})]/(1-R_{eq}) = NTU(T^* - 1) \tag{4.122}$$

$$NTU = 60H(Z/u)D_p/d_p^2 \tag{4.123}$$

$$T^* = (tu/Z - 1)/(HC_{s,o}/C_o) \tag{4.124}$$

이상의 식의 변수에서 D_p 이외는 모두 주어진 수치로 계산할 수 있다. D_p 로서는 부록4를 참조하여 20℃에서 분자량 $MW400$ 정도의 물질에 대한 값을 이용한다. 부록4의 그림에서 $MW400$ 에 대해 $D_m\eta/T = 1.3\times10^{-10}$ 이다. 20℃의 물의 점도 $\eta = 0.01g/cm \cdot s$ 이므로 $D_m = 1.3\times10^{-10} \times 293/0.01 = 4\times10^{-6}cm^2/s$ 이다. 문헌 10에서는 보정계수를 사용하였으나 여기서는 1로 가정한다. 즉, $D_p = D_m$ 으로 한다.

또한 $u = F/\left[\pi(d_c/2)^2\epsilon\right] = 0.442\,cm/s$. 다음으로 NTU를 산출한다.

$$NTU = 60[(1-0.4)/0.4](500/0.442)[(4\times10^{-6})]/(0.08^2) = 64$$

$X=0.05$에 대응하는 $NTU(T^*-1)$ 은 식(4.122)에서 −0.978이 된다. 따라서

$$T^* = 1-0.978/NTU = 1-0.978/64 = 0.985$$

$$tu/Z = 0.985(HC_{s,o}/C_o)+1 = 0.985\times1.5\times[27\times100/(1+100)]+1 = 40.4$$

$$t = 40.4\times500/0.442 = 45700s = 12.7h$$

따라서 처리한 당액량은 45700×500 = 22800ℓ 이다. 문헌 10과 같은 순서로 계산하면(즉, 보정계수를 사용한 확산계수 값을 이용한 직각평형의 해에 의한 계산), $t=12.5$hr, 처리한 당액량 = 22511ℓ 으로 여기서 구한 값과 큰 차이가 없다.

다음으로 칼럼이용률(E)를 계산한다. 식(4.122)를 식(4.98)에 대입하여 적분하여 $T^*=0.985$, $NTU=64$, $R_{eq}=0.0099$를 대입하면 $E=0.985$가 된다. 이 경우는 NTU가 크고 R_{eq}가 작기 때문에 효율이 높다.

다음으로 유량(F)를 3배로 했다면 $u=3\times0.442 = 1.326$, $NTU=64/3 = 21$이 된다. 마찬가지로 계산해가면 $T^*=0.953$, $t=4.10$h, $E=0.953$, 처리량 22120ℓ 이 된다.

예제 02 **아미노산의 흡착분리**

문헌 163의 흡착평형(L-phenylalanine-Amberlite 252 strong-acid cation exchanger, Cl^- = 0.001M)은 간단히 이하의 Langmuir식으로 나타낼 수 있다.

$$C_s = QK_LC/(1+K_LC) = 2280\times0.8C/(1+0.8C)$$

문헌 163의 그림 47의 파과곡선($d_p=0.08cm$, $Z=37cm$, $\varepsilon=0.35$, $H=(1-\varepsilon)/\varepsilon=1.86$, $u_0=0.7cm/s$, $u=u_0/\epsilon=2cm/s$, $C_0=4.7mM$)에서 NTU를 산출한다. 그림에서 $t_B=140\min(X_B=0.1), t_E=350\min=(X_B=0.9)$이다. $R_{eq}=1/(1+K_LC_o)=1/(1+0.8\times4.7)=0.21$이므로 표 4-3의 (B)식을 이용한다.

$$[(1+R_{eq})/(1-R_{eq})]\ln(X_E/X_B)=NTU(t_E-t_B)(u/Z)/(HC_{s,o}/C_o)$$

$$[(1+0.21)/(1-0.21)]\ln(0.9/0.1)$$

$$=NTU(350-140)\times60\times(2/37)/(1.86\times2280\times0.8\times0.21)$$

이 계산에서 $NTU=4$를 얻는다. 다음으로 유속을 절반으로 했을 경우와, 유속을 절반으로 하고 입자직경을 0.8배로 했을 경우를 계산한다. NTU는 유속 또는 입자직경의 제곱에 반비례하므로 각각 $NTU=8$, $NTU=13$이 된다.

다음으로 $X_B=0.1$에서의 시간 t_B는

$$f(X)=[R_{eq}\ln X-\ln(1-X)+(1-R_{eq})]/(1-R_{eq})$$

$$=[0.21\ln0.1-\ln(1-0.1)+(1-0.21)]/(1-0.21)=-1.48$$

$$t_B=[(1-1.48/8)(1.86\times2280\times0.8\times0.21)+1](37/1)$$

에서 $t_B=358\text{min}$이 된다. 이때의 칼럼이용률(E)는 다음 식으로 계산하여

$$E=T_B-T_BX_B-X_B-[X_B\ln X_B+(1-X_B)\ln(1-X_B)]/[NTU(1-R_{eq})]$$

$$=0.782$$

이 된다. 마찬가지로 계산하면 $NTU=13$에서는 $t_B=398\text{min}$, $E=0.866$이 된다.

4-11-2 액체 크로마토그래피 조작

예제 01 젤 여과 크로마토그래피(GFC)의 규모확대

칼럼직경만을 크게 했을 경우는 다음 식에 의해 체적유량 F와 시료용량 V_F를 결정하면 된다.[157)]

$$A_{c,L}/A_{c,S}=V_{F,L}/V_{F,S}=F_L/F_S \qquad (4.125)$$

여기서 A_c는 칼럼단면적, 첨자 L과 S는 대형과 소형 칼럼을 나타낸다. 칼럼길이 Z 또는 입자직경 d_p를 변화할 때를, 양방의 칼럼의 이론단수 N이 같아지도록 $HETP \sim u$ 또는 $h \sim \nu$ 곡선에서 유속을 결정한다.

일례로 소 혈청 알부민(BSA)의 HPGFC 칼럼 분리의 규모확대를 생각해보자. $h \sim \nu$는 다음과 같이 주어진다.[98)]

$$h = 4 + 0.09\nu \tag{4.126}$$

분석칼럼($d_c = 0.75cm$, $Z = 68cm$, $d_p = 10\,\mu m$, $\varepsilon = 0.4$)에서 $F = 0.09m\ell/\min$, $V_F = 0.1m\,\ell$의 조건으로 실시한 분리와 동일한 결과를 분취칼럼($d_c = 10.8cm$, $Z = 80cm$, $d_p = 17\,\mu m$, $\varepsilon = 34$)에서 얻고자 한다. BSA($MW = 70000$)의 확산계수 D_m은 부록4의 그림 4 또는 Young의 식[95)]에서 $MW = 70000$에 대해

$$D_m\eta/T = 8.34 \times 10^{-10} MW^{-1/3} = 8.34 \times 10^{-10}(70000)^{-1/3} = 2.03 \times 10^{-11}$$

20℃의 물의 점도 $\eta = 0.01g/cm \cdot s$를 대입하여

$$D_m = 2.03 \times 10^{-10} \times 293/0.01 = 6 \times 10^{-7} cm^2/s$$

이 된다.

분석칼럼에서의 선속도 $u = F/\left[\pi(d_c/2)^2\epsilon\right] = 0.0840\,cm/s$이므로 분석칼럼의 h는

$$h = 4 + 0.09\nu = 4 + 0.09\,ud_p/D_M = 4 + 0.09 \times 0.0840 \times 10^{-4}/6 \times 10^{-7} = 16.6$$

이론단수 $N = Z/HETP = Z/(h \times d_p) = 68/(16.6 \times 10^{-4}) = 4096$이 된다. 분취칼럼에서 같은 단수를 얻기 위해 필요한 h는 $h = Z(Nd_p) = 80/(4096 \times 17 \times 10^{-4}) = 11.5$가 된다. 식 (4.126)을 다시 쓰면 $\nu = (h-4)/0.09 = (11.5-4)/0.09 = 83.2$가 되며 선유속 $u = \nu D_m/d_p = 83.2 \times 6 \times 10^{-7}/17 \times 10^{-4} = 0.0294\,cm/s$가 된다.

체적유량 $F = u\left[\pi(d_c/2)^2\epsilon\right] = 55$ mℓ/min이다. 또한 V_F는 칼럼체적 V_t과 비례하여 증가시키면 되므로 V_F = 0.1×(분취칼럼체적/분석칼럼) = 0.1×244 = 24.4mℓ가 된다. 분리시간은 (칼럼길이/선유속)에 비례하므로 분취칼럼의 분리시간은 분석칼럼의 (80/0.0294)/(68/0.084) = 3.36배가 된다. 따라서 생산성(단위시간 단위칼럼체적당 시료부하량)도 3.36분의 1로 저하된다. 그림 4-62에 이 같은 계산순서로 설정한 조건의 용출곡선을 나타냈다(엄밀히 말하면, 계산값보다 분취칼럼의 유량이 약간 느리며 V_F가 설정값의 배이다).[164)]

4-5장에서 설명했듯이 $h \sim \nu$의 관계와 분배계수를 각 성분마다 알면 식(4.59)에 의해 각 성분을 계산하여 순도 및 회수율, 생산성을 계산할 수 있으므로 실제 공업장치의 설계에 유용하다. 이 계산에 의하면 생산성에는 최대값이 존재하는 경우가 있음을 나타낸다.[98]

Line	d_p (μm)	d_c (cm)	Z (cm)	V_t (ml)	F (ml/min)	시료체적 (ml)	시료농도 (%)
——	17	10.8	80	7329	47	46	1
- - -	10	0.75	67.5	30	0.89	0.09	0.4

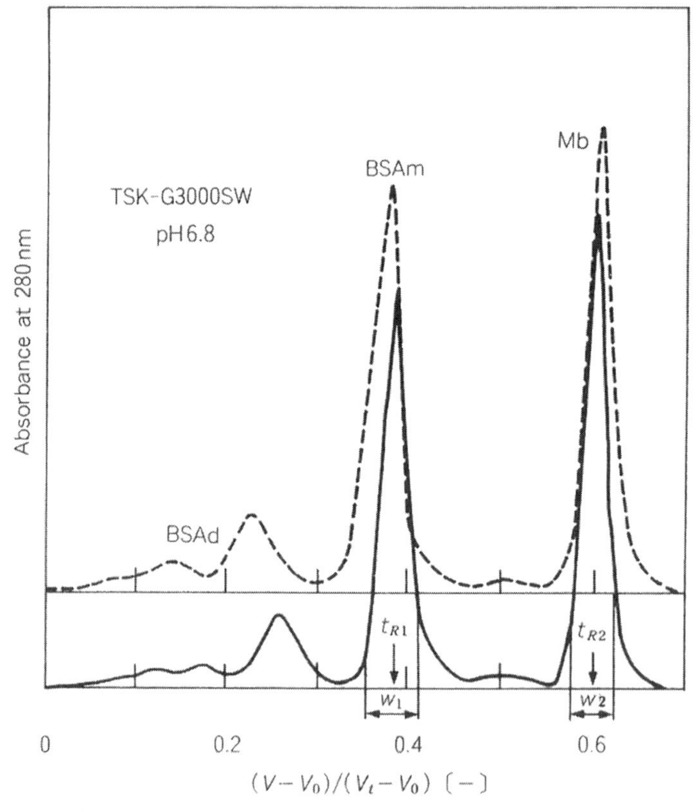

그림 4-62 고속 젤 여과 크로마토그래피에 의한 단백질의 분리[164]

BSA_m, BSA_d는 소 혈청 알부민 모노머와 다이머를 나타낸다. Mb는 미오글로빈이다.

예제 02

칼럼내경만을 증가시켰을 경우는 예제1의 식(4.125)와 같이 F, V_F를 설정하면 된다. 직선염농도구배용출에서 구배 g는 다음 식에 따라 결정된다.

$$g_L/A_{C,L} = gs/A_{C,S} \tag{4.127}$$

즉, 단위칼럼단면적당 F, V_F, g를 동일하게 설정한다. Z, F, d_p 등을 변경할 때는 간단히 규모확대 매개변수로서 4-6-3장에서 설명한

$$M^2 = \left[(D_m \cdot \ I_r \cdot \ Z) / (GH \cdot \ u \cdot \ d_p^2) \right] \tag{4.128}$$

을 사용한다. GH는 칼럼 젤 체적으로 규격화한 구배$[= g(V_t - V_0)]$이다. 분석칼럼($d_c = 1cm$, $Z = 15cm$, $d_p = 40\,\mu m$, $\varepsilon = 0.4$)을 이용하여 $u = 2.0cm/\min$, $g = 8 \times 10 - 3M/ml$의 조작조건으로 실시한 분리를 규모확대하고자 한다. 분취칼럼은($d_c = 30cm$, $Z = 30cm$, $d_p = 80\,\mu m$, $\varepsilon = 0.4$)에 최대조작선속도 $u = 0.5cm/\min$로 한다. 따라서 구배를 조절하여 분석칼럼과 동일한 분리결과를 얻어야 한다. 분석칼럼의 $GH = g(V_t - V_0) = gV_t(1-\epsilon) = 8 \times 10^{-3} \times 11.8 \times 0.6 = 0.057$이므로 M^2값은

$$M^2 = [(6 \times 10^{-7}) \times 1 \times 15] / [0.057 \times (2/60)(40 \times 10^{-4})^2] = 0.114$$

구배 $g = GH/(V_t - V_0) = GH/[V_t(1-\epsilon)] = 0.114/(21 \times 0.6) = 9 \times 10^{-3}\,\mathrm{M}/\ell$ 염농도를 0M에서 증가시켜 최종염농도 0.5M 용액을 이용하면 2조를 이용하는 구배제작장치[18]의 용량은 $(0.5 - 0)/(9 \times 10^{-3}) = 55.6\ell$ 이 되므로 각 조에 27.8ℓ 씩 넣어두면 된다.

분리시간은 Z/u에 비례하고 GH에 반비례하므로 분취칼럼의 분리시간은 분석칼럼의 $[(30/0.5)/0.114]/[(15/2)/0.057] = 4$배가 된다(생산성은 1/4).

그림 4-63은 직선염농도구배용출 IEC에 의한 조효소의 분리실험결과이다. 여기서는 GH, 선유속, 시료부하(단백량/칼럼체적)를 일정하게 하여 용출을 하였다. 용출개시 직후의 피크, 즉 그다지 강하게 흡착하지 않은 피크의 형상에는 다소 차이가 있으나 활성피크의 위치와 형상은 칼럼의 크기에 관계없이 매우 비슷하다.

단계용출의 조작조건 설정방법은 4-6-4장에서 설명했으므로 여기서는 생략하나 규모확대에는 예제1의 GFC와 마찬가지로 동일한 단수가 되도록 조작조건 및 칼럼변수를 조정하면 된다.

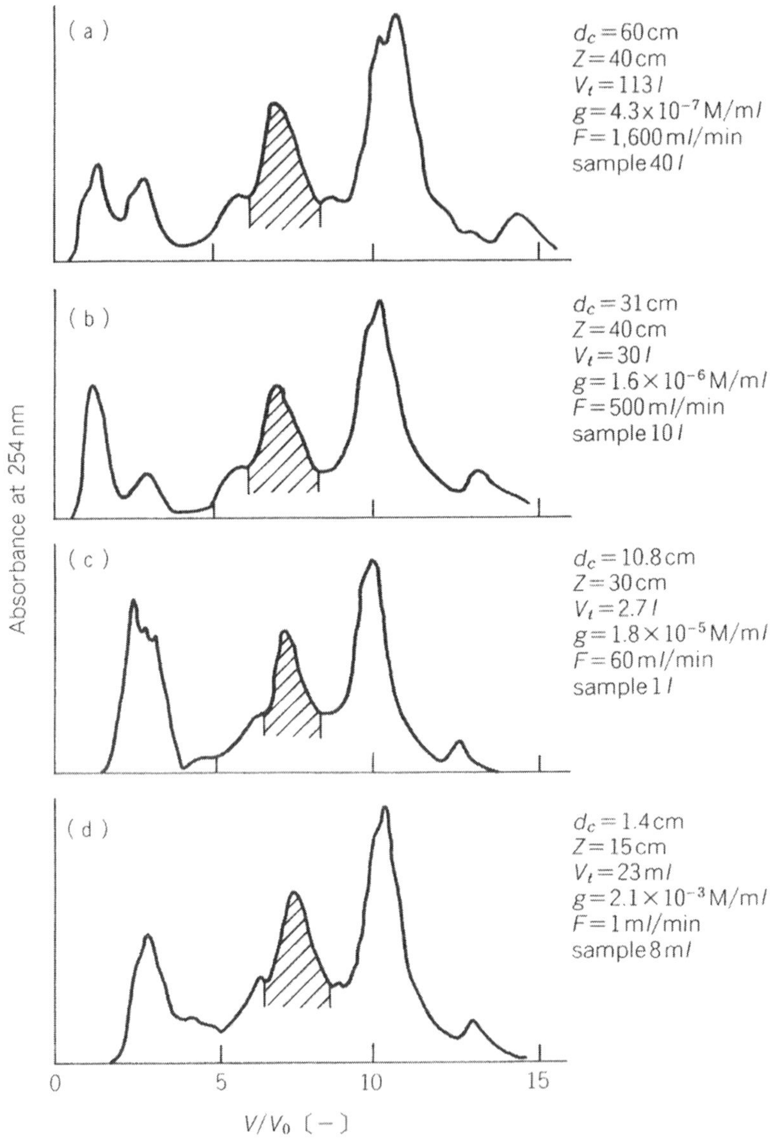

그림에 없는 실험조건과 시료는 그림 4-47과 동일하다.
샘플은 칼럼체적의 약1/3, GH를 일정하게 하여 용출하였다.

그림 4-63 대형 이온교환 크로마토그래피에 의한 조효소의 구배용출실험

예제 03 Affinity Chromatography(AFC)의 규모확대

기본적으로는 소형 칼럼에서 실험을 하여 다른 농도에서의 파과곡선을 측정함에 따라 흡착평형과 4-11-1의 예제2와 동일한 순서로 NTU를 구한다. 4-7장의 그림 4-51, 그림 4-52를 예로 들어 보자. 그림 4-52의 30℃의 파과곡선($C_o=0.06\%$, $Z/u_o=1660s$)의 $X_B=0.1$에서의 시간 $t_B=2394s$, $X_E=0.9$에서의 시간 $t_B=2583s$이다. 또한 흡착평형은 $(1-\epsilon)C_s==4C/(1+120C)$로 주어진다.

Langmuir흡착평형에 대한 정형농도분포해에서

$$\ln(X_E/X_B)(1+R_{eq})/(1-R_{eq})=NTU(t_E-t_B)/[(Z/u_0)(1-\epsilon)C_{s0}/C_0]$$

$R_{eq}=1/(1+120\times0.06)=0.12$, $(1-\epsilon)C_{s0}/C_0=4/(1+120\times0.06)=0.488$을 대입하면

$$\ln(0.9/0.1)(1+0.12)/(1-0.12)=NTU(2583-2394)/(0.488\times1660)$$

정리하면, $NTU=12$가 구해진다.

한편, 그림 4-51의 흡착평형은 다음과 같은 Freundlich형으로도 나타낼 수 있다.

$$(1-\epsilon)C_s=3.4\,C^{0.2}$$

Freundlich형 흡착평형에 대한 정형농도분포해에서

$$1/(n-1)\ln(X_E/X_B)NTU(t_E-t_B)[(Z/u_0)(1-\epsilon)C_{s0}/C_0]$$

$n=0.2$, $(1-\epsilon)C_{s0}/C_0=4/(1+120\times0.06)=0.488$을 대입하면

$$1/(1-0.12)\ln[(1-0.9^{0.8})/(1-0.1^{0.8})]=NTU(2583-2394)/(0.488\times1660)$$

정리하면, $NTU=12.6$가 구해진다.

따라서 어느 쪽 흡착평형으로 구해도 거의 같은 NTU값을 얻는다(그림 4-52의 NTU는 Reaction-kinetic model의 NTU이므로 여기서 구한 값의 거의 $2/(1+R_{eq})$배이다). AFC의 문헌에서는 Langmuir형 또는 Freundlich형의 흡착평형의 양방이 사용되고 있다.

규모확대의 순서는 4-11-1장과 동일하므로 여기서는 생략한다. AFC에서는 시료공급이 종료 후 불순물의 세정, 목적물질의 탈착(용출), 칼럼 재평형화가 이루어진다. 각각 10, 5, 20칼럼체적을 필요로 한다고 생각하면 전체분리시간 t_T는 $t_T=t_B+(10+5+20)(Z/u_0)$가 된다. 또한 $t_B=[t_B/(Z/u_0)](Z/u_0)=2394/1660=1.442(Z/u_0)$를 대입하여 정리하면

$$t_T = (Z/u_0)(1.442 + 35) = 36.4(Z/u_0)$$

이 된다. 공급된 단백질의 단위칼럼체적당의 양은

$$C_0 F t_B / V_t = C_0 t_B u_0 / Z = 1.442 C_0$$

이다. 생산성은 $1.442C_0/[36.4(Z/u_0)] = 0.04C_0u_0/Z$이 되며 이와 같은 분리시간에 대해 t_B가 크지 않을 때는 기본적으로 체류시간(Z/u_0)을 짧게 하는(즉, 유속을 높이거나 칼럼을 짧게 하는) 것이 생산성을 증가시킨다.[123] 단, 앞에서 말했듯이 칼럼을 대형화하면 최대조작유속이 저하되므로 엄밀히 말해 생산성의 최대값은 최대조작유속으로 결정되며 따라서 규모확대의 이점을 활용하지 못할 수도 있으므로 주의해야 한다.

4-11-3 정리

식(4.125), (4.127)에 따라 LC 또는 고정층 흡탈착조작의 규모확대 계산이 가능하면 간단하나, 앞에서 말했듯이 칼럼용기의 구조나 충전제의 내압으로 인해 대부분의 경우 불가능하다. 따라서 유속을 느리게 하거나 칼럼을 짧게 하는 등의 수단을 이용해야 한다. 일반적으로 LC의 규모확대에서는 입자직경을 크게 하는 경향이 있다. 그러나 이들 모두는 생산성을 저하시킨다. 또한 최대조작유속은 칼럼스케일의 증가에 따라 저하되므로 LC의 경우 칼럼직경을 크게 하는 것보다 오히려 입자직경을 작게 하여 분리기능을 높이고 1사이클 시간을 단축하여 사이클수를 증가시킴으로써 생산성을 높이는 쪽이 유리하다.

부록 1 : 물질수지모델에 의한 용출곡선 또는 파과곡선의 계산

식(4.52)~(4.54)의 해석해[57],[58]는 부정적분 등을 포함하여 실제 조작변수를 대입해 용출곡선 또는 파과곡선을 계산하는 것이 쉽지 않다.[59] 한편, 라플라스영역에서의 해의 역변환

$$C(Z,t) = \frac{1}{2\pi i}\int_{a-i\infty}^{a+i\infty} \tilde{C}(Z,p)\exp(pt)\,dp \qquad \text{(식1)}$$

을 수치적으로 하는 방법은 확립되어 있다. 가장 편리한 방법은 다음 식이다.[165]

$$C(Z,t)=[\exp(\alpha t)[\frac{1}{2}\widetilde{C}(Z,\alpha)+\sum_{k=1}^{\infty}\{Re\{\widetilde{C}(Z,\alpha+k\pi i/T)\}\cos(k\pi t/T)$$

$$-Im\{\widetilde{C}(Z,\alpha+k\pi i/T)\}\sin(k\pi t/T)\}]/T \quad \text{(식2)}$$

여기서, $\widetilde{C}(Z,p)$는 라플라스영역에서의 해, $p(=\alpha+i\beta)$는 라플라스변수이다.

Re와 Im은 각각 $\widetilde{C}(Z,p)$의 실수부와 허수부를 나타낸다. T는 $T>t_{max}/2$를 만족하는 임의의 수치이다(t_{max}는 해에서 가장 큰 t).

식(4.52), (4.53)의 라플라스영역에서의 해는 경막물질이동의 항을 무시하면[60]

$$\text{(용출곡선)}\ \widetilde{C}(Z,p)/C_0=[1-\exp(-pt_0)]\exp[f(Z,p)]/p \quad \text{(식3)}$$

$$\text{(파과곡선)}\ \widetilde{C}(Z,p)/C_0=\exp[f(Z,p)]/p \quad \text{(식4)}$$

여기서,

$$f(Z,p)=\delta/2-[(\delta/2)^2+\delta p\tau+(3HK\delta/\phi^2)g(Z,p)]^{1/2}$$

$$g(Z,p)=\phi(p\tau)^{1/2}\coth[\phi(p\tau)^{1/2}]-1$$

$$\delta=Z/(D_L/u),\ \phi=R_p/(D_s\tau)^{1/2},\ \tau=Z/u$$

(식3) 또는 (식4)를 (식2)에 대입하여 용출곡선 또는 파과곡선을 구하였다. 곡선의 적분값(즉, 0차 모멘트), 1차, 2차 모멘트가 계산에 사용한 값과 일치하는가를 검토하여 해의 정확성을 확인하였다.

부록 2 : 이론단모델에 의한 수치계산

1) Isocratic elution

isocratic의 용출곡선 또는 파과곡선, 또한 non-isocratic elution의 시료주입시(이 단계에서는 아직 isocratic이다)에서는 식(4.79)는

$$dC_{(i)}/d\theta = f\left[C_{(i)}, C_{(i-1)}, N, HdC_s/dC\right] \quad \text{(식5)}$$

이 된다(HdC_s/dC는 4-2장에서 나타낸 Langmuir식 또는 Freundlich식의 경우 해석해가 구해진다). $i=1$에서 $i=N$까지의 연립상미분방정식으로서 (식5)를 Runge-Kutta법으로 계산한다.[166]

2) Non-isocratic elution

non-isocratic elution의 용출시에는 C_s는 I와 C의 함수가 되므로

$$dC_s/d\theta = (dC_s/dI)(dI/d\theta) + (dC_s/dC)(dC/d\theta) \quad \text{(식6)}$$

$K=K(C, I)$를 대입하면 위의 식의 제1항과 제2항은 각각

$$(dC_s/dI)(dI/d\theta) = (dI/d\theta)\left[dK(C, I)/dI\right] C \quad \text{(식7)}$$

$$(dC_s/dC)(dC/d\theta) = d\left[K(C, I)\, C\right]/dC(dC/d\theta)$$

$$= \left[K(C, I)\right](dC/d\theta) + C(dC/d\theta)\left[dK(C, I)/dC\right] \quad \text{(식8)}$$

이 된다. 이들을 식(4.79)에 대입하면 다음 식이 유도된다.

$$\frac{dC_{(i)}}{d\theta} = \frac{N\left[C_{(i-1)} - C_{(i)}\right] - C_{(i)}(H)(dK\left[C_{(i)}, I\right]/dI)(dI/d\theta)}{1 + H(K\left[C_{(i)}, I\right] + C_{(i)}dK\left[C_{(i)}, I\right]/dC_{(i)})} \quad \text{(식9)}$$

이 식은

$$dC_{(i)}/d\theta = f\left[C_{(i)}, C_{(i-1)}, N, H, I, K, dK/dI, dI/d\theta\right] \quad \text{(식10)}$$

로 쓸 수 있다. 따라서 K의 함수뿐 아니라 I와 $dI/d\theta$가 시간과 거리, 즉 단수 i의 함수로서 필요하다.

염농도 I는 $K=$ 일정이므로 4-4-1장의 어느 모델로도 간단히 쓸 수 있으나 여기서는 이론단 모델을 이용한다. 단계용출에 대한 해(스텝응답의 칼럼출구에서의 해, 즉 파과곡선)는 무차원변수를 이용하여 다음과 같이 된다.

$$I_{(i')} = I_{elu} + (I_o - I_{elu})\, g(N'T, i') \quad \text{(식11)}$$

$$g(N'T, i') = \sum_{1}^{i'} g'(N'T, i') \tag{식12}$$

$$g'(N'T, i') = (N'T)^{i'-1}\exp(-N'T)/(i'-1)! \tag{식13}$$

여기서 $T = R'\theta = \theta/(1+HK')$, I_{elu}는 스텝상으로 부여한 염농도, I_o는 칼럼 초기염농도, N'는 용출에 이용하는 염의 이론단수, K'는 염의 분배계수이다. $dI_{(i')}/d\theta$는 다음 식으로 주어진다.

$$dI_{(i')}/d\theta = (I_{elu} - I_o)g'(N'T, i')R'N' \tag{식14}$$

다음으로 직선염농도구배용출에 대한 해는 다음과 같다. 단, 칼럼입구에서의 구배는 다음 식으로 표현된다고 하자.

$$I = I_o + gFt = I_o + G\theta \tag{식15}$$

여기서 I_o는 초기염농도, $g(M/ml)$은 염농도구배, $G = gV_0$는 칼럼공극체적 V_0로 규격화된 염농도구배이다. 해석해는

$$I_{(i')} = I_{(i'-1)} - G/R' + Gg(\theta, i')/R' \tag{식16}$$

또한

$$dI_{(i')}/d\theta = G[1 - g(\theta, i')] \tag{식17}$$

가 된다. 만일 칼럼내에서 이상적인 구배가 형성된다고 하면

$$I_{(i)} = \begin{cases} I_0 & \text{for } \theta \leqq (1+HK')n/N \\ I_0 + G[\theta - (1+HK')n/N] & \text{for } \theta > (1+HK')n/N \end{cases} \tag{식18}$$

$$dI_{(i)}/d\theta = \begin{cases} 0 & \text{for } \theta \leqq (1+HK')n/N \\ G & \text{for } \theta > (1+HK')n/N \end{cases} \tag{식19}$$

가 된다. 실제로 이들 식을 이용해도 거의 문제가 없다.

또한 단백질에 대한 이론단수 N은 다음과 같이 결정하였다. isocratic elution에서의 $HETP$ 식[식(4.85), $B = D = 0$]에 의해

$$1/N = HETP/Z = \{(2D_L/uZ) + d_p^2 HKu/[30ZD_s(1+HK)^2]\} \tag{식20}$$

이 된다. D_s는 4-3-2에서도 알 수 있듯이 흡착량의 함수이다. 직선평형이 항상 성립된다고 생각하면(즉, K_{pq}는 I만의 함수) 세공확산지배의 D_s는 식(4.30)에서

$$D_s = D_{crt} K_{crt} / K \tag{식21}$$

이 된다. 여기서 $D_{crt} = D_p$, $K_{crt} = K_p \epsilon_p$, $K = K_p[\epsilon_p + (1-\epsilon_p)K_{pq}]$이다. 첨자 crt는 $K_{pq}=0$, 즉 isocratic에서 흡착이 발생하지 않는 상태, 이온교환 크로마토그래피에서는 염농도가 충분히 높아 칼럼이 젤 여과 크로마토그래피로서만 작용하는 조건의 값을 의미한다. (식21)을 (식20)에 대입하면

$$1/N = \{(2D_L/uZ + d_p^2 HK^2 u / [30 Z D_{crt} K_{crt} (1+HK)^2]\} \tag{식22}$$

이 된다. K는 I만의 함수로 생각하나 직선농도구배용출 등에서는 용출시작부터 서서히 변화한다. 그러나 그림 4-33에서 설명했듯이 K는 I에 강하게 의존하므로 칼럼전체를 이동하는 K는 I_R의 K에 가까운 값이다. 따라서 (식22)의 K는 $K(I_R)$라 생각한다.

모델식을 계산하는데 필요한 값은 조작변수와 칼럼변수 이외에

① 단백질의 흡착평형데이터 : $K = f(I, C)$ 및 $dK/dI = f(I, C)$

② 단백질이 흡착하지 않는 isocratic elution에서의 $HETP$에서 구한 데이터 : D_L/u, D_{crt}, K_{crt}

③ 염의 isocratic elution에서의 $HETP$에서 구한 데이터 : $(D_L/u)'$, $D_s{}'$, K'

이 중 ③은 간단히 구할 수 있다. ②도 비교적 쉽게 측정할 수 있다. 그러나 ①은 K와 I의 관계를 사전에 예측할 수 없으므로 회분실험에서는 시행착오를 요하여 일량이 커진다. 4-6-2장에서 설명한 방법의 적용도 좋을 것이다. $K(I_R)$의 값은 ①의 데이터와 평형모델에 의해 사전에 계산할 수 있다(4-6-2장 참조). 또한 이론단모델에 임의의(예를 들어, 10~20) N을 이용하여 계산하여 그 I_R에서 $K(I_R)$를 구한 다음, (식22)에서 N을 계산하여 다시 계산해도 좋다.

연립상미분방정식의 해법에는 Runge-Kutta법을 이용하였다. 또한 단백질과 염의 단수가 다르므로 단백질의 각 단의 중심에 대응하는 염의 단의 I와 dK/dI의 값을 사용하였다.

부록 3 : 축방향 혼합확산계수의 실측값

대부분의 고정층 흡착에 관한 문헌에서는 축방향 혼합확산의 기여를 무시하고 있다. 그러나 액체 크로마토그래피(LC)에서는 종종 이 기여가 크게 작용하여 경우에 따라서는 전체의 절반이상을

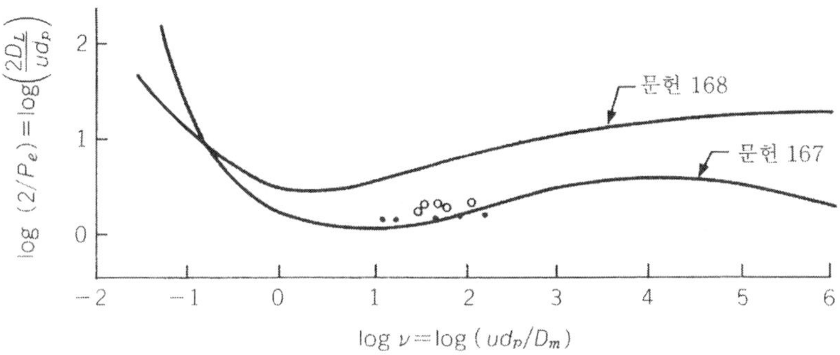

○는 문헌 76의 데이터, ●는 그림 4-27의 HW40F 칼럼의 데이터[92]

그림 1 Re와 ν의 관계

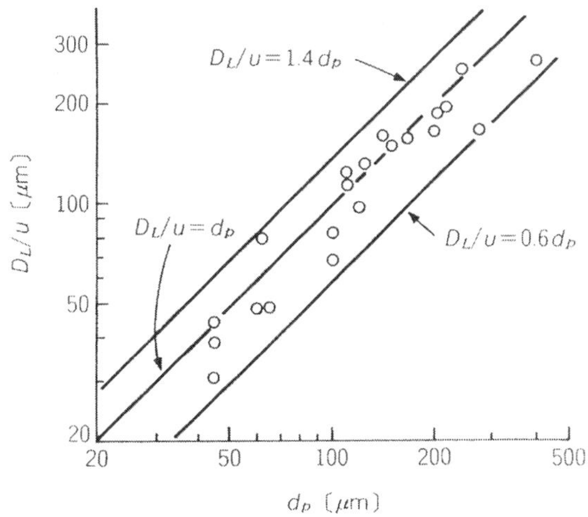

데이터는 문헌 76, 78, 92, 94, 96에서 인용

그림 2 D_L/u와 입자직경 d_p의 관계

차지하는 경우도 있다. 축방향 혼합확산계수 D_L의 실측값은 칼럼길이, 칼럼직경, 입자직경, 이들의 비뿐만 아니라 측정방법, 칼럼의 충전방법에도 크게 의존한다.[167] 일반적으로 LC의 연구논문에 있는 값은 고정층 흡착 값보다 낮다.[167]

기존의 많은 데이터들을 정리한 보고가 제시되어 있다.[167] 또한 LC에서의 값도 몇몇 논문에 정리되어 있다.[168] 이들을 페클레수 $Pe(=d_p u/D_L)$와 무차원속도 $\nu(=ud_p/D_m)$의 관계로 그림 4에 나타냈다. 또한 Pe수가 거의 일정하다고 간주할 수 있는 범위($20<\nu<300$)에서의 LC 칼럼의 Pe와 입자직경 d_p의 관계를 그림 4에 나타냈다. 이들 데이터로부터 Pe수 또는 축방향 혼합확산의 기여를 계산할 수 있다.

부록 4 : 확산계수의 계산

많은 당류, 단백질, 아미노산 또는 염류의 희박수용액에서의 확산계수 D_m은 이미 측정되어 있으며 일람표도 작성되어 있다. 표 1에 대표적인 용질의 확산계수 값을 나타냈다. 그림 4은 당류와 단백질의 D_m과 분자량 MW의 관계를, Stokes-Einstein group $=D_m\eta/T$(η:용매점도, T:절대온도)를 MW에 대해 출력하여 나타낸 것이다. 분자량이 증가할수록 확산계수가 저하된다. 또한 단백질에 대해 제시되어 있는 Young의 식[95]

$$D_m\eta/T = 8.34\times10^{-10}MW^{-1/3} \qquad (식23)$$

는 단백질의 실측값을 잘 나타내고 있다. 한편, 당류에 관해서는 분자량이 700정도까지는 분자량에 대해 Wilke-Chang계산식[169]

$$D_m\eta/T = 5.06\times10^{-9}V^{-0.6} \qquad (식24)$$

에서 유도되는 -0.6승의 의존성을 나타내고 있다(당류의 분자량 MW를 $C_6H_{12}O_6=180$의 정수배로 근사하면 용질분자량 V는 $V=1.14MW$로 나타낼 수 있다).

Wilke-Chang식의 실제 사용방법에 대해서는 문헌 170에 상세히 설명되어 있다. 또한 입자내 확산계수의 분자확산계수에서의 저하에 대해서는 문헌 21, 79를 참조하기 바란다.

표 1 대표적인 물지의 분자확산계수 D_m값

	분자량	$D_m \times 10^6$(cm^2/s)	온도(℃)	문헌
아미노산				
글리신	75	11	25℃	171
알라닌	89	9.3	25℃	171
당류				
포도당	180	6.8	25℃	172
자당	342	5.3	25℃	173
맥아당	243	5.3	25℃	174
라피노스	504	4.3	25℃	171
염류				
NaCl	58	16	25℃	175
$(NH_4)_2SO_4$	132	15	25℃	175
단백질				
리보뉴클레아제	13000	1.3	20℃	176
미오글로빈	17000	1.1	20℃	176
α-키모트립시노겐	24000	0.95	20℃	176
난백 알부민	45000	0.74	20℃	177
소 혈청 알부민	68000	0.61	20℃	177
γ-글로불린	150000	0.48	20℃	176
Thyroglobulin	670000	0.26	20℃	177

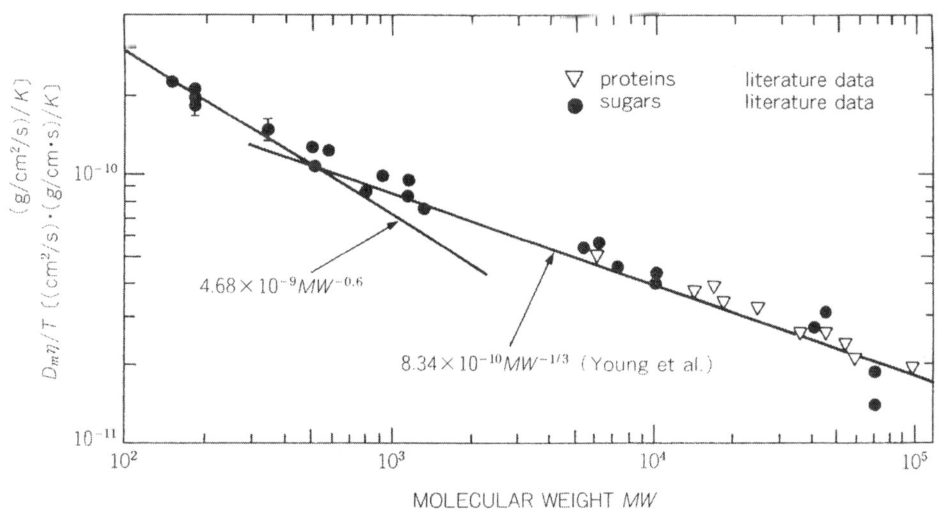

그림의 기호는 문헌값이며 문헌 171~177에서 인용

그림 3 당류와 단백질의 $D_m\eta/T$와 분자량 MW의 관계

사 용 기 호

A_c = 칼럼단면적	[cm^2]
$a_v = 3/R_p$	[cm^{-1}]
C = 용질의 이동상농도 또는 용액농도	[% or M]
C_b = 용액농도	[% or M]
C_s = 용질의 고정상농도	[% or M]
$C_{s,i} = KC_i$	[% or M]
$\overline{C}_s = (3/R_p^3)\int_0^{RP} r^2 C dr$, 용질의 고정상평균농도	[% or M]
C_e = 평형농도	[% or M]
C_{max} = 용출곡선의 최대값농도	[% or M]
C_p = 세공내 용질농도	[% or M]
C_q = 세공내 고상농도	[% or M]
C_i = 이동상의 고정상-이동상 경계용질농도	[% or M]
C_0 = 시료초기농도	[% or M]
$C_{(i)}$ = 이론단모델에서 i단째의 용질이동상농도	[% or M]
$C_{s(i)}$ = 이론단모델에서 i단째의 용질고정상농도	[% or M]
$C_{(0)}$ = 이론단모델에서 공급농도	[% or M]
$C^* = \overline{C}_s$에 대응하는 용질이동상농도	[% or M]
d_c = 칼럼직경	[cm]
d_p = 입자직경	[cm]
D_m = 분자확산계수	[cm^2/s]
D_p = 세공내 확산계수	[cm^2/s]
D_q = 표면확산계수	[cm^2/s]
D_s = 유효고정상확산계수	[cm^2/s]
D_L = 축방향 유효혼합확산계수	[cm^2/s]
$D_{s,crt}$ = 흡착이 관여하지 않는 상태의 고정상확산계수	[cm^2/s]
$E = (C_{s,o} - \overline{C}_s)/(C_{s,o} - C_{s,e})$, 평형도달률	[—]
F = 체적유량	[mℓ /min]
$G = gV_o$, V_o로 규격화된 염농도 구배	[M]
$GH = g(V_t - V_o)$, $(V_t - V_o)$로 규격화된 염농도구배	[M]
g = (염)농도구배	[M/mℓ]
$h = HETP/d_p$, 환산$HETP$	[—]
$H = (1-\epsilon)/\epsilon = (V_t - V_0)/V_0$	[—]
$HETP$ = 이론단 상당높이	[cm]
I = 염농도 또는 이온강도	[M]
I_a = 임의의 염농도	[M]
I_r = 무차원화를 위해 도입한 1의 값을 가진 변수	[M]
I_{elu} = 단계용출에서 용출액의 I	[M]
I_R = 구배용출에서 t_R에서의 I	[M]

I_0 = 초기염농도 또는 이온강도 [M]

$I_{(i')}$ = i'단의 이동상에서의 I [M]

$K = C_s/C$, 분배계수 [—]

K_{crt} = 다공성흡착제에서 용질의 흡착이 생기지 않는 상태의 K값 (즉, 분자체효과에만 의한 K값) [—]

K_e = 평형상수

k_d = 탈착속도상수 [s^{-1}]

$K_p = C_p/C$ [—]

$K_{pq} = C_p/C_q$ [—]

$K_F a_v$ = 총괄용량계수 [s^{-1}]

K_L = Langmuir식내의 변수 [$\%^{-1}$ 또는 M^{-1}]

K' = 염의 분배계수 [—]

$K_0 = C_{s0}/C_0$, C_0에 대한 K [—]

k_c = 흡착속도상수 [M^{-1} s^{-1}]

k_d = 흡착속도상수 [s^{-1}]

k_f = 경막물질이동계수 [cm/s]

k_s = 고정상내 물질이동계수 [cm/s]

$k_t a_v$ = 총괄용량계수 [s^{-1}]

$M = NTU(\theta-1)C_o/(HC_{s,o})$ [—]

N = 이론단수 [—]

N', N_I = 염에 대한 N [—]

NTU = 이동단위수 [—]

$Pe = d_p u/D_L$, 페클레수 [—]

ΔP = 칼럼압력손실 [atm or Pa]

Q = Langmuir 흡착식에서의 최대흡착량 [% or M]

q = 고정상농도(충전제중량기준) [g/g 또는 mol/g]

r = 입자반경방향의 중심에서의 거리 [cm]

$R = 1/(1+HK)$ [—]

$Re = d_p u\rho/\eta$, 레이놀즈수 [—]

$R_{eq} = 1/(1+K_L C_o)$ [—]

R_p = 입자반경 [cm]

R_s = 분리도 [—]

$Sc = \eta/(\rho D_m)$, 슈미트수 [—]

$Sh = k_f d_p/D_m$, 셔우드수 [—]

t = 시간 [min or s]

t_a, t_b = 그림 4-20 참조 [min or s]

t_B = 파과시간 [min or s]

t_E = 포화시간 [min or s]

t_R = 피크유지시간 [min or s]

t_0 = 시료주입시간 [min or s]

T = (절대)온도 [K or ℃]

$T^* = (\theta-1)HK_0$ [—]

$u = F/(A_c\epsilon) = FZ/V_o$ 공탑기준의 선속도 [cm/min]

$u_0 = F/A_c = FZ/V_t$ 공탑기준의 선속도 [cm/min]

$V = Ft$, 용출체적 [cm^3]

$V_e = Ft_R$ [cm^3]

$V_0 = A_c Z\epsilon$ 칼럼공극체적 [cm^3]

$V_t = A_c Z$ 칼럼체적 [cm^3]

W = 용출곡선의 기준선에서의 폭 [s or min]

$X = C/C_0$ [—]

$Y = C_s/C_{s0} = C_s/[K(C_0)C_0]$ [—]

Z = 칼럼길이 [cm]

Z_a = 흡착zone의 길이 [cm]

z = 칼럼입구에서의 거리 [cm]

z_p = 칼럼입구에서 zone 중심까지의 거리 [cm]

$z^* = z/Z$ [−]

〈그리스어〉

α = 식(4.33)으로 정의되는 변수 [−]

γ_m = 이동상의 굴곡계수 [−]

$\gamma_s = D_s/D_m$ [−]

$\delta = Z/(D_L/u)$ [−]

$\epsilon = V_0/V_t$, 칼럼공극률 [−]

ϵ_p = 입자공극률 [−]

η = 용매점도 [$gcm^{-1}s^{-1}$]

θ = 무차원시간 $(=tF/V_o = tu/Z)$ [−]

$\theta_R = t_R/\tau$ [−]

$\theta_0 = t_0/\tau$ [−]

λ = 충전상태를 나타내는 변수 [−]

μ'_1 = 1차절대모멘트중심 [s or min]

μ_2 = 2차중앙모멘트분산 [s^2 or min^2]

$v = d_p u/D_m$ 환산속도 [−]

ρ_s = 용액밀도 [g/min^3]

ρ_B = 충전제밀도 [g/min^3]

σ = 용출곡선의표준편차 [s or min]

$\tau = Z/u$ 칼럼공극만을 이동하는 용질의평균체류시간 [min or s]

$\phi = R_p(\tau/D_s)^{1/2}$ [−]

첨자 R은 피크위치에서의 값

0은 초기값, 빗금은 평균값을 나타낸다.

[참 고 문 헌]

[1] 吉積智司, 伊藤汎, 國分哲朗 : 단맛의 계보와 그 과학, 光琳 (1986)

[2] 柳井弘 : 흡착제 · 흡착조작의 설계, 技報堂出版 (1982)

[3] 北川浩, 鈴木謙一郎 : 흡착의 기초와 설계, 槇書店 (1987)

[4] 증보 <흡착> 공장조작시리즈7, 별책화학공업 28-15 (1984)

[5] 바이오생산물의 분리 · 정제, 佐田榮三 편, 講談社 (1988)

[6] 慶伊富長 : 흡착, 共立出版 (1965)

[7] 화학공학협회 편 : 화공편람, 12장, p.585, 개정판, 丸善 (1988)

[8] 화학공학특집, 흡착조작의 최근의 진보, 화학공학, 50, 151 (1986)

[9] Helfferich, F. : Ion Exchange, McGraw-Hill, Inc. (1962)

[10] Vermeulen, T., LeVan, M. D., Hiester N. K. & Klein, G. in Perry, R. H., Green D. W. & Maloney J. O.(eds.) : "Perry's Chemical Engineer's Handbook", 6th ed., McGraw-Hill, New York p.16-1 (1984)

[11] Lightfoot, E. N., Sanchez-Palma R. J. & Edwards, D. O., Schoen H. M.(ed.) : New Chemical Engineering Separation Technique, Intesceience, New York, p.99 (1962)

[12] Sherwood, T. K., Pigford R. L. & Wilke C. R. : "Mass Transfer", McGraw-Hill, New York (1975)

[13] Treybal, R. E. : Mass-Transfer Operations, 3rd ed., McGraw-Hill (1981)

[14] Ruthven, D. M. : Principles of Adsorption and Adsorption Processes, Wiley, New York (1984)

[15] 山本修一 : 생물화학공학강좌, 제15권, 제2분책 <크로마토그래피> 화학공업사, 인쇄중

[16] Morris C. J. O. R. & Morris, P. : "Separation Methods in Biochemistry", 2nd ed., Pitman, London (1964)

[17] Giddings, J. C. : "Dynamics of Chromatography", Marcel Dekker, New York (1965)

[18] Yamamoto, S., Nakanishi K. & Matsuno, R. : Ion Exchange Chromatography of Proteins, Marcel Dekker (1988)

[19] Yang, C. & Taso, G. T. : Adv. Biochem. Eng., 25, 1 (1982)

[20] 千畑一郎, 土佐哲也, 松尾雄志 : 실험과 응용 Affinity Chromatography, 講談社 (1976)

[21] 松野隆一, 中西一弘, 화학공학, 43, 33 (1979)

[22] Carberry J. J. : AIChE J, 6, 460 (1960)

[23] Pfeffer, R. & Happel, J. : AIChE J., 10, 605 (1984)

[24] Wilson, E. J. & Geankoplis, C. J. : IEC. Fundam., 5, 9 (1966)

[25] Chu, J. C., Kalil, J. & Watteroth, W. A. : Chem. Eng. Progr., 49, 141 (1953)

[26] Foo, S. C. & Rice, R. G. : AIChE J, 21, 1149 (1975)

[27] Crank, J. : The Mathematics of Diffusion, Oxford U. P., Oxford (1975)

[28] Carslaw, H. S. & Jaeger, J. C. : Conduction of heat in solids, Clarendon Press (1959)

[29] Schoeber, W. J. A. H. & Thijssen, H. A. C. : AIChE Symp. Ser., 73, 12 (1977) ; Schoeber, W. J. A. H., Ph. D. thesis, Technical University Eindhoven, The Nether lands (1976)
[30] Liou, J. K. & Bruin, S. : Int. J. Heat Mass Transer., 25, 1209, 1221 (1982)
[31] Glueckauf, E. & Coates, J. I. : J. Chem. Soc., 1315 (1947)
[32] Glueckauf. E. : Trans. Faraday Soc., 51, 1540 (1955)
[33] Hills, J. H. : Chem, Eng, Sci., 41, 2779 (1986)
[34] Do, D. D. & Rice, R. G. : AIChE J., 32, 149 (1986)
[35] Do, D. D. & Rice, R. G. : Chem, Eng, Sci., 42, 2269 (1987)
[36] Bogue, D. C. : Anal. Chem., 32, 1777 (1960)
[37] Huang, J. -C., Rothstein, D. & Madey, R. : J. Chromatogr., 261, 1 (1983)
[38] Hiester, N. K., & Vermeulen, T. : Chem. Eng. Prog., 48 (1952) 505
[39] Do, D. D. & Mayfield, P. L. J. : AIChE J., 33, 1397 (1987)
[40] Hashimoto, K. & Miura, K. : J. Chem. Eng. Japan, 9, 388 (1976)
[41] Miura, K. & Hashimoto, K. : J. Chem. Eng. Japan, 10, 490 (1977)
[42] Komiyama H. & Smith J. M. : AIChE J., 20, 728 (1974)
[43] 鈴木基之 : 최근의 화학공학 - 흡착공학, p.26, 화학공학협회 관동지부 (1979)
[44] 古谷英二, 竹內雍 : 화학공학, 50, 162 (1986)
[45] Smith, D. M. & Keller, J. F. : IEC Fundam., 24, 497 (1985)
[46] Arnold, F. H., Blanch, H. W. & Wilke, C. R. : Chem. Eng. J., 30, B9 (1985)
[47] Arnold, F. H., Blanch, H. W. & Wilke, C. R. : Chem. Eng. J., 30, B25 (1985c)
[48] Arnold, F. H., Blanch, H. W. : J. Chromatogr., 355, 1~27 (1986)
[49] Chase, H. A. : Chromatogr., 297, 179 (1984)
[50] Sada, E., Katoh, S. & Hieda, H. : Biotech. Bioeng., 21, 341 (1979)
[51] Sada, E., Katoh, S., Inoue, T., Matsukura, K., Shiozawa, M. & Takeda, A. : J. Chem. Eng. Japan, 17, 642 (1984)
[52] Wilson, J. N. : J. Am. Chem. Soc., 62, 1583 (1940)
[53] Weiss, J. : J. Chem. Soc., 297 (1943)
[54] DeVault, D. : J. Am. Chem. Soc., 65, 532 (1943)
[55] Lapidus, L. & Amundson, N. R. : J. Phys. Chem., 56, 984 (1952)
[56] Deisler, P. F. & Wilhelm, R. H. : Ind. Eng. Chem., 45, 1219 (1953)
[57] Rasmuson, A. & Neretnieks, I. : AIChE J., 26, 686 (1980)
[58] Wakao, N. & Tanaka, K. : J. Chem. Eng. Japan, 6, 338 (1973)
[59] Rasmuson, A. : AIChE J., 31, 518 (1985)
[60] Kubin, M. : Collect. Czech. Chem. Commun., 30, 1104 (1965)
[61] Grubner, O. & Underhill, D. : J. Chromatogr., 73, 1 (1972)

[62] Houghton, G. : J. Phys. Chem., 67, 84 (1963)

[63] Dunckhorst, F. T. & Houghton, G. : IEC Fundamentals, 5, 93 (1966)

[64] Houghton, G. :J. Chromatogr., 15, 5 (1964)

[65] Garg, D. R. & Ruthven, D. M. : AIChE J., 21, 200 (1975)

[66] Kyte, W. S. : Chem. Eng. Sci., 28, 1853 (1973)

[67] Goldstein, S. : Proc. R. Soc. Ser. A., 219, 151 (1953)

[68] Clore, G. M. & Shephard, E. P. : J. Chromatogr., 152, 1 (1978)

[69] Thomas, H. C. : J. Am. Soc., 66, 1664 (1944)

[70] Martin, A. J. P. & Synge, R. L. M. : Biochem. J., 35, 1358 (1941)

[71] Said, A. S. : AIChE J., 2, 477 (1956)

[72] Van Deemter, J. J., Zuiderweg, F. J. & Klinkenberg, A. : Chem. Eng. Sci., 5,271 (1956)

[73] Yamamoto, S., Nomura, M. & Sano, Y. : J. Chem. Eng. Japan, 19, 277 (1986)

[74] Kucera, E : J. Chromatogr., 19, 237 (1965)

[75] Grushka, E. : Methods of Protein Separation, ed. by Catsimpoolas, N., Plenum, New York, Vol.1, p.161 (1975)

[76] Nakanishi, K., Yamamoto, S, Matsuno, R. & Kamikubo, T. : Agric. Biol, Chem., 41, 1465 (1977)

[77] Snyder, L. R. & Kirkland, J. J. . Introduction to modern liquid chromatography, John Wiley & Sons, Inc. (1974)

[78] Yamamoto, S. Nakanishi, K.,Matsuno, R. & Kamikubo, T. : Agric. Biol, Chem., 43, 2499 (1979)

[79] Nakanishi, K.,Matsuno, R. & Kamikubo, T. : Memoirs of the College of Agriculture, Kyoto University, No.120, 19 (1983)

[80] Haarhoff, P. C. & Van Der Linde, H. J. : Anal. Chem., 38, 573 (1966)

[81] Poppe, H. & Kraak, J. C. : J. Chromatogr., 255, 395 (1983)

[82] DeClerk, K. & Buys, T. S. : J. Chromatogr., 63, 193 (1971)

[83] Buys, T. S. & DeClerk, K. : J. Chromatogr., 67, 1 (1972) ; 67, 13 (1972)

[84] Determann, H. & Brewer, J. E. : Chromatography, 3rd, ed., ed. by Heftmann, E., Van Nostrand Reinhold Company, New York, p.362 (1975)

[85] 武内次夫, 森定雄 : 겔 크로마토그래피(기초편), 講談社 (1972)

[86] Fischer, L. : 겔 크로마토그래피(永井, 林譯), 東京化學同人 (1975)

[87] Unger, K. K. : Methods Enzymol., 104, 154 (1984)

[88] Regnier, F. E. : Methods Enzymol., 91, 137 (1983)

[89] Churms, C. : Chromatography, 3rd. ed., ed. by Heftmann, E., Van Nostrand Reinhold Company, New York. 637 (1975)

[90] Fasold, H. : Chromatography, 3rd. ed., ed. by Heftmann, E., Van Nostrand Reinhold Company, New York. 466 (1975)

[91] Gel Filtration : theory and practice, Pharmacia Fine Chemicals, Sweden (1987)
[92] Yamamoto, S., Nomura, M. & Sano, Y. : J. Chromatogr., 394, 363 (1987)
[93] Grushka, E., Snyder, L. R. & Knox, J. H. : J. Chromatogr. Sci., 13, 25 (1975)
[94] Yamamoto, S., Nomura, M. & Sano, Y. : J. Chem, Eng. Japan, 19, 227 (1986)
[95] Young, M. E., Carroad, P. A. & Bell, R. L. : Biotech, Bioeng, 22, 947 (1980)
[96] Nakanishi, K., Yamamoto, S., Matsuno, R. & Kamikubo, T. : Agric. Biol. Chem., 42, 1943 (1978)
[97] Nakanishi, K., Yamamoto, S., Matsuno, R. & Kamikubo, T. : Agric. Biol. Chem., 43, 2507 (1979)
[98] Yamamoto, S., Nomura, M. & Sano, Y. : J. Chromatogr., 512, 77 (1990)
[99] JUSE-BIOLE users manual, 일본과학기술연수소 (1989)
[100] Giddings, J. C. : Anal. Chem., 39, 1027 (1967)
[101] Goto, M. & Goto, S. : Separ. Sci. Technol., 22, 1503 (1987)
[102] Sakiyama, T., Nakamura, K. & Yano, T. : Agric. Biol. Chem., 49, 2619 (1985)
[103] Yamamoto, S., Nakanishi, K., Matsuno, R. & Kamikubo, T. : Biotech. Bioeng., 25, 1465 (1983) ; 25, 1373 (1983)
[104] Yamamoto, S., Nomura, M. & Sano, Y. : AIChE. J., 33, 1426 (1987)
[105] Drake, B. : Arkiv, Kemi., 8, 1 (1955)
[106] Freiling, E. C. : J. Am. Chem. Soc., 77, 2067 (1955)
[107] Saunders, D. L. : Chromatography, 3rd. ed., ed. by Heftmann, E., Van Nostrand Reinhold Company, p.77 (1975)
[108] Yamamoto, S., Nomura, M. & Sano, Y. : J. Chromatogr., 396, 355 (1987)
[109] Yamamoto, S., Nomura, M. & Sano, Y. : J. Chromatogr., 409, 101 (1987)
[110] Regnier, F. E. : Methods Enzymol., 104, 170 (1984)
[111] Snyder, L. R., Stadalius, M. A. & Quarry, M. A. : Anal. Chem., 55, 1413A (1983)
[112] Yamamoto, S., Nomura, M. & Sano, Y. : J. Chromatogr., 512, 89 (1990)
[113] Janson, J. C. & Hedman, P. : Adv. Biochem. Eng., 25, 43 (1982)
[114] Hamilton, P. B. : Anal. Chem., 35, 2055 (1963)
[115] Jandera, P. & Churacek, J. : J. Chromatogr., 91, 223 (1974) ; 93, 17 (1974)
[116] Pitt, W. W. : J. Chromatogr. Sci., 14, 396 (1976)
[117] 堀尾武一, 山下仁平 : 단백질 · 효소의 기초실험법, 南江堂 (1981)
[118] 加藤滋雄 : 바이오생산물의 분리 · 정제, 佐田榮三 편, p.130, 講談社 (1988)
[119] Chase, H. A. : Chem. Eng. Sci., 39, 1099 (1984)
[120] Kopperschlager, G., Bohme, H. J. & Hofmann, E. : Adv. Biochem. Eng., 25, 101 (1982)
[121] Wilchek, M., Miron, T. & Kohn, J. : Methods Enzymol., 104, 3 (1984)
[122] 단백질 핵산 효소(별책 No.22 Affinity Chromato와 Affinity Label), 共立出版 (1980)
[123] Kamiya, Y., Majima, T., Sohma, Y. S. Katoh & Sada, E. : J. Ferment. Bioeng., 69, 298

(1990)
[124] Hamman, J. P. & Calton, G. J. : ACS Symp. Ser., 271, 105 (1985)
[125] 岡崎守男, 坪田淳, 桐榮良三 : 화학공학 제48연회, C114 (1983)
[126] Basmadjian, D. & Karayannopoulos, C. : IEC Process design and development, 24, 140 (1985)
[127] Miura, K., Kurahashi, H., Inokuchi, Y. & Hashimoto, K. : J. Chem. Eng. Japan, 12, 281 (1979)
[128] Miura, K. & Hashimoto, K. : J. Chem. Eng. Japan, 12, 329 (1979)
[129] Takeuchi, Y., Wasai, T. & Suginaka, S. : J. Chem. Eng. Japan, 11, 458 (1978)
[130] Takeuchi, Y., Suzuki, Y. & Furuya, E. : J. Chem. Eng. Japan, 12, 486 (1979)
[131] Cooney, D. O. & Lightfoot, E. N. : IEC Process Des. Dev., 5, 25 (1966)
[132] Cooney, D. O. & Strusi, F. P. : IEC Fundam., 11, 123 (1972)
[133] Helfferich, F. : IEC Fundam., 6, 362 (1967)
[134] Helfferich, F. & James, D. B. : J. Chromatogr., 46, 1 (1970)
[135] Horvath, C., Nahum, A. & Frenz, J. H. : J. Chromatogr., 218, 365 (1981)
[136] Peterson, E. A. & Torres, A. R. : Methods Enzymol., 104, 113 (1984)
[137] Hashimoto, K., Adachi, S., Noujima, H. & Maruyama, H. : J. Chem. Eng. Japan, 16, 400 (1983)
[138] 橋本健治, 安達修二, 白井義人, 堀江正治 : 화학공학논문집, 17, 623 (1991)
[139] 橋本健治, 三浦孝一, 安達修二 : 화학공학, 50, 166 (1986)
[140] 安達修二 : 발효공학, 63, 475 (1985)
[141] Maki, H., Fukuda, H. & Morikawa, H. : J. Ferment. Technol., 65, 61 (1987)
[142] Barker, P. E. & Chuah, C. H. : Chem, Eng., 371/2, 389 (1981)
[143] Barker, P. E. & Thawait, S. : Chem, Eng. Res. Des., 64, 302 (1986)
[144] Ching, C. B. & Ruthven, D. M. : Chem, Eng. Sci., 40, 877 (1985) ; 40, 887 (1985), 41, 3063 (1986)
[145] 廣田哲也 : Chemical Engineering, 7월호, p.86 (1984)
[146] Fox, J. B., Calhoun, R. C. & Eglinton, W. J. : J. Chromatogr., 43, 48 (1969)
[147] Begovich, J. M. & Sisson, W. G. : AIChE J., 30, 705 (1984)
[148] Pungor, E., Afeyan, N. B., Gordon, N. F. & Cooney, C. L. : Bio/Technology, 5, 604 (1987)
[149] Luong, J. H. T., Nguyen, A. L. & Male, K. B. : Bio/Technology, 5, 564 (1987)
[150] Wankat, P. C. : AIChE J., 23, 859 (1977)
[151] Keller, G. E. : AIChE Monograph Series, No.10, Vol.83 (1987)
[152] 전분 핸드북 : 二國二郎 감수, 朝倉書店 (1977)
[153] Wankat, P. C. : Seper. Sci., 9, 8 (1974)
[154] Hollein, H. C., Ma, H. -C., Huang, C. -R. & Chen, H. T. : Ind. Eng. Chem., Fundam., 21, 205 (1982)
[155] Zhi, W. & Wankat, P. C. : IEC Fundam, 22, 172 (1983)

[156] Wankat, P. C. : Ind. Eng. Chem. Fundam., 16, 468 (1977) ; 23, 256 (1984)

[157] 山本修一 : 바이오생산물의 분리 · 정제, 佐田榮三 편, 講談社 p.143 (1988)

[158] Janson, J. C. : J. Agr. Food. Chem., 19, 581 (1971)

[159] Nishimoto, K., Nakahara, Y., Matsubara, K. & Sakamoto, K. : Toyo Soda Kenkyu Hokoku, 31, 45 (1987)

[160] Sada, E., Katoh, S., Kondo, A. & Ishida, S. : J. Ferment. Technol., 65, 111 (1987)

[161] Fujine, S., Saito, K. & Shiba, K. : Solvent Extraction and Ion Exchange, 1, 113 (1983)

[162] 山根嶽雄 : 고구마당 제조법, 光琳書院 (1966)

[163] Saunders, M. S., Vierow, J. B. & Carta, G. : AIChE J, 35, 53 (1989)

[164] 野村正樹, 坂本澄昭, 山本修一, 佐野雄二 : 화학공학 제20회 추기대회, SA313 (1987)

[165] Crump, K. S. : J. ACM., 23, 89 (1976)

[166) Lapidus, L. : Digital Computation For Chemical Engineers, McGraw-Hill, New York, p.89 (1962)

[167] Cluff, J. R. & Hawkes, S. J. : J. Chromatogr. Sci., 14, 248 (1976)

[168] Horvath, C. & Lin, H. J. : J. Chromatogr. Sci., 126, 401 (1976)

[169] Wilke, C. R. & Chang, P. : AIChE J., 1, 266 (1955)

[170] 佐藤一雄 : 물성상수추산법, 제8판, 丸善 (1975)

[171] Hodgman, C. D. ed., “Hand Book of Chemistry and Physics”, 47th ed., Chemical Rubber Publishing, Cleveland, F-43 (1962)

[172] Gladden, J. K. & Dole, M. : J. Am. Chem. Soc., 7, 390 (1953)

[173] Henrion, P. N. : Trans. Faraday Soc., 60, 72 (1964)

[174] International Critical Tables, Vol. V, McGraw-Hill, New York, p.71 (1949)

[175] Robinson, R. A. & Stokes, R. H. : “Electrolyte solutions”, Butter-worth, London (1955)

[176] Smith, M. H. : “Handbook of Biochemistry”, 2nd ed., ed. by Sober, H. A., CRC, Clevelland, C3 (1968)

[177] Kuntz, I. D. & Kauzmann, W. : Adv. Protein Chem., 28, 239 (1974)

정 석

Chapter **05**

5-1 머리말

정석(晶析)조작은 액상에서 결정을 석출시키는 조작으로 여기서 석출되는 결정은 최종제품이나 중간제품이 된다. 따라서 얻어지는 결정은 단일결정이 바람직한 경우가 많으나 응집물이 석출될 때도 있어 이들 결정은 희망하는 입경·입경분포 외에, 형상, 순도, 그 외의 물리적 · 화학적 특성 등이 필요로 되는 경우가 많다. 그러나 공업조작에서는 경제성과 동시에 소정의 생산량을 안정하게 생산해야 한다. 따라서 공업정석조작에서 대상으로 하는 조작조건은 이학적 이론에서 전제로 하는 조작조건과 일치하는 경우는 적고 공업조작 · 장치설계를 위한 공학이론에 기초하여 정석조작을 생각해야 한다. 이 공학적인 정석이론은 기본적으로 이학적인 이론과 모순되는 것은 아니나 경제적인 생산이라기보다 대상으로 하는 계나 제품의 목적에 맞는 조작조건으로 선택되는 한정된 조건에서 이용되는 것으로, 때로는 이학적 이론과 다르게 보일 수 있으나 이 점에 대해서 제대로 이해할 필요가 있다.

공학이론으로서는 평형론을 바탕으로 이동현상이론을 조합시킨 화학공학이론이 있다. 그러한 의미로는 정석이론도 화학공학이론의 범주로 생각할 수 있으나 정석현상은 새로운 상(相)이 생성되는 현상이라는 점, 이동현상의 바탕으로 생각되는 확산조작이론 자체로는 취급할 수 없다는 점, 과포화상태의 비정상상태에서 일어난다는 점 등 다른 확산조작과는 다른 특유한 점들이 많아 화학공학이론을 그대로 적용하여 장치 · 조작을 설계할 수 없다.

본장에서는 정석조작의 특수성을 고려하여 정석현상과 조작의 특수성을 관련하여 장치 · 조작에 대해 설명하고 이들의 설계법 및 식품공업 프로세스에서의 정석조작에 대해서 취급한다.

5-2 정석 프로세스

결정제품은 주로 다음의 3가지 경우로 분류할 수 있다.

i) 희망하는 입경 및 입경분포를 가진 고체결정을 제품으로 한다는 것
ii) 다성분 액상에서 목적성분을 결정으로 만들어 모액과 분리한 후 재융해하여 얻은 희망조성의 액상을 제품으로 한다는 것
iii) 희망하는 형상, 경도, 조성 등의 특성을 가진 결정을 제품으로 한다는 것

이와 같은 요망을 만족하는 제품을 생산하는 것은 쉽지 않으나 이러한 프로세스 개발법과 관련하여 장치 · 조작의 특성을 취급한다.

5-2-1 제품결정입경 · 입경분포 · 생산량과 장치내 특성

장치에서 추출되는 결정의 입경을 l_p, 그 입자수를 dl_p폭당 l_p에 대해 $f(l_p)dl_p$로 나타내면 장치에서 추출된 결정량 W_{tp}는 식(5.1)로 표현되는 l_p에 대해 식(5.2)가 된다.

$$l_p = \int_0^{\theta_p} \left(\frac{dl}{d\theta} \right) d\theta + l_s = \left(\frac{dl}{d\theta} \right)_{l_p av} \cdot \ \theta_p + l_s \tag{5.1}$$

$$W_{tp} = \rho_c \int_0^{l_p \max} k_v f(l_p) l_p{}^3 dl_p \tag{5.2}$$

여기서, θ_p는 결정핵 또는 종정(種晶)이 장치내에 체류하는 시간, $(dl/d\theta)$는 결정의 성장속도이며 $(dl/d\theta)_{l_p av}$는 l_p의 입경으로 성장하기까지의 평균성장속도이다. l_s는 장치내에 첨가됐을 때의 종정입경으로 장치내에서 결정핵이 발생하여 이것이 성장한 경우는 l_s=0이다. ρ_c, k_v는 각각 결정의 밀도 및 체적형상계수, $l_{p\max}$는 추출된 결정입경 중 최대의 것이다. 정석조작에서는 생산량 $P[kg/hr]$가 중요한 요소이다. 회분조작에서는 W_{tp}를 1회분의 추출량이라 하면 1회분에 필요한 조작시간 Θ에 대해

$$P = W_{tp}/\Theta \tag{5.3}$$

이 된다. Θ는 식(5.1)의 θ_p와 각 회분 간에 필요한 시간 θ_1의 합으로 생각할 수 있다. 5-4-3장의 회분장치설계는 이 관계에서 유도된 것이다. 연속조작에서 단위시간당 추출되는 결정의 개수를 dl_p폭당 $f'(l_p)dl_p$로 내타내어 정상조작을 대상으로 하면 P는 다음과 같다.

$$P=\rho_c\left(\frac{dL}{d\theta}\right)_{av}\cdot\ a=\rho_c\int_0^{l_{p\max}} k_v f'(l_p)l_p{}^3 dl_p \tag{5.4}$$

여기서, $(dL/d\theta)_{av}$는 장치내에 현탁되는 결정의 표면적당 평균선성장속도이며 a는 장치내의 전결정표면적이다. $dL/d\theta$와 $dl/d\theta$는 결정성장속도라는 물리적 의미는 비슷하나 그 바탕이 다르며 같은 결정을 대상으로 해도 수치가 다르므로 주의해야 한다. 예를 들어, 형상이 입방체라고 가정하면

$$\frac{dW}{d\theta}=\rho_c\frac{dl^3}{d\theta}=\rho_c\frac{dL}{d\theta}\cdot\ a \tag{5.5}$$

이며 $a=6l^2$이므로 $3l^2(dl/d\theta)=6l^2(dL/d\theta)$가 되어 $dL/d\theta=\frac{1}{2}dl/d\theta$가 된다. 식(5.4)의 a에 대해서는 결정장치내에 현탁된 결정의 입경분포를 dl폭으로 나타낸 l에 대한 개수 $g(l)dl$로 나타낼 수 있다고 하면

$$a=\int_0^{l_p\max} k_a g(l)\,l^2 dl \tag{5.6}$$

이 된다. 여기서 k_a는 결정의 표면적에 관한 형상계수이다. 또한 장치내에 현탁되는 전결정량을 결정의 체적 V_t로 나타내면

$$V_t=\int_0^{l_p\max} k_v g(l)\,l^3 dl \tag{5.7}$$

이 되며 이 결정을 현탁시키는데 필요한 장치용적 V'는 다음과 같다.

$$V' = V_t/(1-\epsilon) \tag{5.8}$$

여기서, 1-ε 는 장치내에 현탁되는 결정의 현탁밀도이다. 식(5.1), 식(5.4)~(5.8)을 생각하면 연속조작에서 정상적으로 l_p의 결정을 생산량 P로 생산하기 위해서는 식(5.8)에서 산출되는 장

치용적이 필요하다. 여기서, 1-ε 는 장치형식이나 결정형상을 고려하여 결정해야 하나 일반적으로 0.2~0.3이 이용된다. 그러나 침상정(針狀晶)에서는 0.1~0.15로 해야 하며 공급되는 용액농도, 계의 물성값, 조작법에 따라서는 0.1이하가 되기도 있다. 그러나 1-ε 값이 작으면 외부변동에 따른 조작과포화도에 미치는 영향이 크므로 조작이 가능한 범위내에서 큰 것이 바람직하다. 이러한 값으로 하기 위해서는 5-4장과 5-5장에서 설명한 특별한 조작이 필요한 경우가 있다. 식 (5.4)와 (5.6)의 $f'(l)dl$과 $g(l)dl$ 간에 장치내 결정의 소멸이 없다고 가정하면 다음의 관계가 성립한다.

$$g(l+dl')dl-g(l)dl=-f'(l)d\theta\cdot\ dl \tag{5.9}$$

여기서, dl'는 l의 결정이 $d\theta$시간동안 성장하는 입경의 증가분이며 그 결정의 성장속도를 $(dl/d\theta)_l$로 나타내면 식(5.10), (5.11)이 성립한다.

$$dl'=(dl/d\theta)_l\cdot\ d\theta \tag{5.10}$$

$$\int_{g(l)dl}^{g(\infty)dl} dg(l)dl=-\int_{l}^{\infty} f'(l)d\theta\cdot\ dl \tag{5.11}$$

여기서, $g(\infty)dl=0$이므로

$$g(l)dl=\int_{\infty}^{l} f'(l)d\theta\cdot\ dl \tag{5.12}$$

이 된다. 우변은 제품결정의 입경분포를 $l=\infty$에서 l까지 적산한 개수분포를 나타낸다. 장치내에서는 결정의 파쇄도 없고 발생한 결정핵이나 첨가된 종정이 그대로 성장하여 제품결정이 되는 것으로 하고 이들 결정핵이나 종정의 입경을 l_s로 나타내면 식(5.12)는

$$g(l_s)dl_s=\int_{\infty}^{l_s} f'(l)d\theta\cdot\ dl \tag{5.13}$$

이 된다. 핵발생속도 또는 종정의 첨가속도를 F'[number/s]라고 하면

$$g(l_s)dl_s=F'\ d\theta \tag{5.14}$$

이며 단위시간당 제품결정의 총 개수(각 입경에 대한 개수의 누적) $F(l)$은

$$F(l)=\int_{\infty}^{l} f'(l)dl \tag{5.15}$$

가 되므로

$$F(l) = g(l)\left(\frac{dl}{d\theta}\right)_l \tag{5.16}$$

$$F(l_s) = g(l_s)\left(\frac{dl}{d\theta}\right)_{l_s} = F' \tag{5.17}$$

이 된다. 입경 l_p나 생산속도 P의 제품을 얻기 위해서는 결정이 식(5.1)에서 나타낸 θ_p시간동안 장치내에 체류해야 하며, l_p와 P를 연관시키는 관계로서는 식(5.17)의 $F(l_s) = F'$를 만족하는 핵발생속도(또는 종정의 첨가속도)가 필요하다. θ_p를 추산하기 위해서는 장치내에 현탁되는 결정이 l_s에서 l_p로 성장하는 동안의 평균성장속도가 필요하다. 따라서 정석장치설계는 장치내의 결정핵의 발생속도(또는 종정첨가속도) 및 결정성장속도가 어떠한 값에서 희망품질의 결정이 얻어지는지를 알아낸 다음, 이러한 핵발생속도나 성장속도가 되는 장치내의 조작조건을 찾아내는 순서로 진행한다. 결정핵의 발생속도와 성장속도는 복잡하고 영향을 미치는 인자가 많아 쉽게 결정할 수 없다. 대상으로 하는 계에 대해 어떠한 핵발생속도나 성장속도를 기대할 수 있는가를 결정하기 위해서는 5-3장의 기초현상을 잘 이해할 필요가 있다. 또한 $g(l)dl$은 장치형식이나 계의 특성에 영향을 받는다. 원하는 $f'(l)dl$를 얻기 위해서 분급조작을 병용하는 경우가 있는데 이것에 따라서도 변화하며 이들 관계의 기초가 되는 $g(l)dl$이 식(5.12)의 관계를 만족하도록 장치형식과 조작법을 선정해야 한다.

5-2-2 성분분리조작으로서의 정석

일반적으로 액상에서 석출되는 결정은 액상의 조성과 다르므로 이를 이용하여 성분분리가 가능하다. 여기서 석출되는 결정의 조성은 이론적으로 액상조성의 변화에 대해 일정조성의 결정이 얻어지는 공정(共晶)체계와 액상조성의 변화에 따라 고상조성이 변화하는 고용(固溶)체계가 있다.

공정체계의 정석에 있어 공정점에서는 총괄적으로 액상조성과 동일한 조성의 고상이 생성되나 그 고상은 특유조성결정의 혼합물이다. 그러나 액상조성이 공정조성과 다르면 과포화된 성분만 석출되고 다른 성분은 액상내에 남는다. 석출된 성분의 결정화가 진행되면 공정점에 도달하는데 공정점에 도달하기 이전의 범위에서 조작함에 따라 이론적으로 순물질을 정석 · 분리할 수 있다. 그러나 실제조작에서 순물질을 정석하여 그것을 분리하는 것은 그렇게 쉽지 않다.

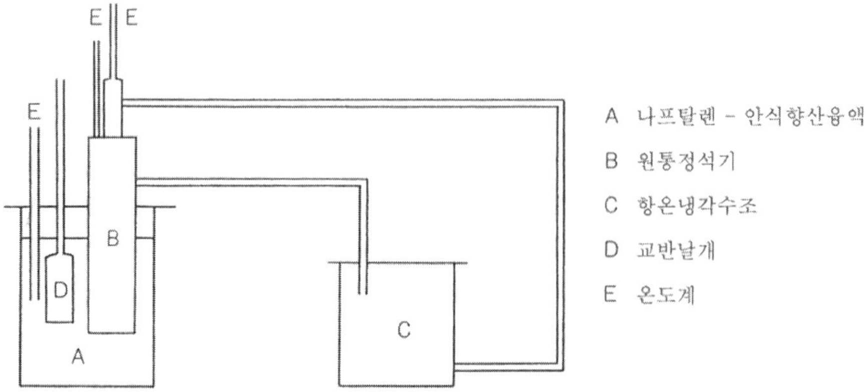

그림 5-1 나프탈렌-안식향산의 나프탈렌 정석실험장치

결정내에 불순물이 들어가는 기구로서는 모액의 포함 등을 포함한 물리적 기구와 정석성분과의 친화력에 의한 기구가 있다.

물리적 기구로서는 결정핵이 과잉 발생되어 그 과잉핵이 응집함에 따른 응집물의 생성이나, 결정표면에서 성장속도가 빨라 결정격자에의 분자배열의 분산에 따른 모액의 포함 등이 있다. 이와 같은 포함을 방지하기 위해서는 과포화용액내에서 과잉핵이 발생하지 않는 저(低)과포화상태에서 조작시키는 것이 효과적이다. 그러나 고점도계에서는 천천히 성장시켜도 고순도의 것을 얻기 어려운 경우가 있다. 이러한 계의 특성을 설명하기 위한 실험 예로서 나프탈렌-안식향산계의 보고를 소개한다.[1] 그림 5-1에 나타낸 장치의 원통정석관 내부에 냉각수를 통과시키면 그 외벽면 상에 나프탈렌결정이 스케일상(狀)으로 석출된다. 이때, 석출된 결정두께의 시간적 변화를 그림 5-2에, 결정내에 불순물로 포함된 안식향산의 단위석출외벽당 누적량을 그림 5-3에 나타냈다. 그림 5-2와 그림 5-3에서 알 수 있듯이 나프탈렌결정은 조작초기에 급속히 석출되지만 속도가 서서히 감소하여 일정두께에 가까워진다. 이 석출결정내에 포함되는 안식향산량은 석출이 시작된 정석속도가 빠를 때는 모액과 같은 조성의 고상이 석출되었음을 의미하나, 그 석출결정상이 두꺼워지고 전열저항이 커져 두께방향의 성장속도가 감소하면 안식향산의 포함량의 증가가 결정두께의 증가와 함께 느려져 어느 시점에서 최대값을 보인 후 결정두께의 증가와 상관없이 감소한다. 이 조작을 2시간동안 계속하여 얻은 고상내의 안식향산량과 조작조건을 나타낸 것이 그림 5-4이다. 그림에서 Θ로 나타낸 점은 냉각수를 정석관내에 통과시키지 않고 나프탈렌-안식향산용액내에 침전하여 추출한 것으로 관표면에 부착된 모액량에 의한 안식향산량이다. 그림에서 알 수 있듯이 냉각수온도가 공정점보다 높으면

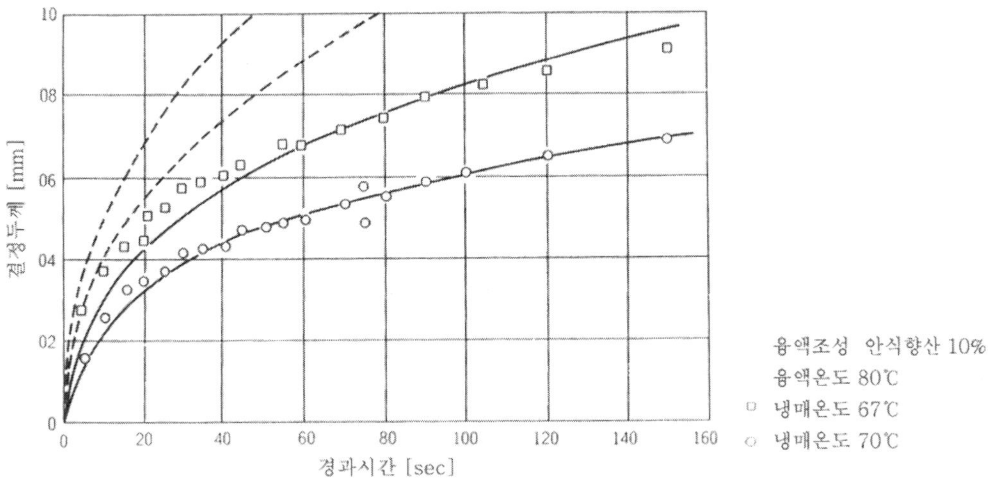

그림 5-2 결정두께의 변화

결정내의 안식향산량이 대조시험의 것과 거의 같으므로 결정내에 안식향산이 거의 포함되지 않는 것으로 생각된다. 그러나 공정점 이하의 냉각수를 이용하면 결정내의 안식향산량이 많아진다. 따라서 이 결정을 깎아내는 두께방향의 농도분포를 구하면 냉각면 부근에서는 나프탈렌 · 안식향산 모두 결정화되어 있음이 확인된다. 한편, 냉각수온도가 공정점 이상의 전자의 경우는 겉보기상은 나프탈렌만이 결정화된 거의 균일한 결정이다. 그러나 이 결정을 각 정석관마다 추출한 뒤 외측에서 아밀알코올에 용해하여 그 용해된 결정내에 들어 있는 안식향산농도를 정량화함에 따라 용해전의 결정내의 안식향산의 분포를 구하면 그림 5-5와 같다. 그림에 따르면, 결정표면의 융액에 가까운 곳에서는 안식향산농도가 상대적으로 높으나 결정상 내부에서는 안식향산농도가 낮아 그림 5-3의 결정과 모순된다. 그러나 이것은 나프탈렌 결정내에 포함된 안식향산은 분포를 가지고 있으며 안식향산농도가 높은 곳에서는 아밀알코올에 의해 보다 선택적으로 용해되었기 때문으로 생각된다.

이상의 내용을 정리하면 물리적으로 불순물이 포함되어 있으면 모액과 함께 결정내에 들어가는 것으로 생각된다. 이때, 불순물은 부분적으로 고농도인 경우가 있어 그 불순물농도가 높은 곳에서는 액체인 채 결정내에 포함되는 경우도 있다. 이와 같은 불순물농도가 높은 모액상은 조작조건에 따라서 액체로서 벌크까지 이어지는 경우가 있는데, 이러한 경우는 결정내에서 벌크본체로 불순물이 쉽게 확산될 수가 있다. 그러나 이들 액체가 결정상으로 둘러싸여 액포를 형성하고 있는 경우에는 온도구배에 따라 재결정 · 재융해를 반복하여 액포가 서서히 벌크로 이동할 수는 있으나, 그 속도가 느리기 때문에 공업장치에서 이러한 모델을 기대하는 것은 적절하지 않다. 그러나 용매를 첨가하거나 외부가열을 가하는 등의 부분적 용해 또는 융해조작을 하면 결정내의 모액이 쉽게 배출되어 결정내의 불순물을 제거할 수 있는 경우가 있다. 특히 수용액에서 얼음을 석출시켜 얼음을 분리함에 따라 농축하는 조작에서는 얼음 안에 상당한 용질이 포함된다. 그러나 이러한 경우 얼음표면에서 일부를 부분융해하면 얼음내의 용질은 융해하여 발생한 물 안에 우선적으로 용출하여 융액내의 용질농도가 높아져 얼음의 순도를 높일 수 있다. 주스나 자당용액을 냉동하여 얼음을 석출시키면 석출되는 얼음의 조성은 전체적으로 용액조성과 거의 같은 조성이 얻어지는 경우가 있다. 이러한 경우에도 얼음의 일부를 융해하면 용질농도가 높은 곳이 선택적으로 융해하여 고농도의 농축주스나 자당용액을 얻을 수 있다.

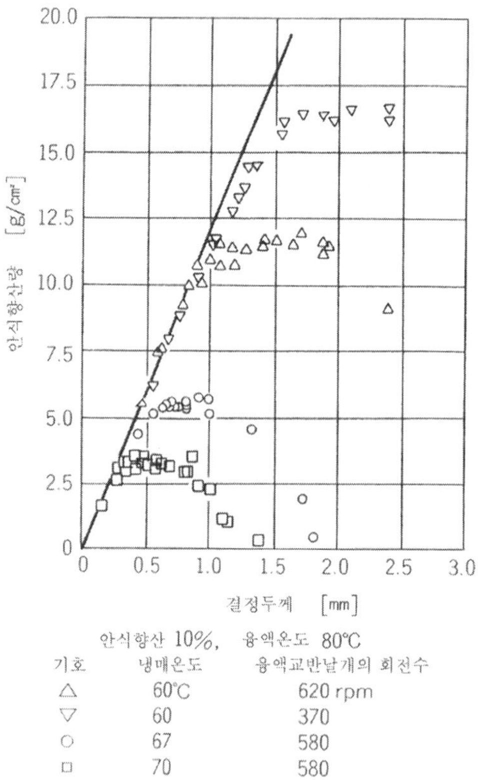

그림 5-3 결정두께에 대한 안식향산의 변화

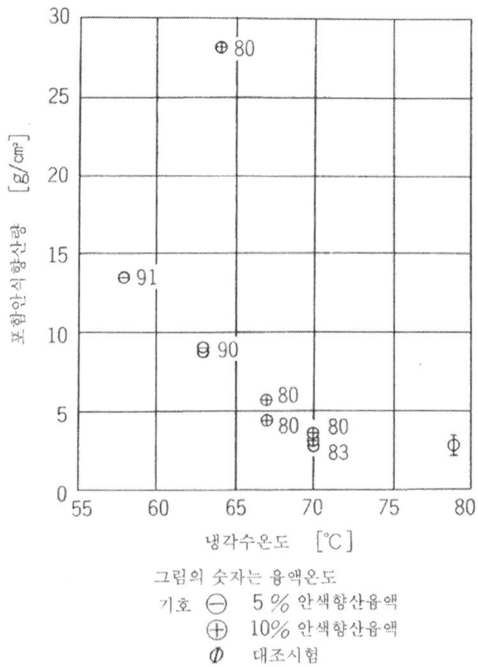

그림 5-4 시간경과 후 포함된 안식향산량

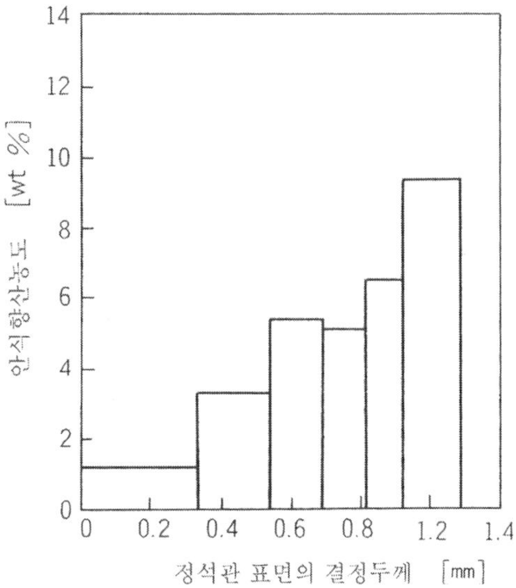

그림 5-5 아밀알코올에 의한 용해법에 의한 나프탈렌 결정내의 안식향산농도분포

결정화에 의해 성분을 분리하는 경우 얻어지는 물질이 고체결정이어야 하는 경우와 고-액 분리 후 다시 결정을 융해하여 액체로 추출하는 경우가 있다. 두 경우 모두 얻어진 결정을 세정하거나 일부를 융해하여 고순도물질을 공업적으로 생산할 수 있다. 특히 일부를 융해하여 정제되는 정제장치는 정석에 의한 고순도융액의 분리정제법으로 주목되고 있으므로 5-4-3장에서 소개한다. 이 방법은 냉동농축 외에, 야자유 등 유지성분의 분리정제에도 적용이 기대된다. 분리정제장치로서 정석장치가 이용되면 응집물의 생성이 불리한 조작만은 아니다. 고(高)과포화도의 정석조작에서는 과잉핵을 생산하는데 이것은 양질의 미소결정을 생성하는 경우가 있어 이들이 응집하여 생긴 응집물의 1차 입자 간에는 모액을 포함하여 겉보기에 순도가 저하된 것처럼 보여도 그림 5-4, 그림 5-5에 나타낸 과정을 거쳐 고순도화를 기대할 수 있으면 최종적으로는 효율적인 성분분리법이 된다.

물리적 기구에 의해, 불순물의 포함에 의한 결정순도의 저하 없이 양질의 결정을 얻기 위해서는 저(低)과포화도에서 과잉핵의 발생이 없고 결정의 성장도 격자의 흐트러짐이 없는 상태로 완만히 행하는 것이 효율적이다. 그러나 계에 따라서는 정제장치를 병용하는 방법을 고려하여 정제조작을 효과적으로 실시하는데 적합한 응집결정을 얻도록 조작하는 것도 생산속도가 빠르므로 효율적인 방법이다.

한편, 친화력에 기초한 불순물의 결정에의 기여는 결정순도가 저하되는 경우가 많다. 이것은 불순물이 특정한 결정면에 충돌하여 거기서 어떤 종의 부가물 등을 형성하여 결정내에 들어오는 것으로 종종 정벽(晶癖)의 변화를 초래하는 경우가 있다. 이와 같은 불순물의 작용이 반드시 마이너스요소가 되는 것은 아니지만 특정성분의 정제분리를 목적으로 하는 경우는 불순물이 작용하지 않는 조건에서 조작하는 것이 바람직하다. 공존하는 불순물이 정석되는 결정에 작용할 경우 정석속도가 느린 쪽이 큰 영향을 받는다. 따라서 그러한 작용을 받지 않도록 하기 위해서는 과포화도를 크게 하여 성장속도가 큰 상태에서 조작하는 것이 효과적이다.

이상의 공정체계에 비해, 고용체계에서는 결정화가 진행되면 액상의 조성이 변화하여 고상의 조성도 액상조성에 따라 변화한다. 이러한 경우는 조작온도를 변화하여 공정체계로서 조작하는 것이 바람직하나 이와 같은 조작조건을 찾을 수 없는 경우는 재결정법을 선택한다.

5-2-3 제품결정의 특성

제품결정의 특성 중 하나로 입경과 입경분포가 있으며 이것은 5-2-1장에서 다루었으므로 여기서는 그 외의 특성에 대해 다루기로 한다. 식품공업제품으로서 결정을 생각하면 결정의 형상, 순도, 경도, 부피, 색, 맛 외에 복합성분포함고체를 위한 결정 등의 요구가 있다. 이와 같은 특성을 가진 결정의 석출에 영향을 미치는 인자로는 조작온도, 용매, pH매정제를 포함한 불순물, 조작과포화도 등이 있다. 목적으로 하는 결정을 생성하는 조작조건의 선정은 실험실적으로 결정을 핵화 · 성장시켜 그것이 충분한가를 검토하여 목적에 맞는 결정의 생성조건을 찾아내는 것으로 실시한다. 실험실적으로 결정을 생성할 경우 다음과 같은 단계를 거쳐 신중히 행해야 한다.

(1) 원하는 결정으로 성장하기 위한 종정의 생성

성장한 결정은 종정의 영향을 받는 경우가 있다. 따라서 다양한 조건에서 종정을 생성시키는 것이 중요하다. 종정의 생성에는 1차핵화와 2차핵화가 있다. 우선, 1개 또는 몇 개의 양질의 종정을 생성시키는 것이 중요하다. 몇 개의 양질의 종정을 생성시키면 그것에 의해 2차핵을 발생시키고, 이 2차핵을 이용하여 동종의 종정을 여러 개 생성할 수 있다. 최초로 생성시키는 핵은 1차핵화에 따르는데 1차핵을 발생시킬 경우 과포화도가 커지면 과잉핵이 발생하여 그것이 응집물을 생성하는 경우가 있으므로 주의해야 한다. 장치 · 조작의 상세에 대해서는 5-4-2장에서 설명한다. 공업조작에서 대상이 되는 액조성에서는 과포화도를 크게 해도 결정이 생성되지 않는 경우가 있다. 이러한 경우는 용매를 바꾸거나 충분한 교반, 충격을 주는 방법도 효과적인 때가 있다. 그 조건을 선정하기 위해서는 5-3-2장의 핵화 현상에 대해 이해할 필요가 있다.

(2) 종정의 성장

원하는 종정이 얻어지면 그것을 과포화용액내에 유지하여 원하는 크기로 성장시킬 수 있다. 그 용액의 조성은 공업조작에서 대상이 되는 범위에 한하여 조작과포화도를 변화하여 조작한다. 여기서는 과포화용액내의 석출성분의 과포화도를 일정하게 해야 하며 과포화용액 내에 현탁된 미결정이나 배종(胚種)의 영향에 주의하는 것도 중요하다. 또한 교반날개와 결정 또는 결정 상호간의 충돌에 의해 파쇄되거나 표면이 일그러지면 결정의 품질에 영향을 준다. 과포화용액내에 존재하는 불순물은 매정작용을 나타내는 경우가 있는데 매정작용에 따라서는 결정형상이나 다른 물리적 · 화학적 성질이 변하는 경우도 있다. 매정작용이 원하는 제품의 생성을 위해 유효한 경우는 큰 효과를 기대할 수 있다. 매정작용에 대해서는 5-3-4장에서 설명하나 매정작용을 나타낼 때 매정제가 결정내에 포함되어 결정의 순도가 저하되는 경우가 있으므로 주의해야 한다.

(1)과 (2)의 단계를 거쳐 제품으로서 충분한 결정이 얻어지면 공업장치내에서도 동일한 조작조건으로 조작함에 따라 동질의 결정을 생산할 수 있다. 공업장치내의 과포화도나 유동상태를 실험장치의 그것과 완전히 동일하게 유지할 수는 없으나 장치내의 최대과포화도가 실험장치 테스트로 결정된 범위이내로 유지되도록 하는 것이 중요하다.

(1)과 (2)의 조건을 크게 변화시켜도 충분히 목적으로 하는 제품이 얻을 수 없을 경우 정석법에 의한 공업화 프로세스는 개발이 불가능하다. 정석조작은 완전한 정상조작을 하는 것이 어려워 진동적인 사이클링조작으로 목표에 가까운 제품이 얻어지는 경우가 있으며, 또한 용매의 선정, 첨가불순물의 연구, 조작조건의 큰 변경 등을 통하여 끈기 있게 (1), (2)의 조작을 반복하여 목적제품이 생성되는 조건을 찾아야 한다.

5-3 정석기초

5-3-1 용액상태와 조작과포화용액

용액의 상태는 용질농도에 따라 그림 5-6와 같이 안정영역, 준안정영역, 불안정영역으로 나누어진다. 안정영역이란 용액내에 용존해 있는 용질의 농도가 포화농도보다 낮은 미포화상태로, 결정의 석출은 일어나지 않으며 그 상태 그대로 유지된다. 그러나 용액내의 용질이 반드시 단분자상태나 이온상태로 존재하고 있다고는 생각할 수 없다. 용액내에서 결정이 석출하는 입장에서 보면, 포화농도에 가까운 용액내에는 용질분자가 회합한 것이 존재하며 그 크기와 농도가 시간에 따라 복잡하게 변화한다.[2)] 이들 회합분자는 그 상태로는 결정으로 석출되지 않으나 용액을 냉각하거나 증발하여 과포화상태가 되면 거기서의 정석현상에 영향을 미친다. 과포화상태는 그림 5-6의 준안정영역과 불안정영역을 포함한 영역으로 용액농도는 온도에 따라 정해지는 포화농도보다 높다. 포화농도는 용액내에 결정이 존재할 때, 그 결정이 성장도 용해도 하지 않을 때의 용액농도이다. 결정이 석출되는 계의 자유에너지의 변화에 대해 5-3-2장에서 설명하나 그 검토에서 알 수 있듯이 용액의 포화농도는 대상이 되는 결정의 입경, 형상 등의 영향을 받는다. 용해도는 충분히 큰 결정과 평형한 용액농도이며 이 농도는 용존불순물이나 온도의 영향을 받는다. 이들의 상관관계는 Othmer의 선도[3]를 이용하면 편리하다. 용질의 용해도 x[몰분율]와 용매의 증기압 P^0 간에는

$$\log x = A \log P^0 + B \tag{5.18}$$

의 관계가 있다. 여기서 A, B는 계에 의해 결정되는 상수로 계 및 액상과 평형이 되는 결정조성 등에 따라 결정된다. 이 식을 적용할 수 있으면 공존하는 불순물량의 영향은 x에 관여하며, 또한 온도는 용매의 증기압으로 P^0로 치환하여 상관된다. 계의 용해도에 관한 데이터는 화학편람과 그 외의 서적에 수록되어 있으나 정석조작의 목적에 따라서는 그 적용을 신중히 해야 한다. 정석현상이나 정석조작에서 용해도가 이용되는 경우 그림 5-6의 과포화영역에서의 과포화도의 정량적 표시를 위한 기준값으로 이용될 때와, 정석조작에서 석출되는 결정량의 추산에 이용되는 때가 있다. 후자에서는 반드시 높은 정밀도가 필요하지 않기 때문이다. 여기서는 공급용액농도와 배출되는 용액농도의 차가 이용되며 공존하는 불순물량의 영향을 무시해도 큰 문제가 되지 않는다. 그러나 조작과포화도의 기준값으로 이용하는 용해도는 높은 정밀도가 필요하다. 이러한 경우는 공업조작에서 대상이 되는 용액 자체를 이용하여 용해도를 측정하지 않으면 안된다. 여기서는 용액온도를 0.1K 이상의 정밀도로 제어하고 충분한 결정량(10% 이상)을 잘 현탁할 수 있도록 높은 교반상태로 유지하여 용액농도가 일정한 것을 확인 후 결정해야 한다. 이와 같이 결정된 용해도는 식(5.18)에 의한 Othmer선도에 그리면 편리하다.

과포화용액내의 상태를 개념적으로 이해하기 위해서는 그림 5-6의 A점으로 나타낸 용액내에 조대(粗大)단일결정을 유지하여 냉각했을 때의 결정의 변화와 용액내의 상태를 관찰하면 알기 쉽다. 이 테스트에서는 결정이 처음에는 서서히 녹아 용액농도가 상승하지만 속도가 느려져 용액의 온도와 농도의 변화를 나타내는 조작선이 그림 5-6의 용해도곡선과 교차하게 된다. 이

교점 B에서는 결정의 용해가 정지하여 조작선이 가로축에 평행해진다. B점을 넘은 용액을 서서히 냉각시키면 결정이 성장하며 용액농도가 저하하여 조작선이 B점에서 그림의 C1선을 따라 하강한다. 이 범위는 과포화영역으로 그림의 C1선과 같이 용해도곡선의 부근을 하강하도록 조작하면 용액내에 존재하는 결정은 성장하지만 새로운 결정의 발생은 일어나지 않는다. 그러나 B점을 경과한 후도 용액을 급냉하면 용액온도가 급속히 저하하여 결정의 성장속도도 빨라진다. 여기서의 용액농도는 결정의 성장량에 상당하는 만큼 저하하지만 이 농도저하속도와 냉각속도의 비가 그림 5-6의 용해도곡선의 구배보다 작으면 조작선이 C2와 같이 용해도곡선에서 멀어지게 된다. 이 조작선이 용해도곡선과 충분히 멀어지면 용액내에서 갑자기 미소결정이 발생하게 된다. 여기서 다수의 미소결정이 발생하면 외부에서의 냉각에 상관없이 그 정석열에 의해 용액온도가 상승한다. 또한 여기서 발생한 결정핵도 성장하므로 용액농도가 급격히 감소하여 C2선과 같이 D점에서 조작선이 역전하여 용해도곡선에 점차 가까워진다. 이 D점을 연결하여 얻는 곡선이 과용해도곡선이다. 그림 5-6과 같이 과포화영역은 이 과용해도곡선에 의해 2개의 영역으로 나누어진다. 용해도곡선과 과용해도곡선 사이는 준안정영역이라 하며 이 영역에서는 존재하는 결정이 성장하지만 새로운 결정핵의 발생은 일어나지 않는다. 과용해도곡선을 넘은 영역은 불안정영역이라 하며 이 영역에서는 결정핵이 발생한다. 이 개념을 정석조작조건의 선정에 적용하면, 필요 결정종을 준안정영역의 과포화용액에 첨가하여 희망입경이 될 때까지 과포화용액에서 성장시키면 된다. 이 준안정영역에서 조작하면 5-2-1장에서 설명한 관계식이 그대로 성립한다고 할 수 있다. 따라서 준안정영역의 경계가 되는 과용해도곡선을 용해도곡선과 마찬가지로 결정할 수 있으면 정석조건을 쉽게 정할 수 있다. 그러나 과용해도는 결정핵의 발생과 관련되므로 5-3-2장에서 설명한 핵화 현상과 따로 떼어서 검토할 수는 없다. 상세에 관해서는 핵화 현상을 잘 이해한 뒤 검토해야 하며 기본적 개념을 요약하면 다음과 같다.

ⅰ) 과용해도곡선은 계와 온도에 의해서만 결정할 수는 없다. 결정이 과포화용액내에 존재하는가, 교반 등 주어지는 기계적 에너지의 크기, 용액의 이력, 불순물 등 많은 인자의 영향을 받는다.

ⅱ) 계에 따라서는 미소하게 발생하는 결정핵을 무시하고 근사적인 과용해도곡선을 결정할 수 있는 경우가 있다. 이와 같은 경우는 공업조작에서 대상이 되는 준안정영역을 결정할 수 있다.

ⅱ)와 같이 준안정영역을 결정할 수 있는 경우는 정석조작을 공업 프로세스에 도입하는 것이 비교적 쉽다. 그러나 ⅱ)의 근사적인 과용해도곡선에서는 충분히 목적을 달성할 수 없는 경우는 핵화 속도를 고려하여 조작조건을 결정할 것인가, 다른 보조조작을 첨가하여 근사적인 과

용해도곡선을 적용할 수 있도록 할 것인가가 중요하다. 과용해도곡선을 결정할 수 있는 경우 이상적 공업조작상태는 그림 5-6의 선 C3를 따라 조작하는 방법이 생각된다.

과포화영역에서 과포화상태를 나타내는 척도로서 과포화도가 이용된다. 용액의 상태를 온도 t, 농도 C로 나타내면 온도 t에 대응한 용해도 C_s 또는 농도 C가 그 용액의 용해도와 같아지는 때의 온도 t_s를 이용하여 일반적으로 다음 3가지 방법이 이용된다.

$$\text{과포화도} \quad \Delta C = C - C_s \tag{5.19}$$

$$\text{무차원과포화도} \quad \alpha = C / C_s \tag{5.20}$$

$$\text{온도과포화도(또는 과냉각도)} \quad \Delta t = t - t_s \tag{5.21}$$

이들 표시법에는 각각 특징이 있으므로 이용하는 목적에 가장 잘 맞는 것을 이용하면 편리하다.

i) 과포화도는 프로세스나 장치의 설계계산에 이용되는 결정핵의 발생속도나 결정의 성장속도의 상관에 이용된다. 이 과포화도는 생산량의 산출에서 이루어지는 물질수지계산에 편리하며 화학공학적인 취급에 주로 이용된다.

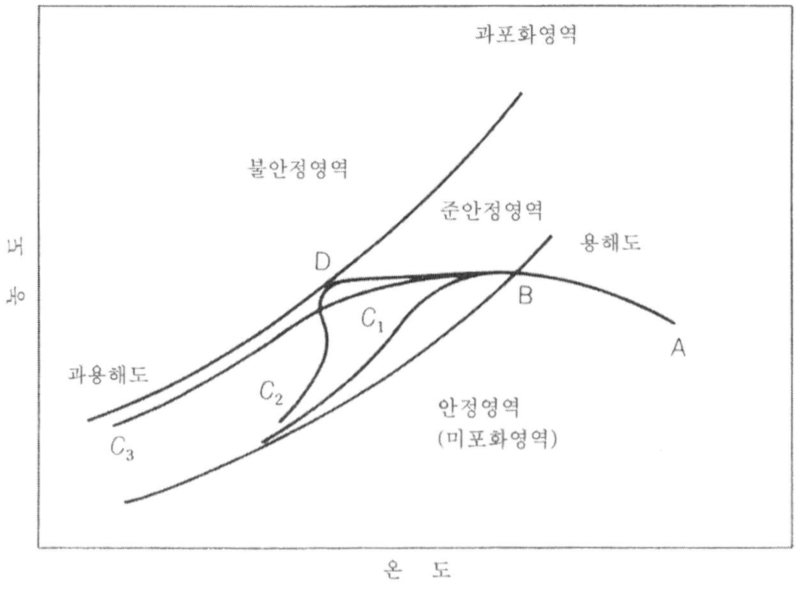

그림 5-6 용액의 상태와 정석조작선

ⅱ) 무차원과포화도는 이학적 검토에서 이용된다. 특히 결정핵 생성시의 자유에너지의 변화는 이론적으로 무차원과포화도에 의해 상관된다(5-3-2장 참조).

ⅰ), ⅱ)의 표시법에 따라 이용성(易溶性) 계와 난용성 계의 정석조작을 검토하면 각각의 특징을 이해하기 쉽다. 정석조작에서는 원하는 입경의 결정을 정석시켜야 한다. 원하는 입경의 결정으로 성장시키기 위해서는 식(5.1)에서 알 수 있듯이 θ_p동안 장치내에서 성장시켜야 한다. 이 θ_p는 식(5.22)가 되며

$$\theta_p = (l_p - l_s) / \left(\frac{dl}{d\theta}\right)_{l_p av} \tag{5.22}$$

$(dl/d\theta)_{l_p av}$가 크면 짧고, 작으면 길어진다. $(dl/d\theta)_{l_p av}$는 5-3-3장에서 설명하겠지만 식(5.23)의 상관관계를 갖는다.

$$\left(\frac{dl}{d\theta}\right)_{l_p av} = K_0 C_s \left(\frac{C}{C_s} - 1\right) = K_0 C_s (\alpha - 1) \tag{5.23}$$

여기서, K_0는 총괄결정성장속도계수이다. α값은 결정핵의 발생속도 등에 따라 결정되며 간단히는 결정할 수 없으나 근사적으로 식(5.23)의 K_0나 α를 계에 관계없이 거의 같다고 가정하면 $(dl/d\theta)_{l_p av}$는 C_s의 영향을 받기 쉽다고 생각할 수 있다. 일반적으로 난용성 계에서는 α값을 크게 하는 경향이 있으나 C_s가 작으므로 정석조작에 적용할 수 있는 결정성장속도는 이용성에 비해 매우 작다. 따라서 이용성 계에서는 비교적 짧은 시간에 조대(粗大)결정으로 성장하는 경향이 있으나 난용성 계에서는 원하는 입경으로 성장하는데 긴 시간이 필요하다.

ⅲ) 온도과포화도(과냉각도)는 냉각정석법의 추진력 표시에 종종 이용된다. 이 범위는 계에 따라 다르나 통상 0.5~수도의 범위가 많다.

5-3-2 결정핵의 발생과 공업조작

그림 5-6의 과포화용액내에서 과포화도가 큰 곳에서 결정핵이 발생한다. 결정핵은 그 발생과정에서 표 5-1과 같이 분류된다. 이 표에 나타낸 특성을 유용하게 활용하는 것은 공업 프로세스의 개발상 필요하며 조작에 따라서는 부적절한 핵화 현상이 일어나지 않도록 제어하는 것도 필수이다. 이 분류에 따라 결정핵의 발생현상을 취급한다.

표 5-1 결정핵 발생현상의 분류와 그 특징

- 결정핵 발생현상
  - 3차원핵화 (용액내의 핵발생)
    - 1차핵의 발생
      - 균일핵화 …… 대(大)과포화상태에서 일어난다.
      - 불균일핵화 … 균일핵화에서 일어나기 쉽다.
    - 2차핵의 발생 ………………
      - 공업장치내에서 지배적
      - 소(小)과포화상태에서 일어난다.
  - 2차원핵화 (고체표면상의 핵발생)
    - 동종물질상에서의 핵발생(2차핵) … 결정표면에서 성장현상의 기점
    - 이종물질상에서의 핵발생(1차핵) … 스케일생성의 기점

(1) 1차핵 발생현상

1차핵의 발생현상은 착안하는 동종의 결정이 존재하지 않는 과포화용액내에서 자연히 발생하는 핵화 현상으로 결정이 생성될 때 바탕이 되는 핵의 발생이다. 이 현상을 검토하는 방법으로는 용액내의 석출분자거동의 동적 과정에 의한 것과 결정핵 생성시의 자유에너지의 변화에 의한 것이 있다.

동적 과정에서는 5-3-1장에서 설명한 과포화용액내의 용질분자의 거동에 착안할 필요가 있다. 이들 분자는 상호 충돌함에 따라 배종이라 불리는 회합분자를 형성하는데 이 입경이나 입경에 대응한 배종밀도가 시시각각 변화한다. 이 양상은 용액내의 온도분포, 시간적 변화의 정도, 교반 등의 기계적 에너지에 따라 달라진다. 한편, 배종이 생성될 때의 자유에너지의 변화를 생각하면 다음과 같다. 취급을 간략히 하고 개념을 이해하기 위해 이상상태에서 1성분계의 기체가 액화할 때의 현상을 대상으로 한다. 액화하여 생성한 액체의 형상은 반경 r인 구로 하고, 액화전 기상의 화학포텐셜을 μ_g, 액체의 화학포텐셜을 μ_l, 기-액경계에너지를 σ로 나타내면, 액상이 생성되기 전에 반경 r인 기-액이 갖는 자유에너지는 $4/3\pi\ r3\mu_g$이다. 한편, 기상이 액화된 후의 반경 r인 액상의 자유에너지는 $4/3\pi\ r3\mu_l$이나 액상의 생성 전후에는 계면의 생성도 일어나므로 액화현상 전후의 자유에너지의 변화 ΔG는 다음과 같다.

$$\Delta G = 4\pi\ r^2\sigma + \frac{4}{3}\pi\ r^3(\mu_l - \mu_g) \tag{5.24}$$

이 식을 반경 r로 미분하면

$$\frac{\partial \Delta G}{\partial r} = 4\pi r\{2\sigma + r(\mu_0 - \mu_g)\} \tag{5.25}$$

이 된다. 식(5.24), (5.25)에서 $r=2\sigma/(\mu_g-\mu_l)$이므로 ΔG는 최대값을 취함을 알 수 있다. r을 r_c로 놓으면 $r<r_c$에서는 ΔG이 r의 최대에 대해 증가하여 이 범위의 입자는 소멸하는 방향으로 변화한다.

$r>r_c$에서는 ΔG이 r의 최대와 함께 감소하므로 이 범위의 입자는 입경을 증가하는 방향으로 변한다는 관계가 얻어진다. $r=r_c$, 즉 입경이 $\partial\Delta G/\partial r=0$일 때는 입경의 증감에 대해 자유에너지의 변화는 없다. 이것은 r_c의 입경보다 큰 결정은 성장하나 그보다 작은 것은 소멸함을 의미한다. r_c는 임계입경이라 하며 이 임계입경의 결정을 열역학적으로 결정핵으로 정의한다. 이 r_c는 식(5.25)에서 알 수 있듯이 σ 및 $\mu_g-\mu_l$에 의해 결정되며 그것은 열역학적으로 식(5.26)으로 표현된다.

$$r_c=2\sigma V^*/RT\ln\left(\frac{P}{P^*}\right)=2\sigma V^*/RT\ln\alpha \tag{5.26}$$

여기서, V^*는 분자부피, R은 기체상수, T는 절대온도, P와 P^*는 기상의 압력 및 그 온도에서의 포화증기압이다.

식(5.26)에 의해 r_c를 검토하면 결정핵의 크기는 계면에너지가 큰 계에서는 크고, 무차원과포화도가 클수록 작아진다. 즉, 과포화도가 클수록 결정핵이 발생하기 쉬워진다. 이와 같은 r_c에서 큰 입자의 생성은 석출분자의 상호충돌에 의한 것으로 생각되며 그 충돌은 교반 등의 기계적 에너지를 가함에 따라 일어난다. 또한 충돌하여 생성된 배종은 r_c보다 작은 것에서 많다고 생각된다. 이것은 그대로는 소멸하는 경향이 있으나 소멸 전에 새로운 분자나 배종이 충돌하여 임계입경 이상이 되면 핵이 발생한다. 따라서 이러한 종류의 핵발생을 생각하면 착안하는 과포화상태가 되어 즉시 핵이 발생하는 것이 아니라 핵 발생까지 유도기간이 필요하다. 이 유도기간은 대기시간이라고도 하며 그 시간이 길수록 그 과포화용액내에서 핵이 발생할 가능성이 커진다. 그러나 동일 과포화상태에서도 핵이 발생하기까지의 대기시간이 일정하지 않다. 이 값은 확률함수로 생각할 수 있으며 다수의 샘플에 의한 실험이 필요하다.[4] 그러나 Nyvlt[5]에 의하면, 일정 냉각속도에 의해 서서히 냉각시켜 생성한 과포화용액내의 핵발생을 위한 대기시간은 재현성이 좋은 값이 얻어진다고 보고하였다. 식(5.24)~(5.26)의 관계는 1성분 증기상에서 액상이 생성될 때의 관계로 엄밀히 따지면 액상에서의 결정핵의 생성에 적용할 수 있을지 의문이다. 또한 용액내에 불순물이 존재하면 이 불순물은 결정핵의 발생에 영향을 미치는 경우가 많다. 특히 불순물의 영향에는 다양한 형태가 있으므로 그 영향을 모델화함에 따라 불순물의 기여를 정량화하는 시도도 이루어지고 있다.[6] 그러나 실제 문제로는 1차 결정핵의 발생현상은 식(5.24)~(5.26)에 의해 그 경향이 표현되고 있어 이들 관계식에 의해 실측데이터의 정량화와 상관이 이루어지고 있다. 식(5.26)의 r_c값을 식(5.24)에 대입하면 반경 r_c의 결정핵이 발생했을 때의 자유에너지의 변화 ΔG는

$$\Delta G = 16\sigma^3 \pi V^{*2} / 3R^2 T^2 (\ln\alpha)^2 \quad (5.27)$$

이 되며 이 입경의 1차핵의 발생속도 F'는

$$F' \propto \exp - \left\{ \Delta G_{(r=r_c)} / kT \right\} = \exp\left\{ -16\sigma^3 \pi V^{*2} / 3kR^2 T^3 (\ln\alpha)^2 \right\} \quad (5.28)$$

이 되며 $\ln t$와 $(\ln\alpha)^{-2}$를 연결함에 따라 계면에너지 σ 를 구할 수 있다.[7]

여기서 이루어진 검토결과를 그대로 공업정석장치내의 핵발생현상에 적용할 수는 없다. 그러나 이 임계입경의 존재와 결정핵의 생성현상은 공업장치내에서 지배적으로 일어나는 것으로 보이는 2차핵발생현상을 이해하는데 있어 중요하다.

(2) 2차핵화 현상

석출되는 결정과 동종의 결정이 과포화용액내에 이미 존재하면 이 결정은 용액내의 핵발생현상에 영향을 미친다. 이 현상을 자당수용액에 1개의 그라뉴당을 첨가했을 때를 예로 들어 설명해 보자. 농도를 알고 있는 자당용액이 미포화영역에서 서서히 냉각되어 과포화용액이 되는 과정에서 종정이 첨가될 때 종정첨가 이외는 외부에서 어떠한 자극도 주지 않고 정치(靜置)되어 있는 것으로 한다.

[Test 1] 용액의 포화온도보다 조금 높은 온도의 용액에 종정을 첨가하면 이 종정표면의 각이 약간 용해되어 둥그스름해진다. 그러나 이 결정이 약간 용해된 단계에서 과포화영역에 들어오면 성장으로 전환하여 결정의 모서리나 정점이 뾰족해진다. 이 결정은 그대로 성장하여 조대(粗大)단일결정을 생성할 수 있다. 이 단계에서는 이 결정 외에 다른 결정이 존재하지 않으며 결정핵의 발생은 없다고 생각할 수 있다. 따라서 그 결정이 충분한 크기로 성장했을 때 결정이 정치되어 있는 용액을 천천히 움직인 다음, 그대로 정치한다. 잠시 후 이 용기의 바닥 일면에 미소결정이 석출된 것을 볼 수 있다. 이것은 냉각에 의해 이미 대(大)과포화상태가 된 용액에서 핵이 발생했기 때문으로 용기를 움직이지 않은 채 정치하면 결정핵의 발생은 없다고 생각된다. 여기서의 핵화가 조대단일결정에 기초한 2차핵화인가에 대해서는 이 단계에서는 아직 명확하지 않다.

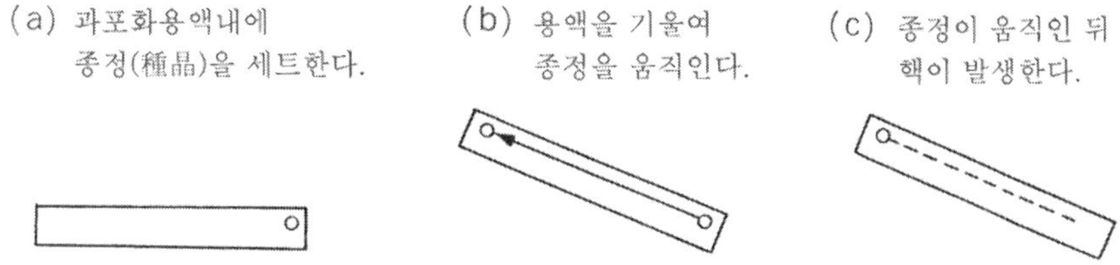

그림 5-7 2차핵화 테스트

[Test 2] 용액의 포화온도보다 조금 낮은 온도의 용액에 종정을 첨가하면 이 종정은 그대로 천천히 침강하여 바닥부에 도달하여 정지한 채 성장한다. 잠시 후 성장한 단일결정 주위에 몇 개의 미소결정이 확인되며 그것도 서서히 성장하여 쉽게 단일결정이 되는 것을 볼 수 있다.

이 두 시험을 비교해보면 Test 1의 정치과정에서는 미소결정이 확인되지 않았으나, Test 2에서는 첨가한 종정표면에 부착된 미소결정이 결정표면에서 떨어져 나왔다. Test 1의 미포화용액내에서는 그것이 용해되고, Test 2의 과포화용액내에서는 떨어져 나온 미소결정의 입경이 첨가된 용액의 과포화도에 대해 식(5.26)에서 산출되는 임계입경 r_c보다 크기 때문에 결정핵으로서 작용한 것으로 생각된다. 이와 같이 첨가한 종정의 표면에 부착해 있던 미소결정에 의한 핵발생현상을 initial bleeding이라 하며 2차핵화 현상의 하나로 생각된다. 이 결정표면에 부착한 미소결정에 의한 2차핵화 현상에서는 그 결정핵수를 정량적으로 예측하는 것이 불가능하다. 따라서 initial bleeding이 중요한 의미를 갖는 종정첨가계에서는 사전에 미포화용액으로 세정하여 부착 미소결정의 용해제거 등의 조작이 필요하다.

[Test 3] 그림 5-7 (a)에 나타낸 시험관에 미소결정을 정치하여 그것에 농도를 알고 있는 용액을 채워 항온수조내에 침전한 후 용액온도를 소정의 값으로 하여 일정 과포화상태로 유지한다. 그런 다음, 그림의 (b)와 같이 서서히 기울이면 결정이 서서히 벽면 위를 하강하여 오른 쪽 끝부분에 도달하면 거기서 정지한다. 이 과정에서는 시험관내의 결정이 왼쪽 끝부분에서 오른 쪽 끝부분으로 이동하는데 이외에는 아무런 변화도 보이지 않는다. 그러나 이대로 잠시 두면 그림(c)와 같이 결정이 지나간 자리에 미소결정이 발생한 것을 볼 수 있으며 이것이 성장한다. 이들 미소결정은 시험관내의 종정이 과포화용액을 통해 이동함에 따라 발생한 것으로 그 종정에 의한 2차핵발생현상으로 생각된다.[8] 여기서 발생한 결정수는 과포화도가 큰 경우가 많다. 이것은 종정에서 다양한 크기의 것이 발생하여 그 크기가

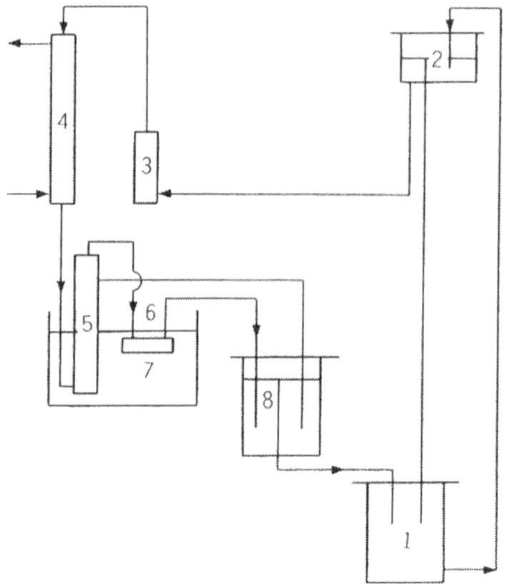

1 : 탱크
2 : 헤드탱크
3 : 유량계
4 : 열교환기
5 : 정석기
6 : 항온조
7 : 샘플링 셀
8 : 용해조

그림 5-8 2차핵발생장치

임계입경 이상의 경우 성장하기 때문이며 그 수는 임계입경 이상의 것이 얼마나 있었는가에 의한 것으로 생각된다. 그러나 여기서 발생한 것은 결정표면을 따라 흐른 용액류에 의한 것인지, 결정과 벽면의 충돌과 마찰에 의해 생긴 것인지 알 수 없다. 그림 5-8에 나타낸 2차 결정핵발생장치에 의한 실험을 통해 2차핵화 현상기구에 대해 설명한다.[9] 여기서 취급한 계는 칼륨명반수용액이다. 소정농도로 조제된 용액은 헤드탱크 2에 보내져 유량제어 후 냉각되어 과포화용액으로 핵발생을 일으키기 위한 정석기 5에 공급된다. 정석용기내에는 백금선 끝에 고정된 단일결정을 매달고 과포화용액을 그 단일결정 주위에 흘려보낸다. 이 용액을 정석기와 동일한 항온조내에 있는 샘플링 셀에 취하여 용액을 과포화상태 그대로 유지하면 용액내의 결정핵이 성장하여 단일결정이 된다. 샘플링 셀에서 관찰된 결정입경의 변화를 그림 5-9에 나타냈다. 가로축의 경과시간은 샘플링된 용액이 장치내에 설치된 단일결정과 충돌하고 나서의 시간이다. 그림의 선은 과포화도에 따라 달라지나 5~30분을 경과했을 때 셀내의 결정입경이 실측되는 크기이며 이후는 거의 직선적으로 성장하였음을 나타낸다. 조작 과포화도가 큰 경우는 결정입경이 커지면 결정의 성장속도가 감소하는 경향이 있으나 이것은 셀내의 결정이 성장함에 따라 과포화도가 저하되기 때문으로 생각된다. 그림의 직선이 원점에서 그어진 것처럼 보이므로 셀내의 결정은 용액이 정석기내의 단일결정에 접한 때 발생한 핵이 성장한 것으로 볼 수 있다. 여기서 발생한 결정핵은 용액의 점성류에 의한 결정표면에서 용액으로 흘러나온 것이다. 따라서 발생한 핵수를 종정표면적당으로 정리하면 그림 5-10와 같으며 발생한 핵수는 조작조건에서 산출된 $Re2.5(\Delta C)3.3$에 대해 약 104배의 차가 있었다. 이것은 조작중에 종정표면이 변화하기 때문으로 이에 따라 결정핵의 발생속도가 영향을 받은 것으로 생각된다. 공업장치내에서는 다수의 결정이 현탁되어 있어 그 결정에 의한 핵발생속도가 중요하다. 따라서 그림5-8의 정석기에 균일입경으로 분류된 종정을 넣고 하부에서 용액을 공급하여 유동층을 형성함에 따라 2차핵을 발생시킨다. 동일한 방법으로 결정핵의 발생속도를 실측하여 과포화도 및 레이놀즈수에 대해 선을 그리면 그림 5-11, 그림 5-12와 같다. 이때, 유동층을 형성하고 있는 결정의 핵발생속도 f'는 식(5.30)과 같은 관계를 가진다.

$$f' = 10(\Delta C)^{3.3} Re^{2.5} \tag{5.30}$$

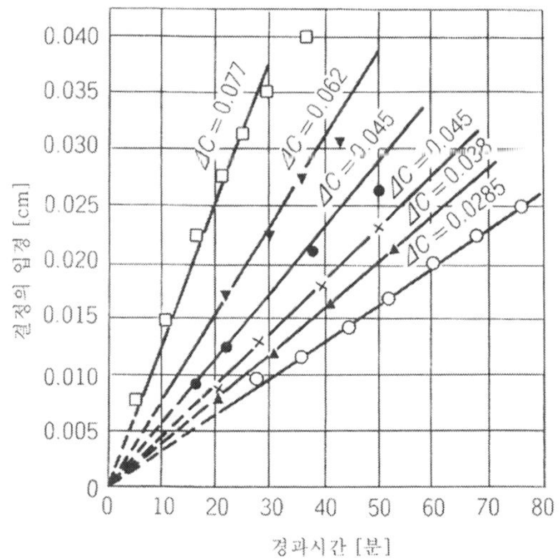

그림 5-9 셀내의 결정의 입경변화

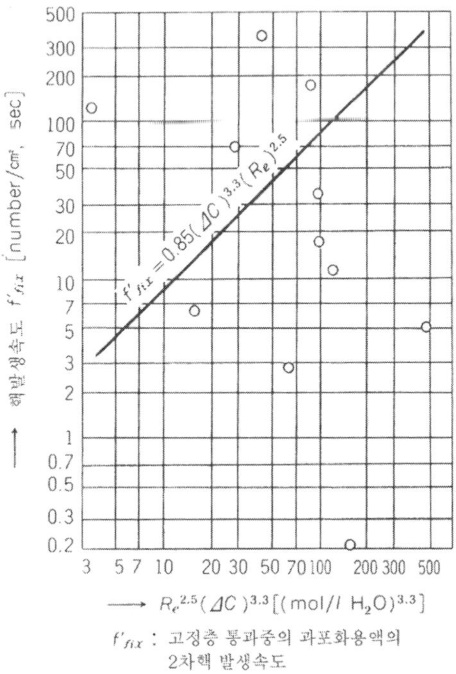

그림 5-10 단일결정에 의한 2차핵발생온도

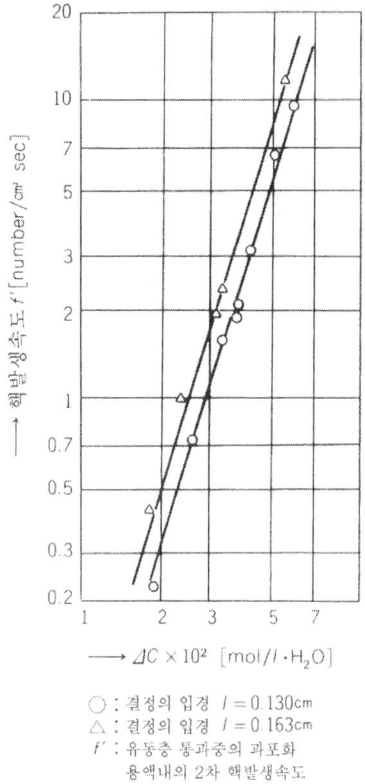

그림 5-11 핵화속도와 과포화도의 관계

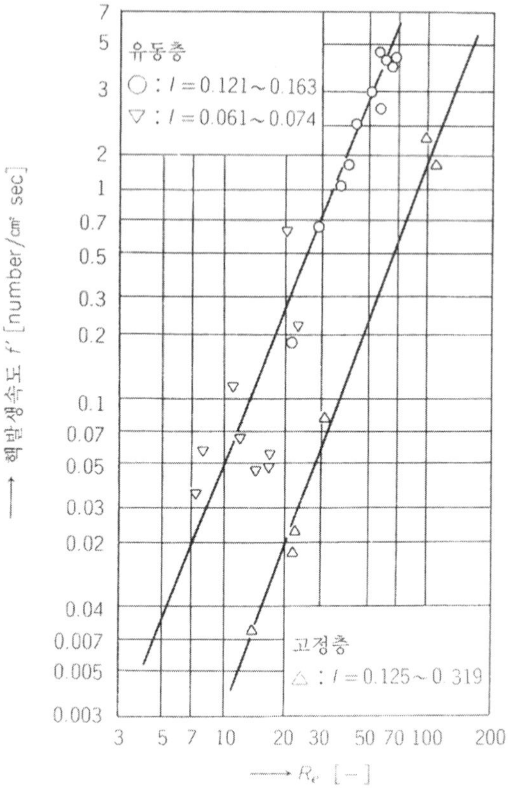

그림 5-12 핵화속도와 Re수의 관계

정석기에 공급되는 용액의 유속을 느리게 하면 결정이 바닥부에 침전하여 고정층을 형성하는데 이 고정결정에 의한 2차핵발생속도는 그림 5-13과 같이 유동층 종정에 의한 발생속도와 마찬가지로 상관할 수 있으며 이로부터 칼륨명반계에서는 유동층 종정에 따른 2차핵발생은 결정표면을 따라 흐르는 용액점성류에 의한 발생기구가 지배적이라 생각된다. 그림 5-13의 고정층 데이터를 정리한 직선을 그림 5-10에 실선으로 나타냈다. 고정된 단일결정에 의한 2차핵발생속도는 격차가 크나 그 실선의 상하에 산재해 있어 수치를 충분히 이해할 수 있는 정도이다. 그림 5-8의 정석기내에 교반날개를 설치하여 유동층 종정을 교반날개로 교반하면 2차핵발생속도는 동일한 과포화도에 대해 수십배~100배 정도 증가한다. 이때의 핵발생속도 F'는 다양한 식으로 제시되어 있으나 필자는 식(5.31)을 제시한다.

$$F' = K(\Delta C)^{n_N} n^3 d^4 (\sin\varphi)^2 \tag{5.31}$$

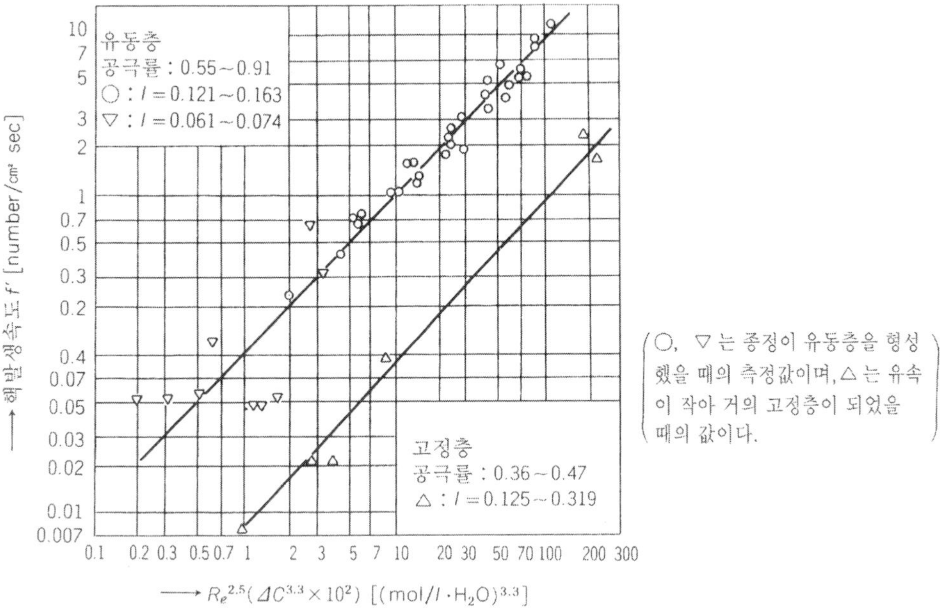

그림 5-13 핵발생속도와 Rc2.5(ΔC)3.3의 관계

여기서 K는 상수, n, d는 각각 날개의 회전수와 직경, φ는 날개의 기울기이다. 식(5.30)과 비교하여 흥미로운 부분은 ΔC의 지수인 n_N이 1.6으로 교반날개 회전이 없을 경우 ΔC의 지수 3.3의 거의 2분의 1이 된다는 것이다. 한편, 칼륨명반계의 성장속도에 대한 상관식 ($dl/d\theta = K_0(\Delta C)^{n_G}$)의 ΔC의 지수인 n_G는 1.6로, 교반날개가 있는 경우의 n_N과 거의 일치하였다. 날개의 교반에 의한 2차핵발생은 날개의 회전이 없는 경우의 유동층 종정에 의한 2차핵발생과 기구가 다르므로 종정과 교반날개의 충돌에 의한 미소마찰(micro attrition) 때문으로 생각된다. 한편, 황산동계에서의 유동층 종정에 의한 2차핵발생속도는 칼륨명반계에 비해 작아 n_N는 1.6으로 성장속도에 대한 n_G=1.6과 거의 같은 값으로, 이 계에서는 유동층 종정에 의한 2차핵발생이 점성류에 의한 것이 아닌 결정상호의 충돌에 의한 미소마찰 때문으로 생각된다. 이와 같이 장치의 형식이 같아도 2차핵의 발생기구는 계에 따라 다르다. 핵발생기구에 대해서는 결정표면에서의 계면에너지와의 관계도 검토되어 있다.[10]

그림 5-8의 장치에서 정석기의 용액을 교반조에 넣고 이 용액을 그림의 항온조에 침전하여 교반을 계속하면서 용액을 샘플링 셀에 취하여 셀내의 결정핵을 성장시킨 후 그 수를 샘플링한 시간에 대해 그리면 그림 5-14와 같이 된다.[11] 그림의 실선은 정석기내에 종정을 현탁시켰을

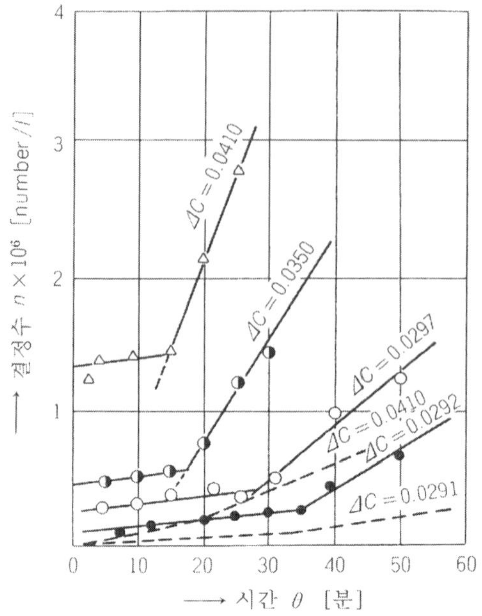

그림 5-14 결정수의 시간적 변화 (점선은 대조시험결과이다.)

때의 데이터이며, 점선은 정석기내에 종정을 첨가하지 않은 경우의 데이터이다. 그림의 선들은 모두 어느 시간까지는 완만하게 상승하는 직선이 되며, 어느 시점에서 급격히 꺾여 급격히 상승한다. 이와 같이 직선이 위로 상승하고 있다는 것은 교반조에서 결정핵이 발생하고 있기 때문으로 생각된다. 완만하게 상승하고 있는 범위에서는 정석기에서 결정핵을 공급하거나 하지 않거나 ΔC를 매개변수로서 거의 구배가 같다. 이것은 공급된 결정핵에 관계없이 1차핵이 발생했기 때문이다. 또한 그림의 선이 꺾여 있는 것은 교반조에 현탁된 결정핵이 어느 크기까지 성장하면 새로운 결정핵을 발생할 수 있게 되므로 결정핵수가 급격히 증가한 것으로 생각된다. 이는 현탁결정내의 최대입경의 것이 결정핵을 발생하기 위한 최소결정이 되었기 때문이다. 종정이 되기 위한 최소결정에 대해서는 Rousseau등[12]의 연구가 있으며 이용성 계에서는 50~400μ의 수치가 보고되어 있다.[11]

(3) 공업정석조작과 핵화 현상

공업조작에서의 핵화 현상은 5-2-1장에서 다룬 필요결정수의 공급과 석출된 결정의 품질의 2가지 면이 있다. 전자에서는 식(5.14)의 F'를 발생시키는 조건을 찾는 것이다. 그러나 조대결정과 미소결정이 과포화용액내에 현탁되어 있으면 미소결정이 조대결정표면에 부착하여 미소결정수가 감소되는 경우가 있다. 따라서 장치내에서 발생한 핵은 성장하여 모두 조대결정이 되는 것이 아니라, 제품결정이 되는 것은 핵의 일부라고 생각된다. 따라서 (1)과 (2)에서 다룬 결정핵이 실제로 발생한 결정핵이라 하면 그 중 어느 정도가 제품결정이 될 것인가가 중요하며 이와 같이 제품이 되는 결정핵을 유효핵이라 부른다. 유효핵의 생성에 대한 연구는 아직 시작단계에 불과하며[13] 상세에 대해서는 명확하지 않으나 발생하는 핵수가 많으면 많으며, 유효핵수에 영향을 미치는 인자로는 과포화도, 과포화용액내에 현탁된 결정 및 장치내의 유동조건이 생각된다. 따라서 대상이 되는 공업장치 · 조작에서의 유효핵의 발생속도를 예상하는 데는 공업장치와 특성이 유사한 모델장치를 이용하여 제품결정과 거의 같은 결정을 얻을 때의 유효핵의 발생속도를 실측하는 것이 유효하다. 모델장치의 조작조건이 공업장치내의 핵발생이 가장 일어나기 쉬운 조건이 되도록 설계하여 조작하면, 실험실장치에서의 데이터와 공업장치내에서 일어날 것으로 생각되는 유효핵발생속도가 거의 같다고 볼 수 있다. 실제로는 이들 값이 완전히 같다고 생각할 수 없으므로 공업장치를 조작할 때 조작조건을 어느 정도 정리하여 목표값에 근접시킬 필요가 있다. 현 단계에서는 공업정석조작에서 가장 중요하면서도 어려운 문제이며 경험과 노하우를 살릴 수 있는 부분이다. 이 조정난제에서 어떤 인자를 변화시키면 효과가 있을 것인가에 대해서는 (1)과 (2)에서 다룬 핵발생기구를 충분히 검토하여 대상으로 하는 계, 장치내에서 어떠한 기구가 지배적으로 일어나고 있는가를 파악해야 한다. 공업자치설계에 필요한 핵발생속도를 실측하기 위한 실험실장치 및 조작법에 대해서는 5-4-3장의 설계법에서 다루도록 하자.

결정핵의 발생속도와 결정의 품질 · 정석조작과의 관련에서는 다음과 같은 문제가 있다.

i) 결정핵의 발생이 과다한 경우 : 결정핵의 발생수가 많으면 입경이 작아진다는 것을 5-2-1장에서 설명하였으나 그 외에 과잉으로 발생한 미소결정이 상호응집하거나 조대결정에 부착하여 응집물을 생성한다. 부착된 미소결정수가 비교적 작은 단계에서는 광학적 스케일로는 균일한 단일결정을 형성하도록 조대결정내에 포함된다. 이와 같은 단일결정을 완전히 균일한 조성이라고는 할 수 없으나 목적에 따라서는 충분한 품질의 결정으로 볼 수 있다. 그러나 미소결정의 발생이 많은 경우에는 겉보기밀도가 작은 소결정이 응집한 응집물을 생성한다. 이와 같은 응집물은 단시간에 조대입자가 되어 모액과 입자를 분리하기에 용이하며 조작의 목적에 따라서는 효율적인 프로세스 개발에 유효하다. 그러나 이와 같은 응집물의 생성에서는 모액을 포함하기 쉬우므로 응집물의 순도가 좋지 않다. 결정내에 모액을 포함하면 계에 따라서는 저장중에 외기

온의 영향을 받아 모액의 용해도가 변하고 재용해 · 재결정을 반복하여 덩어리가 커지므로 취급에 있어 문제를 일으키는 경우가 있다. 특수한 경우를 제외하고 응집물의 생성은 제품결정의 품질이 저하되므로 바람직하지 않다. 또한 과잉핵이 발생하면 미소결정은 장치벽면이나 파이프라인의 표면에 부착하여 표면에서 응집물이 석출되므로 단시간에 두꺼운 스케일을 생성하는 경우가 있다. 이것은 연속조작을 하는데 있어 중대한 문제가 된다.

이상의 논의는 과잉핵이 발생한 후의 문제이나 여기서 발생한 과잉핵은 발생기구와도 관련이 된다. 1차핵이 발생하는 경우 그림 5-14에 나타낸 처음의 구배가 작은 범위에서는 과잉핵이 발생되지 않는 것으로 생각되나, 과포화도가 커져 그림 5-6에 나타낸 온도상승을 일으키는 급격한 결정핵이 발생한 경우는 응집물이 생성되기 쉽다. 1차핵의 발생이 확인되는 조작 과포화영역에서는 계에 따라서 생성결정의 표면이 거칠어지거나 수지상 정(晶)이 되는 경우가 있으므로 주의해야 한다. 또한 2차핵의 발생에서도 교반날개의 회전수가 큰 경우나 비교적 입경이 큰 결정이 교반날개와 충돌하는 경우에는 핵발생속도가 증가하므로 주의해야 한다. 이러한 기구에 의한 과잉된 2차핵의 발생도 스케일을 생성하는 경우가 많다.

ii) 핵발생속도가 과소한 경우 : 장치내의 결정입경은 조대화한다. 장치내에 현탁된 결정량이 일정하게 유지된 채 결정입경이 커지면 장치내의 결정표면적이 감소하기 때문에 일정 생산속도(예를 들어, 증발속도)에서는 조작 과포화도가 증가하여 결정핵의 발생속도가 커지게 된다. 이와 같은 변동을 하면 역시 제품의 품질저하가 되므로 핵발생속도가 과소한 경우는 생산속도를 낮추거나 핵발생속도를 적정치가 되도록 증가시켜야 한다. 이 관계에 대해서는 5-4-3장의 장치 · 조작의 설계에서 설명한다.

5-3-3 결정성장과 공업조작

그림 5-6에서 나타낸 상태도에서 과포화용액내에 결정이 존재하면 그 결정은 성장한다. Bunn 등[14]은 과포화용액내에서 결정이 성장할 때 결정주변의 용액농도분포를 그림 5-15와 같이 보고하였다. 그림의 (a)는 $NaClO_3$ 단일결정의 각 면의 성장속도변화를 나타낸 것이며, 그림의 110면은 결정의 일부를 용해하여 생긴 면이다. 그림의 곡선에서 알 수 있듯이 110면의 성장속도가 빨라 급속히 성장하면 면이 소멸된다. 그 외에 A, B, C, D 면은 시간에 따라 변화하고 있다. 그림의 (a)에서 13분 경과한 시점의 결정의 성장속도와 각 표면에 접해 있는 용액의 농도를 그림 (b)에, 그때의 결정주변의 농도분포를 (c)에 나타냈다. 그림의 (b)에서 알 수 있듯이

각 면의 성장속도는 결정표면을 따라서 일정하나 면에 접해 있는 용액농도는 면을 따라서 다르므로 이 그림에서는 결정표면에 접해 있는 용액농도가 성장속도와 관계가 없다. 그러나 그림의 (c)를 보면 결정주변의 농도구배가 각 면에서 다르며 농도구배가 큰 면이 성장속도가 빠른 경향을 보인다.

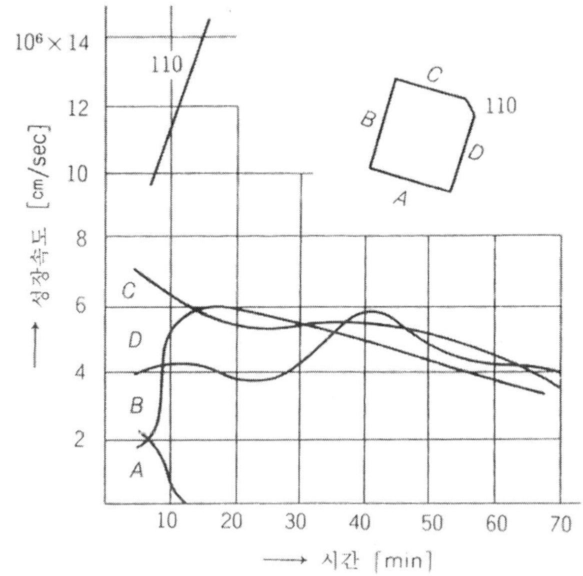

(a) 각 면의 성장속도

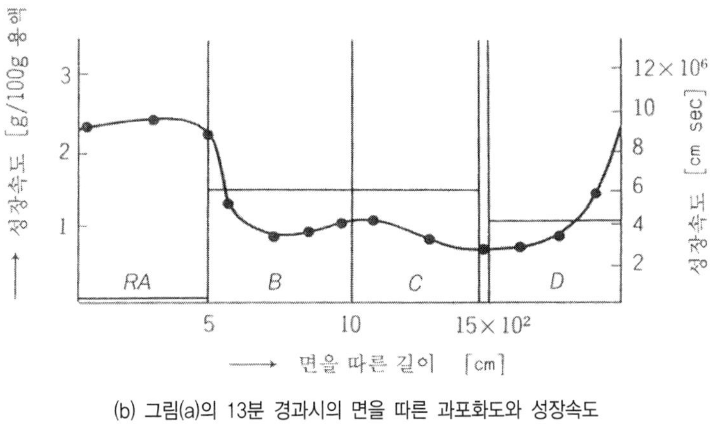

(b) 그림(a)의 13분 경과시의 면을 따른 과포화도와 성장속도

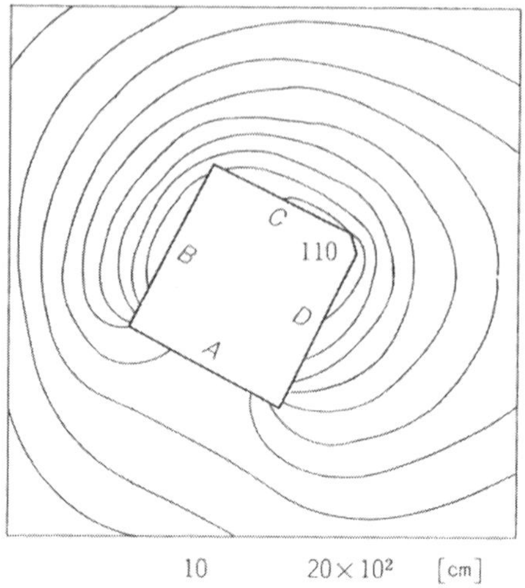

(c) 그림(a)의 13분 경과시의 결정종 주변의 농도분포

그림 5-15 $NaClO_3$ 결정의 성장속도와 결정표면에서의 용액농도[14)]

(용액본체내의 과포화도 3.36g/100g)

이와 같이 생각하면 석출분자의 거동에는 용액본체에서의 결정표면에의 확산과, 확산된 용질분자의 결정격자에의 배열의 두 단계가 생각된다. 결정표면에 확산된 분자의 결정격자에의 배열에 대해서는 일반적으로 그림 5-16과 같은 현상이 생각된다. 즉, 결정표면에 도착한 분자는 그 표면을 따라 이동하여 결정표면상의 스텝이나 킹의 에너지적으로 안정한 곳에서 멈추어 결정격자에 들어간다. 이와 같이 석출분자가 배열되면 그 스텝은 면을 따라 이동하는 것처럼 보인다. 면을 따른 스텝의 이동이 그림 5-15의 (b)에 나타낸 면을 따른 성장속도가 일정한 이유라고 생각된다. 이와 같이 생각하면 면에 수직방향의 성장현상은 생각할 수는 없다. 이에 대한 모델로서는 결정표면상의 나선전위나 2차원핵의 발생 등에 의한 표면정석현상이 제시되어 있다. 그림의 (b)의 A면의 성장속도가 매우 작은 것은 이 시점에서 결정표면의 스텝이나 킹의 밀도가 작기 때문이며, 그림 (a)에서 면의 성장속도가 변화하는 것은 스텝이나 킹의 밀도가 경과시간에 따라 변화하기 때문으로 생각된다.

과포화도가 매우 작은 경우에는 그림 5-15와 같은 관계를 생각할 수 있으나 공업조작에서 대상이 되는 과포화용에서는 결정핵이나 미소결정이 현탁되어 있어 이들 미소결정이 결정표면에 부착하여 결정성장에 기여한다. 이와 같은 미소결정이 다수 존재하면 결정성장속도가 커지는 경우도 있다. 이것은 미소결정의 부착에 의한 결정표면의 상태가 성장속도를 높이기 때문으로

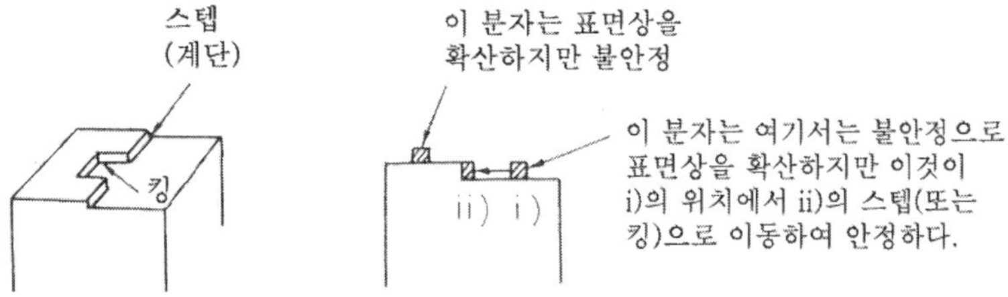

(a) 결정표면의 스탭, 킹 (b) 결정성장 모양

그림 5-16 결정표면에서의 용질의 배열모식도

생각되나, 한편 결정성장을 위한 추진력을 나타내는 용액농도와 포화농도의 차에 현탁되는 미소결정의 일부를 용액농도로서 첨가해야 되는 경우도 생각된다.[15] 이와 같이 생각하면 결정의 성장현상은 복잡하므로 아직 충분히 해명되어 있다고 할 수 없다. 그러나 공업장치내에서 원하는 입경의 결정을 얻기 위해서는 식(5.1)에 나타냈듯이 대상이라 생각하는 결정이 목표하는 결정이 되기 위한 평균성장속도를 아는 것이 중요하며, 그 성장속도에 영향을 미치는 인자와 그 기여를 정량화할 필요가 있다. 엄밀한 정량화는 쉽지 않으나 현황에서는 성상을 위한 추진력으로서 식(5.19)로 나타낸 과포화도 ΔC에 의해 상관된 식(5.32), (5.33)이 있다.

$$\frac{dW}{d\theta} = \rho_c k_v \frac{dl^3}{d\theta} = 3\rho_c k_v l^2 \frac{dl}{d\theta} = MK_0 k_a l^2 (C - C_s)^n \tag{5.32}$$

$$= MK_D k_a l^2 (C - C_i) = MK_R k_a l^2 (C_i - C)^m \tag{5.33}$$

여기서 ρ_c는 결정의 밀도, k_v, k_a는 각각 체적, 표면적의 형상계수, K_0, K_D, K_R는 결정성장속도계수이다. 첨자 0, D, R은 각각 총괄치, 확산과정, 표면정석과정이다. C_i는 결정표면에 접한 용액의 농도이다. n과 m은 상수이며 통상 1~2의 값이 제시되어 있다. 식(5.33)의 좌변은 확산단계의 물질이동속도에 관한 항이며, 우변은 표면정석단계의 항으로 그림5-15에서 생각하면 이 두 단계의 이동속도가 같다고 볼 수는 없다. 그러나 공업정석 프로세스에서는 원하는 입경으로 성장시킬 필요가 있고 이를 위해서는 장시간을 요하므로 그 성장시간동안의 평균성장속도를 생각하면 두 단계의 이동속도가 같다고 볼 수 있다. 따라서 공업적으로는 식(5.33)과 같이 등호로 연관시킬 수 있다고 생각된다. 또한 그림 5-15의 (b)와 같이 C_i는 면의 위치에 따라 다르며 식(5.33)의 C_i로 어떤 값을 이용해야 하는지는 정확하지 않다. 성장중의 결정표면에 접해 있는 용액농도 C_i에 기초하여 성장속도를 생각하는 것은 엄밀한 성장현상을 검토하기 위해 필요하나 공업조작의 검토에는 실용적이지 않다. 이에 비해 식(5.32)는 취급이 간편하고 근사적인 상관식으로서 공업조작의 검토에 충분히 적용될 수 있을 것으로 생각된다. 식(5.32)의 지수 n에 대해 의사1차식?(擬1次式)을 가정하여 $n=1$로 놓으면 식(5.33)의 m도 1이 되므로

$$1/K_0 = 1/K_D + 1/K_R \tag{5.34}$$

의 관계가 성립한다. K_D와 K_R에 대해서는 이상의 검토에서 알 수 있듯이 K_D는 결정주변의 유동의 영향을 받으며 물질이동계수에 관한 Sh수, Re수, Sc수 등의 상관식이 적용된다. 후자는 결정에 고유한 값으로 결정주변의 용액유동의 영향을 받지 않는다. K_D, K_R 모두 온도와 불순물의 영향은 받으나 후자 쪽이 큰 영향을 받는다. 특히 과포화용액내에 공존하는 불순물 중 결정형상에 영향을 미치는 것은 매정작용을 나타내며, 그 작용은 그림 5-17과 같이 결정의 특정면에 부착하여 그 면을 따른 성장을 저해하기 때문으로 생각된다. 이와 같은 매정작용을 보이는 경우에는 같은 과포화도에 대해 성장속도가 느려져 K_R에 큰 영향을 줄 것으로 생각된다. 그러나 매정제가 공존해 있는 경우는 그림 5-6에 나타낸 준안정영역의 범위가 넓어져 공업조작에서 대상이 되는 실질적인 성장속도가 커지는 경우도 있으므로 공업조작에서 유효하게 이용되고 있다.

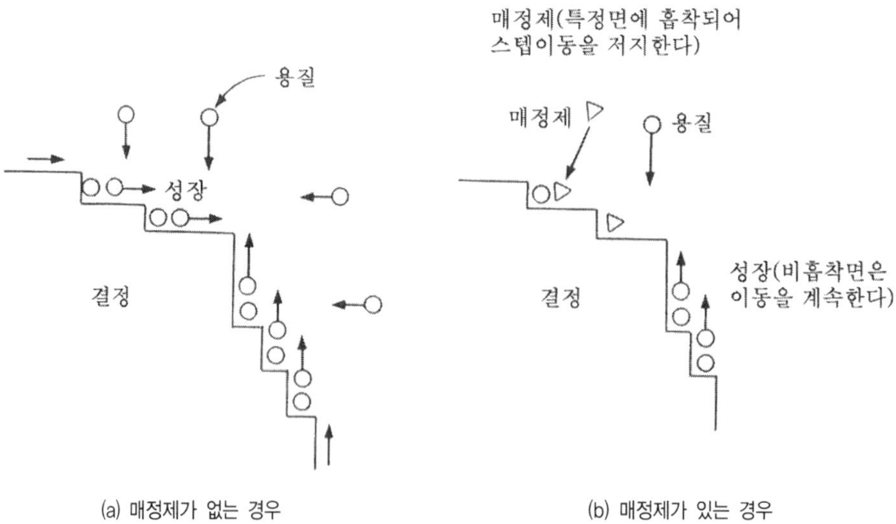

그림 5-17 결정표면에서의 성장

일반적으로는 결정의 성장현상에서 확산과정과 표면정석과정의 각 속도의 기여는 거의 동일하며 영향인자를 생각했을 때 어느 쪽이 주로 성장속도에 관여하고 있는가를 검토해야 한다. 용해도가 작은 계에서는 표면정석과정이 율속, 고온에서는 확산과정이 율속이 된다. 결정주변의 유동이 심해지면 확산저항이 작아져 표면정석율속이 되는 경향을 보인다. 또한 과포화용액의 이력도 결정성장속도에 영향을 미친다.

그림 5-18은 인산의 반수염(半水鹽)의 결정성장 실험데이터이다. ○표는 정석장치에 공급하는 원료용액을 사전에 소정 과포화도로 만들어 연속적으로 정석장치에 공급하여 결정을 성장시킨 것이다. ΔC가 큰 곳에서는 두 로그그래프 상에 직선이 되나, ΔC가 비교적 작은 곳에서는 성장속도가 급격히 저하된다. △표는 원료용액은 저장조에서 미포화상태로 유지한 것을 정석장치 직전에 과포화용액으로 공급한 것이다. ΔC가 작은 범위의 △표는 ΔC가 큰 범위의 ○표의 실선을 연결한 직선상에 있으며, 동일한 과포화도임에도 불구하고 성장속도가 매우 다르다. 이 현상에 대해서는 과포화용액의 이력에 따라 용액내의 배종(胚種)의 크기, 밀도가 달라 그들이 과포화도의 크기에 따라 성장에 기여하는 정도가 다르기 때문으로 생각된다.

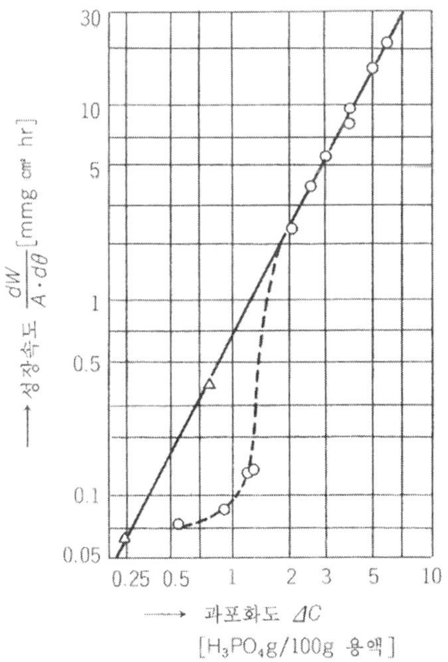

그림 5-18 $H_3PO_4 \cdot \frac{1}{2}H_2O$의 결정성장속도

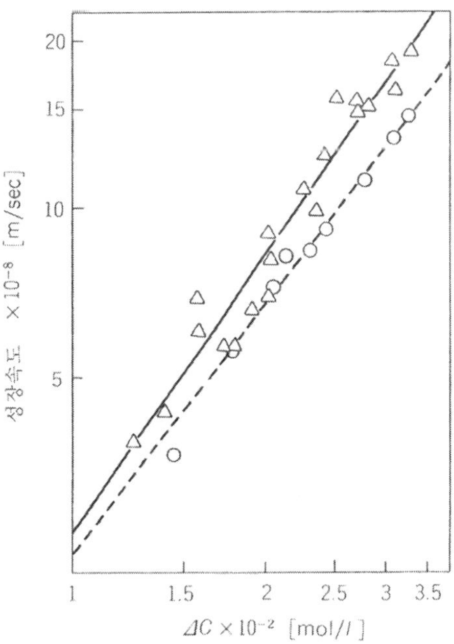

그림 5-19 고 결정성장속도에 대한 현탁결정핵의 영향

그림 5-19는 핵발생기에서 발생한 2차핵을 포함한 과포화용액과 결정핵을 포함하지 않는 것으로 생각되는 과포화용액을 단일결정 주위에 흘렸을 때의 결정성장속도를 비교한 것이다. 그림의 △표는 핵발생기내에서 핵발생속도가 커지도록 교반날개를 설치하여 100rpm의 회전을 하여 결정핵을 발생시켰을 때의 성장속도로 핵을 포함하지 않은 때의 ○표의 데이터보다 크다. 그러나 이 핵발생속도의 100분의 1로 예상되는 유동층 종정을 통과한 과포화용액내의 결정성장속도는 결정핵을 포함하지 않은 과포화용액내의 성장속도와 거의 같았다.[16] 이와 동일한 경향이 그림 5-20[15]과 같이 황산소다계의 공업장치에서도 얻어져 있으며, Ulrich[17]는 칼륨명반계의 성장속도에 대한 보고를 표 5-2에 정리하였는데 이들 값도 실측했을 때의 상태에 따라 크게 달랐다. 따라서 결정성장속도에 대해서도 문헌값을 그대로 장치설계에 적용하는 것은 적합하지 않다. 이상의 결과를 정리하면, 공업장치·조작의 설계에 있어서는 공업조작에서 대상이 되는 공존불순물·조작온도에서 제품목표인 형상·크기의 결정이 얻어지는 조작조건을 찾아 그때의 결정성장속도를 실측하여 이용하는 것이 좋다. 여기서 이용되는 실험장치의 형식에 대해서는 5-4-3장의 설계법에서 설명한다.

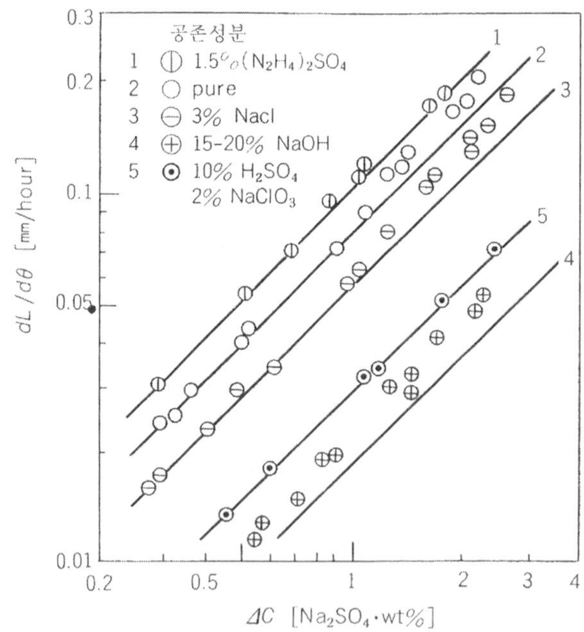

(plot은 공업장치의 데이터이며 실선은 실험실장치의 데이터)

그림 5-20 Na_2SO_4계 수용액에서 Na_2SO_4결정의 성장속도

표5-2 칼륨명반계의 성장과정 [17]

번호	측 정 자	실 험 방 법	과포화도 ΔC [kg-alum./kg-용액]	온도 T [℃]	입경 l [μm]	용액속도 V [cm/sec]	성장속도 $\frac{dl}{d\theta}$ [mm/sec]	관 계 식
1	Bennema	교반조에서의 단결정	$0 \sim 1.59 \times 10^{-2}$	39 또는 40	—	7.87	—	—
2	Bennema	교반조에서의 단결정	$0 \sim 1.59 \times 10^{-2}$	39 또는 40	—	—	$0.1 \sim 7 \times 10^{-3}$	—
3	Bennema	교반조에서의 단결정	$0 \sim 1.59 \times 10^{-2}$	39 또는 40	—	—	$0.1 \sim 7 \times 10^{-3}$	—
4	Mullin, Garside	단결정	$3 \times 10^{-3} \sim 1.5 \times 10^{-2}$	32	—	3.4~10.4	0.3~15	$\frac{dl}{d\theta} = 6.24 \times 10^{-4} V^{0.65} \Delta C^{n}$
5	Mullin, Garside	유동층	$3 \times 10^{-3} \sim 1.7 \times 10^{-2}$	32	430 ~1540	3.4~10.4	$3.6 \times 10^{-2} \sim 6.1 \times 10^{-1}$	$\frac{dl}{d\theta} = 1.6 L \Delta C^{n}$
6	Garside, Mullin	유동층	$1 \times 10^{-3} \sim 2 \times 10^{-2}$	15~47	650	5	0.041~0.655	—
7	Botsaris, Donk	단결정	$7.96 \times 10^{-3} \sim 1.59 \times 10^{-2}$	35.1	—	7.874	0~2.2	—
8	Toyokura, Yamazoe	고정층	$8.5 \times 10^{-3} \sim 3.66 \times 10^{-2}$	30	700 ~1700	2.4	$1.8 \times 10^{-1} \sim 8.4 \times 10^{-1}$	$\frac{dl}{d\theta} = 5 \times 10^{-3} \Delta C^{5/3}$
9	Toyokure, Yamazoe	고정층	$8.5 \times 10^{-3} \sim 3.66 \times 10^{-2}$	30.4	1640	0.42	—	$\frac{dl}{d\theta} = 5 \times 10^{-3} \Delta C^{5/3}$
10	Garside, Jancic	회분장치	$5 \times 10^{-4} \sim 8 \times 10^{-3}$	30	3~70	—	—	—
11	Garside	flow cell(4.5ml)	$2.3 \times 10^{-3} \sim 1.02 \times 10^{-2}$	30	3~40	—	$7.2 \times 10^{-3} \sim 7.2 \times 10^{-2}$	$\frac{dl}{d\theta} \times 10^{-2} = 29.8 L \Delta C^{2.2}$
12	Best, Brown Best	교반층(draft tube 있음)	$3 \times 10^{-3} \sim 3.3 \times 10^{-3}$	25~30	186 ~1049	—	$4.7 \times 10^{-2} \sim 2.025$	$\frac{dl}{d\theta} \times \rho \times 10^{-3} = 0.59 L^{0.23} \Delta C^{1.5}$
13 a	Toyokura, Hirosawa	유동층	$1.9 \times 10^{-3} \sim 2.13 \times 10^{-2}$	30	595 ~1190	2.36	$1.44 \times 10^{-1} \sim 1.8$	$\frac{dl}{d\theta} = 4.7 \Delta C^{1.7}$
13 b	Uchiyama, Kukimoto	회분장치	$1.39 \times 10^{-2} \sim 2.14 \times 10^{-2}$	30	10~100	—	$2.52 \times 10^{-1} \sim 7.92 \times 10^{-1}$	$\frac{dl}{d\theta} = 4.7 \Delta C^{1.7}$
14	Rousseau, Craig, McCabe	교반 · 회분(400ml)	9×10^{-4}	26	3~30	—	0.648~3.13	—
15	Garside, Jancic	회분장치(draft tube 있음)	$1.5 \times 10^{-3} \sim 8 \times 10^{-3}$	30	5~1600	—	—	—
16, 17	Rusli, Larson, Garside	교반조	1.17×10^{-2}	30	2~25	—	$4.3 \times 10^{-2} \sim 3.6 \times 10^{-1}$	$\frac{dl}{d\theta} \times 10^{-2} = 9.6 \times 10^{-8} \Delta C^{0.9} (1 + 61L)$
18	Aoyama, Kawakami	분급층(공업플랜트)	—	—	1.9 ~4000	—	3.5~18	—

실험실장치에서 얻어진 결정성장속도를 장치의 설계계산에 이용할 경우 다음과 같은 점을 고려하면 scale up이 가능할 것으로 생각된다. 단일결정의 성장속도에 대해서는 그림 5-15에서 알 수 있듯이 개개의 결정에 따라 다르므로 1개의 결정의 성장속도로는 판단할 수 없다. 특히 미소결정에서는 성장속도의 격차가 크며 이에 대해서는 Growth Dispersion Theory가 제시되어 있다. 그러나 다정계(多晶系)의, 유동이 좋은 상태에서 실측된 성장속도는 평균화되기 때문에 재현성이 상당히 좋다. 장치의 규모확대(scale up)의 영향으로는 장치내의 과포화도의 분포와 결정의 현탁유동상태가 중요한 인자이다.

과포화도의 분포에 대해서는, 결정은 장치내에 장시간 체류하여 장치내의 전역을 유동한 뒤 제품으로 추출되기 때문에 장치내의 평균과포화도를 같아지도록 하면 이 점에서의 scale up에 차이가 생기지 않는다. 단, 그림 5-6의 과용해도 문제가 있으므로 공업장치에서도 장치내의 최대과포화도를 실험실장치의 최대값을 넘지 않도록 해야 한다. 또한 장치내의 결정현탁상태에 대해서도 심한 교반은 결정의 파쇄를 일으킨다. 그러나 불충분한 유동상태는 장치 바닥부에 결정이 침전되어 바닥부에 두꺼운 결정스케일이 생성된다. 이들을 종합하여 안정된 상태에서 조작하기 위해서는 결정이 바닥에 침전되지 않는 범위에서 가장 완만한 유동상태로 유지하는 것이 좋으며, 그러한 상태로 유지하고 장치형상이 거의 같으면 장치의 크기에 상관없이 성장속도가 거의 같다고 볼 수 있다. 또한 장치내에 미소결정~조대결정까지 현탁되어 있으면 일반적으로 결정의 성장속도에 대한 유동의 영향이 입경에 따라 다르다. 그러나 결정이 충분히 현탁되는 상태로 유지되는 교반조와 같은 혼합형 정석장치에서는 결정의 선성장속도가 입경의 영향을 받지 않고 조(槽)내의 전 결정에 대해 거의 동일하다고 볼 수 있다.

장치내에서 성장하는 결정에는 각각의 결정에 특유한 형상을 보이는 정벽(晶癖)이 있으며 1개의 결정에서도 면에 따라 그 성장속도가 다른 경우가 있다. 정석장치내에 현탁되는 입경이 각기 다른 결정에서 대응되는 면의 성장속도가 입경에 관계없이 동일할 때, 이 장치내의 결정의 성장속도는 ΔL법칙에 따라 성장하고 있는 것이다. 이와 같이 장치내의 결정의 성장속도가 같다는 것이 ΔL법칙이다. 특히 혼합형 정석장치에서는 실험실장치뿐 아니라, 공업장치에서도 ΔL법칙을 적용할 수 있는 경우가 많아 장치 · 조작의 설계계산에 ΔL법칙이 종종 적용된다.

5-3-4 불순물의 영향

공업조작에서 대상이 되는 용액에는 불순물이 공존하는 경우가 많으며 그 영향을 무시할 수 없다. 불순물에는 용매에 불용인 것과 가용인 것이 있으며 각각 특유의 거동을 한다. 이들 불순물은 핵발생속도, 결정성장속도 및 결정의 형상·순도 등에 대해 영향을 미친다. 결정핵발생속도에 대한 영향은 5-3-2 (1)에서 취급한 핵생성을 위한 자유에너지변화에 따라, 그리고 결정성장속도 및 결정형상 · 순도에 대한 영향은 그림 5-17에 나타낸 작용기구에 의해 검토된다.

공업조작에서는 매정(媒晶)효과를 보이는 불순물의 존재가 형상 등의 개질에 도움이 되어 바람직한 경우와 제품의 품질저하가 되어 피해야 하는 경우가 있다. 정석현상에 불순물이 영향을 미치는가에 대해서는 불순물의 물리적 · 화학적 성질이 유사한 것과 화학적 친화력이 강한 것이 영향을 미칠 가능성이 크다. 또한 과포화도를 급격히 크게 하면 영향을 미치기 어렵지만, 작은 과포화상태로 유지하거나 서서히 과포화상태로 한 경우는 매정작용을 일으키기 쉽다. 불순물의 매정효과를 찾을 때는 소형장치에 의한 실험이 유효하다. 우선, 시험관 등을 이용하여 다수의 시약의 매정효과의 유무를 확인한다. 이 단계에서는 서냉법 등에 의해 서서히 과포화도를 증가시켜 석출결정형상의 변화를 체크한다. 매정효과가 확인된 시약에 대해 종정의 존재하에 과포화도의 크기에 대해 충분히 고려하면서 실험을 실시하여 정석속도를 실측함과 동시에, 거기서 얻어지는 결정의 물리적 · 화학적 특성을 확인하여 매정제로서 선정할 것인가를 결정한다.

정석하는 결정에 대한 공존 불순물의 매정작용을 방지하기 위해서는 불순물을 제거한 뒤 정석시키는 것이 유효하다. 이를 위해서는 막분리 등의 전처리 외에 재결정법을 이용하는 경우도 있다. 또한 과포화도를 급격히 크게 하여 조작함에 따라 불순물이 정석물질에 작용하지 않는 경우도 있다. 그 외에 매정효과를 보이는 물질에 반응하는 첨가물을 가하여 매정작용을 방지하는 경우도 생각되나, 이들에 대해서는 매정제를 검색할 때와 동일한 방법으로 테스트가 필요하다.

5-4 정석장치

5-4-1 정석장치의 분류와 선정

정석장치는 제품을 결정으로 얻는가, 융액으로 얻는가의 제품의 형태, 정석시키기 위한 과포화상태의 생성법, 회분법인가 연속법인가의 조작법 및 장치내에서의 고상 · 액상의 상태에 의한 4가지 분류법이 있다. 통상의 정석장치에서는 결정을 석출시켜 장치에서 결정과 액을 슬러리상태로 추출한다. 그러나 제품을 융액으로 추출할 경우는 장치내에서 액상으로 결정을 석출시킨 뒤, 액만을 배출하고 나서 결정을 융해하여 융액으로서 추출한다. 이 고액분리조작과 융해조작과정에서 결정을 정제시키는 경우가 많으며, 이들 조작법을 연구함에 따라 고순도의 융액을 얻을 수 있다. 동일한 장치내에서 정석과 융해의 두 조작을 행하는 경우와 정석과 융해·정제를 각각의 장치에서 행하는 경우가 있으며, 특히 후자가 독립해 있는 경우를 정제장치라고 부른다. 이들 장치의 상세에 대해서는 이하에 각각 설명한다.

과포화상태의 생성법에 의한 장치의 분류법은 널리 이용되고 있으며 특히 plant user가 장치를 선정할 때 편리하다. 과포화상태의 성성법으로는 냉각식, 증발식, 반응식 및 가압식이 있다.

(1) 냉각식

온도에 따라 용해도가 크게 다른 계를 대상으로 선정된다. 용액을 냉각시키기 위한 방법으로는 열교환기에 의해 냉각하는 방법과 용매의 증발에 의한 진공냉각이 있다. 진공냉각에 의한 방법은 증기가 발생하는 부분에서 과포화도가 커지므로 그러한 의미에서 증기식과 동일하다고 볼 수 있다. 열교환기를 이용하는 냉각식은 열교환기의 설치법에 따라 다양한 형식이 있다. 정석기의 외부에 열교환기가 있어 장치에서 용액만 또는 용액과 결정을 슬러리로 추출하여 강제순환하는 형식, 정석정치 외벽면 상에 쟈켓을 설치하는 형식, 장치내에 열교환기를 설치하는 형식 등이 있다. 실험실규모의 정석장치에서는 대상으로 하는 용액량이 적기 때문에 냉각하는 용액량에 비해 전열면적을 넓게 하는 것은 비교적 쉬우나, 공업조작에서는 취급하는 용액량이 많아 그에 따른 전열면적을 실험실규모의 테스트와 같이 넓게 취할 수 없는 경우가 있다. 이러한 경우는 결정의 생산량에 따른 용액량을 냉각시키기 위해 냉매의 온도를 낮게 하는 조작법을 이용하는 경우가 있으나 스케일이 생성되기 쉽고 스케일이 생성되면 전열저항이 높아지므로 조작법에 주의가 필요하다. 그러나 회분조작에서 스케일의 생성량이 적은 경우는 그다지 장해가 되지 않는다. 특히 회분조작의 종료 후 새로운 원액을 공급한 단계에서 스케일이 재용해하여 간단히 제거되는 경우는 문제가 되지 않는다. 또한 회분분별정석조작에서는 MWB정석장치(그림 5-31)와 같이 결정을 스케일상태로 석출시켜 미(未)정석용액을 장치 밖으로 배출 후 열교환기에 열매체를 통과시킴에 따라 스케일을 융해하여 결정으로 석출한 성분을 융액으로 추출하는 경우도 있다. 스케일상태로 석출되는 결정은 완만한 교반이나 유동을 주면 전열면에서 쉽게 제거할 수 있는 경우가 있다. 계에 따라서 교반형 정석장치에서는 2차핵의 발생으로 양질의 결정을 얻을 수 없으나, 정치냉각식에서는 전열면 상에 양질의 결정이 석출되는 경우가 있다. 여기서 석출된 결정은 스케일상태로 생성되어 전열면에서 쉽게 분리할 수 있어야 하나, 스케일생성을 활용한 정석장치·조작법이 이용되는 경우도 있다.

전열면을 이용하지 않는 냉매의 직접접촉법도 있다. 이 경우는 용액에 용해되지 않는 냉매를 선정할 필요가 있으며 수용액에 대해서는 탄화수소계 냉매가 이용된다. 또한 냉매를 용액내에 공급함에 따라 기화시키는 경우에는 기화잠열도 유효하게 이용할 수 있다. 이와 같은 조작법에서는 냉매와 용액 간에 고정계면이 없어 스케일이 생성되지 않는 효율적인 냉각이 가능하다. 그러나 냉매를 용액내에 공급하는 방법으로서 그 노즐을 용액내에 삽입하면 노즐표면에 스케일이 생성되는 경우가 있는데 이에 대해서는 충분한 대책이 필요하다.[18] 또한 용액면 상에 냉매를 공급하여 그것을 용액표면에 설치된 교반날개로 용액내에 공급하는 방법도 일부 계에서는 이용되고 있다.

(2) 증발식

공업장치로서 널리 이용되고 있다. 이 장치에는 정석장치의 상부에서 증발을 하는 형식(혼합형에서 많다)과, 증발실과 정석실이 따로 나누어져 있는 형식(분급층형)이 있다. 증발식 장치에서는 증발속도가 크면 비말을 동반하여 스케일이 생성되거나 증발을 위한 가열용 열교환기 표면에서 기화가 일어나 그곳에 스케일이 생성되는 경우가 있다. 전자는 증발면을 크게 하면 피할 수 있으나 실제로는 증발실 상부에 가끔씩 스팀을 불어넣거나 용매로 세정할 필요가 있다. 또한 증발면에서 혼합이 나쁘면 증발면에 얇은 결정막이 생성되는데 그것이 성장하면 파쇄되어 덩어리로 장치내에 침강하여 트러블의 원인이 되기도 한다. 따라서 증발면을 잘 혼합하고 특히 증발실과 정석실이 따로 있는 형식에서는 증발실에서 용액체류시간을 짧게 하는 것이 중요하다. 증발면 부근의 용액과포화도에 대해서도 충분히 주의할 필요가 있다. 증발속도와 증발면 부근의 용액체류시간의 길이에 따라 과포화도가 그림5-6의 과용해도곡선을 넘는 경우가 있다. 이러한 경우는 거기서 과잉핵이 발생된다. 이를 방지하는 대책으로는 이 부분을 순환하는 용액의 유속을 크게 하는 것이 중요하나 결정도 순환시켜 결정이 성장하면 과포화에서 점차 벗어나게 되어 과포화도의 과대화를 방지하는 경우도 있다. 이 조작은 장치효율을 높일 수 있어 유효한 방법이기는 하나 결정을 순환하는 방법을 연구하지 않으면 순환을 위한 펌프날개와 결정의 충돌에 의해 결정의 파쇄나 과잉 2차핵이 발생된다. 또한 증발면 부근에서 과포화도가 너무 크면 순환결정에 의한 2차핵이 과잉 발생되어 결정의 품질을 저하시키는 경우가 있다. 가열 전열면 상의 스케일을 제거하는 방법으로는 온도를 높임에 따라 용해도가 저하되는 경우와 상승되는 경우로 나누어 생각할 필요가 있다. 전자는 통상의 냉각식과 같은 전열면에 접해 있는 용액의 과포화도가 과대해지지 않도록 열매체의 온도제어를 해야 한다. 후자는 가열에 의해 높아지는 용액의 온도를 전열면 표면에서 끓는점 이하로 유지할 필요가 있다. 진공증발식에서는 증발면에서의 증기압과 열교환기 전열면까지의 액 깊이에 의한 압력의 합을 증기압 이상으로 유지할 필요가 있으며 열효율을 생각하면 열매체의 온도가 가능한 높은 것이 바람직하며 그러한 의미에서 가열용 열교환기는 낮은 위치에 설치하는 것이 좋다.

증발식에서 연속조작이 이용되면 다중효용함로서 이용되는 경우가 있다. 여기서 용액을 병렬로 공급할 것인가, 직렬순류 또는 향류로 조작할 것인가는 제품결정의 입경과 생산량, 때로는 품질에 영향을 미치므로 신중히 결정해야 한다. 주요사항은 각 함에서 조작온도, 결정의 현탁밀도, 용액의 물성값, 용액내의 불순물이 다르기 때문이다. 따라서 각 함에서 증발량이 거의 같은 조작을 했을 때 정석량도 거의 같아지는데, 각 함에서 조작과포화도나 정석속도가 같아지도록 조작할 수 없는 경우가 있으므로 충분히 주의해야 한다.

(3) 반응정석식

용액내에서 반응시켜 조작온도에서 포화농도 이상의 물질을 생성함으로써 증발이나 냉각조작을 하지 않고 결정을 석출하는 정석조작이다. 그러한 의미에서 염석이나 용액에 빈용매나 다른 성분을 첨가하여 용존성분을 석출시키는 경우도 반응정석으로 취급할 수 있다.

이 조작에서는 반응속도를 정석속도와 같아지도록 조작하는 것이 중요하다. 일반적으로 반응생성물의 용해도가 큰 경우는 가용성 물질의 정석이 되어 양질의 조대결정을 생성하는 것은 비교적 쉬우나 용해도가 작은 경우는 양질의 결정을 생성이 어려운 경우가 많다. 반응정석에서 A액과 B액을 반응시켜 C를 정석하는 반응정석에 대해 설명해보자. 이때, A액, B액의 반응에 기여하는 물질의 농도가 높으면 생성되는 C의 용액내의 농도가 높아져 장치내의 현탁결정량을 많게 할 수 있다. 이와 같은 경우 장치내에 현탁되는 결정표면적 a가 커지므로 연속조작에 대한 식(5.4)에서도 알 수 있듯이 결정의 평균성장속도 $(dl/d\theta)_{av}$를 비교적 작게 유지하는 것도 용이하다. 거기에서는 조작과포화도 ΔC를 작게 할 수 있어 양질의 결정을 얻기 쉽다. 장치내 결정의 현탁밀도가 높은 경우에도 C의 용해도가 작은 경우는 $(dl/d\theta)_{av}$을 작게 유지해야 하는 경우가 많으므로 충분한 주의가 필요하다.

그러나 반응에 기여하는 물질의 농도가 낮으면 C의 농도가 낮아진다. 이 경우 C의 용해도가 크면 냉각이나 증발을 필요로 하므로 냉각 또는 증발정석으로 생각할 수 있으나, 그 용해도가 작은 경우는 반응하면 곧바로 정석이 시작된다. 이 경우 회분조작과 마찬가지로 반응액내에서 생성된 결정만이 용액내에 현탁되어 있다고 하면 그 현탁밀도가 작아 식(5.4)에 비해 a가 작으므로 $(dl/d\theta)_{av}$가 커지기 쉬우며, 또한 조작과포화도가 커져 양질의 결정을 얻기는 어렵다. 이와 같은 경우에는 석출된 미소결정이 응집물을 생성하거나 교반날개나 장치벽면 상에 스케일상으로 석출되는 경우가 있다. 이와 같은 계에 대해서는 사전에 충분한 결정량을 현탁시켜 조작할 필요가 있다. 목적에 따라서는 응집물을 석출시키는 조작을 하는 방법도 생각된다.

(4) 가압정석식

탄화수소계의 용액다성분계를 가압하여 고액평형조성을 변화시켜 결정을 석출시킨다. 이 조작에서는 300MPa까지의 가압이 공업적으로 생각된다. 압력정석은 용액을 대상으로 가압하는 조작으로 압력의 전달이 빠르기 때문에 계내가 균일한 과포화상태가 되기 쉽다. 통상 단시간에 큰 과포화상태가 되며 핵을 발생한 뒤 신속히 성장한다. 여기서 얻어지는 결정입경은 균일하며 100μ이상의 것이므로 순도가 높을 것으로 생각된다. 원하는 압력까지 가압하여 미(未)정석액을 배출한 뒤 결정을 일부 용해하여 그 용액을 배출한 뒤 남은 결정은 고순도가 된다. 가압정석조작에서는 장치내의 압을 상압으로 되돌리면 결정이 용해하여 얻어지는 용액은 고순도의 물질인 경우가 많다. 이 가압정석에서는 고압영역까지 가압해도 액체의 용적감소가 적어 가압으로 소비되는 에너지가 적으므로 저에너지소비 정석법으로서 특징이 있다.

회분조작과 연속조작에서는 균일입경의 결정을 생산할 때 종정의 크기가 제품결정의 크기에 비해 무시할 수 있는 경우 연속조작에서는 동일 장치용적당 4배의 생산능력을 나타내는 것이 이상적인 모델계산으로 얻어진다. 이 계산에서는 회분조작에서도 연속조작과 같은 결정의 성장속도가 조작 가능한 범위의 최대값으로 가정되어 있다. 그러나 실제 회뷴조작에서는 이와 같은 일정 성상속도로 조작하는 것이 쉽지 않다. 제품결정의 품질을 유지하기 위해서는 일반적으로 성장속도를 특정한 조작범위내로 유지하여 조작해야 하며 이를 위한 제어시스템은 회분조작은 연속보다 복잡하므로 가능한 범위에서 연속조작을 선택해야 한다. 연속정석장치의 선정기준으로는 제품결정이 1일 1t 이상의 생산량이 기준이다. 이론적으로는 안정된 조작이 가능하면 되기 때문에 장치에 설치되는 계기의 종류나 계의 특성에 따라 이 기준이 변하게 된다.

장시간 연속조작에서 스케일을 생성하지 않고 원하는 입경의 결정으로 성장시키도록 안정된 상태로 장치를 조작하기 위해서는 장치내에 현탁되는 슬러리를 약20%(체적)으로 유지하여 이 슬러리를 안정상태에서 장치 밖으로 수송할 수 있으면 되며, 1일 생산량이 약 1t이라는 숫자는 이러한 계산에서 나온 것이다. 연속조작과 회분조작의 선정기준에 대해서는 기술자에 따라 다소 차이가 있으나 대세는 두 조작의 선정을 구분하는 생산량은 대부분 이 정도의 수치로 되어 있다.

정석장치내의 결정이나 용액의 상태는 장치의 설계계산에 있어 중요한 의미를 갖는다. 정석장치내의 현탁되어 있는 결정에는 결정이나 용액의 물성값에 따라 침강속도가 빠른 것과 느린 것이 있다. 침강속도가 빠른 결정을 균일 혼합상태로 유지하기 위해서는 교반을 강하게 주어야 하지만 느린 결정은 비교적 느린 교반으로 균일 혼합상태를 만들 수 있다. 정석장치내의 결정이나 용액의 분포상태를 아는 것은 정석장치내의 특성을 아는데 있어 중요하며 이들 두 상(相)의 상태는 균일 혼합상태와 일정한 분포를 가진 분급상태로 나누어진다. 결정의 침강의 종말속도가 느린 경우는 전자가, 빠른 경우는 후자가 얻어지기 쉽다. 이에 따라 장치내 결정의 침강 종말속도는 혼합형 장치와 분급형 장치의 선택에 있어 하나의 중요인자로 그 기준값은 수cm/s가 생각된다. 이들 기준값은 장치내에서 결정의 파쇄가 일어나기 어렵고, 또한 생산능력을 높여 원하는 결정을 생산할 수 있는 장치형식의 선택 면에서 제시되어 있는 것으로 장치형상 등의 개량에 따라 이 기준수치도 달라진다.

5-4-2 정석장치각론

(1) 연속정석장치의 변천

정석조작의 목적에 맞는 장치를 선택하거나 더욱 목적에 맞는 장치를 개발하기 위해서는 연속정석장치의 특성과 변천에 대한 이해가 필요하다. 최근 반세기동안의 변천을 그림 5-21에 나타냈다. 연속정석장치의 원형으로서 장치내의 결정과 액이 균일상태로 된 장치가 생각된다. 이러한 상태를 만들기 위해서는 내부에 교반날개를 설치한 내부순환형과, 장치외부에 설치된 펌프의 강제순환방식에 의한 외부순환형(그림 5-22)이 있다. 특히 후자는 외부에 열교환기를 설치하는 것도 용이하고 저가에 결정제품을 생산할 수 있다. 그러나 펌프에 의한 격심한 순환은 결정이 파쇄될 가능성이 크므로 비교적 입경이 작고 입경분포폭이 넓은 결정이 되기 쉽다. 내부순환형에서는 순환을 위한 날개직경을 크게 하여 비교적 낮은 회전속도로 대용량의 용액을 순환시킴에 따라 파쇄효과를 약하게 하여 비교적 입경이 큰 결정을 얻을 수 있도록 배려하였다. 또한 균일입경의 결정을 얻기 위해 분급각(脚)을 설치하는 경우도 있다. 장치내의 순환을 원활히 하기 위해 흡출관(draft tube)를 설치하고 균일 조대결정을 얻을 수 있도록 미소결정제거장치와 분급각이 설치된 것이 그림 5-23의 DTB형이다.

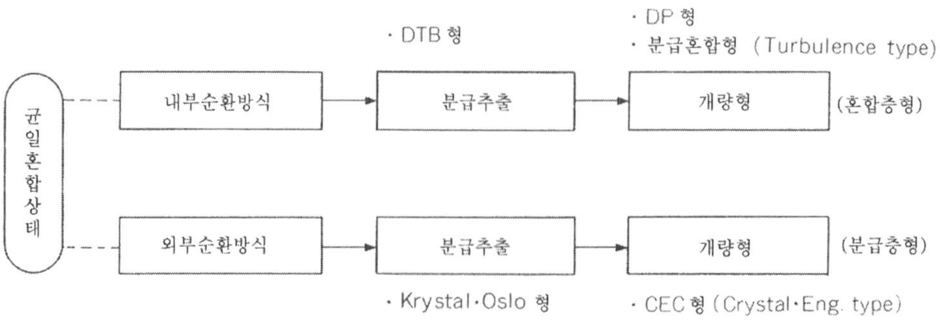

그림 5-21 연속정석장치의 변천

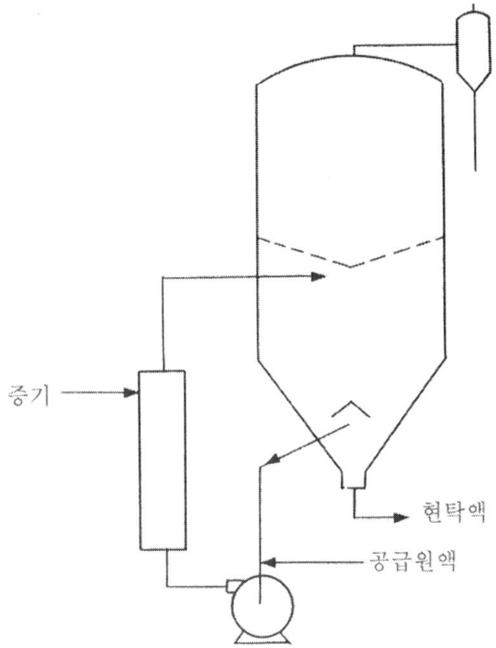

그림 5-22 강제순환식 진공정석장치

DTB형의 내부순환방식을 보다 개량하여 흡출관의 외측에도 날개를 설치해 더 작은 회전속도로 효과적인 순환을 할 수 있도록 한 것인 그림 5-24의 DP형이다. 또한 DTB형을 주로 하면서 조대결정이 순환날개와 충돌하지 않도록 개량한 것이 그림 5-25에 나타낸 turbulence형이다. 한편, 외부순환형으로 순환류를 장치 바닥부에 공급하여 그것을 상방으로 흘려보내 정석장치내에 분급층을 형성할 수 있다. 상승유속을 충분히 제어하여 안정유동층을 형성하면 비교적 입경일 균일한 조대결정을 바닥부에서 얻을 수 있다. 이 실제장치는 그림 5-26에 나타낸 크리스탈오스로형이다. 그러나 이 장치에서는 높이방향으로 결정공간율의 분포를 일어나 생산효율이 높지 않다. 이러한 점을 개량하여 성장을 위한 결정표면적이 장치용적당 커지도록 개량된 것이 그림 5-27의 역원추형 장치이다. 분급층형 장치에서는 장치내에 분급을 위한 유동층을 형성되어야 하므로 결정의 침강속도가 느린 경우에는 상승속도도 느려진다. 이 경우 용액의 과포화도는 장치 바닥부에서 빠르게 하강하여 상부의 과포화도가 작아지므로 장치중앙부~상부에서는 결정성장에 기여하지 않는 부분이 발생한다. 이에 대한 대책으로는 장치외벽부에 자켓을 설치하여 과포화도의 저하에 대응하여 냉각함에 따라 장치내의 평균과포화도가 높게 유지하는 방안이 연구되고 있다.[19] 이러한 대책은 이외[20]에도 이루어지고 있다.

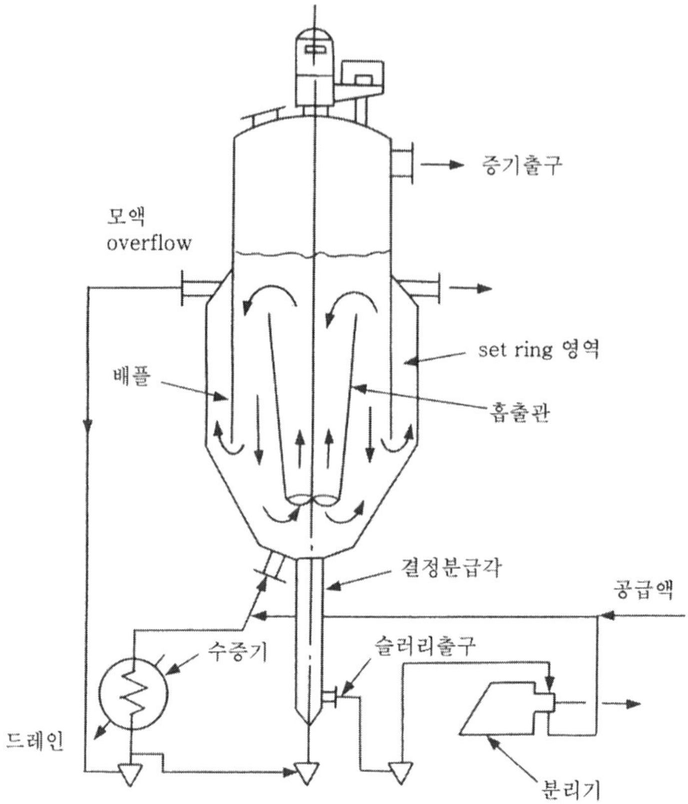

그림 5-23 DTB형 정석장치

지금까지 입경조작을 중심으로 연속정석장치를 다루어 왔으나 회분조작에서는 연속장치에서 균일한 제품이 얻어지는 경우가 있다. 특히 결정의 침강속도가 느리고 습식분급조작을 적용하기 어려운 경우에는 회분조작이 적합하다. 그러나 2차 핵화 현상에서 설명했듯이 회분조작에 있어 과포화도를 작게 해도 핵의 발생은 방지할 수 없으므로 입경분포가 넓어진다. 이와 같은 경우에는 나중에 발생한 미소결정을 용해 · 제거하여 제품결정의 균일화를 도모할 수 있으며 그 방법으로서 그림 5-28에 나타낸 더블 크리스탈라이저 등이 이용된다. 또한 얻어지는 결정의 순도를 높여 융액으로서 제품을 추출하는 장치로는 그림 5-29~그림 5-32에 나타낸 장치가 이용되고 있다. 이들 장치의 개요는 각론에서 소개한다.

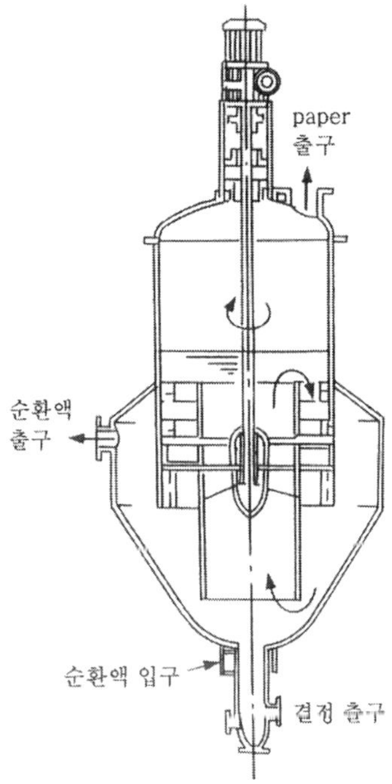

그림 5-24 DP형 정석장치

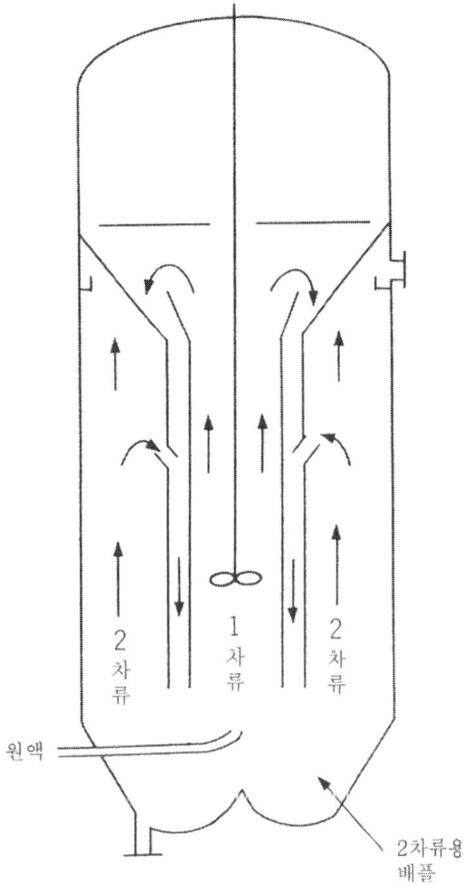

그림 5-25 turbulence형 정석장치

(2) 정석장치 각론

① 외부강제순환형 정석장치 : 장치도는 그림 5-22에 나타낸 것처럼 구조적으로 간단하여 냉각, 증발, 반응 정석조작에 적용할 수 있다. 장치내부에 교반날개가 순환펌프에 의해 5~10분 정도의 체류시간을 갖도록 충분한 유량을 순환하며 이에 따라 장치내에 균일한 혼합상태로 유지된다. 설비비와 운전비가 저렴하여 특별한 경우를 제외하고는 널리 적용된다.

② DTB형 정석장치 : 장치도를 그림5-23에 나타냈다. 장치내 중앙부에 순환용 스크류 타입의 날개가 있으며 용액, 결정 모두 흡출관 주변을 순환한다. 증발식에서는 슬러리 윗면

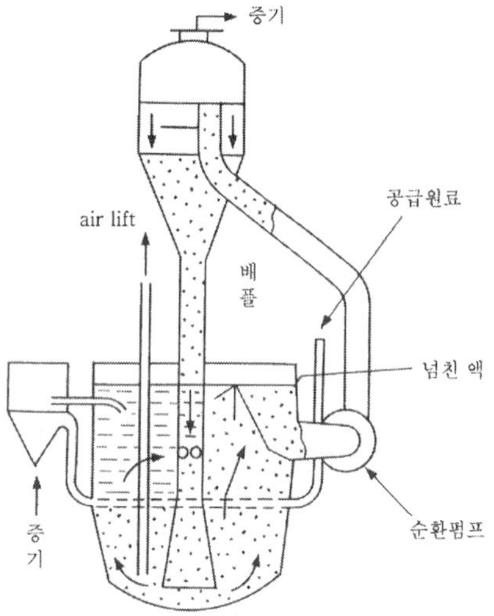

그림 5-26 크리스탈오스로형 정석장치

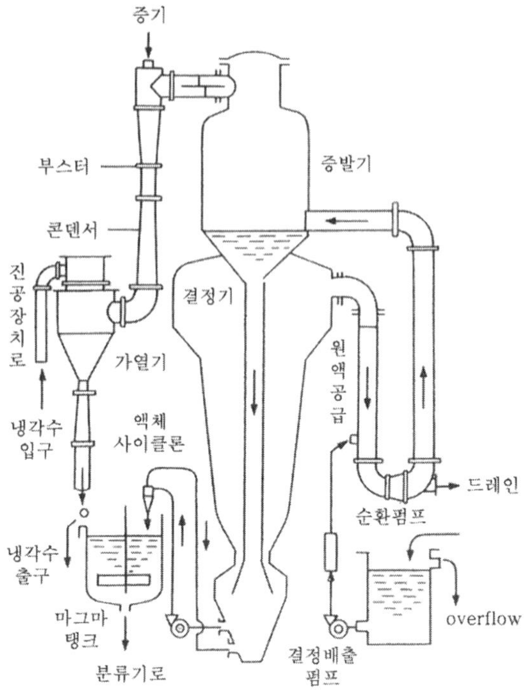

그림 5-27 역원추형 정석장치

에서 증발이 일어나 과포화도가 최고가 되지만 그 용액이 순환 · 하강하여 거기서 현탁된 결정이 성장함에 따라 과포화도가 저하된다. 이 용액은 장치내를 순환하여 증발면으로 되돌아와 그곳에서 다시 과포화도가 최대가 된다. 그 동안 결정이 성장하여 충분한 크기가 되면 순환하지 못하고 장치 바닥부에 현탁된다. 그 결정 중 원하는 크기가 된 것만 바닥부의 분급각에서 분급되어 추출된다. 장치내에 과잉의 결정핵이 존재하면 조대결정이 얻어지지 않는다. 이와 같은 과잉핵은 배플과 장치벽 사이를 통과하여 제거된다.

③ DP형 정석장치 : DTB형 장치의 개량형으로 슬러리 순환용 날개는 그림 5-24에 나타낸 것처럼 흡출관의 내측과 외측에 설치된다. 이렇게 하면 결정핵의 발생속도가 느려져 보다 큰 결정을 쉽게 얻을 수 있다.

④ turbulence형 정석장치[21] : 장치를 그림 5-25에 나타냈다. 흡출관 주변를 흐르는 1차류와 분배기 주변을 흐르는 2차류로 되어 있다. 1차류는 DTB형과 같은 거동을 하고 있으며 장치내의 80~90%의 정석현상은 1차류 내에서 일어난다. 2차류는 분배기 외측에 분급층을 형성하며 거기서는 조대결정이 분급되면서 성장하도록 되어 있다. 분배기의 상부

에는 청정부가 있는데 이곳은 미소결정 제거장치의 역할을 하고 있다. 이 장치의 특징은 흡출관 내에 설치된 순환날개의 회전영역에 조대결정이 들어가 이들의 파쇄에 의한 과잉핵의 발생을 피하도록 되어 있다는 것이 특징이며 유럽에서 널리 이용되고 있다.

⑤ 크리스탈오스로형 정석장치 : 장치도는 증발식을 예로 들어 그림 5-26에 나타냈다. 증발실에서 과포화된 용액은 중앙부의 하강관을 통하여 장치본체 바닥부에 공급된다. 이 용액은 결정을 유동화하여 유동층을 형성한다. 이 유동층에서는 결정이 분급되면서 성장하므로 바닥부에서 균일한 조대결정이 얻어진다. 유동층 상부는 미소결정만이 유유히 부유하고 있으나 그 윗면에 청정부를 형성하는 경우가 있어 이러한 경우는 더욱 균일한 결정을 얻을 수 있다. 균일하지 않아도 되는 경우는 순환유량을 크게 하여 미소결정을 순환하여 생산능력을 증가시키도록 조작되는 경우도 있다.

⑥ 역(逆)원추분급층형 정석장치 : 크리스탈오스로형의 결정유동층 상부에는 미소결정이 유동층을 형성하고 있어 공탑속도가 일정할 때는 공간율이 크기 때문에 장치효율이 저하된다. 상부의 공간율을 작게 하여 장치효율을 증가하기 위해 상부 단면적을 크게 하여 공탑속도를 작아지도록 한 것이 이것이며 그 개요를 그림 5-27에 나타냈다. 원통형에 비해 20%정도의 효율향상을 기대할 수 있다. 주로 일본 국내에서 널리 이용되고 있다.

⑦ 디블 크리스탈라이저 : 이 장치는 그림 5-28에 나타낸 것처럼 2개의 조(槽)로 구성되어 있다. 조작은 회분으로 한쪽은 과포화상태, 다른 한쪽은 미포화상태로 유지되고 있다. 입경분포가 넓은 결정이 현탁된 용액을 이 두 조의 사이에 순환시키면 용액이 과포화상태·미포화상태로 교대로 변화하며 현탁된 미소결정은 용해되고 조대결정만이 성장하여 균일한 조대결정을 얻을 수 있다. 이것은 결정의 용해도가 입경의 영향을 받기 때문이며 침강속도를 이용한 분급이 어려운 계에서 이용된다.

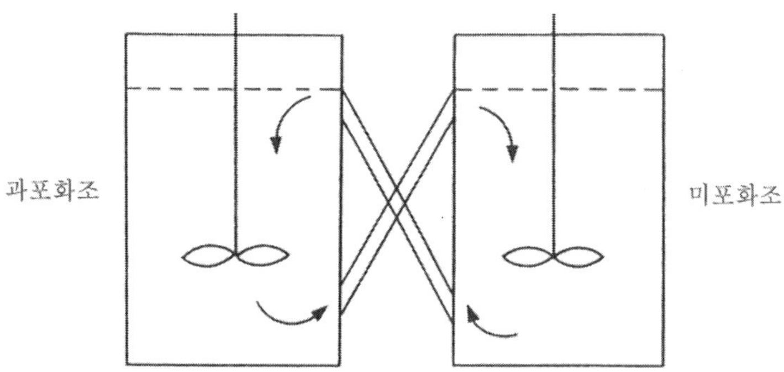

그림 5-28 더블 크리스탈라이저

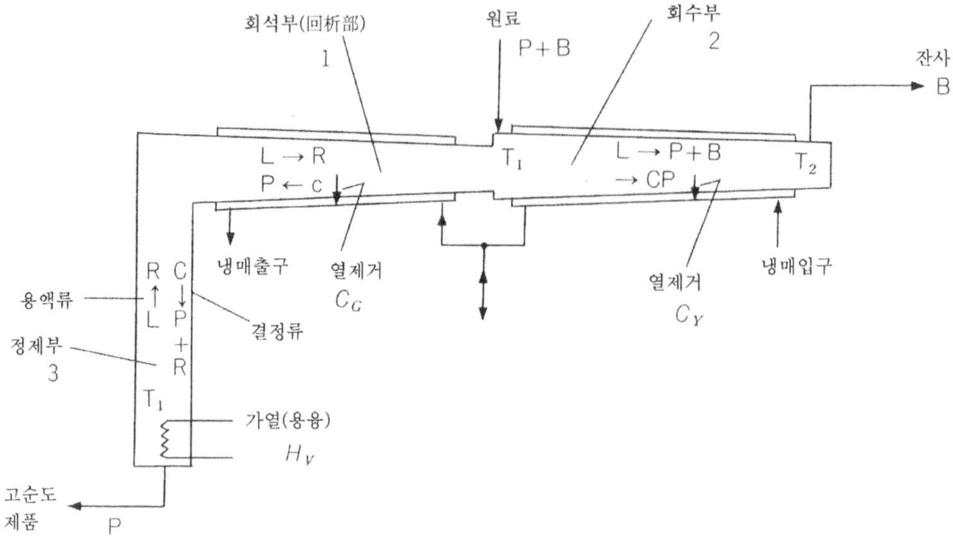

그림 5-29 브로데형

⑧ 브로데(ブローデー)형 정석장치[22] : 장치는 그림 5-29와 같이 정석부, 외수부, 정제부로 구성되며 제품은 융액으로 추출된다. 즉, 정석부에서는 쟈켓에 의해 외부부터 냉각된다. 장치벽면상의 결정은 소취기(搔取器)에 의해 제거됨과 동시에 정제부로 수송된다. 정제부의 바닥에서는 결정이 가열 · 융해되어 일부가 장치 밖으로 제품으로 추출되는데 나머지는 결정과 접촉하면서 향류가 되어 정석부로 되돌아가 결정의 순도를 향상시킴과 동시에 재결정을 반복한다. 피정석성분이 감소한 융액은 회수부에서 정석성분을 석출시켜 회수하여 정석부로 보내며 잔사는 배출구에서 장치 밖으로 배출된다. 유계(油系)의 정제 분리용 장치로서 기대된다.

⑨ KCP형 장치[23] : 그림 5-30에 장치도의 개략과 정제탑의 개요를 나타냈다. 이 장치에서는 정석조에서 얻어진 결정을 여과분리 후 정제탑 바닥에 공급하여 이것을 2개의 노치(notch)날개 스크류로 탑 정상으로 수송한다. 탑 정상에 도달한 결정은 가열 · 융해되어 제품이 되며 그 일부는 결정표면을 따라 탑내를 하강한다. 그 동안에 결정내부의 불순물이 융액내에 제거되어 결정이 정제된다. 이 조작에 의해 다성분 융액에서 특정성분을 효율적으로 정제 · 분리할 수 있다.

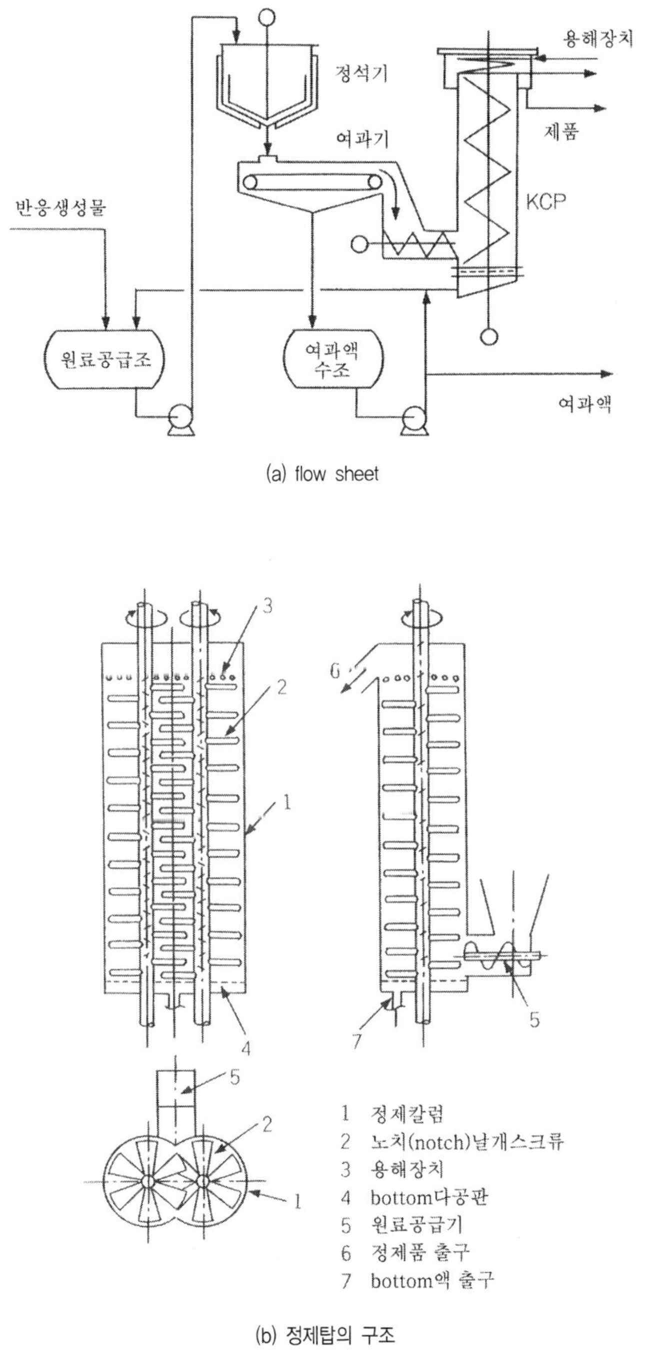
용해장치
정석기
여과기
제품
KCP
반응생성물
원료공급조
여과액
수조
여과액
(a) flow sheet
1 정제칼럼
2 노치(notch)날개스크류
3 용해장치
4 bottom다공판
5 원료공급기
6 정제품 출구
7 bottom액 출구
(b) 정제탑의 구조

그림 5-30 KCP형

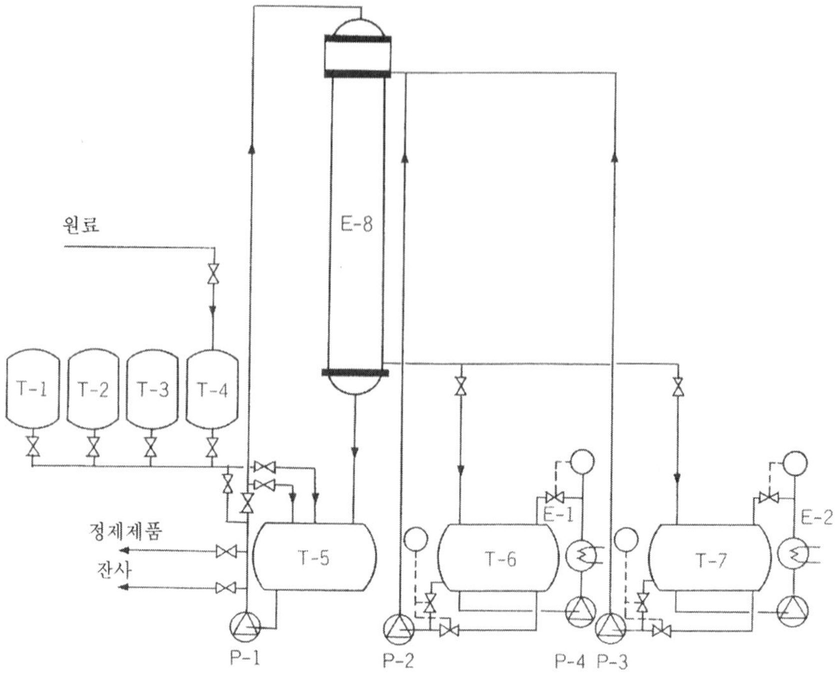

그림 5-31 MWB형 flow sheet

⑩ MWB형 정석장치[24] : 장치는 그림 5-31에 나타낸 것처럼 저장조탱크 T-1~T-4, 본체바닥부의 탱크 T-5, 냉매조 T-6, 가열매체조 T-7 및 장치본체 E-8로 되어 있다. E-8의 내부는 파이프가 1000개 정도까지 들어가는 열교환기로 되어 있으며 그 한쪽 전열면 위에 융액을 막상으로 하강시킨다. 전열면 반대측에 냉매를 통과시키면 거기서 스케일상의 결정이 성장한다. 결정이 적정한 두께로 성장했을 때 미(未)정석융액을 T-5에서 그 조성에 상당한 탱크(T-1~T-4의 적절한 부분)로 되돌려 E-8의 냉매를 가열매체로 교환함에 따라 스케일상으로 정석한 결정을 융해하여 융액으로서 T-5에 비축된다. T-5의 융액은 T-1 ~ T-4의 적절한 조성의 융액과 함께 정석 · 융해조작을 반복하여 원하는 순도의 융액으로 정제·분리하는 장치이다.

⑪ 압력정석장치[25] : 그림 5-32에 단열압력 정석장치의 개요를 나타냈다. 원액은 희망온도로 조정되어 필요에 따라 일부를 결정화하여 결정이 현탁된 것을 이용한다. 이 융액 및 슬러리는 압력정석장치 본체내에 공급되며 거기서 유압 유닛에 따라 가압하여 결정을 석출한다. 소정압까지 높여 미(未)석출융액을 장치 밖의 탱크에 취하여 장치내를 상압으로

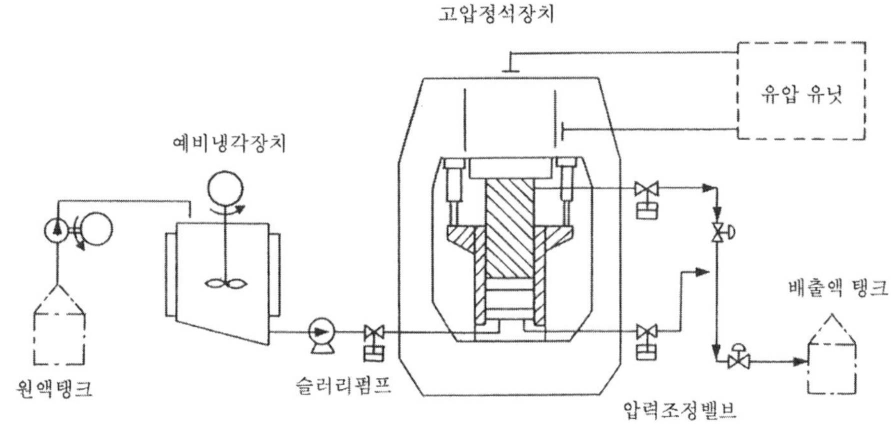

그림 5-32 고압정석장치(단열식)의 계통개념도

되돌린 후 결정을 추출한다. 이때, 일부가 융해하는데 융해초기의 융액내에는 불순물을 비교적 많이 포함하고 있는 경우가 있는데 이것을 미리 분별하면 고순도의 융액을 생산할 수 있다. 이 장치는 회분조작이지만 1회분을 위한 조작시간이 짧고 비교적 소형장치로 대용량처리가 가능하다.

5-4-3 정석장치설계법

(1) 회분장치

회분장치에 공급된 용액을 과포화상태로 했을 때 종정을 첨가하여 그것을 성장시켜 희망입경 l_p 의 균일입경의 결정을 P생산하는데 필요한 장치용적 V'의 산출법과 그 조작법의 결정에 대해 다룬다. 이 조작은 이상적으로 그림5-6의 준안정영역이라 할 수 있는 범위에서 이루어지며 결정핵의 발생이 없고 거기서의 성장속도를 $(dl/d\theta)_{l_p av}$로 표현하면 식(5.3)에서 장치내에 현탁되는 최대결정중량 W_{tp}는 식(5.35)가 되며 장치용적은 식(5.8)과 같은 식(5.36)이 된다.

$$W_{tp} = P\Theta \tag{5.35}$$

$$V' = W_{tp}/\rho_c(1-\epsilon) \tag{5.36}$$

여기서, Θ는 1회의 회분시간으로 5-2-1장에서 설명했듯이 종정 l_s가 l_p로 성장할 때까지의 시간 $\theta_p\left[=(l_p-l_s)/(dl/d\theta)_{l_p av}\right]$과 용액의 공급이나 슬러리가 장치에서 배출되는데 요하는 시간 θ_1의 합이다($\Theta=\theta_p+\theta_1$). 이와 같이 V'이 결정되면 이 장치를 이용하여 원하는 제품을 생산하기 위해서는 θ_p의 산출에 이용한 $(dl/d\theta)_{l_p av}$가 되도록 조작 과포화도 ΔC로 유지하여 조작해야하며 이를 위한 증발속도와 냉각속도는 이하와 같이 결정된다.26)

① 증발식 : 용매의 증발속도를 $dv_E/d\theta$로 나타내고 용매의 증발에 의한 장치내 현탁액의 감소량만큼 원료액이 공급되며 장치내의 현탁액량은 일정하게 조작된다고 하면

$$\frac{dv_E}{d\theta}=\alpha\left[l_s^2+2l_s\left(\frac{dl}{d\theta}\right)_{l_p av}\theta+\left\{\left(\frac{dl}{d\theta}\right)_{l_p av}\cdot\ \theta\right\}^2\right]=\alpha(\theta_s+\theta)^2\left(\frac{dl}{d\theta}\right)_{l_p av}^2 \tag{5.37}$$

이 된다. 여기서, α는 식(5.38)에서 산출되는 값으로 계나 조작조건으로 결정되는 값이며, θ_s는 $l_s/(dl/d\theta)_{l_p av}$이다.

$$\alpha=\frac{3Nk_v}{C_0}\left\{\frac{\rho_c}{M}-\frac{\rho_u(C-C_0)}{\rho_c+M_c}\right\}\left(\frac{dl}{d\theta}\right)_{l_p av} \tag{5.38}$$

여기서, C_0는 공급원료농도[kmol/m3(solveut)], C는 조작시의 용액농도, N은 첨가결정수, k_v는 체적형상계수, M은 분자량, ρ는 밀도이다. 첨자 u, v, c는 각각 용액, 용매, 결정을 나타낸다. 식(5.37)에서 알 수 있듯이 증발속도는 경과시간 θ의 2차 함수가 된다. 공업조작에서는 이 관계에서 작은 범위의 증발속도로 조작하면 되나 이를 위해서는 θ_p가 커지므로 V'에 대해 여유를 미리 알아두는 것이 중요하다.

② 냉각식 : 용매의 증발량이 장치내의 용매량 V에 대해 무시할 수 있다고 하면, 냉각식에서는 용액농도 C와 결정입경 l 사이에 다음 식이 성립한다.

$$M(C_0-C)V=\rho_c Nk_v(l^3-l_s^3) \tag{5.39}$$

따라서 C와 시간 θ의 관계는 그림5-33의 선(A)와 같이 된다. 이 조작선으로 조작되는 장치내의 과포화도 ΔC는 $(dl/d\theta)_{l_p av}$에 대응하여 결정되므로 장치내 용액의 포화농도는 대응하는 입경 l일 때의 식(5.39)의 용액농도 C에서 ΔC만큼 작아야 한다. 즉, 장치내 용액의 포화농도변화는 그림5-33의 선(A)에서 ΔC만큼 아래인 선(B)가 된다. 이때의 장치내 용액온도는 그림5-33의 좌측의 축에 나타낸 용액농도에 대응한 포화온도를 우측의 축에 취하면 그것에 의해 결정된다. 또한 l과 조작시간 θ 간에는

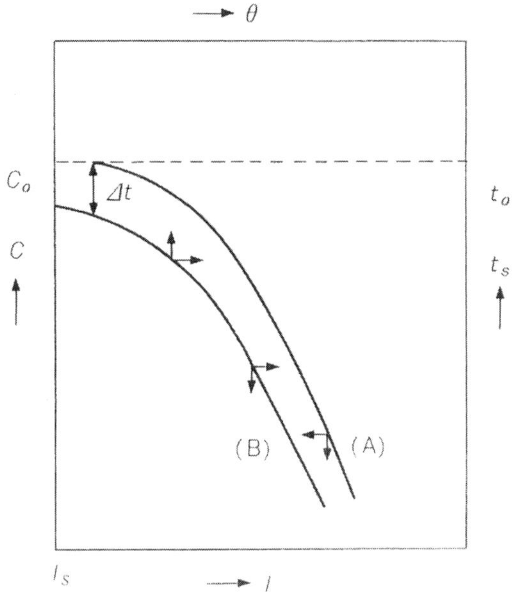

그림 5-33 용액농도변화와 입경변화의 관계

$$\theta=(l-l_s)/\left(\frac{dl}{d\theta}\right)_{l_p av} \tag{5.40}$$

의 관계가 있으므로 l에 대응한 θ를 그림의 l축의 반대측에 그려 선(B)를 t_s와 θ로 읽으면 이 선이 장치내 용액온도의 변화지시선이 된다.

(2) 연속장치29)

연속장치의 정상조작에서 얻어지는 결정의 입경분포는 Rosin-Rammler선도에 직선으로 나타내는 경우가 많다.[27] 제품결정의 개수기준의 적산입경분포 γ이

$$\gamma=\frac{\int_l^\infty N(l)dl}{\int_0^\infty N(l)dl}=e^{-(l/l^*)^m}=e^{-x^m} \tag{5.41}$$

로 표현된다고 하자. $N(l)dl$은 입경 l의 dl폭당 개수이며 l^*는 γ=0.3679일 때의 l값이다. 식

(5.4)의 입경분포에 이 관계를 넣으면

$$\frac{P}{\rho_c V'} = l^{*3} F_V' k_v m \int_0^\infty x^{m+2} e^{-x^m} dx \tag{5.42}$$

이다. 또한 장치용적당 생산량 $P/\rho_c V'$는 장치내 결정의 평균현탁밀도 (1-ε)과 겉보기 체류시간 $l^*/(dl/d\theta)_{l_p av}$ 간에 다음과 같은 관계가 있다.

$$\frac{P}{\rho_c V'} = \left\{ \frac{(1-\epsilon)(dl/d\theta)_{l_p av}}{l^*} \right\} \left\{ \frac{\int_0^\infty e^{-x^m} dx \int_0^\infty x^{m+2} e^{-x^m} dx}{\int_0^\infty x^m e^{-x^m} dx \int_0^\infty x^3 e^{-x^m} dx} \right\} \tag{5.43}$$

식(5.42), (5.43)의 $P/\rho_c V'$, l^*, m, (1-ε), $(dl/d\theta)_{l_p av}$ 및 $F_V' k_v$의 관계는 그림5-34의 조작선도로 나타낼 수 있다. 제품결정의 입경은 공업적으로 중량기준입경분포의 최대인 모드직경 l_m이나 Rosin-Rammler선도에 중량기준으로 얻어진 입경분포를 연결함에 따라 얻어지는 입자특성수 l_W가 이용된다. l^*와 l_m에 대해서는 식(5.44)의 관계가 있다.

$$l_m = \left(1 + \frac{2}{m}\right)^{1/m} l^* \tag{5.44}$$

또한 중량기준의 입경분포를 Rosin-Rammler선도에 나타냈을 때의 구배 n과 식(5.41)의 m 간에는 그림 5-35 ①의 관계가, m과 l_W/l_m 간에는 ②의 관계가 있다. 그림 5-34, 그림 5-35를 이용하면 다음과 같이 데이터를 정리할 수 있으므로 장치설계에 적용할 수 있다. 정상조작시의 실측데이터로서 $l_W = 1.7$mm, $n = 4.8$, $P/\rho_c V'$=0.11hr^{-1}, $1-\varepsilon = 0.31$로 한다. 그림 5-34에서 l_W축의 1.7mm 점에서 line A에 평행선을 그어 $P/\rho_c V'$=0.11과의 교점 A를 구한다. A점에서 수직선을 그어 $F_V' k_v$축(m=1의 선)과의 교점 B를 구하여 B에서 complimentary line에 평행선을 그리고, n=4.8에서 그림 5-35 ①에서 구해진 m=3의 선과의 교점 C를 구하여 $F_V' k_{v,m}$축상의 C'로 읽으면 그 값은 4.8×10^{7}number m^{-3}hr^{-1}로 수정핵발생속도이다. 점 A에서 line B에 평행선을 그어 $1-\varepsilon = 0.31$과의 교점 D를 구한다. 이 D′점은 $(dl/d\theta)_{l_p av}$축에서 읽은 값 0.15mmhr^{-1}이 평균성장속도이다. 이와 같이 하여 구한 점 A는 동일한 형식의 장치에서는 계에 각각 특유한 직선상에 그려진다. 이 점 A의 직선을 구하면 그것으로부터 희망입경에 대응한 $P/\rho_c V'$를 얻을 수 있으므로 필요한 장치용적을 구할 수 있다. 한편, 결정일 때의 평균결정성장속도와 겉보기 핵발생속도도 결정할 수 있다. 결정의 성장속도, 핵발생속도는 계에 특유한 값으로 과포화도나 장치형식에 특유한 유동조적의 영향을 받는다. 원하는 제품입경이나 장치용적당 생산량에 대응한 선도상의 평균결정성장속도를 실제로 얻을 수 없는 경우는 이러한 형식의 장치에서는 그와 같은 제품은 얻을 수 없다. 이러한 경우는 장치형식을 바꾸거나 조작조건을 크게 바꾸어 조작 가능한 평균성장속도가 되는 조작선으로서의 점 A를 찾을 필요가 있다. 또한 선도에서 얻어지는 핵발생속도는 이 장치내의 평균성장속도에 대응하여 발생하는 핵발생속도와 일치하지 않는 경우가 많다. 이러한 경우 필요한 핵발생수와 장치내에서 발생하는 핵수의 차이에 상당하는 만큼 제거하거나 첨가할 필요가 있다. 그 방법이 공업적으로는 가장 중요한 점이다.

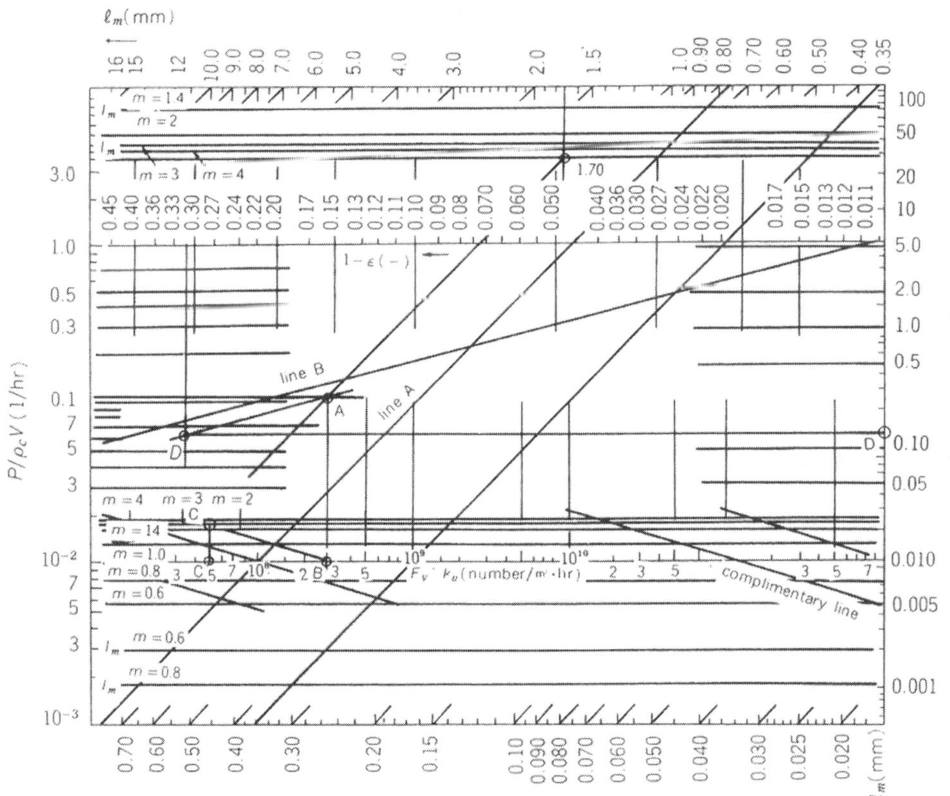

그림 5-34 연속정석장치의 정상조작시의 $P/\rho_c V'$, l_W(또는 l_m), $F_V' k_{v,m}$, (1−ε), $(dl/d\theta)_{l_p av}$의 관계

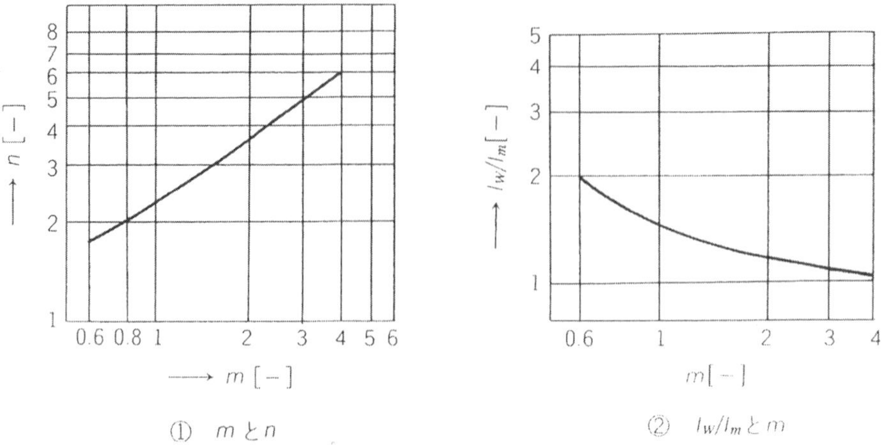

그림 5-35 m에 대한 n 및 l_W/l_m과의 관계

(3) 장치설계순서

소형 실험장치에서 원하는 형상과 입경의 결정을 얻을 필요가 있다. 이 조작에서는 유동조건이나 조작 과포화도에 대해 5-3장의 기초이론을 잘 이해하고 결정할 필요가 있다. 원하는 결정이 얻지 못하는 경우는 조작온도, 용매, pH, 매정제의 첨가 등 폭넓은 조작조건선택을 위한 검토가 필요하다. 원하는 결정이 얻어지는 경우는 그 용액조성, 조작온도, 조작 과포화도에서의 성장속도를 실측한다. 장치의 flow sheet는 그림 5-36과 같이 유량측정부, 과포화생성부 및 결정성장부로 되어 있으며 특히 과포화생성부에서 결정성장부까지는 희망온도로 유지되도록 한다. 결정성장부는 5-4-1장의 분류에서 설명했듯이 결정침강속도가 빠른 계에서는 결정을 쉽게 분급할 수 있는 분급유동층형, 침강속도가 느린 계에서는 혼합형을 선택한다.

① 분급유동층형 장치 : 본체의 일례를 그림 5-37에 나타냈다. 이 장치내에 입경과 거의 같은 높이의 bed를 형성하여 유동하도록 균일입경의 결정을 첨가하여 소정시간내의 성장량을 실측하여 성장속도를 구한다. 여기에 현탁되는 결정의 입경은 희망제품입경까지의 범위의 것을 이용하여 다양한 과포화도로 조작함에 따라 실측되는 성장속도에서 대상이 되는 공업장치내의 평균성장속도를 추산한다. 여기서 평균성장속도가 얻어지면 그림 5-34로 조작 가능하다고 생각되는 $1-\epsilon$를 이용하여 희망입경 l_p에 대한 $P/\rho_c V'$가 구해지므로 이것에서 필요장치용적을 결정할 수 있다. 과포화용액이 그림 5-37의 유동결정층을 통과하면 거기서 결정핵이 발생한다. 여기서 발생한 결정핵은 그림과 같이 샘

플링 셀에 과포화용액과 함께 보내지며 거기서 발생결정수를 계산함에 따라 핵발생속도를 구할 수 있다.[9] 이렇게 하여 실측된 핵발생속도와 결정성장속도 및 조작에서 대상이 되는 1-ε 에 의해 이 조작조건에서 얻어지는 결정의 제품입경 및 $P/\rho_c V'$를 결정할 수 있다. 결정된 입경이 희망입경과 다른 경우는 발생핵수를 제어할 필요가 있다. 그러나 현황에서는 이 제어가 쉽지 않다. 공업장치의 설계를 위해서는 여기서 얻어진 데이터를 바탕으로 파일럿 플랜트를 제작하여 희망입경의 결정을 생성하는 정상조작시의 데이터를 얻은 뒤, (2)에서 설명한 방법으로 데이터를 정리하여 공업장치의 크기를 결정하는 것이 좋다.[29]

② 혼합형 장치 : 장치내가 균일상태가 되도록 주의하여 연속조작을 한다. 조작이 정상이 됐을 때 (2)에서 설명한 순서에 따라 그림5-34에서 평균성장속도, 겉보기 핵발생속도를 구할 수 있다. 혼합형에서는 장치내에 현탁된 것과 거의 같은 조성의 슬러리를 장치에서

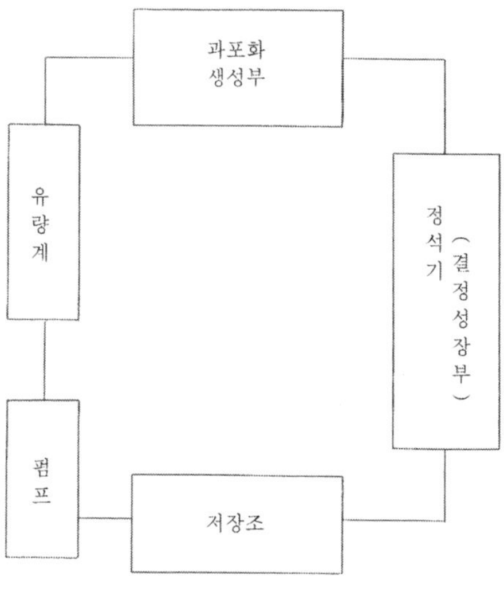

그림 5-36 실험장치의 flow sheet

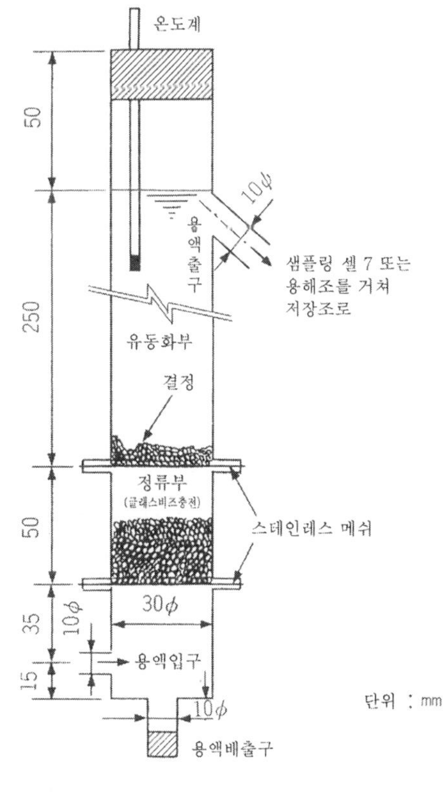

그림 5-37 소형 분급층형 정석기

배출하기 때문에 장치내의 현탁밀도가 작아지는 경우가 있다. 그러나 장치내의 현탁밀도가 작은 상태에서 조작하는 것은 장치효율상 바람직하지 않다. 이와 같은 경우 장치에서 용액만 배출되도록 필터를 설치한 배출구와 현탁액을 배출하는 추출구를 조합시켜 용액과 결정의 체류시간을 변화할 필요가 있다. 필터를 설치하면 거기서 스케일이 발생되기 쉬우므로 조작에 있어서는 연구가 필요하다.

이러한 방법으로 실측된 데이터는 (1)의 회분장치의 설계계산에도 그대로 적용할 수 있다. 또한 과포화생성법에 의한 정석속도값의 차이는 과포화도 및 현탁결정, 유동상태의 장치내 분포를 거의 같아지도록 주의하면 거의 차이가 없다고 볼 수 있다. 따라서 조작조건을 제어하기 쉬운 과포화생성법으로 실험실테스트를 하여 얻은 데이터를 이용하여 다른 과포화생성법의 장치를 설계할 수 있다.

5-5 식품공업에서의 정석조작

식품공업에 있어 대상이 되는 정석조작은 주로 용액상(相)에서 결정을 제품으로서 생성하는 경우와, 용액상에서 특정성분의 결정화 분리를 함에 따라 용액상 내의 특정성분을 농축 및 정제분리하는 경우가 있다. 일반적으로 생각되는 정석조작은 전자가 대상이 되나 정석조작은 에너지소비가 낮은 경우가 있어 다른 분리조작법에 비해 조작온도가 낮고 품질의 저하를 방지할 수 있다는 장점을 살릴 수 있는 경우는 후자를 이용한다. 후자의 일부인 동결농축에 대해서는 제6권 4장의 동결농축을 참조하기 바라며 여기서는 지방산의 정석분리법에 대해 설명한다.

다성분 탄화수소계에서 특정성분을 정제 · 분리하는 정석조작법은 분리정석법으로서 석유화학공업에서 주목되며 파라크실렌과 메타크레졸의 분리정제에서 실용되고 있다.[30] 포화 · 불포화지방산의 정석에 의한 분리정제법도 원리적으로 동일하다. 즉, 포화 · 불포화지방산의고액평형관계가 그림 5-38와 같이 나타나면 A점의 지방산은 B점에서 포화지방산을 석출하고, 이후 온도가 낮아지면 고상선을 따른 결정을 석출하므로 액조성은 액상선을 따라 변화한다. 여기서 분리되는 액상 및 고상을 재결정함에 따라 미포화지방산과 포화지방산으로 분리할 수 있다. 그러나 정석조작에서는 그림 5-38에 나타낸 고액평형관계는 얻을 수는 있어도 그 재현성을 그다지 기대할 수 없다. 5-2-2장에서 설명했듯이 정석조작에서 얻어지는 고상은 모액을 포함하는 경우가 많으며 그 정도는 냉각속도와 용액물성의 영향을 받는다. 용액물성을 변화하기 위해서는 용매

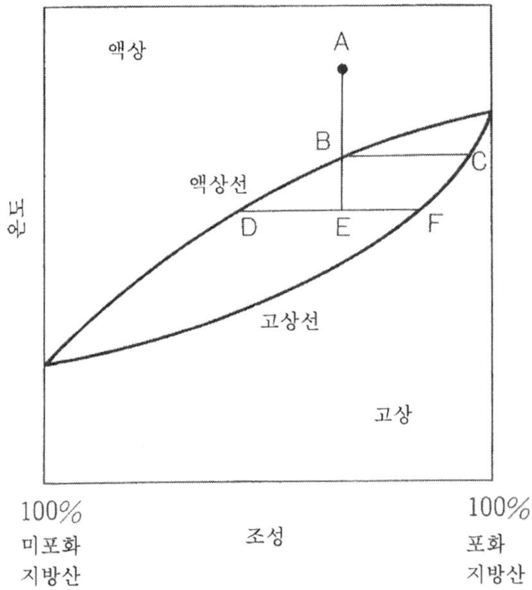

그림 5-38 2성분 지방산의 고액평형

첨가 등이 이루어진다. 이 조작에는 5-4-2장의 장치를 적용할 수 있으며 분리정석에 대해서는 Jancic[31]이 김도한 바 있다. 또한 Haraldsson[32]은 지방산을 90% 메탄올에 용해하여 냉각·정석 · 분리함에 따라 스테아린부와 오레인부로 분별할 수 있음을 제시하였다. 여기서 첨가된 용매는 헥산이나 메틸, 에틸, 켄트 등이 이용된다. 이 분야의 연구는 스웨덴에서 활발히 이루어지고 있다.[33]

결정으로서 생성되는 대상물로는 제염, 제당 외에 각종 아미노산과 천연추출물의 결정 등 다품종에 걸쳐 있다. 그 중에는 포도당이나 이성화당과 같이 비교적 고온에서는 용액이지만 상온에서는 결정수로써 고화결정화 하는 것도 있어 각각 대상물의 특성에 맞는 조작법을 선택해야 한다. 특히 최근에는 바이오프로세스의 개발이 활발해져 아미노산계를 포함한 많은 제품이 결정으로 생산되고 있으나 그 조작법의 대부분이 발표되어 있지 않다. 그러나 이들 결정화 프로세스의 개발은 5-2-3장의 이론에 기초하여 실험실테스트를 함에 따라 목적으로 하는 결정을 생성하여 결정을 생성한 조건에서 5-4-2 (3)의 방법에 따라 설계에 필요한 데이터를 취득하여 실시하는 것이 가능하다. 이하에 대상물을 그룹으로 분리하여 정석조작법에 대해 설명한다.

(1) 식염 및 유사계의 정석

식염의 정석은 오래 전부터 이루어져 왔으며 Furuhata그룹[34]은 실험실규모의 시험장치에서 전열면적 $1m^2$, $40m^2$, $355m^2$의 크기가 다른 장치를 이용하여 일련의 연구를 하였다. Rumford[35]도 소형장치에서 직경 30cm, 높이 120cm의 파일럿 스케일 장치까지를 이용하여 일련의 연구를 하였다. 그림 5-39와 같은 조작온도를 매개변수로 한 과포화도에 대한 결정성장속도를 얻었다. 그림의 과포화도가 큰 곳에서는 결정핵의 발생속도가 과잉이 된다는 것, 성장속도가 큰 곳에서는 결정이 조질(粗質)이 된다는 것을 밝혀, 공업조작에서는 그 내측의 조작조건을 선택해야 함을 제시하였다. 공업계에서는 불순물이 공존하는 경우가 많아 이들 불순물이 결정의 성장속도, 핵발생속도, 결정의 품질에 영향을 미치므로 대상이 되는 용액내에서의 정석조작으로서 그림 5-39에 상당하는 데이터를 실측해야 한다. 이 계의 공업조작에서는 증발법이 이용되는데 실험실적 조작으로서는 냉각식을 이용해도 좋으며 그러는 편이 정밀도 높은 데이터를 측정할 수 있다.

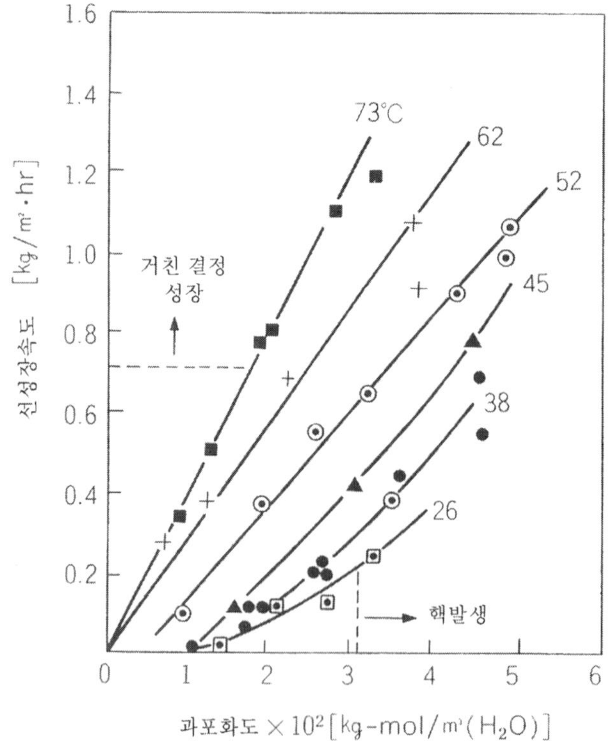

그림 5-39 염화나트륨 결정성장속도와 과포화도의 관계35)

일반적으로 식염과 같이 형상이 입방체에 가까운 덩어리모양으로 조작온도에 대응한 포화용액농도가 비교적 큰 계에서는 5-4장의 방법으로 장치 · 조작을 설계하여 정석 프로세스를 개발할 수 있다. 또한 대용량에 대해서는 연속조작을, 소용량에 대해서는 회분조작을 선택하면 되고 표준적인 방법으로 순차로 연구해감에 따라 목적을 달성할 수 있을 것이라 생각된다.

(2) 자당의 정석 및 고점도용액에서의 정석

정제당을 대상으로 한 자당의 정석조작에서는 전처리로서 충분한 정제가 이루어지며 초기단계에서는 순계에 가까운 상태로 정석할 수 있으나 결정분리 후의 용매를 다시 증발시켜 정석시키는 조작을 반복하면 용액이 갈색이 되어 불순물이 증가함과 함께 점도도 증가하여 결정의 성장속도가 저하된다. 따라서 조작중의 결정성장속도에 대해서는 대상이 되는 용액에 대해 실측해두는 것이 바람직하다. 자당용액의 과포화도에 대해서는 그림 5-40[36]의 관계가 있다. 그림의 SSR은 과포화도로 SSR=1은 포화농도를 나타낸다. 통상 1.0~1.2에서는 준안정영역이라 하며 결정핵이 발생하지 않으며 첨가한 종정만이 성장한다고 생각되는 범위이다. 중간영역의 1.2~1.3의 범위에서는 종정은 성장하나 핵발생도 서서히 일어나 그 핵의 성장에 따른 위정(僞晶)도 발생한다. 그림5-40은 자당의 조작조건을 이해하는데 편리하며 개념적으로는 SSR로 1.2정도로 조작하는 것이 바람직하다. 그러나 5-3-2에서도 설명했듯이 2차핵화가 전혀 일어나지 않는 조작조건은 과포화도가 매우 작은 범위이며 공업조작에서는 경제적으로도 문제가 있다. 따라서 실제조건에서는 핵발생을 실질적으로 무시할 수 있는 조작범위를 찾아 거기서 조작하는 경우가 많으며 여기서 발생하는 근소한 결정핵을 제어하기 위해서는 용매첨가에 따라 용액을 일시적으로 미(未)포화상태로 하여 거기서 불필요한 핵을 용해제거하는 조작이 이루어지는 경우가 있다.

자당용액은 점도가 높고 용액내에 현탁된 결정의 침강속도가 느리기 때문에 비교적 느린 교반으로도 균일한 현탁상태로 조작되는 경우가 많다. 따라서 연속조작을 하면 결정의 입경분포가 넓어지는 경향이 있으며 제품결정을 국내규격에 맞추기 위해서는 체가름을 해야 한다. 체가름에 의한 제품에의 사용효율을 좋게 하기 위해서는 비교적 입경이 고른 결정을 생성할 필요가 있으며 이를 위해서 회분조작이 이용된다. 이 조작에서는 미포화용액을 결정함에 공급하여 칼란드리아(Calandria)가 용액으로 덮이는 범위로 하여 증발함에 따라 용액이 포화상태가 된 부분에서 알코올내에 현탁된 종정을 첨가한다. 이후 증발조작을 계속하고 거기서의 용액과포화도가 과대해지지 않도록 미포화용액을 공급하여 용매의 증발에 의한 농축분을 장치내 현탁결정의 성장과 미포화용액의 공급으로 흡수할 수 있도록 조작할 필요가 있다. 이 조작의 정량적인 취급은 이미 이루어져 있다.[29] 이 조작에서 과잉핵이 발생할 경우는 용매를 첨가한다고 앞에서 설명하였으나 그 첨가량은 존재하는 미소결정만이 완전히 용해되는 정도이다. 이 경우 조대결정의 일부는 용해

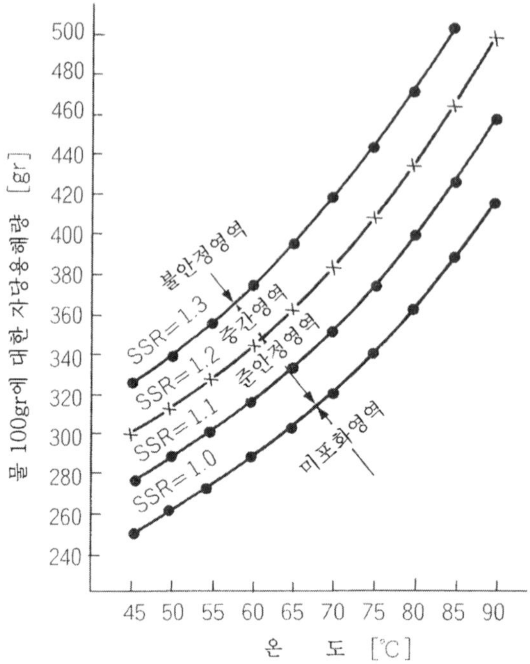

그림 5-40 자당용액의 용해도 · 과용해도

되지만 장치내 용액이 과포화상태가 되면 그 결정이 즉시 성장을 시작하여 그 용해부분이 신속하게 복원된다. 따라서 용매첨가에 의한 입경성장의 지연시간은 무시할 수 있는 정도이다.

유럽의 일부에서는 연속정석장치가 실용화되고 있다. 이것은 유럽의 자당소비의 일부에 각설탕이 있는데 각설탕의 생성에는 비교적 입경분포가 넓은 결정이 편리하기 때문이다.

자당 이외의 계에서도 비교적 용해도가 높고 고점도의 계에서는 그림 5-40과 같이 비교적 넓은 준안정영역을 생각할 수 있다. 또한 결정의 성장속도도 빠른 계라고 생각할 수 있어 수십분~수시간의 조작시간(연속조작에서는 결정의 장치내 체류시간)내에 원하는 결정을 생성할 수 있다. 이 경우 1차핵 발생으로 충분한 수의 결정핵을 발생시키기는 쉽지 않다. 통상 과잉핵의 발생이 매우 커서 제어가 어려우므로 종정첨가에 의한 조작이 바람직하다.

(3) 아미노산계의 정석(난용성물질의 정석)

아미노산계의 정석은 종류가 많아 간단히 취급하기가 어렵다. 리신은 통상의 정석조작으로서 회분이나 연속으로 조작할 수 있다. 이와 같이 특별한 취급을 하지 않아도 되는 경우도 있으나 계에 따라서는 결정화가 어려운 경우 또는 결정화해도 응집물을 생성하여 건보기밀도가 낮고 불충분한 품질의 결정밖에 얻지 못하는 경우도 있다. 이와 같은 경우에는 특별한 조작이 필요하다. 특별한 조작에 대해서는 다양한 이유를 생각할 수 있으나 현황에서는 아직 불명확한 점이 많다. 여기서는 그 특별한 조작법에 대해 소개한다.

① 저(低) 조작 과포화도에서 조작한다. 이 경우 수십시간에 걸쳐 성장시킬 필요가 있으며 장치의 생산성을 생각하면 충분한 결정을 현탁할 필요가 있다. 또한 저(低)과포화도에서 조작하면 결정표면이 불활성이 되어 현탁결정량을 많이 해도 충분히 성장하지 않고 과포화도가 커져 결정핵이 과잉 발생되므로 결정의 질이 낮아질 수 있다. 이와 같은 경우는 접촉 2차 핵화를 증가시키는 교반 등 기계적인 충돌을 주어 여기서 발생한 핵을 성장시킴에 따라 과포화도가 과대해지지 않는 대책을 연구할 필요가 있다.

② 고(高)과포화도에서 조작한다. 계에 따라서는 고과포화도에서 조작하면 순도가 높은 1차핵을 발생하여 그것이 양질의 결정이 되는 경우가 있다. 이것은 저과포화도에서는 공존불순물이 성장중의 결정표면에 작용하는 경우가 있기 때문에 이 영향을 받지 않고 조작하기 위한 방법이다. 고과포화영역에서의 조작에서는 정치급냉으로 대(大)과포화로 하여 충분한 크기가 됐을 때 강하게 교반하여 핵을 발생시키면 효과적인 경우가 있다. 또한 전열면 상에 생성되는 결정은 전열면에서 쉽게 제거되는 경우가 있다. 이러한 경우는 정치한 채로 전열면 상에서 대(大)과포화로 만들어 그대로 충분히 성장시키면 양질의 비교적 큰 결정으로 성장하는 경우가 있다. 결정을 충분히 성장시키면 용액의 과포화도가 저하되므로 거기서 교반이나 충격을 주어 결정을 용액내에 현탁시켜 추출할 수 있다.

③ 결정핵이 발생하기 어려운 경우는 다른 조작법으로 생성한 결정을 종으로서 첨가하는 방법도 효과적이다. 또한 용매를 바꾸거나 pH나 다른 물질을 첨가하여 석출물질의 조성을 바꾸어 정석시키는 방법도 효과적이다.

④ 소(小)과포화도에서는 결정이 석출되지 않고 대(大)과포화도에서도 양질의 결정을 얻지 못하는 경우는 대(大)과포화도에서 결정을 석출시킨 뒤 한번 용해시켜 아직 배종(胚種)이 남아 있은 상태에서 즉시 적정한 과포화도로 만들면 효과적인 경우가 있다.

⑤ 회수율의 상승을 고려한 정석조작에서는 조작초기에 비교적 큰 포화농도의 용액내에서도 조작종료 전에 냉각하여 용액의 용해도가 작은 부분에서 조작하는 경우가 있다. 이와 같은 경우 조작초기에는 비교적 양질의 단일결정이 석출되지만 온도를 낮추면 식(5.26)의 α가 커지기 쉬워, 그 결과 응집물이 생성되어 품질이 저하되는 경우도 있다. 이와 같은 조작에서는 현탁결정량이 비교적 커져도 저온영역에서의 냉각속도를 낮게 유지하도록 충분히 주의할 필요가 있다.

(4) 광학분할

아미노산, 그 외의 계에서 광학활성체를 우선정석법에 의해 분할하는 경우가 있다. 이 조작에서는 *L*체 종정과 *D*체 종정을 각각의 조(槽)에 현탁하여 과포화용액을 두 조에 차례로 통과시키면 *L*체 조에서는 *L*체만을 성장시키고 *D*체 조에서는 *D*체만을 성장시킬 수 있다. 여기서 주의해야 할 것은 *L*체 조에서 발생할 것으로 생각되는 2차핵이 용액류를 타고 *D*체 조에 들어가지 않도록 하는 것이며 마찬가지로 *D*체에 대해서도 이것이 배려되어야 한다. 그 양상을 그림 5-41에 나타냈다. 정석법에 의한 광학분할은 *L*-아미노산 공업 외에 공업화되어 있으며[37] 이후 널리 이용될 것으로 생각된다.

(5) 그 외의 특수한 케이스

포도당 등의 당류에서는 고농도의 용액을 배트에 넣어 자연냉각 시킴에 따라 결정화된다. 이와 같은 결정은 배트에서 꺼내어 커트분쇄기에서 분쇄함에 따라 제품을 얻을 수 있다. 이성화당에서는 포도당과 같은 조작을 함에 따라 결정제품을 얻을 수 있다. 그러나 불순물이 많은 경우에는 이 같은 배트냉각법에 의해 양호한 결정을 얻을 수 없다. 이러한 경우는 충분한 종정을 가하여 용액내의 성분이 쉽게 결정화할 수 있는 조작이 필요하며 이에 따라 결정화하기 어려운 이성화당을 결정으로서 추출할 수 있다.

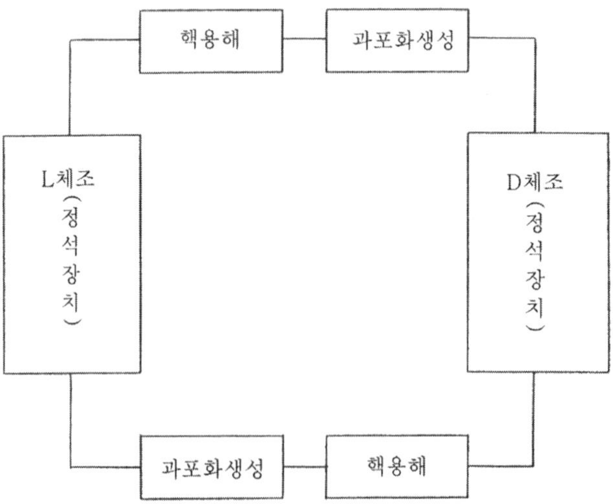

그림 5-41 *D*, *L*체 분별정석 프로세스

[참 고 문 헌]

[1] Toyokura, K., et al. : AI Ch E Symposium Series, Vol.72, No.153, p.87 (1976)

[2] Nakai, T. : Bull. Chem. Soc., JAPAN, 42, 2143 (1943)

[3] Othmer, D. F. & Thakar, M. S. : Ind. Eng. Chem. 44, 1654 (1952)

[4] Kubota, N., et al. : J. Chem. Eng. Japan, 11, 290 (1978)

[5] Nyvlt, J., et al. "The Kinetics of Industrial Crystallization" Elsevier Science Publishers, Amsterdam (1985)

[6] Pound. G. M. & La Mer V. K. : J. Am. Chem. Soc., 74, 5, 2323 (1952)

[7] Preckshot, G. W. & Brown G. G. : Ind. Eng. Chem., 44, 1314 (1952)

[8] Strickland-Constable R. F. : AI Ch E Symposium Series, No.121, 68, 1 (1974)

[9] 豊倉賢, 山添勝己 : 화학공학논문집, 1, No.3, 262 (1975)

[10] 豊倉賢등 : 화학공학논문집, 6, 6, 603 (1980)

[11] Toyokura, K., et al. : J. Chem. Eng. Japan, Vol.10, No.1, p.35 (1977)

[12] Rousseau R. W., et al. : AI Ch E Symposium Series, Vol.72, No.153, 48 (1976)

[13] Ulrich, J., et al. : Chem. Eng. Science, Vol.40, No.7, 1245 (1985)

[14] Bnnn C. W. & Emmett, H. : Disc. Faraday Soc., 5, 119, 132 (1949)

[15] Toyokura, K., et al. : "Industrial Crystallization '84", p.37 (1984), edited by Jančic & de Jong., Elsevier Science Publishers, Amsterdam, Netherlands.

[16] Toyokura, K., et al. "Proc. of 3rd World Congress of Chem. Eng", p.1020 (1986)

[17] Ulrich, J. : 분리기술, 12, 3, 10 (1982)

18) Tanabe, N., et al. "Proc. of 3rd World Congress of Chem. Eng", Ⅱ-p.984 (1986)

[19] Aoyama, Y., et al. : "Industrial Crystallization '76" p.413, Plenum Press, Press, ed. by Mullin (1976)

[20] Saemann, W. C., et al. : Ind. Eng. Chem., 44, 8, 1912 (1952)

[21] 豊倉賢 : 분리기술, Vol.11, No.1, p.35 (1981)

[22] 長谷川益男 : 분리기술, Vol.5, No.4, p.21 (1976)

[23] 清水忠造 : Chemical Engineering, Vol.27, No.3, 49 (1982)

[24] 豊倉賢 : 분리기술, Vol.11, No.3, p.43 (1981)

[25] 守時正人등 : Chemical Engineering, Vol.25, No.1, 62 (1980)

[26] 豊倉賢, 青山吉雄 : "정석" p.43, 118, 화학공학사 발행 (1972)

[27] Aoyama, Y., et al. : "Industrial Crystallization '81" p.199, ed. by de Jog, Elsevier Science Publisher, Amsterdam (1981)

[28] 豊倉賢등 : Chemical Engineering, Vol.26, No.9, 66 (1981)

[29] 豊倉賢등 : "JACE Design Manual, 시리즈 정석 제Ⅱ권", 제이스 리서치센터 출판 (1984)

[30] 安田稔 : 공장조작시리즈, No.14, "증보정석" p.289, 화학공업사 (1983)

[31] Jancic, S. J. : 분리기술, Vol.17, No.1, 52 (1987)

[32] Haraldsson, G. : JAOCS, 61, No.2, 219 (1984)

[33] Rasmuson, A. C. : Proc. of Intern. Sympo. Sep. Proc. Eng., p.72 (1986)

[34] 降旗作衛등 : 일본전매공사 小田原제염시험소 보고, No.6, 57, 91, 103, 112, 124 (1961)

[35] Rumford, F. : Trans. Inst. Chem. Eng., 38, 10 (1960)

[36] 槇山佳樹 : 공장조작시리즈 No.14, “증보정석”, p.28, 화학공업사 (1983)

[37] 大槻理 : 공장조작시리즈 No.14, p.359 (1983)

유지산업에서의 정제 및 분별의 실제

Chapter 06

6-1 머리말

본 장에서는 앞장에서 기술된 분리정제의 이론적인 부분을 현재 식품산업에서 가장 광범위하게 응용되는 유지산업에서의 정제와 분별에 대해서 기술하고자 한다. 식품에서의 유지는 탄수화물, 단백질과 더불어 3대 영양소일 뿐 아니라 에너지원으로서도 매우 중요한 역할을 한다. 실제로 우리는 필요한 칼로리의 약 1/3을 유지로부터 얻는다. 보통 유지는 각종 식품에 포함된 형태로 섭취되거나 별도의 공정을 거쳐 유지(흔히 식용유 혹은 식용유지라 함)로 만들어 각종 조리(볶음, 부침, 튀김) 과정을 통해서 섭취된다. 또한 유지는 유지 2차 가공품(마요네즈, 쇼트닝, 경화유 등)의 주요 원료로 활용되어 섭취되기도 한다.

그런데 식용 유지를 실제로 섭취하기 위해서는 단순한 착유 혹은 추출만으로는 불충분하며 반드시 정제라는 공정을 거쳐야 한다. 식용유의 경우 일반적으로 소비자들은 밝은 계열의 색(약간 노란색)을 띠며, 냄새가 없고 조리할 때 품질이 양호한 것, 즉 거품 발생이 적고 쉽게 갈변되지 않으며 연기 발생이 적은 것을 선호한다. 아울러 장시간 보관이 가능한, 즉 산화 안정성이 우수한 제품을 필요로 한다. 이러한 조건을 충족시키기 위해 대부분의 유지 제품은 여러 단계의 정제 공정을 거치게 된다.

각종 유지 원료에서 추출된 원유(crude oil)에는 식용유지로 사용하기에 부적합한 다른 물질들이 함유되어 있다. 정제 공정이란 이러한 물질들을 효과적으로 제거하는 것을 의미한다. 실질적으로 우리가 섭취하는 식용유지는 대부분 중성지질에 해당되는 트리글리세라이드(TG, triglyceride,

표 6-1 주요 유지에 존재하는 미량성분

유 종	단위	대두유	카놀라유	팜유
유리지방산 (FFA)	%	0.3~0.8	0.3~1.0	2~5
인지질	%	1.0~3.0	0.5~3.5	0.03~0.1
tocopherols / tocotrienols	%	0.06~0.2	0.06~0.1	0.05~0.1
carotenoids	ppm	40~50	25~70	500 ~ 800
chlorophyll / pheophytine	ppm	1~2	5~30	trace
peroxides	O_2/kg	< 10	< 10	1~5
Fe	ppm	1~3	1~5	4~10
Cu	ppb	0~30	0~30	0~50

triacylglycerol)로 이루어져 있다. 따라서 정제 공정이라 함은 트리글리세라이드만을 남기고 다른 성분을 모두 제거하는 공정이라 표현해도 과언이 아니다. 통상적으로 용매를 이용하여 추출한 원유에는 트리글리세라이드 이외에 모노글리세라이드(monoglyceride, monodiacylglycerol), 디글리세라이드(diglyceride, diacylglycerol)가 있고, 이외에 비 유용성(oil-insoluble) 물질로 수분, 수화성 검(gum)질, 왁스 물질 등이 있다. 유용성(oil-soluble) 물질에는 유리지방산(FFA, free fatty acid), 인지질(phospholipid, phosphatides), 토코페롤(tocopherols), 스테롤(sterols) 및 각종 색소(chlorophyll, gossyl, carotene) 등이 함유되어 있다.

위에서 열거한 물질들은 최종적인 제품(정제유)의 품질에 주요한 영향을 미치는데 주로 색도, 냄새, 풍미, 조리 중의 열안정성, 유통 시 저장 안정성이 해당된다. 이와는 별도로 원료로부터 유래한 농약이나 중금속 등은 안전상의 이슈를 일으키는 요인이 되기도 한다. 표 6-1은 몇 가지 주요한 유지에 함유되어 있는 기타 미량 성분을 보여준다. 여기서 한 가지 유의할 점은 트리글리세라이드를 제외한 여타 물질이 모두 불필요한 것은 아니라는 점이다.

대표적인 천연 항산화제인 토코페롤은 저장 중 산화 안정성에 중요한 영향을 미치는 동시에 체내에서도 유용한 생리기능으로 작용하는 주요한 지용성 비타민이다. 스테롤은 체내 섭취 시 콜레스테롤 저하 효과를 지니는 건강기능성 소재의 하나로 활용성이 높다. 하지만 이 두 가지 물질은 정제 공정 중 마지막 단계인 탈취 과정에서 손실이 일어난다는 문제가 있다. 그래서 일부 기능성을 표방하는 식물성 유지 제품에는 토코페롤 혹은 스테롤을 별도로 첨가한 뒤, 이를 주요한 컨셉으로 삼아 판매하는 제품도 있다.

한편 인지질의 경우에는 산화 방지에는 유용한 효과가 있으나 제품유에 넣을 경우 조리할 때 쉽게 기름의 색이 진해지고 거품 발생이 심해진다는 단점이 있다. 한편 모노글리세라이드는 유화제의 일종으로 전부터 다양한 용도로 각종 식품에 활용되어 왔다. 디글리세라이드는 근래에 활용성 면에서 새롭게 주목받기 시작했다. 이는 체지방 축적을 억제하는 효과를 지니고 있다고 알려져 건강기능식용유 제품으로 일본에서 상품화 되었고 상당한 판매고를 올렸다. 이렇듯 유지에 존재하는 다양한 미량 성분들은 기능성 면이나 건강 측면에서 활용도가 높다. 한편 이외의 다른 성분들이 유지에 존재할 경우엔 좋지 않은 영향을 주기 때문에 제거되어야 한다.

본장은 크게 두 부분으로 이루어져 있다. 먼저 전반부에서는 실제 유지 생산에 있어서 가장 일반적으로 이루어지는 정제 공정을 다루었는데, 단계별로 각 단계가 지니는 주요 의미와 목적, 공정을 기술하였다. 후반부에는 정제 공정과는 다소 다른 측면인 가공 공정에 해당되는 부분을 다루었다. 여기에서는 특정한 물질 혹은 동일 특성을 지니는 부분을 분리해 내는 분리 공정을 실제 사례를 중심으로 설명하였다. 정제에 해당되는 탈검, 탈산, 탈색, 탈취와 분리에 해당되는 윈터링(wintering), 탈납, 분별 과정을 따라가다 보면 자연스럽게 수화, 중화, 흡착, 증류, 여과, 원심 분리, 냉각, 결정화와 같은 기본적인 공정이 적용되고 있음을 알게 된다.

이번 장에서 우리는 매일 먹는 식용 유지가 실제로 어떤 공정을 거쳐서 만들어지는지를 살펴보게 되는데 이를 통해서 재미있고 유익하게 식품 산업의 단면을 맛보는 시간이 될 것이다.

6-2 유지의 정제

유지가 만들어지는 공정은 크게 두 가지인데, 하나는 압착이고 다른 하나는 추출이다. 압착법은 원료에 높은 압력을 가하여 기름을 짜내는 방법으로 원료 중 유분의 함량이 높은 경우에 적용한다. 착유하는 방법에는 배치식으로는 유압 프레스를, 연속식으로는 익스펠러(expeller)를 사용한다. 압착법으로 짜내는 유지로는 야자유, 올리브유, 참기름, 들기름 등이 있다. 이러한 유지의 공통점은 별도의 정제 공정을 거치지 않으며 단순 여과 정도로만 제품화 한다는 것이다. 별도의 정제 공정을 거치지 않는 가장 중요한 이유는 원료가 지니는 독특한 고유의 맛과 향을 살리기 위해서이다. 참기름, 들기름 경우에는 먼저 원료를 볶는 공정을 거쳐 풍부하고도 다양한 맛과 향이 형성되도록 한다. 압착법으로 짜낸 유지는 실제로 볶거나 튀기는 조리 기능보다는 요리의 마지막에 넣어서 맛과 향을 돋우는 조미료로서의 기능을 가진다.

추출법은 대부분의 유지를 얻을 때 사용된다. 특정한 용매를 사용해서 성분을 추출한 후 여러 단계의 정제 공정을 거쳐 상품화하는 것이다. 유분의 함량이 낮은 원료에 적합하며 배치식과 연속식이 있는데, 현재는 대부분 연속식으로 추출하는 방법을 채택하고 있다. 추출법은 압착법에 비해서 수율이 좋으며 추출 후 잔유분도 1% 이하로 낮다. 물론 올리브유처럼 주로 압착해서 얻는 제품이라 해도, 경우에 따라서는 압착 후 추출 혹은 바로 추출을 하는 경우도 있으므로 제조 방법은 어느 하나에 고정되지는 않는다. 실제로 이웃나라 일본에서는 정제된 참기름, 들기름도 판매되고 있다.

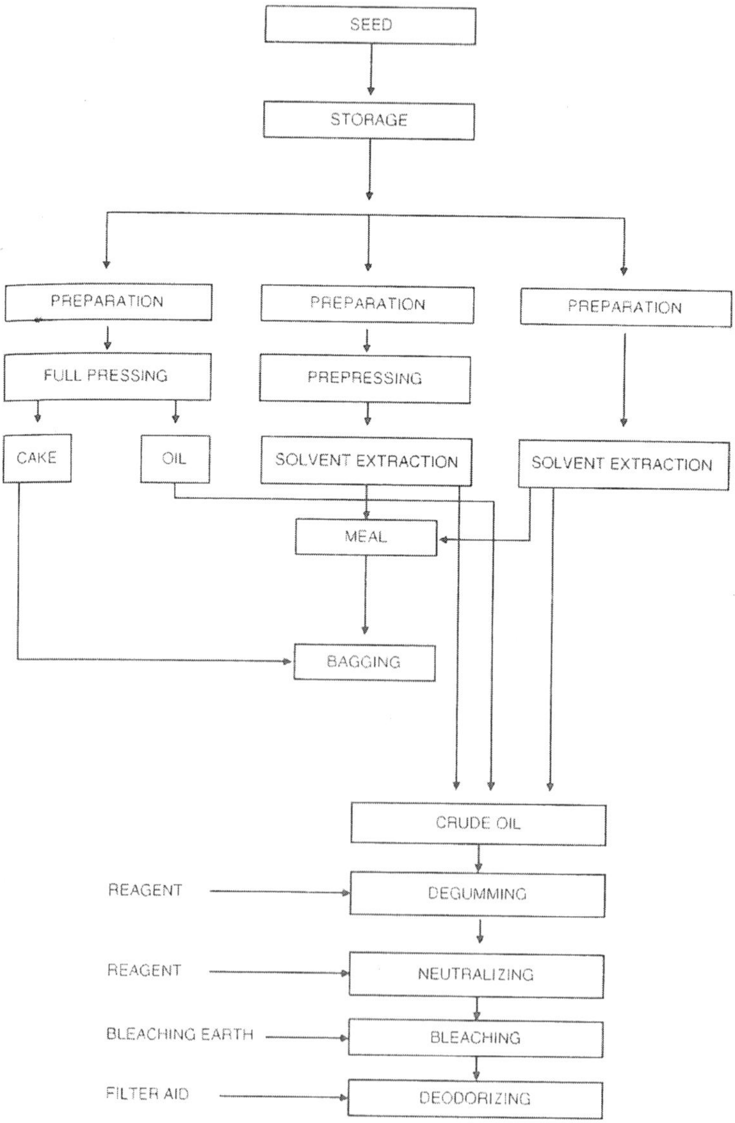

그림 6-1 일반적인 유지 제조 공정도

각종 유지 원료(보통 씨에서 출발하므로 seed라고 표시하기도 함)로부터 식용유지가 만들어지는 공정을 개략적으로 요약해 보면 그림 6-1과 같다.

앞의 그림에서 보듯이 유지 정제 공정은 크게 4단계로 나누어지며 인지질을 주로 한 검질을 제거하는 탈검(degumming) 공정, 유리 지방산을 중화시켜 제거하는 탈산 (deacidification, neutralization) 공정, 색소 성분을 흡착시켜 제거하는 탈색(bleaching) 공정, 그리고 마지막으로 증류 공정을 통해 각종 휘발성 물질을 제거하는 탈취 (deodorization) 공정이 그것이다. 가장 대표적인 유종인 대두유의 제조 공정을 도식화하면 그림 6-2와 같다.

한편 정제 공정별로 주로 제거되는 물질을 단계별로 보면 표 6-2와 같이 요약하여 설명할 수 있다.

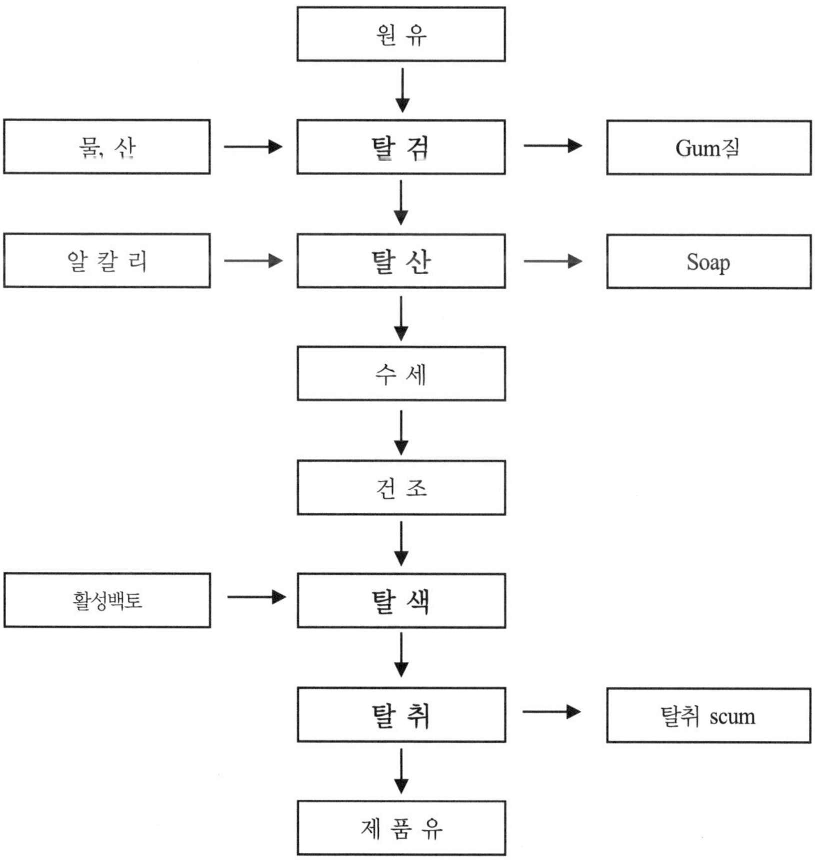

그림 6-2 대두유의 정제 공정도

표 6-2 정제 공정 중 단계별로 제거되는 물질

공 정	주로 제거되는 물질	부가적으로 제거되는 물질
탈 검	Gum 질	금속(염)
탈 산	유리지방산 (FFA)	금속(염), Gum질
탈 색	색소 (카로틴, 클로로필)	soap (탈산에서 생성된)
탈 취	휘발성 냄새 성분	유리지방산, 농약, 제초제 polycyclic aromatic hydrocarbons

그럼 이제부터 각 단계별 정제 공정을 보다 세밀하게 살펴보면서 목적과 공정을 이해하도록 한다.

6-2-1 탈검(Degumming)

탈검은 정제공정의 첫 번째 단계인데 추출된 원유에는 레시틴이 주성분이 되는 인지질(phospholipids)과 그 분해 생성물인 포스파티드(phosphatides), 리포프로테인(lipoprotein), 점액물질 등이 존재하는데 콜로이드 상태로 유지를 흐리게 하는 물질로 존재하는 이들을 총칭하여 검(gum)질이라 한다. 대표적인 식용유에 존재하는 인지질 함량은 표 6-3과 같다. 식물성유의 경우에는 탈검 공정이 필수적이지만 돈지, 우지와 같이 인지질 성분이 미량인 경우에는 별도로 탈검 공정을 수행하지 않는다.

인지질은 4개의 주요한 성분으로 나뉘어지는데 포스파티딜 에타놀아민(phosphatidyl etanolamine, PE), 포스파티딜 콜린(phosphatidyl choline, PC), 포스파티딕산(phosphatidic acid, PA), 포스파티딜 이노시톨(phosphatidyl inositol, PI)이 그것이다. 이들을 2개의 그룹으로 나누어 보면 수화된 즉 수용성 인지질(HP, hydratable phospholipids)과 유용성 즉 비수화성 인지질(NHP, non hydratable phospholipids) 로 볼 수 있다. NHP는 대부분 칼슘, 마그네슘, 철 이온과 결합된 형태를 띠고 있다. 이때 수화를 용이하게 하기 위해서 강산 (인산, 초산, 구연산 등) 을 첨가하는데 강산은 NHP를 HP로 바꾸어 주어 용해도를 높여 주는 효과가 있기 때문이다. 유지내의 NHP 함량은 원료의 수분 함량, 세포내 phospholipase 활성도, 추출공정 전후의 열처리 정도, 세포 구조의 파손 정도에 따라 달라지는데 신선한 원료일수록 그 함량이 낮아지며 총 인 함량의 10% 정도로 낮게 유지될 수도 있다.

탈검 공정은 바로 이 검질을 제거하는 공정에 해당되는데 인지질은 최종 제품에서의 유지의

표 6-3 주요 유종별 인지질 함량

유 종	phosphatides (%)	phosphorus (ppm)
채 종 유	0.5 ~ 3.5	200 ~ 1400
대 두 유	1.0 ~ 3.0	400 ~ 1200
면 실 유	1.0 ~ 2.5	400 ~ 1000
옥 배 유	0.7 ~ 2.0	250 ~ 800
해바라기유	0.5 ~ 1.3	200 ~ 500
홍 화 유	0.4 ~ 0.6	150 ~ 250
땅콩 기름	0.3 ~ 0.7	100 ~ 300
팜유	0.03 ~ 0.1	15 ~ 30
야 자 유	0.02 ~ 0.05	10 ~ 20

Note : (Phosphatides (%) × 10^4) / 25 = Phosphorus (ppm)

열 안정성 및 조리 중 거품 형성과 중요한 관계가 있을 뿐 아니라 이후의 전체 공정인 탈산에 있어서도 비누분의 분리를 어렵게 하여 정제 손실을 높이는 문제를 일으키기 때문이다. 발섬 공정의 목적을 상업적인 유지 생산의 관점에서 좀 더 요약 정리하여 알아보면 다음과 같다.

1) 수출 등 제품의 장기간 선적 및 이동이 필요한 경우 변질 없이 안정적으로 오래 유지하기 위함 (실제 국제적으로 수출입되는 유지는 탈검유의 형태로 이송된다)
2) 레시틴을 생산하는 데 필요한 원료인 인지질을 얻기 위함

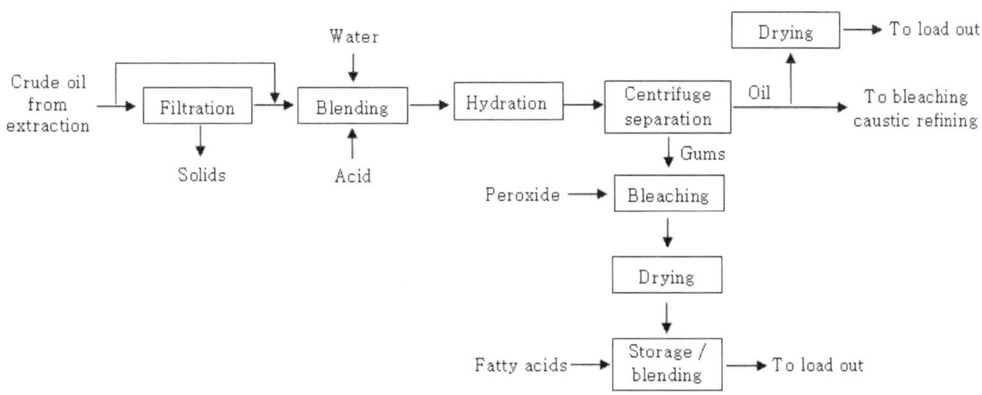

그림 6-3 탈검 및 레시틴 제조 공정

3) 이후의 공정인 탈산에서 기름의 수율을 저하시키는 성분 (인지질) 을 제거하기 위함

한편 제대로 탈검이 이루어지지 않았을 경우에는 산화 안정성 저하, 기름 착색 정도의 증가, 발연점 저하, 튀김시 거품 발생 등의 문제를 야기한다. 한편 인지질은 유화제로 사용하는데 유용하므로 이를 정제하면 레시틴을 만들 수가 있어서 다양하게 식품에 이용된다. 특히 대두의 경우에는 경제적으로 레시틴을 얻을 수가 있어서 가장 대표적으로 응용되고 있다. 대두 이외에 옥배유, 땅콩기름 등에서도 레시틴을 분리할 수는 있지만 경제성이 떨어져 상품화 하기에는 어려움이 있다. 탈검 공정 및 레시틴 제조 공정은 그림 6-3과 같다.

탈검 방법을 살펴보면 다음과 같다. 일반적으로 연속 방법을 사용하므로 이를 기준으로 살펴보고자 한다. 먼저 추출 원유를 70~80℃ 정도로 가열하고 여기에 0.1~0.2%의 인산, 1~3%의 물을 가하여 30~60분간 탱크에서 교반 (200rpm) 하거나 생(生)증기를 이용하여 1분 정도의 짧은 시간에 혼합한 후 비중차를 이용하여 고속 원심 분리기로 검(gum)질과 유지를 분리한다. 한편 분리된 검질은 대두유의 경우 대두박에 첨가하며 탈검유는 진공 감압하에서 건조된 후 이후의 공정인 탈산 공정으로 넘어간다. 실제 이루어지는 탈검 공정의 한 예를 살펴보면 그림 6-4와 같다.

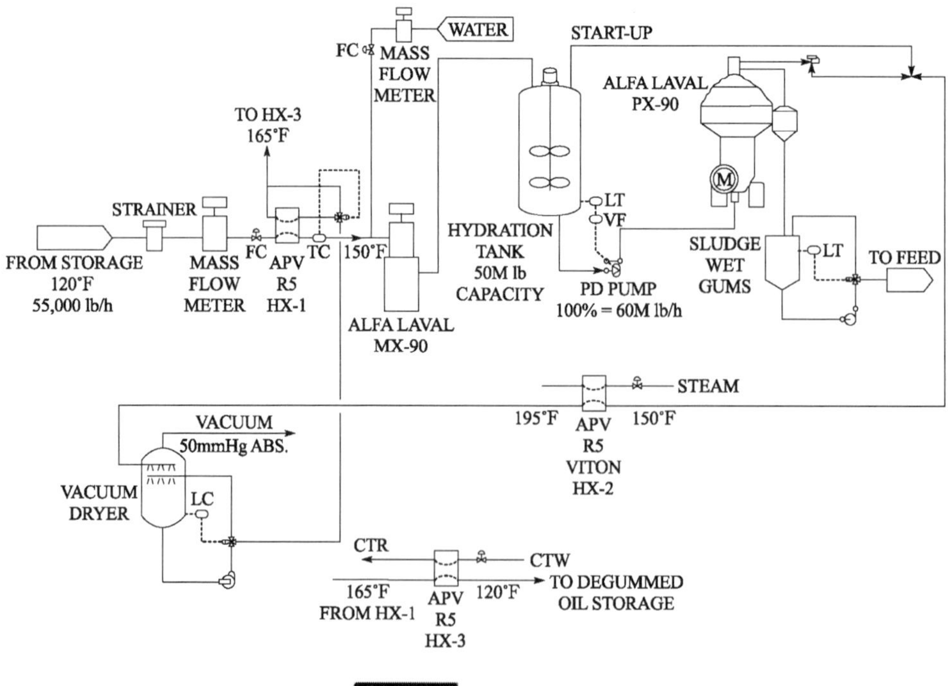

그림 6-4 탈검 공정도

이 때 사용하는 물의 양은 인지질 양의 75%가 적당하다. 따라서 만약 2%의 인지질이 함유되어 있는 경우라면 1.5% (v/v) 의 물을 사용한다. 경우에 따라서는 물을 사용하지 않고 생증기 (live steam) 를 이용하여 강하게 혼합하면서 단시간에 검질을 수화시키는 방법을 사용하기도 한다. 이러한 과정을 거치면 수화성 검질의 대부분 (약 90% 정도) 이 제거된다. 대개의 경우 원유 중에 인지질의 함량이 1.2~2.3% 정도 존재할 때 탈검 공정을 거치면 0.2~0.3%의 인지질이 남게 된다. 이 후에도 남아 있는 인지질은 대부분 금속염 (Ca, Mg) 의 형태로 존재하고 유용성(oil soluble)인데 이는 다음 정제 공정인 탈산 공정에서 제거된다. 일반적으로 원료의 상태가 좋지 않을 경우 추출원유에 유용성 검질이 많이 잔존하게 되는데 이는 최종 제품유의 품질 저하를 초래한다.

탈검 공정 시 원심분리기 운전 조건이 중요한데 이는 이후 검질의 잔여 수준, 검 중의 중성지질의 함량, 처리량에 따라 결정되기 때문이다. 따라서 수화성 검질과 유지분의 효율적인 분리 조건을 찾아내는 것이 탈검 공정의 성공 여부라 할 수 있다. 탈검은 오랜 기간 저장하거나 운송하게 되면 인지질이 침전하는 현상이 발생하므로 추출 직후 바로 수행하는 것이 좋다. 앞에서 설명한 레시틴의 경우에도 원료유지에서 바로 생산될 때 보다 양호한 품질을 얻을 수 있다. 따라서 추출 원유를 수입하여 정제만을 하는 경우 탈검유 형태로 운송 및 수출입이 이루어지게 된다. 이상에서 살펴본 것처럼 탈검 공정은 본격적인 정제를 앞둔 예비 과정의 1단계 정제공장으로 이해할 수 있다.

6-2-2 탈산 (Deacidification, Neutralization)

원유 중에 존재하는 유리 지방산은 통상적으로 산가로 표현되는데 산가는 올레인산으로 계산된 유리지방산 함량에 2를 곱한 수치이다. 유지에서의 산가는 매우 중요한 지표인데 이는 원료의 신선도, 원료 보존시의 상태, 추출 방법의 적절성 등을 나타내기 때문이다. 따라서 이러한 유리 지방산을 제거하는 것은 필수적이며 탈산 공정은 유지의 정제 공정 중 가장 중요한 공정에 해당된다. 기본적으로는 유리지방산을 제거하는 것이 목적이지만 탈검 공정 중 남아 있던 검질, 각종 금속염 등도 이 공정에서 함께 제거된다.

탈산의 대표적인 방법은 알칼리 수용액을 사용하여 유지와 잘 혼합한 후 유리 지방산을 지방산염 (soap) 형태로 만들어 유지와 분리시키는 알칼리 탈산법이다. 유리 지방산 함량이 높은 원유의 경우에는 미셀라 탈산법을 사용하기도 하는데 추출 원유를 헥산으로 희석한 후 가성소다를 넣어서 지방산염을 만들고 이를 50% 알코올로 빼낸다.

통상적으로 탈산유의 품질은 유리지방산 0.05%, 인지질 10~20ppm, 수분 0.1% 이하이다.

주요한 몇 가지 탈산법에 대하여 알아보면 다음과 같다

(1) 알칼리 탈산법 (화학적 정제)

가성소다 (NaOH) 가 사용되는데 유종에 따라 대두유는 12%, 채종유는 14.4%, 야자유나 팜유는 8% 가성소다 수용액이 이용된다. 알칼리의 농도는 트리글리세라이드의 가수분해를 방지하여 수율의 손실을 최소화 하는 수준에서 이루어져야 하며 사용하는 가성소다의 양은 다음의 계산식으로부터 얻는다.

$$\text{가성소다 (중량 \%)} = \frac{\text{(유리지방산 (\%)} \times 0.142) + \text{과잉량의 NaOH (\%)}}{\text{가성소다 수용액의 농도 (\%)}} \times 100$$

과잉량은 대두유의 경우 0.1 ~ 0.13 % (dry base) 수준이다.

탈산 공정은 자세히 살펴보면 다음과 같이 이루어진다. 먼저 열교환기를 통해 80~90℃ 가열한 탈검유에 적정량의 인산을 0.1%(v/v) 첨가한 후 믹서기를 통해 혼합시킨 후 가성소다 수용액을 넣고 라인믹서(line mixer) 혹은 페달믹서(paddle mixer) 로 혼합한다. 이 때 유용성 인지질의 수화, 유리지방산의 중화, 착색성분과의 반응이 진행되며 생성된 soap은 회전 디스크형 원심분리기를 통해 중성지질과 분리된다. 원심분리기의 배출압력은 운전 경험에 의해 결정되는데 안정적인 수준에서는 유의 상태가 soap 입자에 의해 약간 흐리게 보이는 수준이다. 배출부의 압력 조절은 정제유 중에 soap 성분이 약 300ppm이 되도록 조절한다.

원심분리기를 통해 배출된 유지는 다시 80~90℃ 까지 가열하고 여기에 약 90℃로 가열된 10~20% 의 온수를 혼합하여 유지에서 최대한 많은 soap이 이동될 수 있도록 하며 수세 분리기를 통과시키면서 두 개의 층으로 분리한다. 이러한 과정을 수세라 하며 수세 후 가벼운 층(기름, 유지층)과 무거운 층(soap을 함유한 물층)으로 나누어지게 된다. 수세과정을 거치면 약 90%의 soap 성분이 제거된다. 남은 soap 잔유물(10~20 ppm) 은 다음 단계의 정제 공정인 탈색 단계에서 제거된다. 수세된 유지는 진공건조기를 거쳐 수분함량 0.1% 이하 수준으로 낮춘다. 가장 일반적인 알칼리 탈산의 제조 공정은 그림 6-5와 같다.

(2) Steam refining (물리적 정제)

위에서 살펴본 탈산법은 유리지방산 함량이 높은 유지에는 효율적으로 사용하기 어려운 점이 있다. 예를 들어 유리지방산 함량이 10~30% 정도에 이르면 알칼리 정제를 할 경우 심한 유화

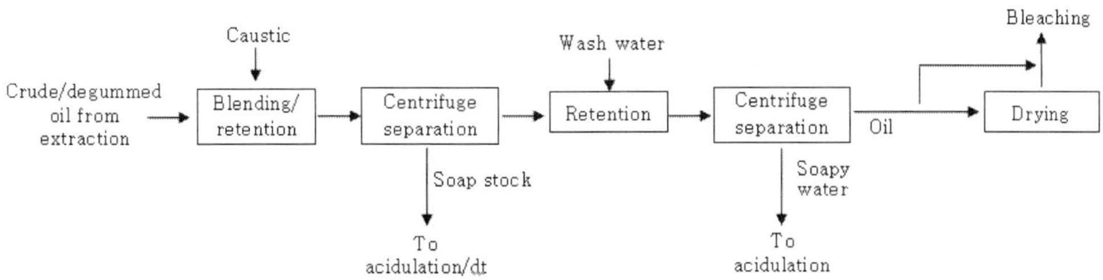

그림 6-5 알칼리 탈산 공정

현상이 일어나 경제적 효율성이 떨어진다. 이런 경우에 steam refining(스팀 정제법)을 사용하는데 이것은 알칼리에 의한 중화반응 혹은 기타의 첨가물을 사용하지 않고 물리적으로 지방산을 제거하기 때문에 물리적 정제라고도 한다. 실제로 공업적으로 사용하는 방법은 2~3 torr의 진공 조건 하에서 유지를 220~260℃ 까지 가열한 후 steam stripping을 하면 유지 중 지방산이 증류되어 제거되는데 이를 응축기로 회수하는 것이다. 가장 큰 장점은 탈산 수율의 증가와 에너지 절약 및 폐수 배출량 감소에 있다. 하지만 알칼리 탈산이 거의 대부분의 유리지방산을 제거하는네 비하여 스팀 정제는 0.2~0.5% 정도가 잔존하게 된다. 스팀 정제는 인지질의 함량이 낮은 유지나 이미 인지질을 전처리에 의해 제거한 유지에서 매우 유용하게 활용될 수 있다. 예를 들어 말레이시아에서는 팜유의 정제시 스팀 정제가 보편화되어 사용되고 있다.

(3) 미셀라 정제법 (miscella refining)

면실유와 같이 페놀성 착색성분이 있는 gossypol과 같은 물질을 함유한 유지는 추출 후 용제 회수 시 가열, 원유 저장 중 공기와의 접촉에 의한 산화로 유의 착색이 진행되므로 탈색 공정시 어려움을 겪게 된다. 따라서 이와 같은 유지는 탈산 시 다른 방법을 사용하는데 농도가 높은 가성소다 용액을 사용하여 단순히 유리지방산의 중화에만 그치지 않고 약간의 비누화 반응을 부가하여 탈산, 탈색을 진행한다.

주요한 장점으로는 저온에서 작업이 진행되고 정제 시 손실이 적으며 수세 후 진공건조가 필요 없다는 점이나 반면에 용매를 사용하므로 위험 요인이 많아 유의해서 사용해야 한다는 점이다.

(4) 제니스 프로세스 (Zenith process)

탈산 시 일어나는 알칼리의 접촉에 의한 중성유의 검화 손실을 줄이고, soap 중 중성유의 혼입

손실을 최대한 감소시키며 원심분리기를 사용하지 않아 에너지 소비가 적은 탈산 방법이다. 비교적 산가가 낮으면서 검질 함량이 적으며 착색성 물질이 적은 야자유, 피마자유, 채종유, 경화유의 정제에 적합하지만 원유의 착색도가 심하고 산가가 높은 또는 유용성 검질이 많은 유종에는 별다른 효과가 없다. 실제 방법은 농도가 낮은 2~3%의 알칼리 수용액에 직경 1~2mm의 기름 방울을 흘리면서 중화하여 탈산시키는 것이다.

6-2-3 탈색 (Bleaching)

탈색 공정은 말 그대로 원유 중에 함유되어 있는 착색성분을 제거하여 맑은 식용유를 얻는 과정으로 흡착제를 이용하여 불필요한 성분들을 제거한다. 탈색의 정도는 실제로 어떠한 제품을 만들 것인지에 따라 달라지지만 백색의 쇼트닝을 제조하기 위해서는 고도의 탈색이 요구된다. 그렇지만 마가린, 샐러드유, 튀김유의 경우에는 약간의 노란색을 띠는 것이 오히려 좋기 때문에 너무 높은 수준의 탈색을 필요로 하지는 않는다. 착색 성분의 제거라는 기본적인 목적을 포함하여 탈색 과정은 다음과 같은 기능을 가지고 있다.

1) 착색(색소) 성분의 제거 (카로틴, 클로로필)
2) 알칼리 탈산 후의 잔류 soap 성분, 인지질의 제거
3) 산화 촉진제로 작용하는 각종 금속염 제거
4) 과산화물을 분해하며 이 때 생성되는 aldehyde, ketone을 흡착 제거

등이 이에 해당된다. 알칼리 탈산 후 유지 중에는 50~100ppm 정도의 soap이 함유되어 있는데 이는 유지 가열 중 열화를 촉진하고 가공 공정 중 수소첨가(경화) 공정에 방해 요인이 된다. 클로로필과 같은 물질은 유지에서의 산화 촉진 작용을 하는데 이를 제거하면 유지의 안정화에 기여한다. 그러나 이 공정 중에 천연 항산화제 기능을 하는 토코페롤, 카로틴 등도 흡착에 의해 제거되는 문제가 있다.

유지에 존재하는 색소 성분을 대두유를 예로 들어 살펴보면 카로틴 (carotene, 노란색), 크산토필 (xanthophylls, 붉은색), 클로로필 (chlorophylls, 녹색) 등이 있다. 간혹 갈색을 띠는 색소성분이 있기도 한데 이는 단백질과 탄수화물의 분해 생성물로 추정된다.

탈색이 이루어지는 공정을 살펴 보면 먼저 55~60℃로 가열한 탈산유에 **활성백토** 0.8~1.2%를 혼합 (산성백토, 활성탄 등을 사용하기도 함) 하여 ejector, 진공펌프를 이용, 50~150mmHg의 진공상태가 유지되어 있는 탈색관에 100~120℃로 가열한 유지를 투입하여 15~30분 정도 머무르게 한 후 여과기를 이용하여 분리한다. 주로 사용되는 여과기는 필터 프레스(filter press),

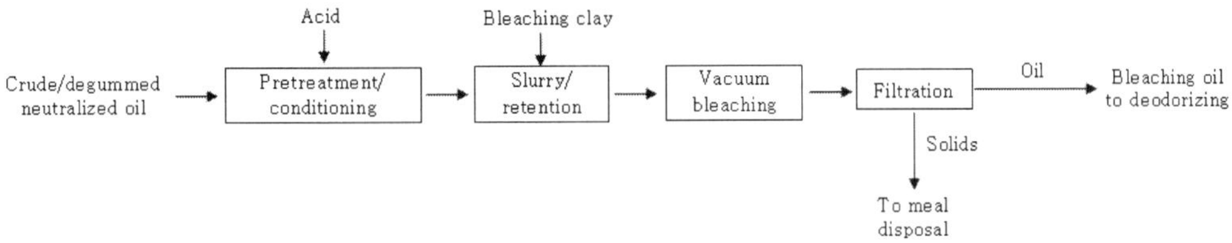

그림 6-6 탈색 공정

meshed filter가 많이 이용된다. 추가적으로 미량의 미립자를 제거하기 위해 micro filter를 사용하기도 한다. 탈색유 중에 여과제가 남아 있으면 탈취 중에 착색이 일어나고 유리지방산이 형성되어 제품의 산가가 높아지며 탈취유의 불순물로 인한 제품의 투명도가 떨어지는 문제 등을 야기한다. 사용되고 버려지는 폐백토에는 유분이 약 20~25% 포함되어 있으며 탈색 과정을 간단히 정리하면 그림 6-6과 같다

가장 전형적인 연속식 진공 탈색 시스템을 공정별로 보면 그림 6-7과 같다.

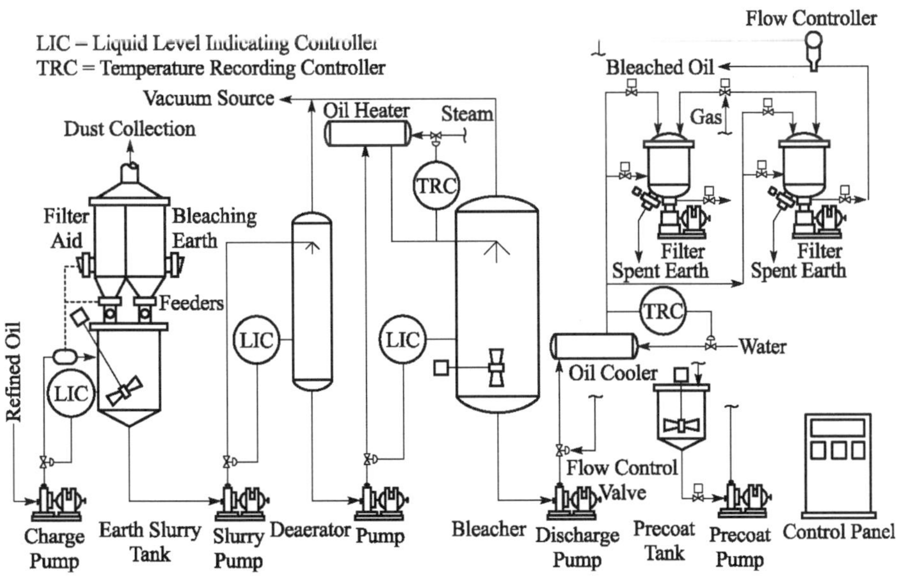

그림 6-7 전형적인 연속식 진공 탈색 시스템

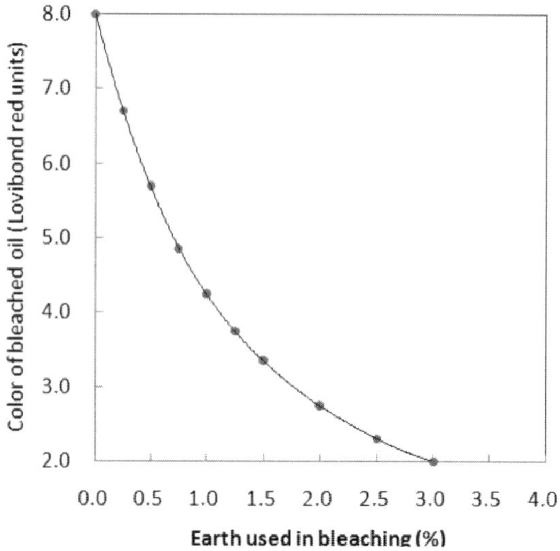

그림 6-8 야자유에서 탈색제 농도에 따른 색도 감소 예

탈색에 사용되는 탈색제는 여러 가지가 있는데 크게 4가지 정도로 나누어 볼 수 있다.

(1) 천연 탈색흙 (bleaching earth)

다른 말로는 fuller's earth라고 부르기도 하는데 여러 가지 점토와 흙으로 구성되어 있다. 기본적으로 수화 aluminum sillicate를 함유하고 있다. 야자유에서 사용되는 탈색제 (bleaching earth, 탈색흙)에 따른 색도 (red) 감소 정도를 살펴본 예를 보면 그림 6-8과 같다

(2) 활성 백토 (acid-activated clay)

최근 들어 대부분의 유지 업체에서 실제적으로 이용하는 탈색제이다. 기본 성분은 bentonite나 montmorillonite인데 원래는 탈색력이 별로 없으나 황산으로 처리하면 알루미늄 이온이 수소 이온과 치환되고 이로써 표면 작용이 바뀌게 되어 흡착력이 앞에서 언급한 천연흙을 훨씬 능가한다. 보통 0.2~0.4%의 활성백토를 사용하는데 적절한 사용량을 결정하는 것이 중요하다. 착색물질이나 산화분해 생성물이 많을 경우에는 2~3%의 백토가 사용되기도 하며 일부 활성탄을 혼용하기도 한다. 사용하는 백토에는 적당량의 수분 (8~12%)를 함유하는 것이 필요하고 수분함량이 너무 낮거나 높으면 탈색효과가 떨어지게 된다.

(3) 활성탄 (activated carbon)

유지를 오랜 시간 동안 붙잡고 있기 때문에 단독으로 사용하는 경우는 별로 없고 보통 다른 탈색제와 혼용하여 사용한다. 이럴 경우 흡착력이 훨씬 증가한다. 활성탄은 탄소의 특성상 유지에 이미, 이취를 남기지 않으면서 효율적으로 색소 성분을 제거하는 능력을 가지고 있고 이후 공정인 탈취 과정에서 문제를 일으키지 않는 장점이 있다. 하지만 가격이 비싸고 여과가 용이하지 않아 작업이 힘든 것은 단점이다. 통상적으로 백토와 혼합하여 사용하는데 중량비로 5~10% 정도로 사용한다.

(4) Magnesium oxide

백토와 혼용하여 사용하는데 원유에 존재하는 과산화물 제거에 효과적인 것으로 알려져 있다.

탈색시 일어나는 흡착에 관한 이론을 살펴보면 색소성분의 흡착은 표면에서 일어나는 현상이고 흡착제와 용질간의 친화력에 의해 좌우되는 것으로 알려져 있다. Frendlich(1926)는 용질의 양에 따라 사용하는 흡착제의 양을 결정하는 공식을 발표한 바 있다

$$X / m = K \times C^n$$
$$\log X / m = \log K + n \log C$$

X : 흡착된 용질의 양
m : 흡착제의 양
K : 상수, 흡착제의 탈색력
n : 상수, 흡착제의 탈색범위

n의 값에 따라 K 값이 증가하면 흡착제의 양을 줄일 수 있다.

다음으로는 탈색에 영향을 주는 요인들을 살펴보고자 한다.

(1) 온도 및 시간

먼저 온도에 대한 영향을 보면 175~250°F (80~121℃)의 범위에서는 그림 6-11과 같이 온도가 증가함에 따라 탈색효율이 좋아짐을 볼 수 있다. 시간적으로 보면 처음 60분은 빠르게 색가가 감소하지만 온도가 높을 (225°F, 250°F) 경우에는 2시간 이후가 되면 오히려 색가가 다시 높아

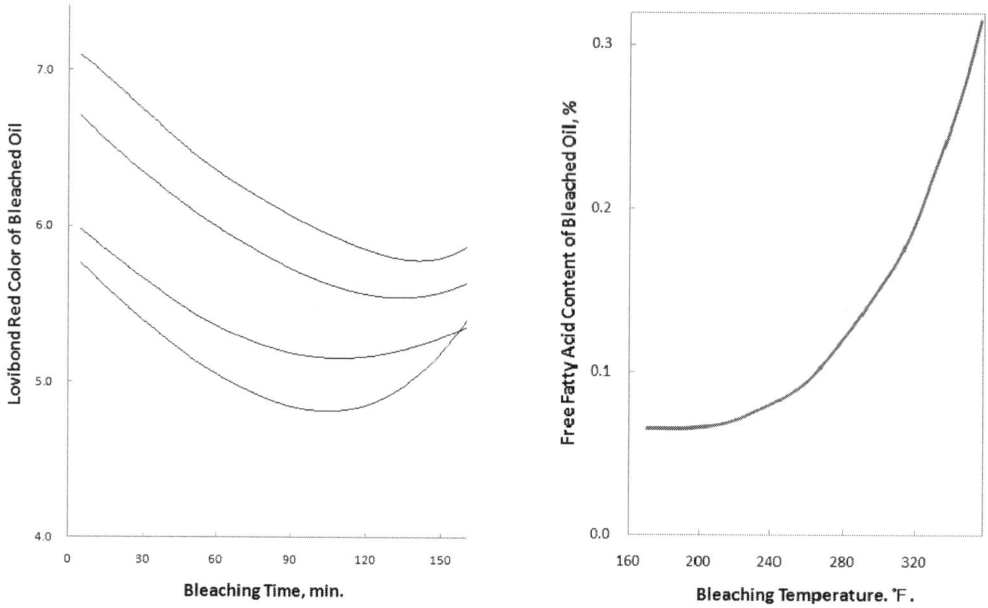

그림 6-9 탈색 온도 및 시간에 따른 탈색 효과 비교

지는 것을 볼 수 있다. 탈색 온도가 212°F (100℃)를 초과하면 유리지방산 함량이 증가되는 것을 볼 수 있다. 이는 온도가 높을수록 유리지방산이 증가할 뿐만 아니라 흡착제에 의하여 유지가 산화될 가능성이 높음을 보여주는 것이다. 따라서 최적의 품질을 얻기 위해 탈색시간과 온도 선택은 매우 중요하다.

(2) 진공의 영향

탈색은 진공, 감압, 가압 어느 조건에서도 가능하기는 하지만 진공 상태가 유리한 이유는 산소의 영향을 줄여서 산화 안정성에 좋기 때문이다. 또한 진공에서 탈색하면 백토의 탈기가 쉽고 탈색 온도를 넓힐 수 있는 장점이 있다.

(3) 활성백토 입자 크기의 영향

입자크기가 작아지면 표면적이 증가하여 탈색력은 증가하는 장점이 있지만 반대로 여과시간이 길어지는 단점이 있다. 예를 들어 면실유의 경우 백토입자가 4~10 mesh 일 때에는 색소 제거율이 17% 수준이나 입자 크기를 200 mesh로 줄이면 제거율이 71%로 증가한다. 여과율

(filtration rate) 을 살펴보면 정상입자 크기에서 여과율을 1로 했을 때 조쇄 상태에서는 1.9이지만 고운 입자로 하면 여과속도가 0.2 수준으로 낮아진다. 이상의 결과를 종합해 볼 때 이상적인 활성백토의 입자는 표준체 100mesh 에서의 통과율 100%, 200mesh 에서는 94%, 325mesh 에서는 75%로 보고되고 있다.

6-2-4 탈취 (Deodorization)

탈취 공정은 식용유지 정제의 마지막 공정으로 고진공에서 고온으로 가열하면서 냄새성분, 유리지방산, 불검화물 등의 휘발성 성분을 제거하는 공정이다. 이 때 카로틴과 같은 색소 성분은 일부 파괴되기도 하며 부가적으로 일부 탈색 효과를 나타내기도 한다. 한편 탈취 후 금속염 제거를 위해 30~50ppm의 구연산이 첨가되기도 한다. 구연산은 잔존하는 미량 금속 이온에 대해 chealting agent로 작용하여 유지의 저장 안정성을 늘리는 효과를 가지게 한다. 탈취를 거치면 유지는 불쾌한 냄새나 맛이 제거되며 색이 좋아지고 저장 안정성이 높아져 고품질의 제품이 된다. 최초로 탈취 공정이 도입된 것은 냄새가 강한 야자유를 이용하여 마가린 제조 시 휘발성 성분을 제거하기 위해 사용된 것이었으나 이제는 보편적으로 모든 유지의 제조 공정에 사용하게 되었다. 탈취 후 제품은 유리지방산 함량이 0.05% 이하가 되도록 하면서 이미나 이취가 없는 수준을 요구한다.

탈취 장치는 배치식, 반연속식, 연속식이 있는데 소량 생산에는 배치식, 다품종 생산에는 반연속식, 소품종 대량 생산에는 연속식이 효율적이다. 탈취는 고진공에서 고온으로 가열된 유지에 스팀을 불어 넣어 휘발성분을 증류하는 수증기 증류의 원리를 이용한 것으로 사용되는 증기양도 중요하지만 진공도가 중요한 역할을 한다. 주입되는 증기는 탈취 시 유지를 교반하는 목적도 있지만 주된 용도는 휘발성분과 작용하여 이들과의 공비현상을 일으켜 증발을 용이하게 해주는 것이다. 또한 부가적으로 과산화물이나 기타 유해 성분을 분해, 제거하는 역할을 한다. 연속식 및 반연속식의 경우에 사용되는 증기양은 3~4.5% 정도이다. 증기양이 증가하게 되면 진공도가 떨어지고 트리글리세라이드의 가수분해 반응이 일어나기 쉬워지며 정제 수율도 감소하게 되므로 유의해야 할 필요가 있다. 간단히 탈취 공정을 요약해 보면 먼저 감압 상태로 만든 유지에 생스팀 (live steam 혹은 stripping steam 이라고도 함)을 가한다. 유지가 탈취기 내부를 통과하면서 온도가 220~270℃, 압력은 10mmHg 이하로 되도록 하여 각종 이취 성분들을 증류시켜 제거한다. 통상적인 탈취시간은 60분 정도가 필요하며 사용되는 스팀의 양은 기름의 2~10% (중량 기준) 수준이다. 탈취기를 통과한 유지는 냉각하여 액상의 안정한 상태를 이루도록 한다.

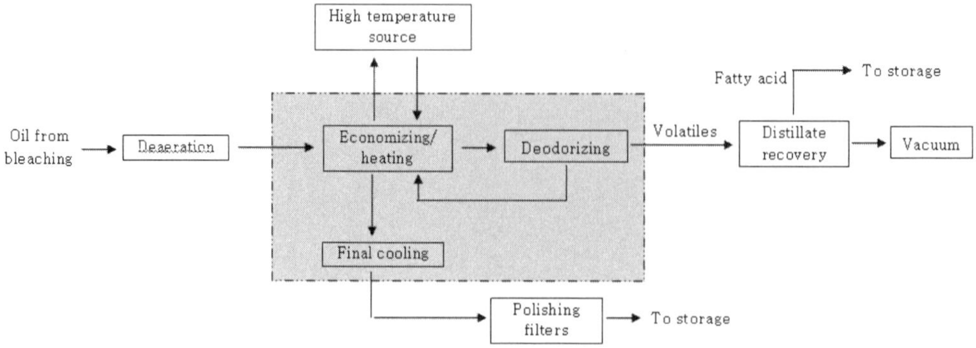

그림 6-10 반연속식 탈취 공정 그럼 이제 주요한 몇 가지 탈취법에 대해 살펴보도록 한다.

(1) 배치식 탈취 (Batch Deodorization)

시간, 소요되는 에너지, 노동 생산성 관점에서 효율이 낮고 고품질의 제품을 얻기 어려운 문제가 있기는 하나 소규모로 작업이 가능하고 투자 비용이 낮으며 유종의 전환이 쉽다는 장점이 있다. 대개 규모가 2~5톤 정도로 운영되는데 더 커지면 효율이 떨어지므로 대규모 공장에는 적합하지 않다.

(2) 반연속식 탈취 (Semicontinuous Deodorization)

보편적으로 널리 보급되어 사용하는 방식으로 여러 개의 트레이(tray)로 구성되어 트레이는 배치식으로 작업이 진행되나 전체 설비의 투입 및 배출은 연속적으로 진행된다. 주요한 장치를 살펴 보면 계량 탱크, 가열 트레이, 냉각 트레이, 배출을 위한 drip 탱크로 구분되고 트레이 수가 3~6단으로 설치된다. 공정에 대한 개략적 형태는 그림 6-12와 같다

또한 반연속식 탈취기의 구성을 자세히 살펴보면 그림 6-11과 같다.

(3) 연속식 탈취 (Continuous Deodorization)

대량의 유지를 처리하는데 매우 효율적인 설비이며 일정한 조건에서 작업이 진행되기 때문에 품질의 균일성, 적은 노동력, 에너지 절감 등이 주요한 장점이다. 하지만 소량 다품종의 유지 생산에는 적용하기 어렵고 장치 특성상 펌프류를 많이 사용하므로 기기 고장에 따른 문제점 야기는 고려해야 할 사항이다. 연속식 탈취 공정의 간략한 형태는 그림 6-14와 같다

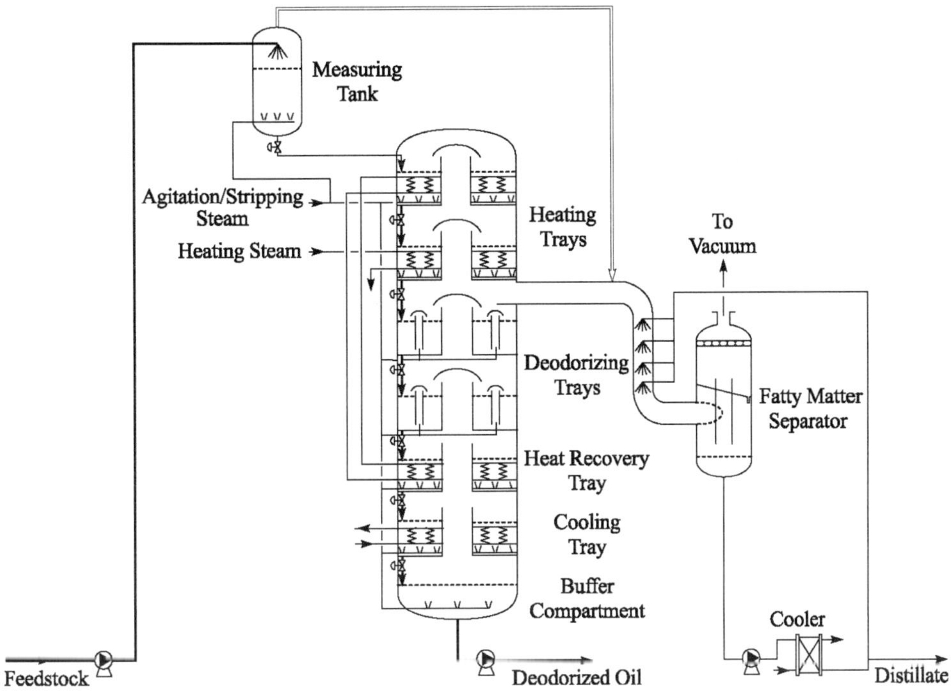

그림 6-11 반연속식 탈취기

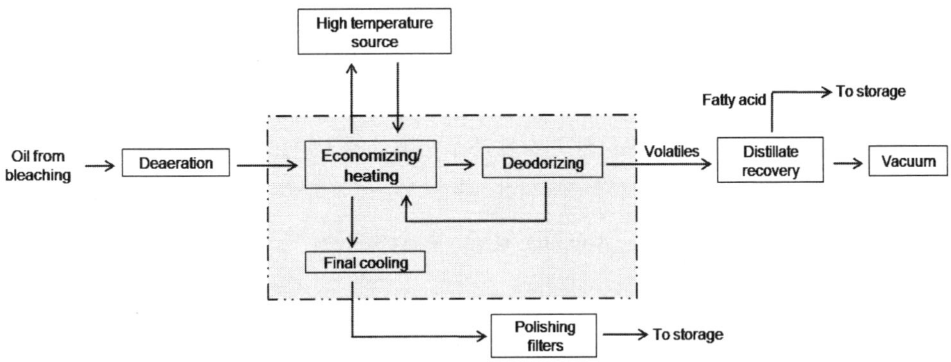

그림 6-12 연속식 탈취 공정

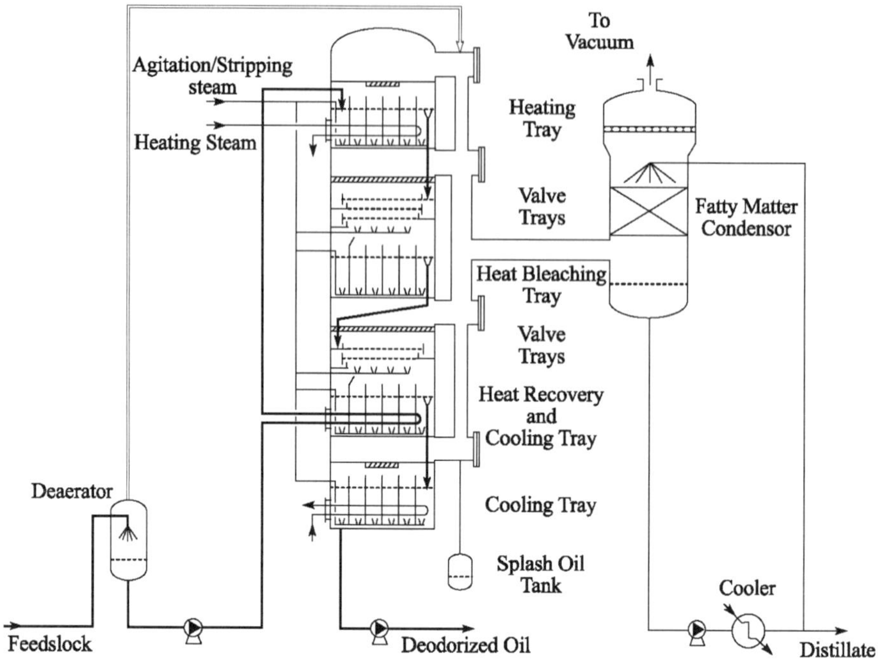

그림 6-13 연속식 탈취기 공정

또한 탈취기의 구조를 중심으로 살펴보면 그림 6-13과 같다

탈취 공정 중 온도와 압력 조절은 가장 중요한 요소인데 온도와 압력에 따른 유리지방산 함량 변화를 살펴본 사례를 보면 온도는 250℃에서 가장 우수한 결과를 나타냈으며 압력은 진공도가 높을수록 유리지방산 제거에 효율적임을 보여주었다(그림 6-14).

탈취 공정 중 일어날 수 있는 정제유의 손실은 크게 3가지 요소에 의해 좌우되는데 첫 번째는 유지에 존재하는 냄새성분의 제거(0.1% 이하) 에 의한 것이고 두 번째는 증류에 의한 것으로 유리지방산을 비롯하여 유지의 가수분해에 의해서 형성되는 지방산, 미량의 트리글리세라이드, 스테롤, 토코페롤 등이 이에 해당된다. 증류되어 제거되는 물질 중 약 25~40%는 유리지방산이 차지한다. 마지막으로는 stripping steam에 의해 유지 입자가 비말 (飛沫, entrainment) 하면서 손실되는 것이다. 따라서 사용하는 스팀의 속도에 유의할 필요가 있다.

탈취 이후 유지의 안정적인 산화 방지를 위해서는 다음과 같은 방법을 이용한다.

- 질소 충진을 통한 산소 접촉 배제
- 금속 제거를 위한 구연산 첨가

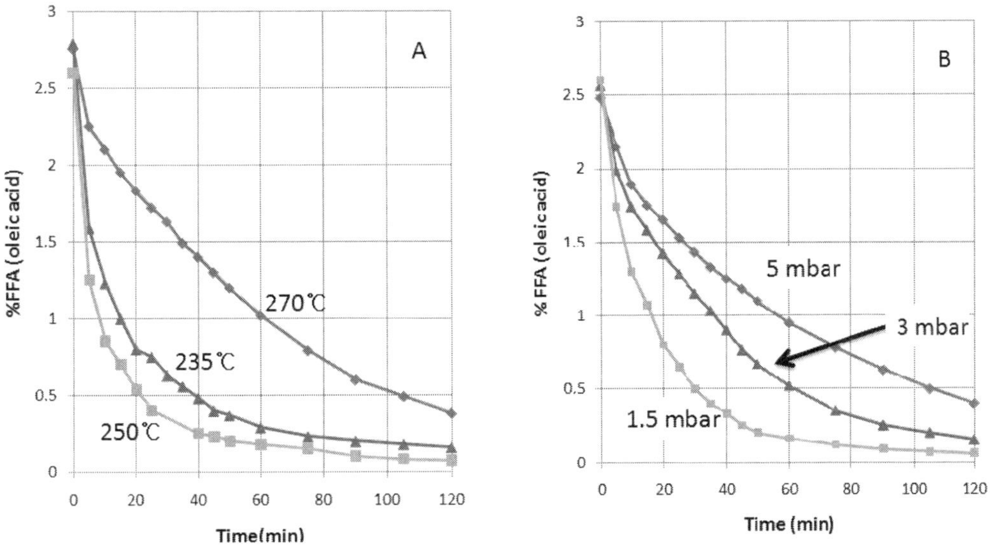

A : 압력 3 mbar, 스팀 0.5 sparge steam/hr
B : 온도 230℃, 스팀 0.5 sparge steam/hr

그림 6-14 탈취 공정시 유리지방산 제거에 온도 및 압력이 미치는 영향

- 항산화제 첨가 등이 있다. 한편 탈취탑은 가동하지 않을 경우에도 탈취탑 벽에 묻어 있는 유막 (oil film)의 산화를 방지하기 위하여 진공상태를 유지할 필요가 있다.

6-3 유지의 분별

우리는 지금까지 본 장의 전반부에서 식용유지를 제조하기 위한 일련의 과정에 해당되는 정제 공정을 각 단계별로 나누어 살펴 보았다. 정제는 모든 식용유지 제조에 있어 필수적으로 거치는 공정에 해당되지만 지금부터 언급하는 분별 공정은 필요에 따라 선택적으로 사용하는 일종의 가공 공정에 해당된다. 유지 산업에 있어서 가공 기술을 크게 3가지로 나누면 경화(hydrogenation), 에스테르화(esterification), 분별(fractionation) 을 들 수 있다. 먼저 경화는 말 그대로 수소를 첨가하여 고체지로 만드는 과정으로 주로 불포화 지방산을 포화 지방산으로 전환시키는 기술이다. 이를 통해 유지의 물성이 바꾸게 되고 산화 안정성이 높아지는 등의 장점이 있어 튀김유 및 마가린 등에 널리 사용되었으나 최근에 트랜스 지방산이 다량 생성되는 문제점이 발견되어 현재는 사용 빈도가 줄어드는 추세이다. 에스테르화는 화학적 혹은 효소적 방법을 통해 트리글리세라이드를 이루는 지방산의 조성 및 위치를 변환시키는 기술로 새로운 구조를 지니는 유지를 만들어 낸다. 아직 일부 제품에 선택적으로 사용되고 있지만 향후 기술 개발 가능성 및 활용성이 매우 높을 것으로 기대되는 분야에 해당된다. 앞의 2가지가 화학적 변화를 동반하는 기술에 해당된다면 세 번째 분별은 물리적 방법에 의한 유지의 분리 기술에 해당된다. 간단히 그 의미를 정리해 보면 서로 결정화 특성이 다른 유지의 특성을 이용하여 선택적으로 결정화 한 후 고체지(固體脂, solid fat)와 액상유(液狀油, liquid oil)로 분리해 내는 기술이다. 본 장의 후반부는 유지의 분별에 관해 어떠한 종류가 있는지를 살펴보면서 주요 공정 및 설비 그리고 실제 산업에서 활용되는 사례등을 중심으로 고찰해 보고자 한다.

6-3-1 분별의 종류

분별 방법은 사용 목적에 따라 크게 3가지로 나누어 살펴 볼 수 있다.

(1) 윈터링 (winterization)

유지를 2~7℃의 낮은 온도로 냉각한 후 여과하여 고체 부분을 제거함으로써 저온 안정성을 향상시키는 과정에 해당된다. 대표적으로 면실유에서 많이 활용되는데 최대 20%까지의 고체지를 membrane press filter를 이용하여 제거한다. 이러한 과정을 거쳐 생산된 유지를 보통 샐러드유라고 칭한다 (예, 대두샐러드유, 옥수수샐러드유, 면실샐러드유). 특히 면실샐러드유는 참치 통조림에 널리 사용된다.

(2) 탈 납 (dewaxing)

고융점의 트리글리세라이드 및 왁스를 제거하는 공정이다. 주로 미강유, 해바라기유 등에서 활용되며 제거되는 고체지는 통상 3~5% 정도이다. 몇 가지 원유의 왁스 함량을 살펴 보면 표 6-4와 같다.

탈납 공정 중 주요한 점은 어떻게 여과가 용이한 결정을 석출시켜 만들 것인지와 효율성 있게 여과 조작을 행할 것인지가 해당된다. 주요한 인자로는 온도 및 석출 시간이 해당된다.

표 6-4 각종 원유 중의 왁스 함유량

유 종	왁스 함량 (%)	불검화물 (%)
미 강 유	3 ~ 9	3 ~ 5
옥 배 유	0.05	0.8 ~ 2.9
해바라기유	0.01 ~ 0.35	0.3 ~ 1.2
홍 화 유	미량	0.3 ~ 1.5
채 종 유	0.0016	0.5 ~ 1.2
대 두 유	-	0.2 ~ 0.5

(3) 분 별 (fractionation)

마가린, 쇼트닝, CBE(cocoa butter equivalent, 초콜릿 대체지) 와 같은 제품의 특성에 맞는 물성을 갖도록 유지를 결정화 한 후 분리하는 공정이다. 보다 세부적으로 나누어서 살펴 보기로 한다.

i) 건식 분별 (dry fractionation)

용매를 사용하지 않으며 유지를 그대로 냉각시키고 결정화 하여 여과하는 방법이다. 설비 투자비가 적고 친환경적이며 공정이 간편하고 유저 비용 또한 적은 장점이 있다. 생성되는 고체지의 함량에 따라 다음과 같이 나누어진다.

- 슬러리 (slurry) 분별 : 약 15%의 고체지가 형성되도록 냉각 결정화 함, 고/액 혼합물이 슬러리 상태이므로 여과 공정으로 쉽게 이송 가능함 (예, 팜유, 면실유, milk fat)
- 케익 (cake) 분별 : 단단한 케익 형태가 될 때까지 냉각 결정화 함, 약 30%의 고체지 형성됨 (예, 팜핵유, 야자유)

건식 분별 중 슬러리 분별에 대한 공정은 그림 6-18과 같다.

(2) 습식 분별 (solvent-, wet fractionation)

용매를 이용한 분별 방식으로 액상유의 점도를 낮추고 열 전도도 (heat conductivity)를 높여 좀 더 효율적 분리가 가능하도록 한다. 용매로는 대부분 핵산, 아세톤을 이용하며 높은 수율, 짧은 결정화 시간, 생성되는 결정의 고순도화 등 장점이 있지만 반면에 설비 투자비가 크고 용매를 사용함으로 위험성이 높아서 CBE와 같은 특화된 제품에 한해 한정적으로 사용된다.

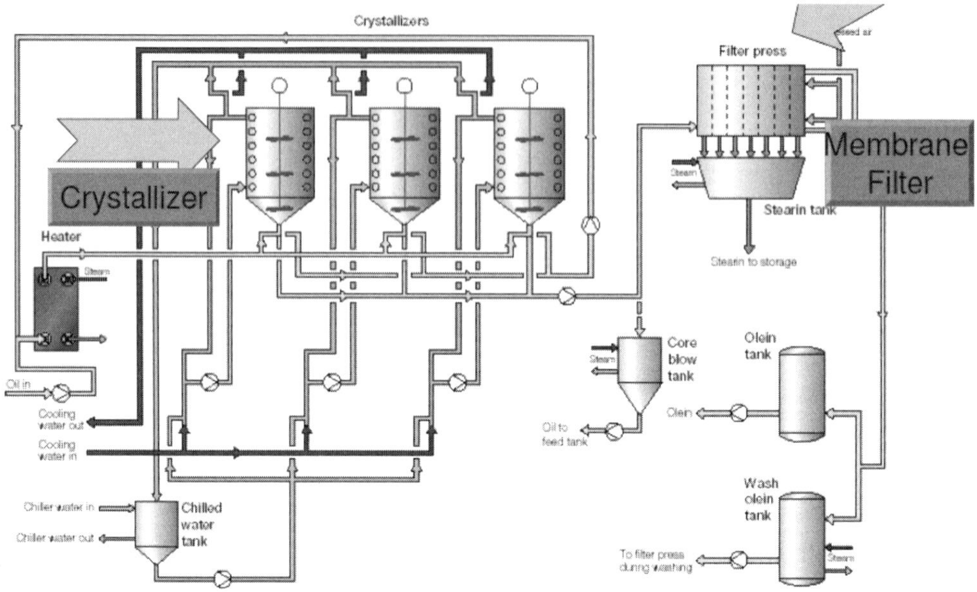

그림 6-15 건식 분별 공정도 (www.alfalaval.com)

(3) 세제를 이용한 분별 (detergent fractionation)

LANZA 공정으로도 불리며 전해질 혹은 보습제를 결정화한 유지에 첨가하여 결정이 수상부에 용이하게 현탁될 수 있도록 하면서 결정형 입자와 액상 유지의 분리를 더욱 쉽게 할 수 있도록 한 공정이다. 하지만 현재는 고정비 부담 등으로 인해 사양화되는 추세이다.

이상으로 살펴본 분별 공정을 종합적으로 정리해 보면 다음과 같이 표현 된다(그림 6-16).

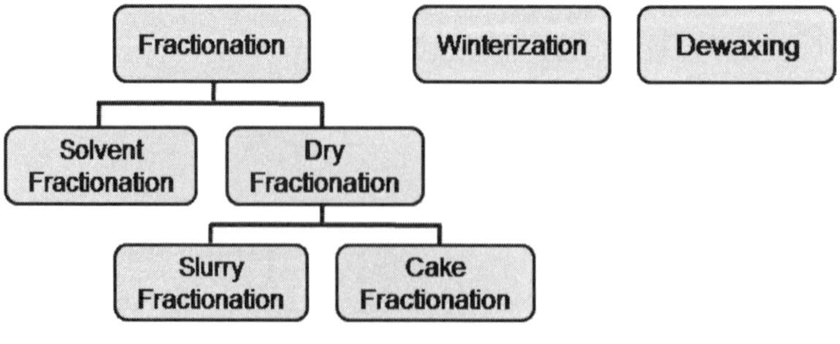

그림 6-16 분별 공정의 종류

6-3-2 분별 공정

분별 공정은 크게 결정화와 여과 2가지 공정으로 나누어 볼 수 있다. 결정화는 4단계로 이루어지는데 핵심적인 요소는 안정한 결정을 선택적으로 유도하기 위한 제어 방안, 효과적인 결정의 생성 및 성장, 결정화된 고체지의 확실한 분리이다. 앞서 말한 각 단계를 좀 더 자세히 살펴보면 다음과 같다.

(1) 과냉각 (sub-cooling, supersaturation)

액체로 있던 유지가 과도하게 냉각되어 결정 형성이 막 시작되려고 하는 상태를 말한다

(2) 핵형성 (nucleation)

작은 결정이 형성되기 시작하는 초기 단계이며 고체와 액체 간의 상전이(mass transfer)는 가역적이라 결정이 액체로 녹기도 하고 새롭게 생성되기도 하는 상태이다.

(3) 결정 성장 (crystal growth)

생성된 결정의 표면에 고체 결정이 부착되며 결정이 점점 커져 가는 단계이며 매우 작은 결정들은 다시 용해되어 사라지기도 한다.

(4) 성숙기 (maturation)

결정이 지속적으로 액체와 물질 교환을 하며 결정의 내부 구조가 재배열되는 단계로 부드러운 결정은 다시 용해되고 결정은 점점 단단해진다.

a : vessel with double spiral coil b : vessel with cooling finns c : vessel concentric multi-chamber

그림 6-17 crystalliser의 여러 가지 형태 (www.alfalaval.com)

결정화의 핵심적인 설비는 crystalliser 인데 내부 구조에 따라 그림 6-20와 같이 여러 형태로 나누어 볼 수 있다.

두 번째 주요한 공정은 여과공정인데 이는 고체/액체를 분리하기 위한 것으로 크게 3가지 방법으로 나누어진다.

(1) 진공 여과

대부분 belt filter 혹은 rotary drum filter 방식이며 연속식으로 운전한다.

(2) 프레스 여과

대부분 채택하는 방식으로 분리 효율이 매우 뛰어나다. 진공 여과에 비해 여과 면적이 훨씬 넓고 빠르며 균일한 장점이 있다. 보통 반연속식으로 운전되며 여과와 압착 2단계로 나누어진다.

(3) 원심 분리

비중이 높은 고체 부분을 원심분리를 통해 액상 부분과 분리한다.

6-3-3 실제 응용 사례

분별은 실제 유지 산업 공정에서 다양하게 이용되며 몇 가지 사례를 살펴보면 다음과 같다.

(1) 면실유의 윈터링

면실유를 샐러드유로 사용하기 위해서는 저온에서 고체화되는 스테아린이라고 불리는 부분을 분리해야 한다. 윈터링은 고액 분별에 해당되는 것인데 시초가 면실유에서 시작되었다고 해도 과언이 아니다. 작업의 실제예를 보면 다음과 같다.

① 서서히 회전하는 패들믹서가 부착된 탱크에 탈색 면실유를 30~35℃로 냉각시켜 투입한다.

② 패들믹서로 서서히 교반하면서 온도를 1.8℃/hr로 저하되도록 냉각하고 15시간 후에 4.5~6.5℃까지 낮춘다

③ 결정이 석출되기 시작하면 유의 온도는 결정화열 때문에 11℃ 까지 상승한다. 이 때 패들믹서의 교반을 중지하고 균일한 온도가 유지되도록 한다. 약 6시간 후에 결정 석출이 거의 완료되면 유의 온도는 다시 4.5~6.5℃로 떨어진다

④ 결정 석출이 평형에 도달할 때까지 약 14시간 정도 온도를 유지시킨다

⑤ 석출된 결정을 이송 방법에 유의하면서 여과기를 이용하여 여과한다

⑥ 제거되는 고체지에 해당되는 스테아린의 양은 약 15~20% 정도이며 최종 여과된 유는 냉각시험을 통하여 15시간 확보된 것을 확인하도록 한다.

(2) 야자유 (팜핵유) 의 분별

팜핵유를 분별하면 Lauric acid (C12:0), Myristic acid (C14:0)를 많이 함유하는 팜핵 스테아린과 팜핵 올레인이 얻어진다. 팜핵 스테아린은 초콜릿 가공품에서 천연 코코아버터 대용지로 널리 이용된다. 분별을 통해 얻어진 분별유의 온도에 따른 고체지 함량을 살펴보면 그림 6-18과 같다.

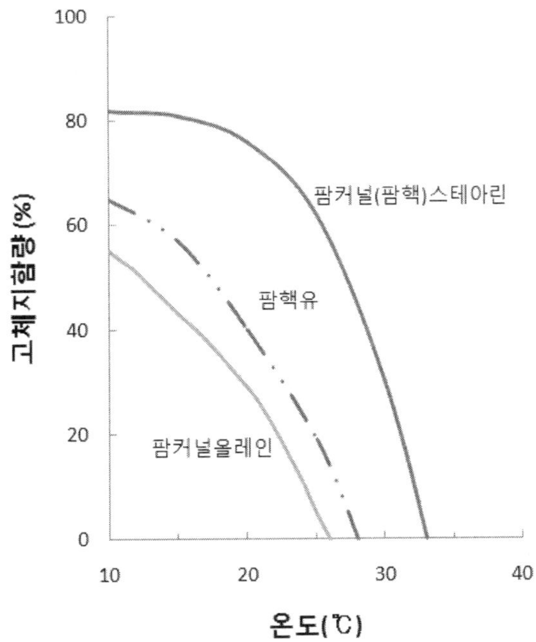

그림 6-18 팜커널(팜핵) 분별유의 고체지 함량

표 6-5 유지 가공 기술의 식품에서의 사용 예

구분	품목	원료 유종	유지 가공기술		
			분별	에스테르화	경화
초콜릿	CB	COCOA BUTTER	-	-	-
	CBE	HO SFO, PMF 등	○	-	-
	High Trans CBR	PON, PMF 등	○	-	○
	Lauric CBR	팜유, 팜핵유	○	-	○
	CBS	팜핵유	○	-	○
캔디	소프트 캔디	팜핵유, 야자유	-	-	○
아이스크림	배합용, 코팅용	야자유	○	-	○
커피크림	DRY	야자유, 팜핵유	-	-	○
	역상	Milk Fat, 팜핵유	-	-	○
휘핑크림	동물성	100% 생크림	-	-	-
	컴파운드	Milk Fat, 팜핵유 or PMF	○	-	○
	식물성	팜핵유	-	-	○

(3) 분별 기술의 응용 제품

앞서 언급한 주요한 유지 가공 기술의 3대축인 경화, 에스테르화를 포함하여 분별이 얼마나 다양하게 각종 식품 및 유지 제품에 활용될 수 있는지를 표로 정리해 보면 표 6-5와 같다.

6-4 마무리

흔히들 서로 상극인 관계를 표현할 때 물과 기름 같다는 말을 사용한다. 서로 섞이지 않는 다는 외관적인 측면으로 볼 때 당연히 수긍되는 말이다. 하지만 이에 못지 않게 중요한 상극적 관계가 있으니 물은 순수한 단일 물질인데 반하여 기름(유지)은 혼합물 이라는 것이다. 앞에서 유지를 정제하는 과정이 트리글리세라이드(TG)를 얻기 위한 과정이라는 표현을 했으므로 단일한 물질을 얻는 것처럼 여겨지지만 실제로 TG는 다양한 혼합물이다. TG에 결합되는 지방산의 종류 및 결합 순서에 따라 저마다 다른 물리적 특성을 지니는 TG가 생성된다.

본 장의 앞부분에 주로 다루어진 정제 공정은 고순도의 TG를 얻기 위한 일련의 과정이며

분별은 융점의 차이에 의한 분획을 통해 원하는 물성을 지니는 유지를 선별적으로 얻는 과정이라고 요약할 수 있다. 유지가 혼합물 이므로 그래서 분별은 의미를 갖게 되는 것이다. 이제 이 둘의 차이를 알았다면 반대로 공통점은 어떠한 것일지를 생각해 보자. 그것은 유지의 구조를 바꾸지 않으면서 특정한 성분을 제거하거나 분리한다는 것이다. 약간의 예외적인 사항이 있기는 하지만 본 장에서 소개된 정제와 분별을 통해서는 유지의 기본적인 구조는 변화가 일어나지 않는다는 것이다. 이러한 점에서 일련의 과정을 되짚어 본다면 앞에서 소개한 각각의 공정이 지니는 의미를 보다 분명히 이해할 수 있을 것으로 생각된다.

앞서 별도로 다루지 않았지만 TG 자체는 변화를 주지 않으면서 결합된 지방산의 구조를 바꾸는 경화, TG에 결합된 지방산의 종류 및 위치를 바꾸는 에스테르 반응은 구조적 변화를 수반하는 보다 큰 범위의 기공 기술로 향후 새로운 유지를 개발할 수 있는 주요한 도구로 활용될 것이다. 그런 의미에서 앞으로 시간이 더 지나면 원하는 지방산을 원하는 위치에 결합시킨 맞춤형 유지 개발이 가능할 것인데 칼로리를 낮춘 유지, 소화가 용이하면서 영양학적으로 우수한 기능을 가지는 유지, 온도에 따른 고체지 함량 조절로 다양한 물성 구현이 가능한 유지와 같은 제품이 등장할 것이다.

[참 고 문 헌]

[1] 박경태 : 식용유지기술의 원리와 응용 (유지 가공공정의 이론과 실제), 145-167 (1994)

[2] 김재일 : 식용유지기술 (식용유 제조원리와 실제), 1-20 (1990)

[3] Ir. Marc Kellens : 식용유지 가공기술 (유지정제기술의 최근개발동향), 1998

[4] Walter E. Farr : Introduction to Fats and Oils Technology (2nd.), 136-139 (2000) AOCS press

[5] M. Kellens, W. De Greyt : Introduction to Fats and Oils Technology (2nd.), 136-139 (2000) AOCS press

[6] Michael Bockisch : Fats and Oils Handbook, 613-614, 685-687 (1998) AOCS press

[7] 황기, 김혁일 : 식용유지학, 137-143, 148-153 (2009) 탐구당

[8] 김봉현 역 : 식용유지 그 이용과 유지 식품, 199-201 (2001) 내하출판사

[9] David R. Erickson : Practical Handbook of Soybean Processing and Utilization, 211-217, 249-257 (1995) AOCS press

[10] Dan Anderson : Bailey's Industrial Oil and Fat Products (5th ed.), 1-60 (1995) A Wiley - Interscience Publication

[11] Allan S. Hodgson : Bailey's Industrial Oil and Fat Products (5th ed.), 192-196 (1995) A Wiley - Interscience Publication

[12] www.alfalaval.com

유용성분의 분리정제

Chapter 07

7-1 머리말

본 장은 식품 및 바이오산업에서 유용성분으로 활용되는 물질들의 분리정제에 대한 내용을 최근의 연구 내용을 바탕으로 소개하고자 하였다. 지면관계상 간략한 도입을 참고문헌과 함께 기술하였다. 본서의 2장~5장에 이르는 공학적인 단위 조작과 응용 부분과 함께 새로운 분리 및 정제 기술이 유용성분의 분리에 미치는 효과를 주로 기술하고자 하였다.

7-2 유용성분의 회수

7-2-1 덱스트란

(1) 덱스트란이란

덱스트란은 각기 다른 연결 형태(α 1→2, α 1→3, α 1→4 분지연결)를 갖는 미생물 유래 α 1→6 D-글루칸이다. 저분자량 덱스트란은 혈액 부피를 복원시키는 기능이 있어 혈장 확장제(분자량 70,000)와 혈액흐름 개선제(분자량 40,000)로 사용되고 이를 임상용 덱스트란이라 부른다.

시럽제 등의 원료로도 사용된다. 혈류속의 덱스트란이 일정크기 이하이면 콩팥에 의해 신속히 제거된다.

(2) 덱스트란의 생합성

① 회분 배양

고농도 자당과 염, 비타민, 광물질 같은 영양분이 포함된 배지에서 배양된 *Leuconostoc mesenteroides*는 1,000 만 이상의 분자량을 갖는 덱스트란을 생산하지만 이것은 혈청 대체제로는 적합하지 않다[1].

발효 생산된 덱스트란은 제어된 산 가수분해와 연이은 유기 용매 분별분류에 의해 비교적 저분자량의 덱스트란(수백~백만)이 된다. 그 공정은 산 가수분해와 반복된 분별 분류중에 손실이 생기기 때문에 수율이 낮고 고분자량 고분자 때문에 점도가 높다.

② 무세포 발효

Dextransucrase(EC 2.4.1.5)는 *Leuconostoc* 및 *Streptococcus* 속에 의해 분비된 세포외 효소이다. 이 효소는 자당의 글루코실 부분을 중합하여 덱스트란을 형성한다. *Leuconostoc mesenteroides*는 자당(1-3%) 이 포함된 LW 배지에서 배양된다. 원심분리에 의해 세포를 제거한 후, PEG(분자량 1,500)와의 수용성 2상에 의해 세포외 dextransucrase 가 정제된다. 이 효소는 dextranase 처리 및 DEAE-cellulose 크로마토그라피, Sephadex G-200 충전 크로마토그라피, DEAE-Tris-acyl M 충전 크로마토그라피에 의해 한층 더 정제된다. 덱스트란의 효소적합성은 세포성장 배양액에 의한 합성에 비해 더 맑고 균일한 덱스트란을 얻을 수 있다.

(3) 임상용 덱스트란의 생산

덱스트란의 가장 큰 용도는 혈장 부피 팽창제의 생산이다. 분자량이 1억이 넘는 본래의 덱스트란은 혈장 대체제로서는 부적합하므로 해중합이 필요하다.

저분자량 덱스트란(분자량 70,000 ± 25,000)은 혈액 부피를 높여주는 물질이다. 본래의 덱스트란에 산 가수분해 및 유기용매에 의한 분별 분류 공정을 거치면 비교적 저분자량의 덱스트란이 생산된다.

(4) 덱스트란의 해중합

① 산 가수분해

덱스트란 생산에 사용된 *Leuconostoc mesenteroides* 세포가 제거되고 유기용매에 의해 덱스트란이 침전된다. 침전된 덱스트란은 재용해되고 100~105℃의 온도조건에서 염산에 의해 가수분해된다. 가수분해과정은 최종 결말점에 도달하기 전까지 점도 변화에 의해 알 수 있다.

더 높은 온도와 더 낮은 pH에 의해 임상 덱스트란을 생산하는 가수분해 시간이 단축된다. 100℃ 및 pH 1.6에서 임상 덱스트란을 완전히 가수분해하는데 2시간이 소요된다. 가수분해물의 급속냉각과 수산화 나트륨으로의 중화에 의해 산 가수분해는 중지된다.

산 가수분해는 일반 장치에서 수행되고 조절이 용이하므로 효소 가수분해 보다 유리하다. 사용되는 산의 종류에 무관하게 같은 생산물이 생산된다.

② 열적 해중합 (depolymerization)

pH 7.0의 용액에서 건조된 거대분자량의 덱스트란 분말이 진공 중에서, 100℃로 가열되면 해중합이 일어난다. 이 현상은 수용액의 점도의 감소로 알 수 있다. 150℃ 이상의 온도로 가열하면 변색되고, 물이 손실되어 바삭 바삭한 생산물로 바뀐다.

산소가 없는 진공 및 중성 조건에서 가열 처리에 의해 저 점도의 수용성 생산물이 생긴다. 중성조건에서 환원제가 존재하면 해중합이 서서히 진행되어 무색의 고 수용성 덱스트란이 만들어진다. 임상 덱스트란에 요구되는 점도는 160~170℃에서 24시간 만에 달성된다[2].

③ 초음파에 의한 덱스트란의 해중합

분지된 덱스트란의 해중합은 분지 덱스트란 수용액의 초음파처리에 의해 성취된다[3]. 초음파 적으로 생산된 분율(fraction)들은 분별 침전법으로 평가할 때 산 가수분해 덱스트란 보다 더욱 균질이다.

산 분해물질과 달리, 환원 물질은 생산되지 않는다. 해중합기구는 덱스트란에 있는 수산 결합의 파손이고 초음파 처리된 덱스트란에는 카복실 그룹이 없어진다(168). 환원성 올리고당은 생성되지 않고 분자크기는 산 가수분해 보다 더 좁은 범위에 걸쳐있다. 초음파적으로 해중합된 덱스트란은 수용액상에서 중성이고 모르모트에 주입할 때 과민반응을 일으키지 않고 토끼에서 비독성이고 비면역성이다.

④ 덱스트란의 효소적 가수분해

덱스트란이 endodextranase에 의해 가수분해되면 소량의 환원당이 생산된다[4]. *Aspergillus* 배양액에서의 여과물은 덱스트란 포함 배지에서 덱스트란 분리활성이 높다. 20% 자당 배지가 *Leuconostoc mesenteroides*에 의해 발효되어 6 %의 덱스트란이 생성되고 1%의 *Aspergillus*여과물이 첨가되면 효소 반응이 진행된다. pH를 9.0으로 조절하면 효소반응은 중지된다. 알코올 분별에 의해 평균분자량 71,000 의 생산물을 얻을 수 있다[4].

Dextranase(E.C. 3.2.1.11)는 덱스트란에 있는 α -(1-6)-D-glucopyranosyl 결합을 절단하는 효소이다. 이 효소는 α 1-4나 α 1-3 결합을 절단하지 않는다. 이 효소는 세포외 혹은 세포내에서 촉매 작용을 하고 효소 촉매작용은 유사 1차 반응을 나타낸다.

*Lipomyces starkeyi*는 endodextranase를 생산한다. 이 효소는 식품분야에 사용되고 항생제나 독성 대사물을 생산하지 않는다[5]. *Lipomyces* 유래 dextranase는 당처리공정에서 덱스트란 제거제로 사용된다. *Lipomyces* ATCC 20825로부터 dextranase가 정제되었는데 이것은 glycoprotein이고 다수의 isozyme으로 구성된다.

Lipomyces ATCC 74054 유래의 dextranase 는 1-2%의 탄소원을 포함한 LW 배지에서 생산된다. pH 는 4.0 로 유지된다. 통기속도는 1vvm 이고 온도는 30 ℃이다. *Lipomyces* ATCC 74054 배양 상징액은 cut-off 10,000 인 막에 의한 한외여과에 의해 농축된다. 그 농축액은 Carboxylmethyl-Sepharose 컬럼에 주입되고 0.5 M NaCl로 용출된다. Dextranase 활성 분획(fraction)은 BIO-RAD 컬럼에서 분별 분류된다.

(5) 덱스트란의 분별분류

덱스트란 가수분해물은 메탄올, 에탄올, 이소프로판올의 첨가에 의해 분별 분류된다. 표준적 분별 계획은 그림 1에 도식적으로 나타낸다[6]. 알코올은 덱스트란 시럽을 끓여 제거한다.

침전제로서 메탄올, 에탄올, 이소프로판올이 비교된다. 이들 용매의 침전효율은 메탄올 < 에탄올 < 이소프로판올이다. 알코올 농축으로의 침전물의 민감성은 그 역순이다. 덱스트란 95%의 침전에 메탄올은 42.8%, 에탄올은 39.4%, 이소프로판올은 39.1%가 요구된다. 침전력은 알코올의 탄화수소 부분의 분자량 및 유전(誘電) 상수와 관련 있다. 분별 분류 과정이 불완전하므로 반복된 분별 분류가 임상에 유용한 분자량 범위를 갖는 덱스트란을 생산하는데 필요하다. 침전물이 증류수안에서 재용해되고 잔여 용매를 제거하기 위해 끓인다. 최종적인 덱스트란 용액은 0.45μm 막을 통해 여과된다. 분무 건조를 거치면 평균 크기 40μm이고 평균 분자량 75,000을 갖는 흰색 분말이 된다.

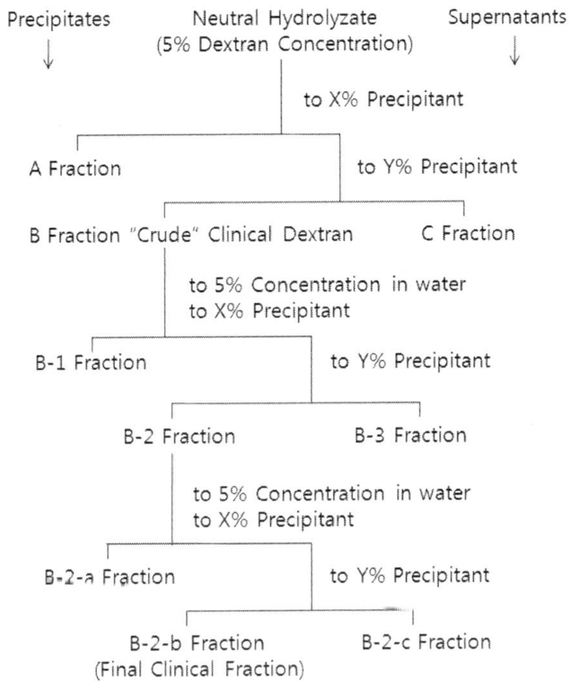

그림 7-1 Fractionation scheme used on dextran hydrolysates [6]

7-2-2 플루란

(1) 플루란이란

플루란은 불완전 곰팡이인 *Aureobasidium pullulans* 가 세포외로 분비하는 중성 다당류이다. 물에는 아주 잘 녹고 산소 불투과성은 아주 크다. 식품의 점착성 및 점도를 증가시키고 유화안정성을 증진하며 식품의 물성 및 촉감을 향상시키기 위한 식품첨가물이다. 아라비아 검의 대체품으로서 많이 이용되며 필름 형성능력이 우수하여 가식성 필름으로 사용된다. 점도는 낮은 편에 속하나, 산, 알칼리, 열 등에 안정하다.

(2) 플루란의 생산

플루란의 생합성에 관한 연구는 발효배양액에서 세포를 제외한 상징액으로의 발효, ATP 존재 시에 UDPG(uridine diphosphoglucose)로의 발효, 아세톤 건조된 세포로의 발효 등이 연구되었지만[7] 정확한 mechanism 은 알려지지 않았고 세포내에서 생합성되는 것으로 판단된다. 자당을 탄소원으로 삼고 25℃, pH 3-7의 조건에서 플루란이 생산된다. 산성(pH 3) 조건에서 생산된 플루란 양은 적지만 분자량은 100 만 근처이고 중성(pH 7) 조건에서 생산된 플루란 양은 많지만 분자량은 더 작다.

(3) 플루란과 고분자량 다당류의 분리

그림 7-2는 *Aureobasidium pullulans* 발효배양액에서 세포와 다당을 회수하는 과정을 나타낸 것이다[8].

A. pullulans 발효액은 상당히 고점성이고 고분자량인 것으로 알려졌다[9]. 그림 7-3에서 볼 수 있듯이 pH를 고정시킨 발효조건에서 얻은 발효액을 GPC 에 주입시키면 100만~400만까지의 평균 분자량을 얻을 수 있는데 발효액 안에서 고점성을 나타내는 다당류는 플루란이 아니다.

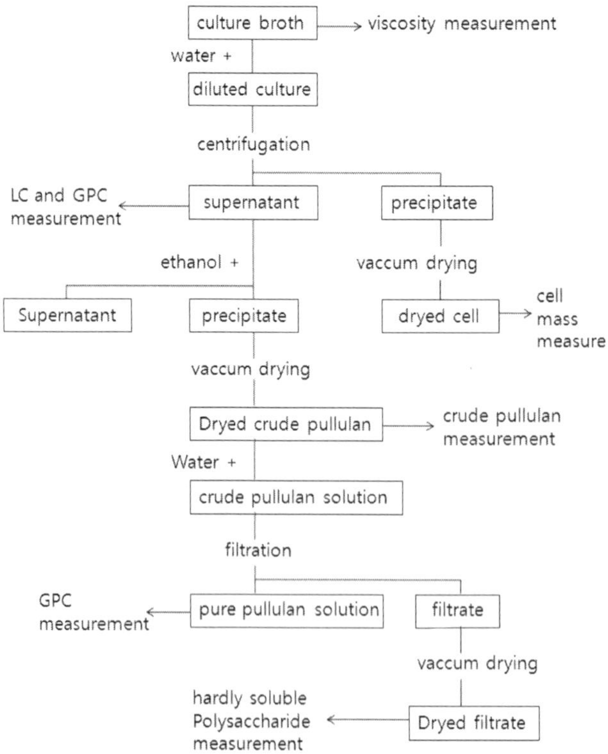

그림 7-2 Schematic diagram for harvesting pullulan and cell [8]

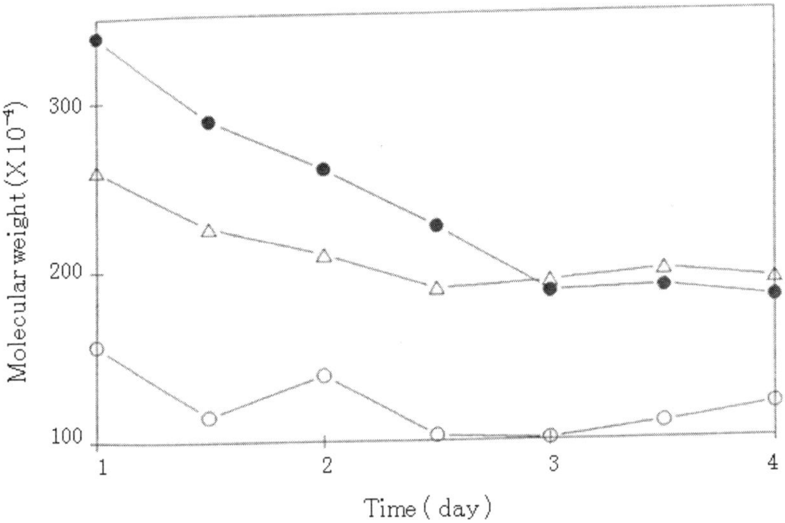

그림 7-3 Time courses of molecular weight of the fermentation broth for various constant pH conditions. The pH was controlled during the fermentation.

그림 7-2는 플루란을 회수하는 과정인데 xanthan을 비롯한 대부분의 다당류는 발효액을 원심분리하여 세포를 침강시키고 얻은 상징액에 에탄올을 부어 회수되지만 이 방법으로 *Aureobasidium pullulans*로의 발효액을 회수하여 GPC 에 주입하면 그림 7-4와 같이 평균 분자량 800만 이상의 고분자량 다당류와 평균 분자량 100 만 이하의 저분자량 다당류를 검출할 수 있다. 이것을 진공오븐에 1일 이상 건조시킨 후, 물에 다시 용해시키면 약간 량의 검은 가루 부분은 녹지 않고 나머지 대부분이 녹아 무색 수용액이 된다. 이것을 GPC 에 주입하면 고분자량 다당류는 보이지 않고 저분자량 다당류만 크로마토그람에 보였다. 그림 7-4에서 건조 전에 보였다 건조 후에 사라진 다당류를 난용성 다당류로 부를 수 있다.

본 연구에서 분리된 난용성 다당류와 순수 플루란의 특성을 표 7-1에 나타내었다. Bouveng [10]은 플루란은 중성이지만 난용성 다당류는 산성을 보이므로 플루란 발효가 진행됨에 따라 pH 가 감소되는 현상을 보고하였다. 난용성 다당류는 산성 조건에서 보다는 중성조건, 고농도 자당 조건 보다는 저농도 자당 조건에서 많이 생산된다. FT-IR 분석을 통하여 볼 때, 고분자량 다당류는 멜라닌 색소가 함유된 난용성 다당류이고 저분자량 다당류는 플루란이다.

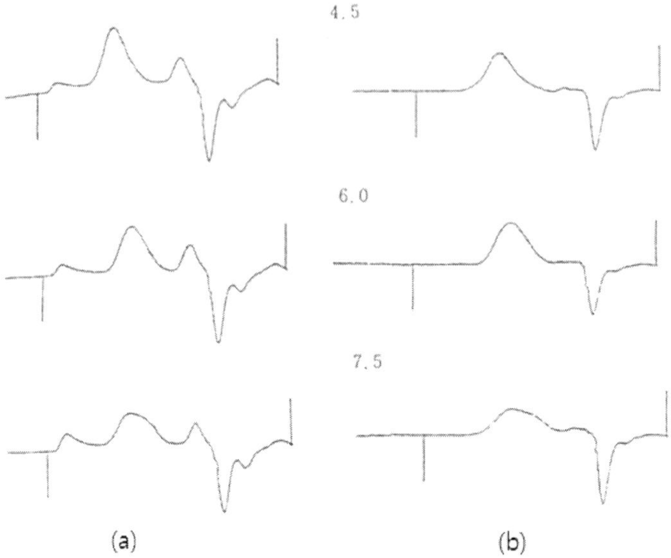

그림 7-3 Gel permeation chromatogram of pullulan fermentation. Samples were obtained at 7 day of fermentation. Numerals indicate initial pH. a) samples were obtained before drying in harvesting process. (b) samples were obtained after drying in harvesting process.

표 7-1 Comparison of hardly soluble polysaccharide and pullulan

	hardly soluble Polysaccharide	pullulan	remarks
acidity	acidic	neutral	[10]
concentration	11%	89%	[11]
concentration	5-15%	85-95%	[8]
molecular weight	Mw > $8x10^6$	10^5 < Mw < 10^6	[8]
melanin pigment	much	little	[8]
favorable pH	pH 6	pH 3	[8]
favorable sucrose	low	high	[8]

7-2-3 배당체

(1) HQ-Fructoside 의 생산과 분리

hydroquinone(HQ)는 피부 미백제로 작용하지만 피부염을 일으킬 수 있다. levansucrase 는 자당에 있는 fructosyl 잔기가 수용체 분자로 가는 반응을 촉매한다. *Leuconostoc mesenteroildes*

에서 추출한levansucrase를 HQ 및 자당과 작용시키면 HQ에 자당에 있던 fructofuranose 가 결합하여 잠재적인 피부 미백제인 HQ fructoside (HQ-Fru)를 합성한다[12]. 이 생산물은 부탄올 분배 현상과 실리카 겔 컬럼 크로마토그라피를 사용하여 정제된다. HQ-Fru는 항산화 활성과 tyrosinase에 대한 저해활성을 보인다.

구체적인 합성반응은 다음과 같다. 350 mM HQ와 115 mM 자당 그리고 levansucrase로 구성된 반응 혼합물이 28℃에서 6시간 배양되어 HQ fructoside가 합성된다. 반응 생성물은 같은 부피의 부탄올에 분배되어 부탄올층에서 HQ fructose를 얻는다. 65℃의 회전증발기를 사용하여 진공하에서 농축된다. 농축액은 실리카 겔 컬럼에 주입되고 정제된 HQ는 90% 아세토니트릴에 의해 용출된다. HQ의 fructosyl화 정도는 TLC로 확인되고 HQ-Fru의 순도는 HPLC 에 의해 확인된다.

(2) HQ-Glucoside 의 생산과 분리

hydroquinone(HQ)는 잠재적인 피부 미백제이지만 피부염을 일으킬 수 있다. dextransucrase는 자당에 있는 glucosyl 잔기가 수용체 분자로 가는 반응을 촉매한다. *Leuconostoc mesenteroildes* 에서 추출한 dextransucrase를 HQ 및 자당과 작용시키면 HQ 에 자당에 있던 glucoside가 결합하여 HQ glucoside (HQ-Glu)를 합성한다[13]. 이 생산물은 부탄올 분배 현상과 실리카 겔 컬럼 크로마토그라피를 사용하여 정제된다. HQ-Glu는 항산화 활성을 보인다.

구체적인 합성반응은 다음과 같다. 450mM HQ와 215 mM 자당 그리고 dextransucrase로 구성된 반응 혼합물이 28℃에서 6시간 배양된 후 비등수조에 10분간 놓이면 효소 반응이 정지된다.

반응 생성물은 같은 부피의 부탄올에 분배되어 부탄올 층에서 HQ-glucoside를 얻는다. 65℃의 회전증발기를 사용하여 진공하에서 농축된다. 농축액은 실리카 겔 컬럼에 주입되고 정제된 HQ는 90% 아세토니트릴에 의해 용출된다. HQ의 glucosyl화 정도는 TLC로 확인되고 HQ-Glu의 순도는 HPLC에 의해 확인된다.

(3) Alkyl-Glucoside 의 생산과 분리

*Leuconostoc mesenteroildes*로부터의 dextransucrase를 자당과 알코올(메탄올 혹은 에탄올)이 포함된 반응 혼합물에 첨가하고 28℃에서 7시간 배양시키면 alkyl glucoside (methyl α-glucoside 혹은 ethyl α-glucoside)가 합성된다[14].

반응 생성물은 65℃의 회전증발기를 사용하여 진공하에서 농축된다. 농축액은 실리카 겔 컬럼에 주입되고 정제된 alkyl glucoside는 9:1 아세토니트릴/에틸 아세테이트에 의해 용출된다. 결과적인 반응 생성물은 Bio-Gel P2 컬럼에 주입되고 증류수에 의해 용출된다. 반응 생성물은 TLC 및 HPLC로 확인된다.

7-2-4 어유에서 ω-3 지방산의 농축

EPA 와 DHA 등 고도 불포화 지방산의 농축법으로는 triglyceride 형태의 경우 wintering 법과 저온 분별 결정법이 있고, 지방산 에스테르 형태로 농축할 경우 용매의 용해도 차이를 이용하는 염 형성법, 저온 분별 결정법, 용매 추출법, 상대 휘발도 차이를 이용한 분별증류법, 흡착도 차이를 이용한 크로마토 그라피 법, 포접 형성을 이용한 요소 부가법이 있다.

그러나 triglyceride 형태로 농축할 경우 고농도로 농축할 수 없다는 단점이 있어 지방산 에스테르 형태로 농축하는 것이 일반적이다.

다음은 실험실 규모에서지방산 에스테르를 제조하는 과정으로 바이오 디젤 합성과정과 흡사하다.

① 어유 100g에 알카리 1g과 에탄올 35g을 첨가한다.
② hot plate 위에서 교반하면서 비등시킨다.
③ 실온으로 냉각하고 분액 깔대기로 옮긴다.
④ 층분리시킨 후 하층의 글리세롤 및 미반응 에탄올을 제거한다.
⑤ 분액 깔대기에 끓는 증류수를 적당량 가하고 흔든 후 약 1시간 방치하여 층분리시킨다.
⑥ 수분이 포함되지 않는 상층이 지방산 에틸에스테르이다.

어유로부터 EPA와 DHA가 농축된 분획을 얻기 위하여 지방산 에스테르를 원료로 하여 크로마토그라피법, 요소부가법, 초임계 추출법, 분자증류법이 시도된다.

(1) 은이온 크로마토그라피에 의한 EPA 및 DHA의 분리농축

은이온이 2중 결합의 π 결합과 착화합물을 형성한다. 은 함침 실리카 컬럼 크로마토그래피 법이 사용된다. 은이온을 치환시킨 양이온교환수지를 이용함으로서 재사용이 용이한 고도 불포화 지방산의 농축을 시도한다[15].

오징어 내장을 압착후 decanter 및 연속식 원심분리기를 통과시켜 오징어유를 얻는다.

오징어유에 에탄올과 KOH 를 가한 후 80℃에서 90분간 환류한다. 반응이 끝난 후 증류수를 첨가하고 비누화하지 않은 물질을 헥산으로 추출하여 제거한다.

물층은 2 N HCl을 이용하여 pH 1로 낮춘 후 헥산으로 지방산을 추출하고 증류수로 중성이 될 때까지 세척한 후 무수황산나트륨을 첨가한 후 여과 농축하여 지방산 시료를 조제한다.

컬럼에 충전물을 충전하고 지방산 메틸에스테르 형태의 시료를 헥산 용액에 용해시켜 충전물에 부가한다. 여기에 헥산을 가하여 수지에 결합하지 못한 지방산 메틸 에스테르를 용출시키고 2% 에틸아세테이트/초산 용액을 가하여 얻은 분획물에서 용매를 증발시킨다. 충전물로는 $AgNO_3$를 80% 에탄올 수용액에 용해시킨 후 에탄올에 침윤시킨 양이온교환수지(Amberite) 와 혼합하여 30분간 교반한 후 수지를 여과하고 여과된 수지를 에탄올 수용액으로 세척하고 진공증발기를 이용해 용매를 제거한 후 건조시킨 것(은이온 교환수지, SER)이다.

(2) 요소부가법

메탄올을 용매로 한 요소 부가법은 액체 용매에 들어있는 포화지방산이 요소와 결합하여 포접화합물(adduct)을 형성하는 점을 이용하여 불포화 지방산을 농축하는 기술이지만여과, 요소의 침전, 세척, 여과액으로부터 불포화지방산의 회수, 포접화합물의 분해 등으로 공정이 복잡하고[16], 용매인 메탄올의 회수시 불포화 지방산이 변질되는 단점이 있다.

Hata 등[17]은 3단계의 증류탑을 이용한 연속증류와 주성분을 요소 와 메탄올 용액에 접속시키는 요소부가법을 사용하여 85% 이상의 제품 생산을 보고한다. Yoshihisa[18]는 2단증류 또는 3단 증류탑을 이용하여 진공 증류하여 탄소수 19 이하를 제거하고 탄소수 20 이상만 회수하는 방법으로 80% 이상의 EPA를 생산한 후 초산은 처리를 거쳐 98.5% 이상 제품을 생산하거나 요소부가법으로 85% 제품을 생산하는 방법을 제안하고 있다.

하지만 이들 공정은 유독성 촉매나 전처리공정에서의 다량의 폐수 발생, 그리고 용매의 잔류문제가 남는다. 또한 지방산 에스테르화물을 예비증류 없이 직접 진공 분별증류 처리함으로서 증류수율 향상 및 생산성 개선 문제가 따른다.

(3) 초임계유체법

초임계 유체의 밀도는 액체의 밀도와 같이 크므로 용해력이 크고 초임계 유체의 점도는 기체의 점도와 유사하므로 침투력이 커서 추출효율이 높고 확산속도가 크므로 추출속도가 빠른 장점을 갖고 있다[16].

또한 온도와 압력을 조절하여 초임계유체의 용해력과 선택성을 간단히 조절할 수 있으므로 목적물을 선별적으로 추출할 수 있으며 추출후 용매의 회수도 용이하므로 잔존 용매가 없는 제품을 얻을 수 있다. 특히 이산화 탄소는 인체에 무해하다.

초임계 추출법은 어유를 분획할 수 있는 방법으로 이산화 탄소를 이용하므로, 산소가 없는 상태에서 조작이 가능하므로 자동산화를 억제할 수 있다. 지금까지 초임계유체에 의한 EPA와 DHA 의 농축은 어유를 메틸 에스테르화한 후 이루어졌는데 이는 주어진 조작온도와 압력조건에서 어유 트리글리세라이드 보다 어유 에스테르의 증기압이 높아 증류가 용이하기 때문이다[19].

Suzuki 등[20]은 요소 포접을 형성시키기 위한 용매로 메탄올 대신 초임계 유체를 사용함으로서 공정을 단순화시킬 수 있다고 보고하였다. 즉, 초임계 이산화탄소에 용해된 지방산을 요소와 접촉시키면 포화지방산 및 불포화도가 낮은 지방산은 요소와 포접화합물을 형성하고 불포화도가 높은 EPA 와 DHA 등은 포접화합물을 형성하지 않으며 감압시키면 용매인 이산화탄소는 유지 성분과 쉽게 분리된다.

(4) 분자증류 및 이동상 크로마토그래피

분별 증류 및 이동상을 이용한 어유 정제 방법이 소개되었다[21].

구체적으로는 *Candida* 속, *Rhizopus* 속, *Mucor* 속, *Aspergillus* 속 혹은 *Pseudomonas* 속에서 추출한 lipase 존재하에 에탄올을 이용하여 어유를 ethanolysis 하여 지방산 에틸 에스테르를 제조한다. 그 지방산 에틸에스테르를 100-200℃ 및 10 mmHg 이하의 진공에서 단증류 장치를 이용하여 예비증류하고 예비증류를 거친 에틸 에스테르화물을 100-200℃ 및 10mmHg 이하의 진공에서 감압 분별증류하여 농축지방산을 얻고 그 농축지방산을 모사 이동상 (simulated moving bed) 컬럼 크로마토그래피를 통해 정제하는 단계를 말한다.

(5) 생선단백질의 분리 및 회수[22]

1) 분리생선단백질(Isolated Fish Protein, IFP)이란

현재 전 세계적으로 생산단백질의 요구량은 수요가 공급을 훨씬 초과하는 상황으로 각 나라마다 심한규제로 수산자원을 보호하고 있다. 현재 산업화되는 어종(예, 참치, 연어, 명태)이외의 어종에서 생선단백질을 분리하거나 수산물의 부산물에서 단백질을 분리하여 산업화하는 것은 경제적인 효과와 함께 생태학적인 측면과 환경적인 측면에서도 매우 중요한 기술개발이다. 산업화되지 않은 대표적인 어종으로는 적색육을 상대적으로 많이 포함한 어종과 멸치와 같은 크기가 작은 저어류(pelagic fish)의 어종이다. 부산물의 경우 명태, 참치, 연어등의 산업화에 주로 사용되는 어종의 fillet를 만들고 남은 부산물이 대표적인 활용가능한 예이다.

현재 생선에서 단백질의 분리로 가장 큰 시장을 가지고 있는 기술은 수리미(연육)제조 기술로 주로 백색육 어종에서 염용성 단백질만을 용출하는 기술이다. 염용성단백질의 열변성에 따른 망상구조의 형성으로 수리미는 고유의 탄력을 열처리 이후 생성하게 되며, 이는 수리미가공제품의 상품성을 가지게 하는 가장 중요한 요소이다. 생선내의 순수한 염용성 단백질 만을 추출하기 위해서 일반적으로 마쇄와 수세과정을 거치는데 이때 지방과 수용성단백질등이 제거되어 염용성 단백질의 상품성을 증가시키게 된다. 이 같은 가공방식에 따라 수리미 제조에서 필요한 가공처리 공정은 지방함량이 많은 적색육어종 보다는 백색육어종이 또한 생선의 근육 부분이 많을수록 수리미 제조 시 수율이 향상되어 높은 경제성을 띠게 된다.

이 같은 적색육어종, 소형어종, 부산물에서 상업적 가치가 있는 생선단백질을 분리하기 위하여 많은 시도가 이루어져왔는데, 최근 pH를 조절하여 단백질의 등전점상에서의 단백질구조변화를 이용하여 근섬유단백질만을 분리하는 기술이 개발되어 일부 상용화에 성공화 된 사례가 있다. 이 같이 생선에서 근섬유단백질(myofibrillar protein)만을 분리하여 산업적으로 응용이 가능하게 한 소재를 분리생선단백질(isolated fish protein)이라고 칭한다.

2) 산업화 활용도가 낮은 어종의 분리생선단백질의 제조

i) 저어류(pelagic fish)의 가공

저어류는 일반적으로 혈압육(또는 적색육)이 많으며 크기가 작다. 이 같은 근육구성은 수리미가공에 저해되는 많은 물리화학적인 요인을 제공한다. 일반적으로 근육내의 산도가 높아 단백질의 빠른 변성을 가져오며 이는 백색육어종 보다 낮은 젤특성을 나타내는 원인 중의 하나이다. 또한 산화되기 쉬운 성분과 색소성분들을 많이 가지고 있으므로 산패를 빠르게 촉진하고 생선특유의 비린내를 생성하기 쉽다. 또한 저어류의 수확 시 계절성은 계획적인 수리미생산에 어려움을 주는 요인이다.

이 같은 혈압육이 주는 부정적인 요인으로 혈압육을 제거하는 기술이 수리미를 만들기 위한 기술로 많이 개발되어 왔다. 일반적으로 혈압육을 저어류에서 제거 시 남은 부분으로 수리미를 생산할 경우 수리미의 최고등급인 알라스카 명태의 최고급 등급에 버금가는 제품의 생산이 정어리로부터 가능하다. 이 같이 혈압육을 제거하기 위하여 어종에 따라 백색육과 혈압육을 구분하여 기계적으로 제가하는 기술과 냉동 후 혈압육을 제거하는 기술등이 개발되었다. 이 같은 기술개발이 저어류에서 근섬유단백질을 추출하여 수리미로 가공하기 위한 일환으로 개발되어왔으나 현재 혈압육 제거 과정 중에서 수율이 크게 낮아짐으로 수리미 가공 시 경제적으로 도움을 주지 못하고 있다.

ii) 알카리 가공법

전통적인 수리미제조 공정 중 염용성단백질만을 추출하기 위한 수세공정의 pH를 조절하여 단백질추출의 효율성을 증대하는 공법이 알카리 프로세싱 공법이다. 알카리 프로세싱은 수세공정 중에 사용하는 수세액(일반적으로 물)에 sodium bicarbonate나 sodium chloride를 일정량 첨가하여 pH를 증가시킨다. 이 같은 경우 근형단백질의 용해도를 증가시키고 근육의 pH를 증가시켜 단백질의 변성속도를 저하시켜 젤 형성 시 탄성을 증가시키는 작용을 하게 된다. 이 같은 알카리영역에서의 수세과정은 지방을 제거하는 효과도 물을 사용하는 것 보다 높아 상대적으로 젤 형성 시 품질을 향상시키게 된다. 이 같은 품질향상의 효과에도 불구하고 알카리 프로세싱은 전체 근육단백질의 10~16%를 수세 도중 손실하게 되므로 수율이 낮아지게 된다. 일반적으로 수리미생산 시의 수율은 55~65% 이나 알칼리 프로세싱의 경우 40% 정도로 알려져 있다. 또한 조직감 다음으로 중요한 품질 요소인 백도(whiteness)는 혈압육으로 백색육어종과 유사하게 제조하는 것은 거의 불가능한 것으로 알려져 있다.

iii) 혈압육의 생화학적인 가공 및 관능적 품질 저해요인

지방산화에 의한 산화는 이취와 산패취를 증가 시켜 수리미의 관능적 품질저하의 중요한 요인이다. 항산화성분의 첨가로 -20C에서의 저장 시 52주간의 저장 시 관능값의 저하가 현격히 줄어드는 것을 확인 하였으며 또한 조직감의 상승도 관찰되었다[23]. Hemoglobin의 양은 heme 색소의 노출로 인한 촉매작용으로 지방산화에 매우 중요한 요인으로 품질 저하를 유발하게 된다. 이 같은 지방산화는 pH에 민감하게 반응하며 pH가 낮을수록 tetrameric holoprotein의 분해를 촉진하여 dimer와 monomer를 생성하여 산화를 촉진하게 된다. 또한 가공 온도 역시 반응을 촉진하는데 중요한 역할을 하게 된다. 이 같은 혈압육을 많이 가지고 있는 어종들은 백색육어종에 비하여 수율의 저하와 함께 생화학적인 변화로 인한 관능적인 품질 저하로 단백질 분리제품의 생산에 많은 어려움을 주고 있다.

iv) 분리생선단백질 제조의 신기술

최근 개발되고 있는 분리생선단백질(IFP)의 제조 기술은 다음과 같은 원리를 응용하고 있다. 생선 근육내부의 단백질을 강한 산성(pH 3.5이하)이나 강한 알카리(pH 10.5)에서 용해시켜 비중의 차를 이용하여 지방성분, 단백질 성분, 그 외의 성분(불용성 단백질, 세포막, 뼈와 표피)을 분리 한 후 다시 용해된 단백질을 침전시켜 회수하는 방식이다(Fig. 5). 이 같은방법은 최근 미국의 오레곤주립대학교와 메사추세츠대학을 중심으로 활발한

연구성과를 거두고 있으며 산업화에도 실질적으로 응용되고 있다[22].

회수과정은 근섬유단백질의 등전점근처, pH 5.2~5.5,로 다시 pH를 변화시켜 단백질을 불용화시켜 침전시킨 후 원심분리를 사용하여 회수하는 공정이다. 이 같이 용해와 회수를 통한 분리공정에서 pH를 변화시켜 회수하므로 이 같은 공정을 pH 변환법 (pH shifting법)이라고 부른다.

3) pH 변환법의 공정관리 요소

위에서 설명한 pH변환법은 용해와 회수과정이 핵심과정으로 여기에 미치는 생화학적 요인에 대하여 간략히 소개하고자 한다. 근섬유단백질의 용해는 약한 ionic strength에서 전통적으로 이루어져 왔으며 이는 염용성단백질의 용출법으로 수세기동안 사용된 고전적인 가공공정의 원리이다. 이 같은 단백질의 용출은 생선근섬유단백질이 가지고 있는 다양한 charge group에 따라 강산 또는 강알카리에서도 용해가 가능하다. 이 같이 강산과 강알카리에서 용해 시 공정의 목적인 IFP를 제조 하기 위해서 일차적인 분리인 지방과 다른 불용성물질을 분리하는 상태로 용해를 시켜야 하며 이때 중요한 공정관리 요소는 용해물질의 물성학적 요소가 된다. Consisteny가 50mPa.sec이나 그 아래 범위에 이를 시 세포막을 분해할 정도로 용해가 된다. 이때 지방성분과 단백질 용해 부분과 기타 불용성 물질이 원심분리 공정을 통해 쉽게 분해가 된다.

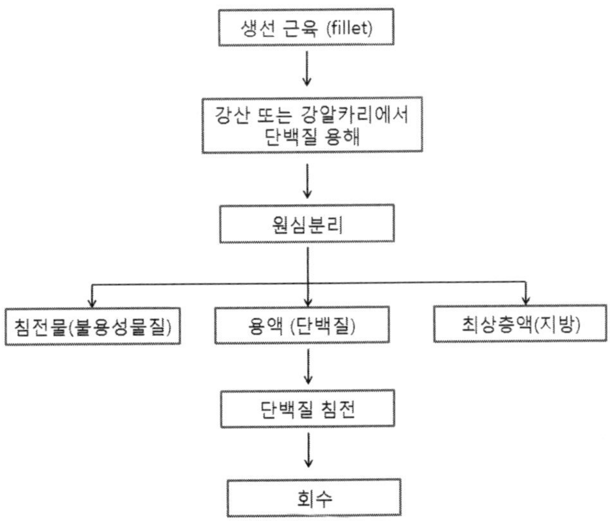

그림 7-6 고 분리생선단백질(IFP)의 제조 공정도

용해된 단백질을 등전점으로 다시 변환시켜 회수하는 공정은 대부분의 근육단백질은 pH 5.2~5.5 범위에서 침전되므로 회수에 필요한 조건을 설정하기가 쉬워지며 회수율을 높일 수 있게 된다. 침전된 단백질은 다시 원심분리를 통하여 IFP와 용해된 단백질이외의 불순물로 2차 분리되게 된다. 원심분리외에도 여과법(filtration)을 통해서도 분리가 가능하다.

실질적으로 IFP를 산업화하는데는 수분함량이 매우 중요하다. 등전점에서 회수된 IFP는 젤 특성에 중요한 요인인 보수력이 낮은 편이다. 이 같은 낮은 보수력을 향상시키기 위하여 압축을 통하여 수분함량을 조절하여 최종제품에서 단백질의 농도를 높여 보수력을 향상시키게 된다. 최종적으로 중성 pH로 조절하기 위하여 bicarbonate를 첨가하고 냉동보관을 위하여 냉변성방지제를 첨가하여 최종적인 냉동 IFP를 생산하게 된다.

이 같이 생산된 IFP는 전통적인 수리미제조 공법에 비하여 다음과 같은 장점을 지니게 된다. IFP를 pH변환법에 의하여 생산 시 수율은 85%에 이르며, 이는 전통적인 공법으로 얻어지는 수율인 55~70%에 비하여 매우 높다. 이 같은 높은 이유는 전통적인 공법에서 수세되는 근원단백질을 포함하게 되므로 높은 수율을 보이게 된다. 또한 생산성을 비교 시 전통적인 방법에 비하여 매우 생산시간이 매우 단축된다. 이는 전통적인 방법의 중요한 율속단계인 확산과정을 거치지 않고 바로 용해와 침전과정을 거치기 때문이며, 추가적으로 많은 불순물들이 원심분리를 통하여 한번에 제거가 가능하기 때문이다. 추가적으로 중금속의 일부분은 lipid-soluble form으로 변환되어 (예, methyl mercury) 제거가 가능하므로 안전성에도 도움을 주게 된다. 무엇보다 중요한 것은 다양한 어자원과 부산물을 활용함으로 가격경쟁력을 높일 수 있다는 경제적인 장점이 있다는 것이다.

4) 분리대두단백의 신공법 요약

산업화되지 않은 어종이나 부산물에서 고순도의 생선단백질을 용출시켜 산업화가 가능한 기술로 pH변환법을 소개하였다. 생선의 근섬유단백질을 강산이나 강알카리로 용해시켜 지방과 불용성물질을 분리한 후 다시 등전점의 상태로 변환하여 침전 후 회수하는 방식인 pH 변환법은 수율과 생산성, 어자원의 계절성극복, 안전성등을 확보가능하므로 수자원을 활용한 단백질자원 확보에 매우 중요한 기술이라 할 수 있겠다.

[참 고 문 헌]

[1] Kim, D. M (1992). A novel process for the production of clinical dextran, Ph D Thesis, Louisiana State Univ.

[2] Stacey, M. and F. G. Pautard (1952). Thermal degration of dextran. Chem. Ind. 43: 1058-1059.

[3] Lockwood, A. R., A. E. James and F. G. Pautard (1951). Studies on the breakdown product of dextran formed by ultrasonic vibration. Research. 4: 46-48.

[4] Carlxon, V. W. and W. W. Carlson (1952). Enzymatic hydrolysis of dextran. Science. 15: 43.

[5] Phaff, H. J. and C. P. Kortzman (1984). "Genus 14. *Lipomyces Lodderet* Kreger-van Rij". In The yeast a taxonomic study. ed. by Kreger-van Rij. pp. 252-262. Elsevier, Amsterdam.

[6] Wolff, I. A.(1954). Production of clinical type dextran, Ind. Eng. Chem. 46: 370-377.

[7] Aitkeldieva, S.A. (1982). Extraction of copper from Dzhezkazgan ore by an association of heterotrophic bacteria. Izv. Akad. Nauk. SSSR, Ser. Biol. 4: 46-51.

[8] Lee. K. Y.(1991). Optimization of a Pullulan Fermentation Process. Ph D Thesis, Seoul National Univ.

[9] Ebert, K. H. and G. Schenk (1962). Enzymatic polymerization Ⅲ. Preparation, purification, and characterization of dextransucrase from *L. mesenteroides* B-512 (F). Z. Naturforsch. 17: 732-741.

[10] Bouveng, H. O., H. Kiessling, B. Lindberg, and J. Mckay, The polysaccharides elaborated by *Pullularia pullulans*. Acta Chemica Scandinavia 17, 797-800(1963).

[11] Ueda,S,, K. Komatsu and Z. Nakashima, Polysaccharides produced by the genus *Pullularia*, Applied Microbiology, 11, 211-215(1963)

[12] Kang, J. and Y. M. Kim, N. H. Kim, D. W. Kim, S. H. Nam, D. M, Kim (2009). Synthesis and characterization of hydroquinone fructoside using *Leuconostocmesenteroides* levansucrase. AppliedMicrobiol Biotechnol. 83: 1009-1016.

[13] Seo, E. S. and J. Kang, J. H. Lee, G. E. Kim, G. J. Kim, D. M. Kim (2009). Synthesis and characterization of hydroquinone glucoside using *Leuconostocmesenteroides* dextransucrase. Enzyme and microbial Technology. 45: 355-360.

[14] Kim. Y. M. and B. H. Kim, J. S. Ahn, G. E. Kim, S. D. Jin, T. H. Nguyen, D. M. Kim (2009). Enzymatic synthesis of alkyl glucosides using *Leuconostocmesenteroides* dextransucrase. Biotechnol Lett. 31: 1433-1438.

[15] Gyoung, Y. S and Y. L. Yu, J. Yoon (2004) Purification of Eicosapentaenoic Acid(EPA) and Docosahezaenoic Acid (DHA) Esters from Squid Oil by Silver Ion Chromatography. Korean Journal of Food Science and Techology. 36: 361-364.

[16] Kim. J. D. and J. S. Lim, Y. W. Lee (1997) Separation of EPA and DHA from Fatty Acid of Fish Oil by Urea Adduct Formation Using Supercritical Carbon Dioxide Solvent. Journal of Korean Oil chemist's Society. 14: 41-48.

[17] Hata K., H. Noda and M. Makuta, A preparation method of PUFA or PUFA ester, J. Patent 1999-246888

[18] Yoshihisa K., A purification method of EPA or EPA ester, J. Patent 1997-302380

[19] Lim, S. B and M. K. Jwa, D. J. Song (1998) Concentration of Polyunsaturated Fatty Acids from Anchovy Oil by Supercritical Carbon Dioxide. Korean Journal of Food Science and Technology. 30: 848-854

[20] Suzuki Y. and Konno M.,(1989) Supercritical fluid extraction, Kagaku Kokaku Ronbunshu 15(3) 439

[21] Kim K. J., H. J. Sohn,W. S. Hwang, Y. M. Goo, J. I. Kim, and J. H. Yang, High purity Purification of W-3 PUFA, K. Patent 10-2009-0132048

[22] Hultin H., Kristinsson H., Lanier TC, Park J. 2005. Process of recovery of functional proteins by pH shifts. In Surimi and Surimi seafood Technology, 2nd edition. Editor J.W. Park, pp 107-139. CRC, New York, US.

[23] Bakir HM, Hultin HO, Keller SD. 1994. Gelation properties of fatty acid processed with or without added NaCl, cryoprotectants and antioxidants. Food Res. Int. 27:439-449

찾아보기

Index

I

K

L

M

P

R

S

T

U

W

ㄱ

ㄴ

ㄷ

ㄹ

ㅁ

ㅂ

ㅅ

ㅇ

ㅍ

ㅎ

기타